ALEX NO PAÍS DOS NÚMEROS

A marca fsc é a garantia de que a madeira utilizada na fabricação do papel deste livro provém de florestas que foram gerenciadas de maneira ambientalmente correta, socialmente justa e economicamente viável, além de outras fontes de origem controlada.

ALEX BELLOS

Alex no País dos Números
Uma viagem ao mundo maravilhoso da matemática

Ilustrações
Andy Riley

Tradução
Berilo Vargas
Claudio Carina

3ª reimpressão

Copyright do texto © 2010 by Alex Bellos
Copyright das ilustrações © 2010 by Andy Riley

Todos os direitos reservados, incluindo os de reprodução de parte ou do todo.

*Grafia atualizada segundo o Acordo Ortográfico da Língua Portuguesa de 1990,
que entrou em vigor no Brasil em 2009.*

Título original
Alex's adventures in Numberland — Dispatches from the wonderful world
of mathematics

Capa
Kiko Farkas e Mateus Valadares/ Máquina Estúdio

Revisão técnica
Ronald Fucs

Preparação
Carlos Alberto Bárbaro

Índice remissivo
Luciano Marchiori

Revisão
Ana Maria Barbosa, Luciana Baraldi, Arlete Zebber e Marina Nogueira

Dados Internacionais de Catalogação na Publicação (CIP)
(Câmara Brasileira do Livro, SP, Brasil)

Bellos, Alex
 Alex no País dos Números / Alex Bellos ; ilustrações Andy
Riley ; tradução Berilo Vargas, Claudio Carina. — São Paulo :
Companhia das Letras, 2011.

 Título original: Alex's adventures in Numberland : Dispatches
from wonderful world of mathematics.
 Bibliografia
 ISBN 978-85-359-1838-0

 1. Matemática – Obras de divulgação 2. Número – Conceito
I. Riley, Andy. II. Título.

11-03010   CDD-510

 Índice para catálogo sistemático:
 1. Matemática : Obras de divulgação 510

[2011]
Todos os direitos desta edição reservados à
EDITORA SCHWARCZ LTDA.
Rua Bandeira Paulista 702 cj. 32
04532-002 — São Paulo — SP
Telefone (11) 3707-3500
Fax (11) 3707-3501
www.companhiadasletras.com.br
www.blogdacompanhia.com.br

Para minha mãe e meu pai

Sumário

Introdução   11

0. CABEÇA PARA NÚMEROS   17

Em que o autor tenta descobrir de onde vieram os números, já que não faz tanto tempo que eles estão por aqui. Conhece um homem que morou na selva e um chimpanzé que sempre morou na cidade.

1. A CONTACULTURA   49

Em que o autor aprende sobre a tirania do dez e sobre os revolucionários que tentam derrubá-la. Ele visita um clube de estudantes em Tóquio onde os alunos aprendem a calcular com as contas de um ábaco.

2. ATENÇÃO!   85

Em que o autor quase muda de nome porque um discípulo do fundador de um culto grego diz que é o que deve ser feito. Em vez disso, segue as instruções de outro pensador grego, tira o pó da bússola e dobra dois cartões de visita na forma de um tetraedro.

3. ALGO SOBRE NADA 123

Em que o autor viaja para a Índia para uma audiência com um vidente hindu. Descobre alguns métodos aritméticos muito lentos e outros muito rápidos.

4. A VIDA DE PI 155

Em que o autor está na Alemanha para assistir à multiplicação mental mais rápida do mundo. É uma forma indireta de começar a contar a história dos círculos e uma narrativa transcendental que o leva a Nova York e a uma nova avaliação da moeda de cinquenta pence.

5. O FATOR X 191

Em que o autor explica por que os números são bons mas as letras são melhores. Visita um homem em Braintree que coleciona réguas de cálculo e ouve a história trágica do abandono delas. Inclui uma aula sobre logaritmos, um dicionário de palavras de calculadora e instruções para fazer um superovo.

6. HORA DO RECREIO 229

Em que o autor entra num concurso de enigmas matemáticos. Investiga o legado de dois chineses e depois vai de avião até Oklahoma para conhecer um mágico.

7. SEGREDOS DA SUCESSÃO 273

Em que o autor confronta o infinito pela primeira vez. Encontra uma lesma que não pode ser detida e uma diabólica família de números.

8. DEDO DE OURO 303

Em que o autor encontra um londrino que alega ter descoberto o segredo de um belo sorriso.

9. O ACASO É ÓTIMO — 325

Em que o autor se lembra dos mestres do dado e vai jogar em Reno. Dá uma caminhada pelo aleatório e acaba num conjunto de escritórios em Newport Beach, na Califórnia — onde, se olhar para o outro lado do oceano, é capaz de localizar um ganhador na loteria numa ilha deserta no Pacífico Sul.

10. SITUAÇÃO NORMAL — 373

Em que a farinácea e exagerada indulgência do autor é uma tentativa de saborear o nascimento da estatística.

11. O FIM DA LINHA — 407

Em que o autor encerra sua jornada com salgadinhos e crochê. Olha novamente para Euclides, e depois para um hotel com um número infinito de quartos que não consegue dar conta de um súbito influxo de hóspedes.

Glossário	437
Apêndices	443
Notas e referências	455
Agradecimentos	467
Créditos das imagens	469
Índice remissivo	471

Introdução

No verão de 1992 eu era repórter júnior do *Evening Argus*, em Brighton. Meus dias se resumiam a ver adolescentes reincidentes comparecendo aos tribunais locais, entrevistar lojistas sobre a recessão e, duas vezes por semana, atualizar o horário dos trens da ferrovia Bluebell para a página de serviços do jornal. Não era uma boa época para ser um ladrãozinho barato ou um lojista, mas foi um período feliz na minha vida.

John Major acabara de ser reeleito primeiro-ministro e, no embalo da vitória, tomou uma de suas mais lembradas (e ridicularizadas) iniciativas políticas. Com seriedade presidencial, anunciou a criação de uma linha telefônica especial para informações sobre cones de trânsito — uma proposta banal, apresentada como se dela dependesse o futuro do mundo.

Em Brighton, porém, esses cones eram notícia quente. Era impossível dirigir na cidade sem topar com obras nas ruas. A principal rota para Londres — a A23 (M) — era um corredor de cones laranja listrados que iam de Crawley ao Preston Park. Em tom de brincadeira, o *Argus* desafiou seus leitores a adivinhar o número de cones alinhados pelos muitos quilômetros da A23 (M). Os jornalistas mais velhos se congratularam por aquela brilhante ideia. O festivo desafio à cidade explicava a história e ainda tirava uma com o governo central: o assunto perfeito para um jornal local.

No entanto, a primeira resposta chegou poucas horas depois do lançamento do desafio, e nela o leitor adivinhava o número exato de cones. Lembro que os editores mais velhos ficaram em silêncio e desanimados na redação, como se um importante conselheiro local tivesse morrido. Em sua tentativa de ridicularizar o primeiro-ministro, foram eles que acabaram sendo feitos de bobos.

Os editores acharam que adivinhar quantos cones havia em trinta e tantos quilômetros de estrada fosse uma tarefa impossível. Ficou provado que não era, e acho que fui a única pessoa no prédio que conseguia enxergar por quê. Supondo que os cones fossem posicionados em intervalos iguais, bastava apenas um cálculo:

Número de cones = comprimento da estrada ÷ distância entre os cones

O comprimento da estrada pode ser medido dirigindo-se por ela ou consultando um mapa. Para calcular a distância entre os cones só era necessária uma fita métrica. Ainda que a distância entre os cones variasse um pouco, e que a medida da estrada também fosse sujeita a erro, em grandes distâncias a precisão desse cálculo é o que basta para os propósitos de quem queira vencer um concurso num jornal local (e, presume-se, foi exatamente assim que a polícia rodoviária contou os cones antes de fornecer a resposta certa ao *Argus*).

Lembro-me muito bem desse incidente porque foi a primeira vez na minha carreira de jornalista em que percebi o valor de ter um raciocínio matemático. Foi também perturbador perceber como a maioria dos jornalistas não entende nada de números. Não era nem um pouco complicado deduzir quantos cones se alinhavam na estrada, mas para os meus colegas esse cálculo estava fora de alcance.

Dois anos antes eu havia me formado em matemática e filosofia, um diploma com um pé na ciência e outro nas artes liberais. Trabalhar com jornalismo foi uma decisão que, ao menos superficialmente, implicou abandonar a primeira para adotar a segunda. Saí do *Argus* pouco depois do fiasco com os cones e fui trabalhar em jornais de Londres. Acabei sendo correspondente internacional no Rio de Janeiro. Minha habilidade especial com números foi útil em algumas ocasiões, como quando era preciso saber que país europeu tinha uma área igual à porção devastada da selva amazônica ou ao calcular taxas de câmbio durante várias crises monetárias. Mas, em essência, era como se eu tivesse deixado a matemática para trás.

Depois, há alguns anos, voltei ao Reino Unido sem saber o que faria a seguir. Vendi camisetas de jogadores de futebol brasileiros, comecei um blog, acalentei o plano de importar frutas tropicais. Nada deu certo. Durante esse processo de reavaliação, voltei a pensar no assunto que havia consumido tanto tempo da minha juventude, e foi então que encontrei a centelha de inspiração que me levou a escrever este livro.

Entrar no mundo da matemática depois de adulto foi uma experiência muito diferente da de ter entrado nesse mundo ainda criança, quando a necessidade de ser aprovado nos exames faz que os temas mais atraentes sejam passados por alto. Agora eu estava livre para explorar caminhos pela simples razão de serem curiosos e interessantes. Aprendi sobre a "etnomatemática", o estudo de como diferentes culturas abordam a matemática, e sobre como a matemática foi moldada pela religião. Fiquei intrigado com um trabalho recente sobre psicologia comportamental e neurociência que está desvendando exatamente como e por que o cérebro pensa nos números.

Percebi que estava agindo como um correspondente estrangeiro em campo, só que o país que eu visitava era abstrato — era o "País dos Números".

Minha jornada logo se tornou geográfica, pois eu queria experimentar a matemática no mundo real. Por isso fui até a Índia para aprender como aquele país tinha inventado o "zero", uma das maiores realizações intelectuais da história da humanidade. Reservei lugar em um grande cassino em Reno para ver a lei das probabilidades em ação. E no Japão conheci o chimpanzé que mais entende de números no mundo.

Conforme minha pesquisa progredia, encontrei-me na estranha posição de ser ao mesmo tempo um perito e um não especialista. Reaprender a matemática da escola era como reencontrar velhos amigos, mas havia também muitos amigos dos amigos que eu não tinha conhecido naquela época e também muita gente nova no pedaço. Antes de escrever este livro, por exemplo, eu não sabia que há centenas de anos existem campanhas para introduzir dois novos números no nosso sistema numérico decimal. Não sabia por que a Grã-Bretanha foi a primeira nação a cunhar uma moeda heptagonal. E não fazia ideia da matemática por trás do Sudoku (porque ainda não havia sido inventado).

Fui levado a lugares inesperados, como Braintree, em Essex, e Scottsdale, no Arizona, e a surpreendentes estantes da biblioteca. Passei um dia memorável lendo um livro sobre a história de rituais envolvendo plantas para entender por que Pitágoras era conhecido como um comilão detalhista.

O livro começa no capítulo 0, pois eu queria enfatizar que o assunto aqui discutido é anterior à matemática. É o capítulo que trata de como os números surgiram. No começo do capítulo 1 os números já surgiram, e podemos partir para o que interessa. Entre essa parte e o final do capítulo 11 o livro fala de aritmética, álgebra, geometria, estatística e todos os outros ramos que consegui espremer nessas quatrocentas e poucas páginas. Tentei reduzir os assuntos mais técnicos ao mínimo, embora às vezes não tenha havido saída, e precisei enunciar equações e demonstrações. Se você ficar com dor de cabeça, pule para o início da seção seguinte e as coisas voltam a ficar mais fáceis. Cada capítulo é completo em si mesmo, o que significa que para entender um não é necessário ler os anteriores. Os capítulos podem ser lidos em qualquer ordem, mas espero que você leia do primeiro até o último, pois eles seguem certa cronologia de ideias e às vezes me refiro a questões levantadas anteriormente. Quis fazer um livro destinado ao leitor sem conhecimentos matemáticos, cobrindo desde temas do ensino básico até conceitos só ensinados ao final de cursos de graduação.

Incluí uma boa porção de material histórico, uma vez que a matemática é a história da matemática. Diferentemente das ciências humanas, em permanente estado de reinvenção, com novas ideias e tendências substituindo as mais antigas, e diferentemente das ciências aplicadas, em que as teorias são continuamente refinadas, a matemática não envelhece. Os teoremas de Pitágoras e de Euclides são tão válidos hoje como sempre foram — por isso Pitágoras e Euclides são os nomes mais antigos que estudamos na escola. Não há quase nada no programa de matemática do ensino médio que já não fosse conhecido em meados do século XVII, da mesma forma que no curso superior o programa de matemática não vá muito além do que se sabia até meados do século XVIII. (Na faculdade, a matemática mais moderna que estudei era dos anos 1920.)

Ao escrever este livro, minha motivação foi sempre transmitir o estímulo e as maravilhas das descobertas matemáticas. (E mostrar que os matemáticos são engraçados. Somos os reis da lógica, o que nos dá um radical senso discriminatório a respeito do ilógico.) A reputação da matemática é a de ser um tema árido e difícil. Em geral é. Mas a matemática pode também ser inspiradora, acessível e, acima de tudo, brilhantemente criativa. O pensamento matemático abstrato é uma das maiores realizações da raça humana, e possivelmente a base de todo o progresso humano.

O País dos Números é um lugar notável. Eu recomendo uma visita.

Alex Bellos
Janeiro de 2010

0. Cabeça para números

Quando entrei no atulhado apartamento de Pierre Pica em Paris, fui envolvido pelo cheiro forte de repelente de mosquitos. Pica acabara de voltar de uma estadia de cinco meses em uma comunidade indígena na floresta amazônica e desinfetava os presentes que havia trazido. As paredes de seu estúdio eram decoradas com máscaras tribais, cocares de penas e cestas artesanais. Livros acadêmicos sobrecarregavam as prateleiras. Largado sobre uma delas, um não resolvido Cubo de Rubik, ou Cubo Mágico.

Perguntei a Pica como tinha sido a viagem.

"Difícil", respondeu.

Pica é linguista, e talvez por essa razão fale devagar e com cuidado, dedicando atenção especial a cada palavra. É um cinquentão, mas parece um garoto — com olhos azuis brilhantes, tez avermelhada e cabelos grisalhos desgrenhados. A voz é calma, porém seus gestos são intensos.

Pica foi aluno do grande linguista norte-americano Noam Chomsky, e agora trabalha no Centro Nacional de Pesquisas Científicas da França. Nos últimos dez anos, o centro de seu trabalho tem sido os mundurucus, um grupo indígena de cerca de 7 mil indivíduos na Amazônia brasileira. Os mundurucus vivem em pequenas aldeias espalhadas por uma área de floresta tropical duas vezes maior que o País de Gales. O objeto de estudo de Pica é o idioma dos mundurucus, em que não há tempos verbais, plural e nenhuma palavra para números acima de cinco.

Para realizar seu trabalho de campo, Pica embarca em uma jornada digna dos grandes aventureiros. O aeroporto mais próximo dos índios fica em Santarém, uma cidade 750 quilômetros rio Amazonas adentro a partir do oceano Atlântico. De lá, uma viagem de quinze horas de barco o leva por mais de trezentos quilômetros pelo rio Tapajós até Itaituba, antigo centro de extração de ouro e último posto para estocar comida e combustível. Em sua viagem mais recente, Pica alugou um jipe em Itaituba e o carregou com seu equipamento, que incluía computadores, painéis solares, baterias, livros e quinhentos litros de gasolina. A bordo desse veículo ele pegou a rodovia Transamazônica, um delírio de infraestrutura nacionalista dos anos 1970 que deteriorou até se transformar numa precária e frequentemente intransitável estrada de lama.

O destino de Pica era Jacareacanga, um pequeno assentamento a mais de trezentos quilômetros a sudoeste de Itaituba. Perguntei quanto tempo leva para chegar lá. "Depende", respondeu, dando de ombros. "Pode demorar uma vida. Pode demorar dois dias."

"Quanto tempo demorou *desta* vez", repeti.

"Você sabe, nunca imaginamos quanto tempo vai demorar porque nunca leva o mesmo tempo. A viagem dura entre dez e doze horas na estação das chuvas. Se tudo correr bem."

Jacareacanga fica no limite da reserva dos mundurucus. Para entrar na área, Pica teve de esperar a chegada de alguns índios e negociar com eles para que o levassem até lá de canoa.

"Quanto tempo você teve que esperar?", indaguei.

"Eu esperei bastante. Mas não me pergunte outra vez quantos dias."

"Então foram alguns dias", tentei investigar.

Passaram-se alguns segundos enquanto ele franzia o cenho. "Foram mais ou menos duas semanas."

Mais de um mês depois de ter saído de Paris, Pica afinal estava se aproximando de seu destino. Claro que agora eu ia querer saber quanto tempo ele tinha levado para chegar de Jacareacanga até as aldeias.

Mas a essa altura já era visível a impaciência de Pica com as minhas perguntas: "A mesma resposta para tudo o mais... *depende!*".

Continuei firme. "Quanto tempo demorou *desta* vez?"

Ele gaguejou: "Não sei. Acho que... talvez... dois dias... um dia e uma noite...".

Quanto mais eu pressionava Pica a me fornecer fatos e números, mais relutante ele se tornava. Fiquei exasperado. Não estava claro se os aspectos subjacentes em suas histórias eram a intransigência francesa, o pedantismo acadêmico ou simplesmente uma contrariedade genérica. Parei com as perguntas e passamos a outros assuntos. Foi somente horas mais tarde, ao falarmos sobre como estava sendo sua volta para casa depois de tanto tempo no meio do nada, que ele se abriu. "Quando volto da Amazônia perco as noções de tempo e de números, e talvez até a noção de espaço." Pica costuma se esquecer de compromissos, desorienta-se em trajetos simples. "Tenho muita dificuldade para me ajustar a Paris outra vez, com todos esses ângulos e linhas retas." A incapacidade de Pica em me fornecer dados quantitativos faz parte do seu choque cultural. Por ter passado tanto tempo com pessoas que mal conseguem contar, ele perdeu a capacidade de descrever o mundo em termos numéricos.

Ninguém sabe ao certo, mas o mais provável é que os números não tenham mais de 10 mil anos de idade. Refiro-me aqui a um sistema funcional de palavras e símbolos para os números. Uma das teorias é que essa prática surgiu junto com a agricultura e o comércio, já que os números eram indispensáveis para controlar o estoque e oferecer a certeza de que não se estava sendo lesado. Os mundurucus praticam uma agricultura de mera subsistência, e só recentemente o dinheiro começou a circular em suas aldeias, por isso nunca desenvolveram a capacidade de contar. No caso das tribos nativas de Papua-Nova Guiné, argumentou-se que o surgimento dos números foi acionado por seus elaborados costumes de trocas de presentes. Os povos amazônicos, por sua vez, não têm essa tradição.

Há dezenas de milhares de anos, porém, e bem antes do advento dos números, nossos ancestrais devem ter manifestado certa sensibilidade no que se refere a quantidades. Deveriam ser capazes de diferenciar um mamute de dois mamutes, e de perceber que uma noite é diferente de duas noites. O salto intelectual entre a ideia concreta de duas coisas à invenção de um símbolo ou palavra para a ideia abstrata de "dois", contudo, levará muitas eras para surgir.

Esse acontecimento, na verdade, é o máximo a que chegaram algumas comunidades no Amazonas. Existem tribos cujas únicas palavras para os números são "um", "dois" e "muitos". Os mundurucus, que chegam até cinco, são um grupo relativamente sofisticado.

Os números são tão predominantes na nossa vida que é difícil imaginar como as pessoas sobrevivem sem eles. No entanto, em sua estadia com os mundurucus, Pica entrou numa existência sem números com facilidade. Dormia numa rede. Saía para caçar e comia anta, tatu e javali. Sabia a hora pela posição do sol. Se chovesse, ficava em casa; se fizesse sol, saía. Não havia necessidade de contar.

Ainda assim, achei estranho que números maiores que cinco não tivessem surgido na vida cotidiana da Amazônia. Perguntei a Pica como um índio diria "seis peixes". Por exemplo, vamos dizer que ele ou ela estivesse preparando uma refeição para seis pessoas e quisesse ter certeza de que cada um comeria um peixe.

"Isso é impossível", ele me respondeu. "A frase 'Eu quero peixe para seis pessoas' não existe."

E se alguém perguntasse a um mundurucu que tivesse seis filhos: "Quantos filhos você tem?".

Pica deu a mesma resposta: "Ele responderia 'Não sei'. É impossível expressar".

No entanto, acrescentou Pica, é uma questão cultural. Não quer dizer que um mundurucu contasse o primeiro filho, o segundo, o terceiro, o quarto, o quinto e depois coçasse a cabeça por não conseguir ir além. Para os mundurucus, a própria ideia de contar os filhos era ridícula. De fato, toda a noção de contar algo era ridícula.

Por que um mundurucu adulto iria querer contar os filhos?, perguntou Pica. As crianças são cuidadas por todos os adultos da comunidade, explicou, e ninguém conta qual delas pertence a quem. Comparou a situação com a expressão em francês "J'ai une grande famille", ou "Eu tenho uma família grande". "Quando afirmo ter uma família grande estou dizendo que não sei [quantos membros são]. Onde minha família termina e onde a família do outro começa? Eu não sei. Ninguém nunca me disse isso." Da mesma forma, se se pergunta a um mundurucu adulto por quantos filhos ele é responsável, não existe uma resposta correta. "Ele vai responder 'Não sei', o que é realmente o caso."

Os mundurucus não estão sozinhos na tendência histórica de não contar os membros da própria comunidade. Quando o rei David contou o seu povo, ele foi punido com três dias de pestilência e 77 mil mortes. Os judeus só podem contar judeus de forma indireta, e é por isso que nas sinagogas a forma de assegurar que há dez homens presentes, uma *minyan*, ou o número mínimo de pessoas para as orações, é fazer uma prece de dez palavras apontando uma palavra para cada um. Fazer uso de números para contar as pessoas é considerado um meio de as isolar, o que as torna mais vulneráveis a influências malignas. Se se pedir para um rabino ortodoxo contar os seus filhos, é grande a probabilidade de obter a mesma resposta que seria dada por um mundurucu.

Certa vez conversei com uma professora brasileira que havia passado muito tempo trabalhando em comunidades indígenas. Ela disse que os índios achavam que o constante questionamento por parte de forasteiros de quantos filhos eles tinham era uma compulsão peculiar, mesmo que os visitantes estivessem fazendo apenas uma pergunta educada. Qual é o sentido de contar os filhos? Isso provocava muitas suspeitas nos índios, ela explicou.

O primeiro relato escrito sobre os mundurucus data de 1768, quando um colono divisou alguns deles na margem de um rio. Um século depois, missionários franciscanos estabeleceram uma base nas terras dos mundurucus, e novos contatos aconteceram durante o ciclo da borracha no final do século XIX, quando os seringueiros chegaram à região. A maioria dos mundurucus ainda vive em relativo isolamento, mas, assim como muitos outros grupos indígenas com uma longa história de contatos, eles tendem a usar roupas ocidentais como camisetas e calções. Inevitavelmente, outros aspectos da vida moderna acabam invadindo seu mundo, como a eletricidade e a televisão. E os números. Na verdade, alguns mundurucus que vivem nas fronteiras de seus territórios aprenderam português, e sabem contar em português. "Eles sabem contar um, dois, três, até as centenas", explicou Pica. "Aí você pergunta: 'A propósito, quanto são cinco menos três?'" Pica parodia um dar de ombros gaulês. Eles não têm ideia.

Na floresta tropical, Pica conduz sua pesquisa usando laptops alimentados a baterias solares. A manutenção do equipamento é um pesadelo logístico devido ao calor e à umidade, embora às vezes o maior desafio seja reunir os participantes. Em uma ocasião, o chefe de uma aldeia exigiu que Pica comesse uma grande saúva vermelha para ter permissão para entrevistar uma criança. O diligente linguista fez careta, mas esmagou e engoliu o inseto.

O propósito de pesquisar as habilidades matemáticas de povos que só conseguem contar usando uma das mãos é descobrir a natureza de nossas intuições numéricas básicas. Pica quer diferenciar o que é universal a todos os humanos do que é forjado pela cultura. Em um de seus experimentos mais fascinantes ele estudou a compreensão espacial que os índios tinham dos números. Como eles visualizam números distribuídos numa linha? No mundo moderno nós estamos sempre fazendo isso — em fitas métricas, réguas, gráficos e com casas ao longo de uma rua. Mas como os mundurucus não têm números, Pica fez um teste com eles com séries de pontos numa tela. A cada voluntário foi mostrada uma figura numa folha, uma linha sem marcação. Do lado esquerdo da linha havia um ponto; do direito, dez pontos. Depois os voluntários eram apresentados a conjuntos aleatórios de um a dez pontos. Em cada conjunto, o voluntário tinha de apontar em que lugar da linha ele achava que o número de pontos deveria se localizar. Pica movia o cursor até esse ponto e clicava. Depois de repetidos cliques, conseguiu saber exatamente como os mundurucus espaçavam os números entre um e dez.

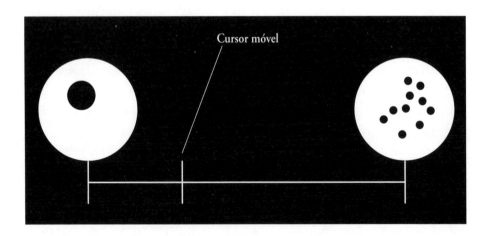

Quando esse teste foi aplicado a norte-americanos adultos, eles situaram os números em intervalos iguais ao longo da linha. Recriaram a sequência numérica que aprenderam na escola, na qual os dígitos adjacentes têm a mesma distância entre si, como numa régua. Os mundurucus, porém, deram uma resposta bem diferente. Acharam que os intervalos entre os números começavam maiores e ficavam progressivamente menores à medida que os números aumentavam. Por exemplo, as distâncias entre as marcas do primeiro e do segundo pontos, e do segundo e do terceiro pontos eram muito maiores que as distâncias entre o sétimo e o oitavo pontos, ou entre o oitavo e nono, como mostram os dois gráficos a seguir.

Os resultados foram chocantes. De modo geral, considera-se evidente que os números sejam espaçados regularmente. Nós aprendemos isso na escola e aceitamos com facilidade. É a base de toda mensuração e ciência. Mas não é assim que os mundurucus veem o mundo. Sem saber contar e sem uma linguagem própria para os números, eles visualizam essas magnitudes de forma totalmente diferente.

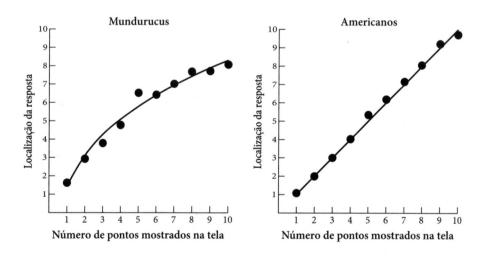

Quando os números são distribuídos de forma regular numa régua, temos uma escala *linear*. Quando se aproximam um do outro à medida que aumentam, a escala é *logarítmica*.* Acontece que a abordagem logarítmica não

---

* Na verdade, os números precisam se aproximar de uma certa forma para a escala ser logarítmica. Para saber mais sobre essa escala, ver p. 205.

é exclusiva dos índios da Amazônia. Todos nascemos concebendo os números dessa maneira. Em 2004, Robert Siegler e Julie Booth, da Universidade Carnegie Mellon, na Pensilvânia, apresentaram uma versão similar do experimento com números alinhados a grupos de alunos do jardim de infância (com uma média de idade de 5,8 anos), primeiranistas (6,9) e segundanistas (7,8). Os resultados mostraram em velocidade reduzida como a familiaridade com a contagem molda nossas intuições. Os alunos do jardim de infância, sem formação matemática, mapeiam os números de forma logarítmica. No primeiro ano da escola, quando os alunos começam a conhecer as palavras e símbolos numéricos, a curva vai ficando mais reta. E no segundo ano na escola, os números são afinal distribuídos regularmente ao longo da linha.

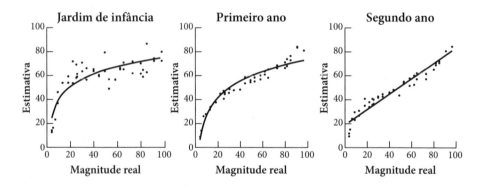

Por que os índios e as crianças acham que os números maiores estão mais próximos entre si do que os menores? Não existe uma explicação simples. Nos experimentos, os voluntários foram apresentados a uma série de pontos e precisavam responder onde esse conjunto estaria localizado em relação a uma linha com um ponto do lado esquerdo e dez pontos do direito. (Ou, no caso das crianças, cem pontos.) Imagine agora um mundurucu diante de cinco pontos. Depois de um exame minucioso, ele vai ver que cinco pontos são *cinco vezes maiores* do que um ponto, mas que dez pontos são apenas *duas vezes maiores* do que cinco pontos. Os mundurucus e as crianças parecem tomar sua decisão sobre como os números se dispõem baseados na estimativa das proporções entre as quantidades. Na consideração das proporções, é lógico que a distância entre cinco e um seja muito maior do que a distância entre dez e cinco. E quando se avalia as quantidades apelando a essas proporções, a escala resultante será sempre uma logarítmica.

Pica acredita que a compreensão de quantidades em termos de estimativa proporcional é uma intuição humana universal. De fato, os humanos que não usam números — como os índios e as crianças — não têm alternativa a não ser ver o mundo dessa forma. Em comparação, entender as quantidades em termos de números exatos não é uma intuição universal: é um produto da cultura. Pica sugere que a precedência de aproximações e proporções sobre os números exatos deve-se ao fato de que as proporções são muito mais importantes para a sobrevivência na floresta do que a capacidade de contar. Diante de um grupo de adversários armados de lanças, é preciso saber de imediato se eles estão em maior número que nós. Quando vemos duas árvores, precisamos saber imediatamente qual delas tem mais frutos. Em nenhum desses casos é necessário enumerar cada inimigo ou cada fruta individualmente. O crucial é ser capaz de fazer estimativas rápidas das quantidades relevantes e compará-las. Em outras palavras, fazer as aproximações e avaliar as suas proporções.

A escala logarítmica também é fiel à maneira como as distâncias são percebidas, e talvez por isso seja tão intuitiva. Leva em conta a perspectiva. Por exemplo, se vemos uma árvore a cem metros de distância e outra cem metros adiante da primeira, os segundos cem metros parecem mais curtos. Para um mundurucu, a noção de que cada cem metros representam uma distância igual é uma distorção da forma como ele percebe o ambiente.

Os números exatos nos fornecem um ponto de vista linear que contradiz nossa intuição logarítmica. Na verdade, nossa proficiência com números exatos indica que a intuição logarítmica é invalidada na maioria das situações. Mas não de todo. Vivemos ao mesmo tempo com uma compreensão linear e logarítmica de quantidade. Por exemplo, nosso entendimento da passagem do tempo tende a ser logarítmico. Em geral, sentimos que o tempo passa mais rápido à medida que ficamos mais velhos. Mas também funciona no outro sentido: ontem sempre parece bem mais distante do que a semana passada inteira. Nosso arraigado instinto logarítmico fica bem claro quando pensamos em números muito grandes. Por exemplo, todos podemos entender a diferença entre um e dez. É pouco provável que possamos confundir um litro de cerveja com dez litros de cerveja. Mas e quanto à diferença entre 1 bilhão de litros de água e 10 bilhões de litros de água? Embora a diferença seja enorme, tendemos a ver as duas quantidades da mesma forma — como quantidades muito grandes de água. Da mesma maneira, os termos milionário e bilionário são usados quase como sinônimos — como se não houvesse muita diferença entre ser muito rico e muito, muito rico. No entanto, um bilionário é mil vezes mais rico do que um milionário. Quanto maiores os números, mais próximos uns dos outros eles nos parecem.

O fato de Pica ter se esquecido temporariamente de como lidar com números depois de apenas alguns meses na selva indica que nossa compreensão linear dos números não é tão profundamente enraizada em nosso cérebro quanto a logarítmica. Nossa compreensão dos números é surpreendentemente frágil, e essa é a razão de voltarmos à nossa intuição de avaliar quantidades com proporções e aproximações quando não precisamos usar nossa capacidade de manipular números exatos.

Pica afirmou que sua pesquisa e as de outros sobre a intuição matemática podem ter sérias consequências no ensino da matemática — e não só na Amazônia. Precisamos compreender a linearidade numérica para funcionar na sociedade moderna, por ser a base da mensuração e facilitar os cálculos. Mas talvez tenhamos ido longe demais em nossa dependência da linearidade, e enrijecido a nossa intuição logarítmica. Talvez, diz Pica, seja essa a razão por que muita gente acha a matemática difícil. Talvez devamos prestar mais atenção ao julgamento das proporções do que à manipulação de números exatos. Da mesma forma, talvez seja errado ensinar os mundurucus a contar como nós, pois isso pode privá-los de sua intuição matemática ou de conhecimentos necessários para sua própria sobrevivência.

O interesse pelas habilidades matemáticas de quem não dispõe de palavras ou símbolos para os números se concentra tradicionalmente nos animais. Um dos mais bem conhecidos sujeitos de pesquisa foi um cavalo trotador chamado Clever Hans [Hans, o Inteligente]. No início do século xx, multidões costumavam se reunir num pátio em Berlim para ver o proprietário de Hans, Wilhelm von Osten, professor de matemática aposentado, apresentar contas aritméticas simples ao cavalo. Hans respondia batendo o casco no chão de acordo com a quantidade. Seu repertório incluía adição e subtração, além de frações, raiz quadrada e fatoração. O fascínio do público, e a desconfiança de que a suposta inteligência do cavalo fosse algum truque, levou à investigação de suas habilidades por um comitê de eminentes cientistas. Eles concluíram que Hans sabia mesmo fazer contas.

Foi preciso um psicólogo menos eminente e mais rigoroso para desbancar o Einstein equino. Oscar Pfungst percebeu que Hans estava reagindo a pistas contidas na linguagem corporal de Onsten. Hans começava a bater o casco no chão e só parava quando sentia um acúmulo ou alívio de tensão na expressão de Osten, indicando que a resposta havia sido obtida. O cavalo era sensível a minúsculos sinais visuais, como a inclinação da cabeça, uma sobrancelha erguida ou até a dilatação das narinas. Von Osten não tinha consciência de estar fazendo esses sinais. Sem dúvida Hans sabia ler muito bem as pessoas, mas não era um aritmético.

Houve muitas outras tentativas no século xx para ensinar animais a contar, nem todas com a finalidade de entretenimento circense. Em 1943, o cientista alemão Otto Koehler ensinou seu corvo de estimação, Jakob, a selecionar um pote com um número específico de manchas na tampa misturado a outros potes com números diferentes de manchas nas tampas. O pássaro conseguia cumprir essa tarefa quando o número de manchas em qualquer das tampas fosse de um a sete. Em anos mais recentes, a inteligência aviária chegou a picos mais impressionantes. Irene Pepperberg, da Universidade Harvard, ensinou a um papagaio cinzento africano chamado Alex os números de um a seis. Diante de um agrupamento de blocos coloridos, ele conseguia chalrear em inglês, por exemplo, quantos blocos azuis estavam presentes. Alex se tornou tão famoso entre cientistas e amantes de pássaros que quando morreu inesperadamente, em 2007, seu obituário foi publicado na revista *The Economist*.

A lição de Clever Hans foi a de que quando se ensina animais a contar é preciso muito cuidado para eliminar quaisquer incentivos humanos involuntários. Para o ensino de matemática de Ai, uma chimpanzé trazida da África Ocidental para o Japão no final dos anos 1970, a possibilidade de intervenção humana foi eliminada porque tudo o que ela aprendeu foi por meio de uma tela de computador sensível ao toque.

Ai tem hoje 31 anos e mora no Instituto de Pesquisa de Primatas em Inuyama, uma pequena cidade turística no centro do Japão. Tem a testa alta e calva, o cabelo no queixo é branco, e seus olhos são escuros e fundos como os de um macaco na meia-idade. Todos se referem a ela como "aluna", nunca como "sujeito de pesquisa". Ai frequenta aulas todos os dias, quando recebe tarefas. Chega pontualmente às nove da manhã, depois de passar a noite fora com um grupo de outros chimpanzés numa gigantesca construção em forma de árvore feita de madeira, metal e cordas. No dia em que a conheci ela estava com a cabeça perto de um computador, tamborilando sequências de dígitos na tela na medida em que apareciam. Quando completava a tarefa corretamente, um cubo de maçã de oito milímetros deslizava por um tubo à sua direita. Ai o pegava na mão e o engolia de imediato. Seu olhar distraído, o tamborilar indiferente num computador piscando e bipando e a forma casual com que recolhia as seguidas recompensas me fez lembrar da imagem de uma velha senhora jogando numa máquina caça-níqueis.

Quando era mais nova, Ai se tornou uma grande macaca nos dois sentidos da palavra, ao ser o primeiro ser não humano a contar com algarismos arábicos. (São os símbolos 1, 2, 3 e assim por diante, usados em quase todos os países com exceção, ironicamente, de partes do mundo árabe.) Para conseguir que fizesse isso de forma satisfatória, Tetsuro Matsuzawa, diretor do Instituto de Pesquisas de Primatas, precisou ensinar a ela dois elementos que compõem o entendimento humano do número: quantidade e ordem.

Os números expressam uma quantidade, mas também uma posição. Os dois conceitos estão ligados, porém são diferentes. Por exemplo, quando me refiro a "cinco cenouras", estou dizendo que a quantidade de cenouras no grupo é igual a cinco. Os matemáticos chamam esse aspecto numérico de "cardinalidade". Por outro lado, quando conto de um a vinte, estou usando a conveniente característica de os números poderem ser ordenados numa sucessão. Não estou me referindo a vinte objetos, estou apenas recitando uma sequência. Os matemáticos chamam esse aspecto numérico de "ordinalidade". Na escola aprendemos noções de cardinalidade e ordinalidade simultaneamente, e transitamos sem esforço entre elas. Para os chimpanzés, porém, essa interseção não é óbvia de jeito nenhum.

Primeiro, Matsuzawa ensinou a Ai que um lápis vermelho se referia ao símbolo "1", e dois lápis vermelhos ao "2". Depois de 1 e 2, ela aprendeu o 3 e em seguida todos os outros dígitos até 9. Quando era apresentada ao número 5, digamos, ela conseguia tocar um quadrado com cinco objetos, e quando era apresentada ao quadrado com cinco objetos, ela tocava o dígito 5. O aprendizado era por meio de recompensa: sempre que conseguia realizar corretamente uma tarefa no computador, um tubo ligado ao aparelho liberava um pedaço de comida.

Quando Ai dominou a cardinalidade dos dígitos de 1 a 9, Matsuzawa introduziu tarefas para ensinar-lhe como eles eram ordenados. Em seus testes, piscavam dígitos na tela, e Ai tinha de tocar neles na ordem ascendente. Se a tela mostrava 4 e 2, ela tinha de tocar no 2 e em seguida no 4 para ganhar seu cubo de maçã. Ela aprendeu isso com muita rapidez. A competência de Ai tanto em tarefas de cardinalidade como de ordinalidade significava que Matsuzawa podia dizer com razoável certeza que sua aluna tinha aprendido a contar. Essa realização transformou-a numa heroína nacional no Japão e em um ícone global de sua espécie.

Matsuzawa introduziu a seguir o conceito do zero. Ai captou a cardinalidade do símbolo 0 com facilidade. Sempre que um quadrado aparecia na tela sem nada nele, ela tocava no dígito. Depois Matsuzawa quis saber se ela era capaz de inferir uma compreensão da ordinalidade do zero. Ai foi apresentada a uma sequência de telas com dois dígitos, da mesma forma com que estava aprendendo a ordinalidade de 1 a 9, só que agora às vezes um dos dígitos era um 0. Onde ela achava que seria o lugar do zero na ordem dos números?

Na primeira sessão, Ai colocou o 0 entre 6 e 7. Matsuzawa fez esse cálculo tirando a média de quais números ela pensava que o 0 vinha depois e quais os que achava que vinha antes. Nas sessões seguintes o posicionamento do 0 desceu para menos de 6, depois menos de 5, 4, e depois de centenas de tentativas chegou perto do 1. Mas ela continuou confusa, sem saber se o 0 era mais ou menos que 1. Embora tivesse aprendido a manipular números com perfeição, faltava a Ai a profundidade da compreensão humana dos números.

Um hábito que ela aprendeu, no entanto, foi o de se exibir como os humanos. Agora Ai é uma profissional completa, tendendo a se apresentar melhor em suas tarefas no computador diante de visitantes, em especial diante das câmeras.

O estudo do aprendizado dos números pelos animais é uma busca acadêmica ativa. Experimentos têm revelado uma inesperada capacidade de "discriminação de quantidade" em animais tão diversos como salamandras, ratos e golfinhos. Embora os cavalos ainda não consigam calcular raiz quadrada, os cientistas agora acreditam que a capacidade numérica dos animais é muito mais sofisticada do que se pensava previamente. Parece que todas as criaturas nascem com um cérebro com predisposição para a matemática.

Afinal, a competência numérica é crucial para a sobrevivência na floresta. Um chimpanzé corre menos risco de ficar com fome se conseguir olhar para uma árvore e quantificar o número de frutas maduras que vai comer no almoço. Karen McComb, da Universidade de Sussex, monitorou um grupo de leões no Serengeti a fim de mostrar que os leões usam uma noção numérica ao decidir se atacam ou não outros leões. Em um experimento, uma leoa solitária caminhava atrás do grupo no crepúsculo. McComb havia instalado um alto-falante nos arbustos e tocou a gravação de um único rugido. A leoa ouviu e continuou andando para casa. Num segundo experimento, cinco leoas estavam juntas. McComb tocou rugidos de três leoas pelo alto-falante oculto. O grupo de cinco leoas ouviu os rugidos de três e olhou na direção do ruído. Uma das leoas começou a rugir, e logo as cinco estavam correndo em direção ao arbusto prontas para o ataque.

McComb concluiu que as leoas compararam as quantidades na cabeça. Uma contra uma seria arriscado demais para atacar, mas com a vantagem de cinco a três elas partiram para o ataque.

Nem todas as pesquisas numéricas com animais são tão glamorosas como acampar no Serengeti ou interagir com chimpanzés famosos. Na Universidade de Ulm, na Alemanha, estudiosos puseram algumas formigas do deserto do Saara no final de um túnel e deixaram que saíssem em busca de alimento. Assim que chegaram à comida, porém, algumas formigas tiveram a ponta das patas decepadas, enquanto outras ganharam muletas feitas de pelo de porco. (Isso não é tão cruel quanto parece, pois as patas das formigas do deserto normalmente são esfrangalhadas ao sol saariano.) As formigas com as patas amputadas não conseguiram voltar, enquanto as que tinham patas mais longas passaram do ponto de partida na volta, sugerindo que em vez de usar os olhos, as formigas estimam distâncias por um pedômetro interno. A grande aptidão das formigas de conseguir vagar durante horas e sempre conseguir voltar para casa pode ser devido à sua proficiência em contar os próprios passos.

A pesquisa sobre a competência numérica dos animais tomou alguns caminhos inesperados. Os chimpanzés podem ter limites em sua proficiência matemática, mas ao estudá-los Matsuzawa descobriu que eles têm outras capacidades cognitivas que são muito superiores às nossas.

Nesta tarefa, são apresentados rapidamente a Ayumu sete dígitos, que depois se transformam em quadrados brancos. Ele precisa lembrar a posição dos números de modo a poder tocar nos quadrados na ordem para ganhar a comida como recompensa.

Em 2000, Ai deu à luz um filho, Ayumu. No dia em que visitei o Instituto de Pesquisas de Primatas, Ayumu estava na aula ao lado da mãe. Ele é menor, com a pele mais rosada, e o rosto e as mãos têm o pelo mais escuro. Ayumu estava sentado em frente ao seu próprio computador, tocando na tela quando números apareciam e devorando cubos de maçã quando acertava. É um garoto autoconfiante, fazendo jus ao seu papel privilegiado de filho e herdeiro da fêmea dominante do grupo.

Nunca ninguém ensinou Ayumu a usar a tela sensível ao toque, embora ainda bebê ele já ficasse todos os dias ao lado da mãe durante as aulas. Um dia, Matsuzawa abriu só a metade da porta da sala de aula, o suficiente para Ayumu passar, mas não para Ai. Ayumu foi direto para o monitor do computador. A equipe observou, ansiosa para saber o que ele tinha aprendido. Ele pressionou a tela para começar e apareceram os dígitos 1 e 2. Era uma tarefa simples de ordenação. Ayumu clicou o 2. Errado. Continuou apertando o 2. Errado outra vez. Depois tentou apertar o 1 e 2 ao mesmo tempo. Errado. Afinal conseguiu acertar: apertou 1, depois 2, e um cubo de maçã caiu na sua mão. Em pouco tempo, Ayumu estava se saindo melhor do que a mãe nas tarefas do computador.

Alguns anos atrás, Matsuzawa introduziu um novo tipo de tarefa numérica. Ao apertar o botão para começar, os números de 1 a 5 eram dispostos num padrão aleatório na tela. Passados 0,65 segundo, os números se transformavam em quadrados brancos. A tarefa era tocar nos quadrados brancos na ordem certa, lembrando-se de quais quadrados tinham sido quais números.

Ayumu completava a tarefa corretamente cerca de 80% das vezes, o equivalente à média de um grupo de amostra de crianças japonesas. Matsuzawa reduziu então o tempo em que os números ficavam visíveis para 0,43 segundo. Enquanto Ayumu mal notou a diferença, o desempenho das crianças caiu para 60%. Quando Matsuzawa reduziu outra vez o tempo de exposição dos números — para apenas 0,21 segundo —, Ayumu continuou registrando 80%, enquanto as crianças caíram para 40%.

Esse experimento revelou que Ayumu tinha uma extraordinária memória fotográfica, assim como outros chimpanzés de Inuyama, embora nenhum fosse tão bom quanto ele. Matsuzawa aumentou o número de dígitos em experimentos subsequentes, e agora Ayumu consegue se lembrar da posição de oito dígitos expostos por apenas 0,21 segundo. Matsuzawa reduziu também o intervalo de tempo, e agora Ayumu consegue se lembrar da posição de cinco dígitos visíveis por apenas 0,09 segundo — tempo que mal permite a um humano registrar os números, que dirá lembrar de suas posições. Esse incrível talento para memorização instantânea pode muito bem ser motivado pela necessidade de decisões imediatas, como avaliar o número de inimigos, algo vital na floresta.

Esses estudos dos limites da capacidade numérica dos animais conduzem naturalmente à questão das habilidades humanas inatas. Para estudar mentes o mais descontaminadas possível por conhecimentos adquiridos, os cientistas precisam de sujeitos cada vez mais jovens. Por conta disso, agora bebês com apenas poucos meses de idade são rotineiramente testados em suas habilidades matemáticas. Como bebês dessa idade não falam nem controlam bem os membros, o teste de sinais de destreza numérica se baseia no olhar. A teoria diz que eles olham durante mais tempo as imagens que consideram mais interessantes. Em 1980, Prentice Starkey, da Universidade da Pensilvânia, mostrou uma tela com dois pontos para bebês de dezesseis a trinta semanas de idade, depois mostrou outra tela com dois pontos. Os bebês olharam para a segunda tela durante 1,9 segundo. Mas quando Starkey repetiu o teste mostrando uma tela com três pontos depois da tela com dois pontos, os bebês olharam para a segunda tela durante 2,5 segundos — um tempo quase $\frac{1}{3}$ mais longo. Starkey argumentou que esse tempo extra de atenção significava que os bebês notaram algo diferente nos três pontos se comparados com os dois pontos, e que portanto tinham uma compreensão rudimentar dos números. Esse método de avaliação da cognição numérica por meio do período de atenção agora virou padrão. Elizabeth Spelke, de Harvard, mostrou em 2000 que bebês de seis meses podem notar a diferença entre oito e dezesseis pontos, e, em 2005, que podem distinguir entre dezesseis e 32.

Um experimento relacionado demonstrou que bebês têm noções de aritmética. Em 1992, Karen Wynn, da Universidade do Arizona, sentou um bebê de cinco meses em frente a um pequeno palco. Um adulto colocou um boneco do Mickey Mouse no palco e escondeu-o com uma tela. A seguir, o adulto colocou um segundo boneco do Mickey Mouse atrás da tela. Quando a tela foi retirada, apareceram dois bonecos. Depois Wynn repetiu a experiência, dessa vez revelando um número errado de bonecos quando a tela era retirada: só um boneco ou três deles. Quando eram um ou três bonecos, o bebê olhava para o palco por mais tempo do que quando a resposta era dois, indicando que a criança se surpreendia quando a aritmética estava errada. Wynn argumentou que os bebês entendiam que um boneco mais um boneco é igual a dois bonecos.

Personagem colocado no palco

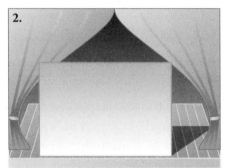
Uma tela esconde o personagem

Um segundo personagem é colocado atrás da tela

A tela esconde os personagens

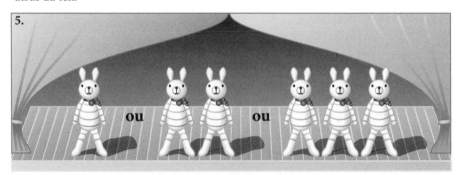
A tela é removida para revelar um dos cenários acima

No experimento de Karen Wynn, é testada a capacidade dos bebês de distinguir o número correto de bonecos atrás de uma tela.

Esse experimento com Mickey Mouse foi realizado depois com as marionetes Ênio e Beto, de *Vila Sésamo*. Ênio foi posto no palco. A tela desceu, e outro Ênio foi colocado atrás da tela. A tela foi retirada. Às vezes eram mostrados dois Ênios, às vezes um Ênio e um Beto juntos, e às vezes só um Ênio ou só um Beto. Os bebês olhavam por mais tempo quando só uma marionete era mostrada, e não quando duas marionetes *erradas* eram mostradas. Em outras palavras, a impossibilidade aritmética de 1 + 1 = 1 era muito mais perturbadora do que a metamorfose de Ênios em Betos. O conhecimento que os bebês têm das leis matemáticas parece ser muito mais enraizado do que seu conhecimento das leis da física.

O psicólogo suíço Jean Piaget (1896-1980) argumentava que os bebês desenvolviam lentamente a compreensão dos números, através da experiência, e que portanto não havia razão para ensinar matemática para crianças com menos de seis ou sete anos. Isso influenciou gerações de educadores, que em geral preferiam deixar os alunos mais novos brincar com blocos nas aulas em vez de apresentá-los à matemática formal. Agora as teorias de Piaget são consideradas ultrapassadas. Os alunos entram em contato com algarismos arábicos e operações aritméticas assim que passam a frequentar a escola.

Experimentos com pontos são também a pedra angular da pesquisa de cognição numérica em adultos. Uma experiência clássica é mostrar a uma pessoa pontos numa tela e perguntar quantos pontos ela vê. Quando são um, dois ou três pontos, a resposta é quase instantânea. Quando são quatro pontos, a resposta é significativamente mais lenta, e com cinco, mais lenta ainda.

E daí?, você poderia perguntar. Bem, é provável que isso explique por que em diversas culturas os algarismos para 1, 2 e 3 são uma, duas e três linhas, enquanto o número 4 *não* é representado por quatro linhas. Com três linhas ou menos, podemos dizer o número de linhas de imediato, mas quando são quatro, nosso cérebro precisa trabalhar mais e faz-se necessário um símbolo diferente. Os caracteres chineses para um a quatro são 一, 二, 三 e 四. Na antiga Índia os algarismos eram 一 , = , ≡ e + (Se unirmos as linhas, podemos ver que elas se transformam nos modernos 1, 2, 3 e 4.)

Na verdade, existe alguma discussão quanto ao limite do número de linhas que podemos captar instantaneamente ser de três ou de quatro. Os romanos tinham as alternativas IIII e IV para o quatro. O IV é muito mais instantaneamente reconhecível, mas os mostradores dos relógios — talvez por razões estéticas — tendem a usar o IIII. Porém com certeza o número de linhas, pontos ou tigres-dentes-de-sabre que podemos contar de forma rápida, segura e precisa não passa de quatro. Embora tenhamos uma noção *exata* do 1, 2 e 3, depois do 4 a nossa noção exata se desfaz, e nossa avaliação dos números torna-se *aproximada*. Por exemplo, tente adivinhar rapidamente quantos pontos existem na ilustração abaixo.

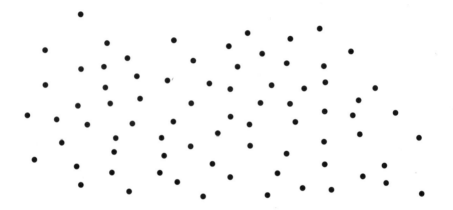

É impossível. (A não ser que você seja um *savant* autista, como o personagem interpretado por Dustin Hoffman em *Rain man*, que seria capaz de resmungar numa fração de segundo: "Setenta e cinco".) Nossa única estratégia é chutar, e provavelmente erraríamos feio.

Os pesquisadores têm testado a extensão da nossa intuição de quantidade mostrando a voluntários imagens de diferentes números de pontos e perguntando qual delas é a maior, e o que acabou por se revelar é que nossa capacidade de discriminar pontos segue um padrão regular. É mais fácil, por exemplo, perceber a diferença entre um grupo de oitenta pontos e um grupo de cem pontos do que entre dois grupos de 81 e 82 pontos. Da mesma forma, é mais fácil distinguir entre vinte e quarenta pontos do que entre oitenta e cem pontos. Nos casos A e B a seguir, os conjuntos de pontos à esquerda são maiores do que os conjuntos à direita, mas o tempo que levamos para processar a informação é nitidamente mais longo no caso B.

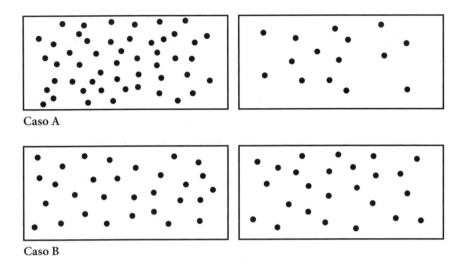

Caso A

Caso B

Os cientistas têm se surpreendido com a forma rigorosa com que nossos poderes de comparação seguem leis matemáticas, como o princípio multiplicativo. Em seu livro *The number sense* [A noção dos números], o cientista cognitivo francês Stanislas Dehaene apresenta o exemplo de uma pessoa que consegue discriminar dez pontos de treze com uma precisão de 90%. Se o primeiro conjunto for dobrado para vinte pontos, quantos pontos precisa ter o segundo conjunto para que essa pessoa mantenha a mesma precisão de 90% de discriminação? A resposta é 26, *exatamente o dobro* do número do segundo conjunto original.

Os animais também conseguem comparar conjuntos de pontos. Embora não o façam tão bem quanto nós, as mesmas leis matemáticas parecem reger suas habilidades. Isso é algo notável. Os humanos são os únicos a dominar um maravilhoso e elaborado sistema de contagem. Nossa vida é cheia de números. No entanto, a despeito de todo o nosso talento matemático, quando se trata de perceber e estimar números grandes, nosso cérebro funciona como o de nossos amigos de penas ou de pelos.

A intuição humana a respeito de quantidades levou, ao longo de milhões de anos, à criação dos números. É impossível saber exatamente como isso aconteceu, mas é razoável especular que tenha surgido a partir de nosso desejo de rastrear coisas — como luas, montanhas, predadores ou batidas de tambor. A princípio devemos ter usado símbolos visuais, como os dedos, ou entalhes na madeira, numa correspondência de um para um com os objetos que estávamos seguindo — dois entalhes ou dois dedos representando dois mamutes, três entalhes ou três dedos representando três, e assim por diante. Mais tarde terão surgido palavras para expressar os conceitos de "dois entalhes" ou "três dedos".

Conforme mais objetos eram rastreados, nosso vocabulário e simbologia dos números foram se expandindo e — acelerando até os dias de hoje — agora temos um sistema bem desenvolvido de números exatos com os quais podemos contar a quantidade que quisermos. Nossa capacidade de expressar números exatos, como a capacidade de afirmar que há precisamente 75 pontos na imagem das pp. 41-2, é como unha e carne com nossa capacidade mais fundamental de entender essas quantidades de forma aproximada. A escolha da abordagem a ser usada depende das circunstâncias: no supermercado, por exemplo, usamos nossa compreensão dos números exatos quando examinamos o preço dos produtos. Mas quando resolvemos entrar na fila mais curta, estamos usando nossa noção instintiva de aproximação. Não contamos as pessoas individualmente em cada fila. Olhamos para as filas e fazemos uma estimativa de qual delas tem menos gente.

Aliás, utilizamos essa abordagem imprecisa dos números constantemente, mesmo quando usamos uma terminologia precisa. Pergunte a alguém quanto tempo leva para chegar ao trabalho e quase sempre a resposta será uma aproximação, digamos: "Trinta e cinco, quarenta minutos". Na verdade, já percebi que sou incapaz de dar respostas com um só número a perguntas que envolvem quantidade. Quantas pessoas estavam na festa? "Vinte, trinta..." Quanto tempo você ficou? "Três horas e meia, quatro horas..." Quantos drinques você tomou? "Quatro, cinco... *dez*..." Eu costumava achar que estava sendo indeciso. Agora não tenho mais certeza. Prefiro pensar que estava usando minha noção de números interna, uma propensão instintiva, animal, para lidar com aproximações.

Uma vez que a noção de número aproximado é essencial para a sobrevivência, pode-se pensar que todos os humanos deveriam ter habilidades comparáveis. Num estudo de 2008, psicólogos da Universidade Johns Hopkins e do Instituto Kennedy Krieger investigaram se seria esse o caso entre um grupo de jovens de catorze anos de idade. Os adolescentes foram apresentados a números variáveis de pontos amarelos e azuis numa tela durante 0,2 segundo e indagados se havia mais pontos amarelos ou azuis. O resultado surpreendeu os pesquisadores, pois as respostas mostraram uma variação inesperada no desempenho de cada um. Alguns alunos podiam diferenciar entre nove pontos azuis e dez amarelos com facilidade, mas outros tinham uma capacidade comparável à de crianças — mal conseguiam dizer se os amarelos superavam os azuis em cinco para três.

As descobertas ficaram ainda mais claras e surpreendentes quando as pontuações dos adolescentes na diferenciação dos pontos foram comparadas às suas notas em matemática desde o jardim de infância. Os pesquisadores haviam partido da suposição de que a capacidade intuitiva de discriminar quantidades não contribuía muito para o aluno ser bom em tarefas como solucionar equações ou desenhar triângulos. Mas esse estudo mostrou uma forte correlação entre o talento para o reconhecimento e a aptidão para a matemática formal. Quanto melhor a noção de aproximação de um número, parece ser maior a chance de conseguir boas notas. Isso pode ter sérias consequências para a educação. Se o talento para avaliação implica uma aptidão para a matemática, quem sabe as aulas de matemática devessem ser menos sobre tabuada e mais sobre o aperfeiçoamento das aptidões para comparar conjuntos de pontos.

Talvez Stanislas Dehaene seja a figura de mais destaque no campo multidisciplinar da cognição numérica. Ele começou como matemático e agora é um neurocientista, professor do Collège de France e um dos diretores do NeuroSpin, um instituto de pesquisa de estudos avançados perto de Paris. Pouco depois de ter publicado *The number sense*, em 1997, ele almoçava numa cantina no Museu de Ciência de Paris com a psicóloga de desenvolvimento Elizabeth Spelke, de Harvard, quando por acaso os dois se encontraram com Pierre Pica. Pica comentou sua experiência com os mundurucus, e depois de empolgadas discussões os três resolveram colaborar uns com os outros. A possibilidade de estudar uma comunidade que não sabe contar era uma oportunidade maravilhosa para novas pesquisas.

Dehaene projetou experimentos para Pica conduzir na Amazônia, um dos quais era muito simples: ele só queria saber o que os índios entendiam como suas palavras numéricas. De volta à floresta, Pica reuniu um grupo de voluntários e mostrou números variáveis de pontos numa tela, pedindo para que dissessem em voz alta o número de pontos que viam.

Os números em mundurucu são:

Um	*pũg*
Dois	*xep xep*
Três	*ebapug*
Quatro	*ebadipdip*
Cinco	*pũg pogbi*

Quando havia um ponto na tela, os mundurucus diziam *pũg*. Quando havia dois, eles diziam *xep xep*. Mas acima de dois eles não eram muito precisos. Quando três pontos eram mostrados, *ebapug* era dito em 80% das vezes. A reação a quatro pontos era *ebadipdip* em apenas 70% dos casos. Quando eram mostrados cinco pontos, *pũg pogbi* era a resposta em somente 28% das vezes, com *ebadipdip* sendo empregado em 15% das respostas. Em outras palavras, para o três e os números acima de três, as palavras numéricas dos mundurucus eram na verdade apenas estimativas. Eles contavam "um", "dois", "mais ou menos três", "mais ou menos quatro", "mais ou menos cinco". Pica começou a pensar se o termo *pũg pogbi*, que literalmente quer dizer "punhado", poderia ser classificado como um número. Será que eles não conseguiam contar até cinco, só até "mais ou menos quatro"?

Pica também notou um interessante aspecto linguístico em suas palavras numéricas, chamando minha atenção para o fato de que de um até quatro o número de sílabas das palavras era igual ao próprio número. Essa observação o deixou muito entusiasmado. "É como se as sílabas fossem uma forma auricular de contagem", explicou. Da mesma maneira que os romanos contavam I, II, III, IIII, mas mudavam para V no cinco, os mundurucus começavam com uma sílaba para um, acrescentavam outra sílaba para dois, outra para três e outra para quatro, mas não usavam cinco sílabas para cinco. Ainda que não fossem empregadas com precisão, as palavras usadas para três e quatro continham um número exato de sílabas. Quando o número de sílabas não era mais importante, talvez a palavra não fosse mais um número. "Isso é espantoso, pois parece corroborar a ideia de que os humanos dispõem de um sistema numérico que só consegue chegar a quatro objetos exatos de cada vez", afirmou.

Pica também sondou a capacidade dos mundurucus de fazer estimativas de números maiores. Em um dos testes, ilustrado a seguir, era apresentada uma animação de computador de dois conjuntos de pontos caindo numa lata. Depois os índios tinham de responder se aqueles dois conjuntos acumulados na lata — não mais visíveis para comparação — eram maiores do que um terceiro conjunto de pontos que aparecia então na tela. Era um teste para saber se eles conseguiam calcular uma soma de forma aproximada. Conseguiam, e se saíram tão bem quanto um grupo de franceses adultos diante da mesma tarefa.

Em um experimento relacionado, também ilustrado a seguir, a tela do computador de Pica mostrou uma animação de seis pontos entrando numa lata e em seguida quatro pontos saindo da lata. Os mundurucus tiveram de apontar então uma entre três escolhas para dizer quantos pontos restaram dentro da lata. Em outras palavras, qual é o resultado de 6 menos 4? O teste havia sido projetado para saber se os mundurucus entendiam números exatos para os quais não tinham palavras. Eles não conseguiram cumprir a tarefa. Sempre que viam a animação de subtração que continha seis, sete ou oito pontos, não conseguiam encontrar uma solução. "Eles não conseguiam fazer o cálculo nem nos casos mais simples", disse Pica.

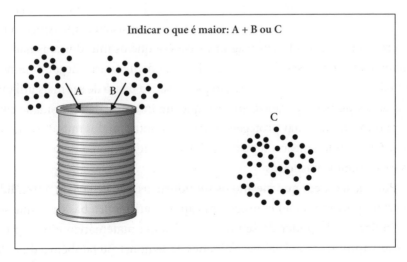

Adição e comparação aproximadas.

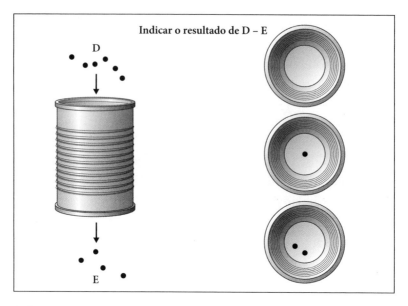

Subtração exata.

Os resultados desses dois experimentos mostraram que os mundurucus sabiam lidar bem com quantidades aproximadas, mas eram muito ruins em números exatos acima de cinco. Pica ficou fascinado com as semelhanças reveladas entre os mundurucus e os ocidentais: ambos tinham um sistema exato e funcional para rastrear números pequenos, e um sistema aproximado para números grandes. A diferença significativa era que os mundurucus não conseguiam combinar esses dois sistemas independentes para chegar a números acima de cinco. Pica disse que a razão para isso era o fato de ser mais útil manter os dois sistemas separados. Sugeriu que, no interesse da diversidade cultural, era importante tentar proteger a forma de contagem dos mundurucus, que logo estaria sendo ameaçada pelo inevitável aumento do contato entre os índios e os colonos brasileiros.

Porém, acontece que mesmo os mundurucus que já haviam aprendido a contar em português não conseguiam captar a aritmética básica, o que seria uma indicação do poder de seu próprio sistema matemático e o quanto se mostrava apropriado às suas necessidades. E demonstrou também a dificuldade do salto conceitual necessário à compreensão adequada dos números exatos acima de cinco.

* * *

Será que os humanos precisam de palavras para números acima de quatro para ter um entendimento exato deles? Não é nisso que crê o neurocientista Brian Butterworth, professor da Universidade de Londres. Ele acha que o cérebro contém uma capacidade inerente para compreender números exatos, que chamou de "módulo de número exato". Segundo sua interpretação, os humanos apreendem os números exatos de itens em pequenas coleções, e ao acrescentar números um a um a essas coleções podemos entender como se comportam os números maiores. Butterworth vem realizando suas pesquisas no único lugar fora da Amazônia em que existem grupos indígenas quase sem palavras para números: o interior da Austrália.

A comunidade aborígine Warlpiri vive perto de Alice Springs e só tem palavras para um, dois e muitos, enquanto os Anindilyakwa de Groote Eylande, no golfo de Carpentária, só têm palavras para um, dois, três (que às vezes significa quatro) e muitos. Em um experimento com crianças de ambos os grupos, um bloco de madeira era martelado por um bastão até sete vezes, e contadores foram dispostos num tablado. Às vezes o número de pancadas era igual ao número dos contadores, às vezes não. As crianças foram perfeitamente capazes de dizer quando os números conferiam e quando não conferiam. Butterworth argumentou que para obter a resposta certa as crianças estavam produzindo uma representação mental do número exato, que era suficientemente abstrato para representar uma numeração ao mesmo tempo auditiva e visual. Essas crianças não tinham palavras para os números quatro, cinco, seis e sete, mas eram perfeitamente capazes de guardar essas quantidades na cabeça. As palavras podem ser úteis para entender a exatidão, concluiu Butterworth, mas não são necessárias.

Outro ponto importante do trabalho de Butterworth — e de Stanislas Dehaene — é um distúrbio chamado discalculia, ou cegueira para números, que faz com que a pessoa tenha uma noção imperfeita dos números. Ocorre em cerca de 3% a 6% da população. Os que sofrem desse distúrbio não "apreendem" os números da mesma forma que a maioria das pessoas. Por exemplo, qual dos números abaixo é o maior?

65   24

Fácil, o 65. Quase todos nós chegaremos à resposta certa em menos de meio segundo. No entanto, para quem sofre de discalculia pode levar até três segundos. A natureza do distúrbio varia de pessoa para pessoa, mas os portadores do distúrbio em geral têm problemas em correlacionar o símbolo de um número, digamos 5, com o número de objetos representados pelo símbolo. Também têm dificuldade para contar. Ser portador de discalculia não quer dizer que a pessoa não saiba contar, mas os que sofrem desse distúrbio tendem a não ter a intuição básica sobre os números e por isso recorrem a estratégias alternativas para lidar com eles no cotidiano, usando mais os dedos, por exemplo. Os doentes mais graves mal conseguem ver as horas.

Se você aprendeu bem todas as matérias na escola mas nunca conseguiu passar num exame de matemática, é possível que sofra de discalculia. (Mas se você sempre repetiu em matemática, é provável que não esteja lendo este livro.) Considera-se que esse distúrbio seja uma das principais causas da inaptidão para a aritmética. Do ponto de vista social, é urgente que se entenda a discalculia, pois adultos com inépcia aritmética são mais sujeitos ao desemprego e à depressão do que as pessoas normais. Mas pouco se sabe sobre este mal, que pode ser visto como uma versão numérica da dislexia: os sintomas são comparáveis por afetarem mais ou menos a mesma proporção da população e por não influenciarem a inteligência de modo geral. No entanto, sabe-se muito mais sobre dislexia do que sobre a discalculia. Aliás, estima-se que existam dez vezes mais estudos acadêmicos sobre dislexia do que sobre discalculia. Entre as razões que explicam essa desproporção está a existência de *muitas outras* razões para ir mal em matemática — pelo fato de a matéria ser mal ensinada na escola, ou por ser fácil ficar para trás quando se perdem lições em que são apresentados conceitos cruciais. Também o tabu social em relação a pessoas ruins em números é muito menor do que para os que leem mal.

Brian Butterworth costuma escrever cartas de recomendação em favor de pessoas que examinou em busca de sintomas de discalculia para explicar aos empregadores em potencial que a impossibilidade de aprender matemática não se deve à preguiça ou à falta de inteligência. Os portadores do distúrbio podem realizar grandes coisas em qualquer outra área que não envolva números. É até mesmo possível, afirma Butterworth, ter discalculia e ser muito bom em matemática. Existem diversas áreas da matemática, como a lógica e a geometria, que priorizam o raciocínio dedutivo ou noção espacial mais do que a destreza com números ou equações. De forma geral, contudo, os que sofrem de discalculia não são nada bons em matemática.

Boa parte das pesquisas realizadas em discalculia é de abordagem comportamental, como a aplicação de testes de computador em dezenas de milhares de crianças em idade escolar em que elas devem dizer qual de dois números é o maior. Alguns testes são neurológicos, nos quais ressonâncias magnéticas de cérebros com e sem discalculia são estudados para ver em que os circuitos diferem. Em ciência cognitiva, os avanços na compreensão de uma faculdade mental em geral surgem do estudo de casos em que falta essa faculdade. Aos poucos, está surgindo uma imagem mais clara do que é a discalculia — e de como a noção de número funciona no cérebro.

Na verdade, a neurociência está fornecendo algumas das mais empolgantes descobertas no campo da cognição numérica. Agora já é possível ver o que acontece com os neurônios individuais no cérebro de um macaco quando esse macaco pensa em um número exato de pontos.

Andreas Nieder, da Universidade de Tübingen, no sul da Alemanha, ensinou macacos Rhesus a pensar em um número. Conseguiu isso mostrando a eles um conjunto de pontos num computador, e depois de um intervalo de um segundo mostrando outro conjunto de pontos. Os macacos aprenderam que se o segundo conjunto for igual ao primeiro, ao apertarem uma alavanca eles ganham um gole de suco de maçã como recompensa. Se o segundo conjunto não for igual ao primeiro, eles não ganham suco de maçã. Depois de um ano, os macacos aprenderam a puxar a alavanca só quando o número de pontos da primeira e da segunda telas fosse igual. Nieder e seus colegas deduziram que, no intervalo de um segundo entre as telas, os macacos estariam pensando no número de pontos que acabaram de ver.

Nieder decidiu que queria ver o que acontecia no cérebro dos macacos quando eles estavam com o número na cabeça. Assim, inseriu um eletrodo de dois mícrons de diâmetro por um furo no crânio até chegar ao tecido neural. Não se preocupe, nenhum macaco foi ferido. Com essa dimensão, um eletrodo é fino o bastante para penetrar no cérebro sem causar dor ou danos. (A inserção de eletrodos em cérebros humanos para pesquisa contraria diretrizes éticas, embora seja permitida por razões terapêuticas, como no tratamento de epilepsia.) Nieder posicionou o eletrodo de forma a ficar em frente a uma seção do córtex pré-frontal do macaco e começou a experiência.

O eletrodo era tão sensível que podia detectar descargas elétricas em neurônios individuais. Quando os macacos pensavam em números, Nieder percebeu que certos neurônios ficavam mais ativos. Uma zona inteira do cérebro se iluminava.

Numa análise mais detalhada, Nieder fez uma descoberta fascinante. Os neurônios sensíveis aos números reagiram com cargas variáveis, dependendo do número em que o macaco estava pensando no momento. E cada neurônio tinha um número "preferido" — um número que o deixava mais ativo. Havia, por exemplo, uma população de vários milhares de neurônios que preferia o número 1. Esses neurônios brilhavam com mais intensidade quando o macaco pensava em 1, com menos intensidade quando pensava em 2, e com menos intensidade ainda quando ele pensava em 3 e assim por diante. Havia outro conjunto de neurônios que preferia o número 2. Esses neurônios brilhavam com mais intensidade quando os macacos pensavam em 2, com menos intensidade quando pensavam em 3, e com menos intensidade ainda quando pensavam em 4. Outro grupo de neurônios preferia o número 3, e outro, o número 4. Nieder conduziu experimentos até o número 30, e encontrou neurônios que preferiam cada um desses números.

Os resultados forneciam uma explicação do motivo de nossa intuição favorecer um entendimento aproximado dos números. Quando um macaco está pensando "4", os neurônios que preferem 4 são os mais ativos, claro. Mas os neurônios que preferem 3 e os neurônios que preferem 5 também ficam ativos, ainda que menos, porque o cérebro também está pensando nos números próximos do 4. "É uma noção de número ruidosa", explicou Nieder. "Os macacos só podem representar cardinalidade de uma forma aproximada."

É quase certo que o mesmo aconteça no cérebro humano. O que levanta uma questão interessante. Se o nosso cérebro pode representar números só de forma aproximada, como nós conseguimos "inventar" números? "A 'noção de número exato' é uma propriedade [única] humana que provavelmente deriva da nossa capacidade de representar números de forma muito precisa através de símbolos", concluiu Nieder. O que reforça o argumento de que os números são um artefato cultural, uma construção humana, e não algo adquirido de forma inata.

1. A contacultura

Na Idade Média, em Lincolnshire, um *pimp* mais um *dik* resultavam em um *bumfit*. Não havia nada desonroso nisso. Essas palavras eram simplesmente os números cinco, dez e quinze no jargão usado pelos pastores ao contar suas ovelhas. A sequência inteira é a seguinte:

1. Yan
2. Tan
3. Tethera
4. Pethera
5. Pimp
6. Sethera
7. Lethera
8. Hovera
9. Covera
10. Dik
11. Yan-a-dik
12. Tan-a-dik
13. Tethera-dik
14. Pethera-dik

15. Bumfit
16. Yan-a-bumfit
17. Tan-a-bumfit
18. Tethera-bumfit
19. Pethera-bumfit
20. Figgit

É um jeito diferente daquele que usamos para contar hoje em dia, e não só porque todas as palavras são desconhecidas. Os pastores de Lincolnshire organizavam os números em grupos de vinte, começando a contar com *yan* e terminando com *figgit*. Se um desses pastores tivesse mais de vinte ovelhas — e contanto que não tivesse pegado no sono —, ele sinalizaria ter completado um ciclo depositando uma pedrinha no bolso, fazendo uma marca no solo ou um entalhe em seu cajado. A partir daí começaria de novo: "*Yan, tan, tethera...*". Se tivesse oitenta ovelhas, teria ao final quatro pedrinhas no bolso, ou teria traçado quatro linhas. O sistema é muito eficiente para as ovelhas: o pastor representava oitenta itens grandes com quatro itens pequenos.

No mundo moderno, claro, agrupamos nossos números em dezenas, por isso nosso sistema numérico tem dez dígitos: 0, 1, 2, 3, 4, 5, 6, 7, 8, 9. O número do grupo de contagem, que normalmente é o número de símbolos que usamos, é chamado de base do sistema numérico, portanto nosso sistema decimal é de base 10, enquanto o dos pastores é de base 20.

Sem uma base racional, não seria possível lidar com números. Imagine que os pastores tivessem um sistema numérico de base 1, o que resultaria em apenas uma palavra numérica: *yan* representando um. Dois seriam *yan yan*. Três seriam *yan yan yan*. Oitenta carneiros seria *yan* dito oitenta vezes. Esse sistema é bem inútil para contar qualquer coisa acima de três. Como alternativa, imagine que cada número fosse uma palavra separada, de forma que para contar até oitenta seria necessária uma memória para oitenta palavras diferentes. Agora tente contar até mil desse jeito!

Muitas comunidades isoladas ainda usam bases não convencionais. Os Arara da Amazônia, por exemplo, contam em pares, com números de um a oito, como segue: *anane, adak, adak anane, adak adak, adak adak anane, adak adak adak, adak adak adak anane, adak adak adak adak.* Contar em dois não é muito melhor do que contar em um. Para expressar o número 100 é neces-

50

sário repetir *adak* cinquenta vezes seguidas — o que tornaria barganhar no mercado uma perda de tempo. Sistemas em que os números são agrupados em três e quatro também são encontrados na Amazônia.

O truque de um bom sistema de base é que a base dos números precisa ser elevada o suficiente para poder expressar números como 100 sem tirar o fôlego, mas não tão alta que precisemos puxar demais pela memória. As bases mais comuns ao longo da história têm sido 5, 10 e 20, e existe uma razão óbvia

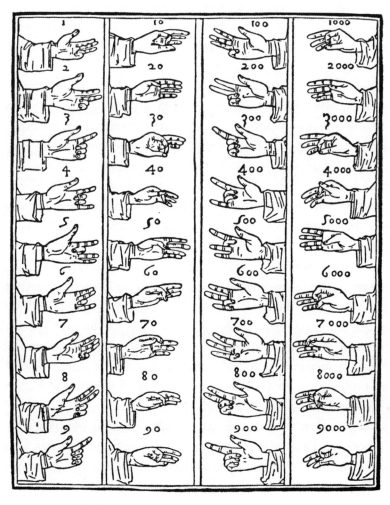

Contagem nos dedos em Summa de arithmetica, geometria, proporcioni et proportionalita, *de Luca Pacioli (1494)*.

para isso. Esses números são derivados do corpo humano. Temos cinco dedos em cada mão, então 5 é o primeiro lugar óbvio para dar uma respirada quando estamos contando a partir do 1. A segunda pausa natural surge nas duas mãos, ou dez dedos, e depois disso, das mãos e dos pés, ou vinte dedos e artelhos. (Alguns sistemas são compostos. O léxico da contagem de carneiros de Lincolnshire, por exemplo, contém as bases 5, 10 e também 20: os primeiros dez números são únicos, e os dez seguintes são divididos em grupos de cinco.) O papel que os dedos têm representado na contagem se reflete em muitos vocabulários numéricos, não só no duplo significado do dígito. Por exemplo, cinco em russo é *piat*, e a palavra para a mão aberta é *piast*. Da mesma forma, em sânscrito a palavra para cinco, *pantcha*, está relacionada com a palavra persa *pentcha*, mão.

A partir do momento em que começou a contar, o homem já usava os dedos como auxílio, e não é exagero creditar boa parte do progresso científico à versatilidade de nossos dedos. Tivéssemos nascido com tocos nas extremidades das mãos e dos pés, é justo imaginar que jamais teríamos evoluído intelectualmente para além da Idade da Pedra. Antes que a disponibilidade de papel e lápis permitisse que os números fossem escritos com facilidade, eles eram normalmente comunicados através de uma elaborada linguagem de sinais de contagem dos dedos. No século VIII, um teólogo da Nortúmbria, o Venerável Bede, apresentou um sistema de contagem até 1 milhão, que era parte aritmético e parte movimento de mãos. As unidades e dezenas eram representadas pelos dedos e pelo polegar esquerdos; as centenas e milhares eram representados pelos direitos. As ordens mais altas de grandeza eram expressadas movendo as mãos para baixo e para cima — com uma imagem um tanto pecaminosa para representar o número 90 mil: "Agarre a virilha com a mão esquerda, com o polegar voltado para os genitais", escreveu Bede. Muito mais evocativo era o sinal de 1 milhão, um gesto de autocongratulação, realização e fechamento: as mãos juntas, os dedos entrelaçados.

Até algumas centenas de anos atrás, nenhum manual de aritmética estava completo sem diagramas de contagem nos dedos. Agora, embora a maioria tenha perdido essa arte, a prática continua em algumas partes do mundo. Comerciantes na Índia que querem ocultar suas negociações dos transeuntes usam um método de tocar os nós dos dedos atrás de uma capa ou pedaço de tecido. Na China, uma técnica engenhosa — embora um pouco intricada —

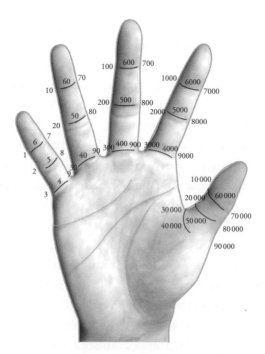

Neste sistema chinês, cada dedo tem nove pontos, representando os dígitos de 1 a 9 para cada ordem de grandeza, de forma que a mão direita pode expressar qualquer número até $10^5 - 1$ quando a outra mão toca nos pontos relevantes. Mudando de mão, os números continuam até $10^{10} - 1$. Não é necessário um ponto "zero" em nenhum dedo, uma vez que quando não existem valores relativos àquele dedo ele é simplesmente deixado em paz pela outra mão.

permite que se conte até 10 bilhões menos um (9 999 999 999). Cada dedo tem nove pontos imaginários — três em cada linha das juntas, como indicado na ilustração acima. Os pontos no dedo mínimo direito representam os dígitos de 1 a 9. Os pontos do anular direito nos levam de 10 a 90. O dedo médio vai de 100 a 900, e assim por diante, com cada novo dedo representando a seguinte potência de 10. Dessa forma, é possível contar todos os habitantes da Terra apenas com os dedos, que é uma forma de ter o mundo nas mãos.

Algumas culturas contam usando outras partes do corpo além dos dedos e artelhos. No final do século XIX, uma expedição de antropólogos britânicos chegou às ilhas do estreito de Torres, o braço de água que separa a Austrália de Papua-Nova Guiné. Lá descobriram uma comunidade que começava a contar com "o dedo mínimo da mão direita" para 1, "o dedo anular da mão direita" para 2 e isso continuava pelos dedos até o "pulso direito" para 6, o "cotovelo direito" para 7 e seguia para os ombros, o esterno, o braço e a mão esquerdos, pés e pernas, terminando no "dedinho do pé direito" para 33. Subsequentes expedições e pesquisas descobriram muitas comunidades na região com semelhantes sistemas de "registro corporal".

Talvez o sistema mais curioso seja o dos Yupno, o único povo da Papua-Nova Guiné em que cada indivíduo tem sua própria pequena melodia que pertence a ele como um nome, ou uma assinatura musical. Eles também têm um sistema de contagem que enumera as narinas, os olhos, os mamilos, o umbigo e atinge o clímax no 31, para o "testículo esquerdo", no 32, para o "testículo direito", e no 33, para o "pênis". Embora se possa ponderar sobre o significado do número 33 nas três grandes religiões monoteístas (a idade com que Cristo morreu, a duração do reinado do rei David e o número de contas numa corrente de preces muçulmana), o que é particularmente intrigante na numeração fálica dos Yupno é o fato de eles serem muito reservados a esse respeito. Eles se referem ao número 33 de forma eufemística, em expressões como "a coisa do homem". Os pesquisadores não conseguiram descobrir se as mulheres usam os mesmos termos, pois não lhes compete conhecer o sistema numérico e elas se recusaram a responder perguntas. O limite superior para os Yupno é 34, que eles chamam de "um homem morto".

Sistemas de base decimal têm sido usados no Ocidente há milhares de anos. Apesar da harmonia com o nosso corpo, porém, muitos têm questionado se eles seriam mesmo a base mais razoável para contar. De fato, alguns têm argumentado que sua procedência física os torna efetivamente uma *má* escolha. O rei Carlos XII da Suécia descartou a base decimal como produto de um povo "rústico e simplório" que futuca as coisas com os dedos. Na Escandinávia moderna, ele acreditava, era necessária uma base "de mais conveniência e uso mais amplo". Assim, em 1716 ele ordenou ao cientista Emanuel Swedenborg que elaborasse um novo sistema de contagem de base 64. O rei chegou a esse número formidável por ser derivado de um cubo, $4 \times 4 \times 4$. Charles, que lutou — e perdeu — a Grande Guerra do Norte, acreditava que os cálculos militares, como a medida do volume de uma caixa de pólvora, seriam mais fáceis usando um número cúbico como base. Mas sua sintonia mental, escreveu Voltaire, "só conseguiu provar que ele adorava o extraordinário e o difícil". A base 64 re-

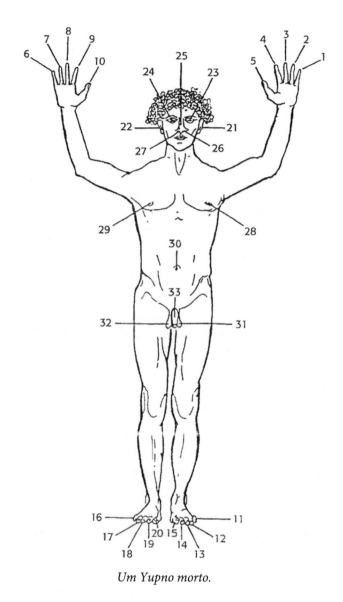

Um Yupno morto.

quer 64 nomes (e símbolos) diferentes para os números — um sistema absurdo e inconveniente. Por isso Swedenborg simplificou o sistema para um de base 8 e se saiu com uma nova notação na qual 0, 1, 2, 3, 4, 5, 6, 7 foram renomeados para o, 1, s, n, m, t, f, ŭ. Nesse sistema, portanto, 1 + 1 = s, e m × m = so. (As palavras para os novos números eram maravilhosas. As potências de 8, que seriam escritas como lo, loo, looo, loooo e looooo, deveriam ser pronunciadas, ou cantaroladas, *lu, lo, li, le* e *la*.) Porém, em 1718, pouco antes da apresentação do sistema por Swedenborg, uma bala acertou o rei, pondo fim a ele e a seu sonho octonário.

Mas Carlos XII defendia um ponto de vista válido. Por que devemos nos apegar ao sistema decimal só por ter derivado do número de nossos dedos e artelhos? Se os humanos fossem como os personagens Disney, por exemplo, e tivessem só três dedos e um polegar em cada mão, é quase certo que viveríamos num mundo de base 8: dando notas até oito, elegendo os oito melhores e fazendo de oitenta centavos uma nota de um. A matemática não mudaria com um modo alternativo de agrupar os números. Os belicosos suecos estavam certos ao perguntar qual a melhor base para as nossas necessidades científicas — em vez de optar por uma que se adapte à nossa anatomia.

Na Chicago do final dos anos 1970, Michael de Vlieger assistia desenhos animados na tevê num sábado de manhã. De repente, um pequeno segmento entrou no ar. A trilha sonora era desconcertante, um acorde de piano desafinado, uma guitarra distorcida e um contrabaixo ameaçador. Sob uma lua cheia e um céu estrelado, surgiu um estranho humanoide de cartola listrada de azul e branco e casaca, cabelo loiro e nariz comprido, bem conforme a moda glamorosa da época. Se já não fosse esquisito o bastante, ainda tinha seis dedos em cada mão e seis dedos em cada pé. "Foi meio estranho, até meio fantasmagórico", lembrou Michael. O desenho animado era *Little Twelvetoes* [O pequeno Dozededos], uma transmissão educativa sobre a base 12. "Acho que a maioria da população dos Estados Unidos não fazia ideia do que estava acontecendo. Mas eu achei bem legal."

Michael tem hoje 38 anos. Conversei com ele em seu escritório, um salão em cima de algumas lojas numa área residencial de St. Louis, Missouri. Ele tem cabelo grosso e preto com algumas faixas grisalhas, um rosto redondo, olhos escuros e pele clara. A mãe dele é filipina, o pai é branco, e ser mestiço o tornou o alvo de gozações quando garoto. Criança inteligente e de imaginação ativa, resolveu criar uma linguagem própria para que os colegas de classe não pudessem ler seus cadernos. *Little Twelvetoes* inspirou-o a fazer o mesmo com os números — e ele adotou a base 12 para uso pessoal.

A base 12 tem doze dígitos: 0 a 9 e dois números a mais para representar o 10 e o 11. A notação padrão adotada para esses dois dígitos "transdecimais" é χ e ε. Assim, a contagem até 12 fica: 0, 1, 2, 3, 4, 5, 6, 7, 8, 9, χ, ε, 10. (Ver tabela a seguir.)

1	2	3	4	5	6	7	8	9	χ	ε	10
um	dois	três	quatro	cinco	seis	sete	oito	nove	dek	el	do
11	12	13	14	15	16	17	18	19	1χ	1ε	20
do um	do dois	do três	do quatro	do cinco	do seis	do sete	do oito	do nove	do dek	do el	doisdo
21	22	23	24	25	26	27	28	29	2χ	2ε	30
doisdo um	doisdo dois	doisdo três	doisdo quatro	doisdo cinco	doisdo seis	doisdo sete	doisdo oito	doisdo nove	doisdo dek	doisdo el	trêsdo
31	32	33	34	35	36	37	38	39	3χ	3ε	40
trêsdo um	trêsdo dois	trêsdo três	trêsdo quatro	trêsdo cinco	trêsdo seis	trêsdo sete	trêsdo oito	trêsdo nove	trêsdo dek	trêsdo el	quatrodo
41	42	43	44	45	46	47	48	49	4χ	4ε	50
quatrodo um	quatrodo dois	quatrodo três	quatrodo quatro	quatrodo cinco	quatrodo seis	quatrodo sete	quatrodo oito	quatrodo nove	quatrodo dek	quatrodo el	cincodo
51	52	53	54	55	56	57	58	59	5χ	5ε	60
cincodo um	cincodo dois	cincodo três	cincodo quatro	cincodo cinco	cincodo seis	cincodo sete	cincodo oito	cincodo nove	cincodo dek	cincodo el	seisdo
61	62	63	64	65	66	67	68	69	6χ	6ε	70
seisdo um	seisdo dois	seisdo três	seisdo quatro	seisdo cinco	seisdo seis	seisdo sete	seisdo oito	seisdo nove	seisdo dek	seisdo el	setedo
71	72	73	74	75	76	77	78	79	7χ	7ε	80
setedo um	setedo dois	setedo três	setedo quatro	setedo cinco	setedo seis	setedo sete	setedo oito	setedo nove	setedo dek	setedo el	oitodo
81	82	83	84	85	86	87	88	89	8χ	8ε	90
oitodo um	oitodo dois	oitodo três	oitodo quatro	oitodo cinco	oitodo seis	oitodo sete	oitodo oito	oitodo nove	oitodo dek	oitodo el	novedo
91	92	93	94	95	96	97	98	99	9χ	9ε	χ0
novedo um	novedo dois	novedo três	novedo quatro	novedo cinco	novedo seis	novedo sete	novedo oito	novedo nove	novedo dek	novedo el	dekdo
χ1	χ2	χ3	χ4	χ5	χ6	χ7	χ8	χ9	$\chi\chi$	$\chi\varepsilon$	ε0
dekdo um	dekdo dois	dekdo três	dekdo quatro	dekdo cinco	dekdo seis	dekdo sete	dekdo oito	dekdo nove	dekdo dek	dekdo el	eldo
ε1	ε2	ε3	ε4	ε5	ε6	ε7	ε8	ε9	$\varepsilon\chi$	$\varepsilon\varepsilon$	100
eldo um	eldo dois	eldo três	eldo quatro	eldo cinco	eldo seis	eldo sete	eldo oito	eldo nove	eldo dek	eldo el	gro

Números duodecimais de 1 a 100.

Os novos dígitos simples receberam novos nomes para evitar confusão, então χ chama-se *dek*, e ε chama-se *el*. Também demos ao 10 o nome de *do*, pronunciado como *doh*, abreviatura de *dozen* [dúzia], para evitar confusão com o 10 da base 10. Contando para cima a partir do *do* na base 12, ou "duodecimal", temos *do um* para 11, *do dois* para 12, *do três* para 13 até chegar a *doisdo* para 20.

Michael projetou um calendário particular usando a base 12. Cada data do seu calendário era o número de dias, contados na base 12, a partir do dia do seu nascimento. Ele ainda o usa, e depois me disse que eu o visitei no 80ε 9º dia da sua vida.

Michael adotou a base 12 por razões de segurança pessoal, mas não é o único a ter caído por seus encantos. Muitos pensadores sérios têm argumentado que 12 é uma base melhor para um sistema numérico, por ser um número mais versátil do que 10. Na verdade, a base 12 é mais que um sistema numérico — é uma causa político-matemática. Um de seus primeiros defensores foi Joshua Jordaine, que em 1687 publicou por conta própria seu *Duodecimal arithmetick*. Ele alegava que "nada era mais natural e genuíno" do que contar de 12 em 12. No século XIX, os mais destacados discípulos da base duodecimal incluíam Isaac Pitman, que ganhou considerável fama ao inventar o difundido sistema de taquigrafia, e Herbert Spencer, o teórico social da Era Vitoriana. Spencer defendia a reforma da base do sistema numérico em favor dos "trabalhadores, pessoas de baixa renda e pequenos comerciantes que administravam suas necessidades". O inventor e engenheiro americano John W. Nystrom também era um admirador. Ele descrevia a base 12 como "duodenal" — talvez o termo de mais infeliz duplo sentido na história da ciência.

A razão por que doze pode ser considerado superior ao dez está na sua divisibilidade. O número doze pode ser dividido por 2, 3, 4 e 6, enquanto dez só pode ser dividido por 2 e 5. Os defensores da base 12 argumentam que somos muito mais propensos a dividir por 3 ou 4 do que por 5 no nosso dia a dia. Imagine um comerciante. Se você tiver 12 maçãs, pode dividi-las em duas sacolas de 6, três sacos de 4, quatro sacos de 3 ou seis sacos de 2. É muito mais amistoso que 10, que só pode ser dividido em dois sacos de 5 ou cinco sacos de 2. A palavra em inglês "*grocer*", de "*grocerstore*" [armazém, empório], é na verdade uma relíquia da preferência dos comerciantes pelo 12, pois vem de "grosa", ou uma dúzia de 12, ou 144. A multidivisibilidade de 12 também explica a utilidade das medidas imperiais: um pé, que equivale a 12 polegadas, pode ser exatamente dividido por 2, 3 e 4 — o que é uma grande ajuda para carpinteiros e alfaiates.

A divisibilidade também é relevante nas tabuadas de multiplicação. As tabuadas mais fáceis de aprender em qualquer base são as de números que dividem aquela base. É por isso que, na base 10, as tabuadas do 2 e do 5 — formadas apenas por números pares e terminando em 5 ou 0 — são tão fáceis de decorar. Da mesma forma, na base 12 as tabuadas mais fáceis são as dos seus divisores: 2, 3, 4 e 6.

$2 \times 1 = 2$	$3 \times 1 = 3$	$4 \times 1 = 4$	$6 \times 1 = 6$
$2 \times 2 = 4$	$3 \times 2 = 6$	$4 \times 2 = 8$	$6 \times 2 = 10$
$2 \times 3 = 6$	$3 \times 3 = 9$	$4 \times 3 = 10$	$6 \times 3 = 16$
$2 \times 4 = 8$	$3 \times 4 = 10$	$4 \times 4 = 14$	$6 \times 4 = 20$
$2 \times 5 = \chi$	$3 \times 5 = 13$	$4 \times 5 = 18$	$6 \times 5 = 26$
$2 \times 6 = 10$	$3 \times 6 = 16$	$4 \times 6 = 20$	$6 \times 6 = 30$
$2 \times 7 = 12$	$3 \times 7 = 19$	$4 \times 7 = 24$	$6 \times 7 = 36$
$2 \times 8 = 14$	$3 \times 8 = 20$	$4 \times 8 = 28$	$6 \times 8 = 40$
$2 \times 9 = 16$	$3 \times 9 = 23$	$4 \times 9 = 30$	$6 \times 9 = 46$
$2 \times \chi = 18$	$3 \times \chi = 26$	$4 \times \chi = 34$	$6 \times \chi = 50$
$2 \times \varepsilon = 1\chi$	$3 \times \varepsilon = 29$	$4 \times \varepsilon = 38$	$6 \times \varepsilon = 56$
$2 \times 10 = 20$	$3 \times 10 = 30$	$4 \times 10 = 40$	$6 \times 10 = 60$

Observando-se o último dígito de cada coluna, percebe-se um claro padrão. A tabuada do 2 é, mais uma vez, toda de números pares. A tabuada do 3 é de números terminando em 3, 6, 9 e 0. A tabuada do 4 é de números terminados em 4, 8 e 0, e na do 6 todos os números terminam em 6 ou 0. Em outras palavras, na base 12 as tabuadas do 2, 3, 4 e 6 vêm de graça. Já que muitas crianças têm dificuldade em aprender a tabuada, se convertêssemos nossa base para 12 estaríamos fazendo um grande gesto humanitário. Ou pelo menos é o que diz essa argumentação.

A campanha pela base 12 não pode ser confundida com a cruzada dos fãs da medida imperial contra o sistema métrico. Os que preferem pés e polegadas a metros e centímetros nem pensam se um pé deveria ter 12 ou 10 polegadas, como seria na base 12. Historicamente, porém, um tema subjacente à campanha pela base 12 tem se caracterizado por um chauvinismo antifrancês. Talvez o melhor exemplo dessa visão seja um panfleto de 1913, escrito pelo engenheiro e almirante de esquadra G. Elbrow, no qual ele chama o sistema métrico francês de "retrógrado". Ele publicou uma lista de datas, na base 12, referente a reis e rainhas da Inglaterra. Percebeu também que a Grã-Bretanha havia sido invadida logo depois de cada milênio decimal — pelos romanos em 43 d.C. e pelos normandos em 1066. "E se, no início do [terceiro milênio]", ele profetizou, "esses dois [países] aparecerem vindos da mesma direção, e dessa vez como aliados?". A invasão pela França e pela Itália poderia ser evitada, segundo ele, simplesmente reescrevendo o ano 1913 como 1135, como seria na base 12, adiando assim o terceiro milênio em vários séculos.

O mais famoso chamado às armas dos duodecimalistas, contudo, foi um artigo no *The Atlantic Monthly* em outubro de 1934, do escritor F. Emerson Andrews, que levou à formação da Sociedade Duodecimal da América, ou DSA na sigla em inglês. (Depois o nome foi trocado para Sociedade Dozenal da América, uma vez que "duodecimal" foi considerado exageradamente um reminiscente do sistema que se tentava substituir.) Andrews afirmava que a base 10 fora adotada com "miopia indesculpável", e questionava se "seria um sacrifício assim tão grande" abandoná-la. No início a DSA exigia que os futuros membros passassem por quatro testes de aritmética dozenal, mas essa exigência logo foi descartada. O *Duodecimal Bulletin*, que existe até hoje, é uma excelente publicação, e a única à parte a literatura médica que traz artigos sobre hexadáctilos, pessoas que nascem com seis dedos. (O que é mais comum do que se poderia pensar. Cerca de uma em cada quinhentas pessoas nasce com pelo menos um dedo ou artelho a mais.) Em 1959, foi fundada uma organização irmã, a Sociedade Dozenal da Grã-Bretanha, e um ano depois realizou-se na França a Primeira Conferência Internacional Duodecimal. Foi também a última. Mas as duas sociedades continuam batalhando por um futuro dozenal, vendo-se como militantes oprimidos em combate contra a "tirania do dez".

O entusiasmo juvenil de Michael de Vlieger pela base 12 não foi uma fase passageira: ele é o atual presidente da DAS. Na verdade, seu compromisso com o sistema é tão grande que ele o usa em seu trabalho como projetista de modelos arquitetônicos digitais.

Embora a base 12 sem dúvida facilite o aprendizado da tabuada, sua maior vantagem é a forma como elimina frações. Em geral a base 10 complica as divisões. Por exemplo, um terço de 10 é 3,33..., onde os três continuam para sempre. Um quarto de 10 é 2,5, que precisa de uma casa decimal. Na base 12, porém, um terço de 10 é 4 e um quarto de 10 é 3. Legal. Expressos em porcentagem, um terço se transforma em 40 por cento, e um quarto em 30 por cento. (O termo correto seria, na verdade, "por grosa".) Aliás, se observarmos como 100 é dividido pelos números 1 a 12, a base 12 fornece números mais concisos (note que os ponto e vírgula na coluna da direita representam a casa "dozenal").

Fração de 10	Decimal	Dozenal
Um	100	100
Metade	50	60
Um terço	33,333...	40
Um quarto	25	30
Um quinto	20	24;97...
Um sexto	16,666...	20
Um sétimo	14,285...	18;6χ35...
Um oitavo	12,5	16
Um nono	11,111...	14
Um décimo	10	12;497...
Um onze avos	9,09...	11;11...
Um doze avos	8,333...	10

É essa maior precisão que torna a base 12 mais adequada às necessidades de Michael. Embora seus clientes forneçam as dimensões em decimais, ele prefere traduzi-las para o dozenal. "Isso me dá mais opções ao dividi-las em proporções simples", explica.

"Evitar frações [complicadas] ajuda o encaixe das coisas. Às vezes, por causa das restrições de prazo ou de mudanças de última hora, preciso fazer em pouco tempo muitas mudanças no local que não batem com a grade em que comecei. Por isso é importante ter proporções simples previsíveis. Tenho mais e melhores escolhas na base dozenal, e é mais rápido." Michael acredita inclusive que o uso da base 12 dá uma vantagem ao seu negócio, da mesma forma que depilar as pernas melhora o desempenho de ciclistas e nadadores.

A DSA queria substituir o sistema decimal pelo dozenal, e sua ala fundamentalista ainda deseja isso, mas as ambições de Michael são mais modestas. Ele quer apenas mostrar às pessoas que há uma alternativa ao sistema decimal, e que talvez ela sirva melhor às suas necessidades. Ele sabe que não existe a possibilidade de o mundo abandonar o *dix* pelo *douze*. A mudança seria tão confusa quanto dispendiosa. E o sistema decimal funciona bem para a maioria das pessoas — em especial na era informática, em que cada vez se exige menos habilidades aritméticas de forma geral. "Eu diria que a base dozenal é melhor para a computação em geral, para o dia a dia", acrescenta. "Mas não estou aqui para converter ninguém."

Um dos objetivos imediatos da DSA é o de que os algarismos dek e el façam parte do Unicode, o repertório de caracteres de texto usado pela maioria dos computadores. Aliás, a maior discussão na sociedade dozenal é quais símbolos devem ser usados. Os modelos χ e ε foram criados nos anos 1940 por William Addison Dwiggins, um dos mais destacados projetistas de fontes dos EUA, criador da Caledonia e da Electra. Isaac Pitman preferia Ƶ e ε. Jean Essig, um entusiasta francês, preferia ⌐ e Ƶ. Alguns membros mais pragmáticos preferem * e #, pois estes já se encontram nos doze botões dos aparelhos telefônicos digitais. As palavras a serem atribuídas aos números também são discutidas. O *Manual do sistema dozenal* (escrito em 1960, ou 1174 em dozenal) recomenda os termos *dek, el* e *do* (com *gro* para 100, *mo* para 1000 e *do-mo, gro-mo, bi-mo* e *tri-mo* para as seguintes potências mais altas de *do*). Outra sugestão é manter o dez, o onze e o doze e continuar com doze-um, doze-dois e assim por diante. Tão grande é a sensibilidade em relação à terminologia que a DSA é cautelosa na recomendação de qualquer sistema. É preciso muito cuidado para não marginalizar devotos de quaisquer símbolos ou termos específicos.

A paixão de Michael por bases de vanguarda não parou na 12. Ele fez experiências com a 8, que às vezes usa ao fazer projetos em casa. "Eu uso as bases como instrumentos", diz. E já chegou até a base 60. Para isso precisou criar cinquenta novos símbolos para acrescentar aos dez dígitos que já temos. Seu propósito não era prático. Michael comparou o trabalho com a base 60 a escalar uma montanha. "Eu não consigo viver aqui em cima. É grande demais para agrupar. O vale é decimal, e lá eu consigo respirar. Mas posso visitar a montanha para apreciar a paisagem que quiser." Michael produziu tabelas de fatores na base 60, ou sistema sexagesimal, e ficou maravilhado com os padrões revelados. "Definitivamente existe muita beleza aqui", ele me disse.

Embora a base 60 pareça produto de uma imaginação muito fértil, o sistema sexagesimal tem um pedigree histórico. Na verdade, é o sistema de base mais antigo que conhecemos.

O método mais simples de notação numérica é a marcação. Foi usada em diferentes formatos em todo o mundo. Os incas faziam contas amarrando nós em cordas, enquanto os habitantes das cavernas pintavam marcas em rochas; e desde a invenção dos móveis de madeira as colunas das camas têm sido — ao menos no sentido figurado — marcadas com entalhes. Acredita-se que o "artefato matemático" mais antigo já descoberto seja uma talhadura em um bastão: uma fíbula de babuíno de 35 mil anos de idade encontrada numa caverna na Suazilândia. O "osso de Lebombo" apresenta 29 linhas entalhadas, que possivelmente descrevem um ciclo lunar.

Como vimos no capítulo anterior, os humanos podem apontar de imediato a diferença entre um e dois itens, entre dois e três itens, mas acima de quatro isso fica mais difícil. O mesmo também se aplica às marcações. Para se ter um sistema conveniente de registro, as marcações precisam ser agrupadas. Na Grã-Bretanha, reza a convenção que se marquem quatro linhas verticais e que depois se faça uma quinta linha em diagonal cruzando as outras — o chamado "portão de cinco grades". Na América do Sul, o estilo preferencial é fazer um quadrado com as quatro primeiras linhas e aplicar a quinta como uma

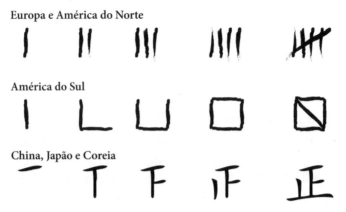

Sistemas de marcação do mundo.

diagonal. Os japoneses, chineses e coreanos usam um método mais elaborado, formando o caractere 正, que significa "correto" ou "apropriado". (Da próxima vez em que for comer um sushi, peça para o garçom mostrar como está anotando os seus pratos.)

Por volta de 8000 a.C. surgiu em todo o mundo antigo uma prática de usar pequenas peças de barro com marcas para se referir a objetos. Esses símbolos registravam principalmente números de coisas a serem compradas e vendidas, como carneiros. Peças de barro diferentes se referiam a diferentes objetos ou números de objetos. A partir daquele momento, os carneiros podiam ser contados mesmo se não estivessem presentes, o que tornou o comércio e o armazenamento de estoque muito mais fáceis. Foi o nascimento do que chamamos agora de números.

No quarto milênio a.C., na Suméria, região que hoje faz parte do Iraque, esse sistema simbólico evoluiu para uma escrita em que um junco pontudo era pressionado no barro úmido. A primeira representação dos números era em forma de círculos ou das unhas dos dedos. Por volta de 2700 a.C., o marcador tinha a ponta achatada e as marcações pareciam pegadas de pássaros, com marcas diferentes representando números diferentes. Essa escrita, chamada cuneiforme, marcou o começo de uma longa história dos sistemas de escrita ocidentais. É uma ironia maravilhosa pensar que a literatura foi um produto residual de uma notação numérica inventada pelos contadores mesopotâmios.

	1	10	60	3 600
Números sumérios arcaicos Século IV a.C.				
Números cuneiformes Século III a.C.				

Na escrita cuneiforme só havia símbolos para 1, 10, 60 e 3 600, o que significa que o sistema era uma mistura de base 60 com base 10, pois o conjunto básico dos números cuneiformes se traduz em 1, 10, 60 e 60 × 60. A razão de os sumérios agruparem os números em múltiplos de 60 já foi descrita como um dos maiores mistérios não resolvidos da história da aritmética. Alguns sugeriram ser o resultado da fusão de dois sistemas anteriores, com bases 5 e 12, embora não se tenha encontrado nenhuma prova conclusiva.

Os babilônios, que fizeram grandes avanços em matemática e astronomia, adotaram a base sexagesimal suméria, e depois os egípcios, seguidos pelos gregos, basearam seus métodos de medida do tempo no método babilônio — razão de até hoje haver 60 segundos em um minuto e 60 minutos em uma hora. Estamos tão acostumados a medir o tempo na base 60 que nunca questionamos esse fato, embora seja algo na verdade não explicado. A França da Revolução, porém, queria passar a limpo tudo o que via como incoerências do sistema decimal. Quando a Convenção Nacional introduziu o sistema métrico para pesos e medidas, em 1793, tentou também decimalizar o tempo. Foi assinado um decreto estabelecendo que cada dia seria dividido em 10 horas, cada uma com 100 minutos, cada um com 100 segundos. Funcionava muito bem, fazendo o dia ter 100 mil segundos — em comparação com os 86 400 (60 × 60 × 24) segundos da base anterior. Assim, o segundo revolucionário era uma fração menor que a do segundo normal. O horário decimal tornou-se obrigatório em 1794, e nos relógios fabricados na época os números iam até dez. Mas o novo sistema era muito confuso para a população e foi abandonado em pouco mais de seis meses. Uma hora de 100 minutos não é tão conveniente quanto

Relógio revolucionário com base decimal e mostrador de relógio tradicional.

uma hora de 60 minutos, uma vez que 100 não tem tantos divisores como 60. Pode-se dividir 100 por 2, 4, 5, 10, 20, 25 e 50, mas é possível dividir 60 por 2, 3, 4, 5, 6, 10, 12, 15, 20 e 30. O fracasso do sistema de tempo decimal foi uma pequena vitória para o pensamento duodecimal. Não apenas 12 é divisor de 60 como também de 24, o número de horas do dia.

Uma campanha mais recente para decimalizar o tempo também fracassou. Em 1998, o conglomerado suíço Swatch lançou o Swatch Internet Time, que dividia o dia em mil partes chamadas *"beats"* (equivalentes a 1 minuto e 26,4 segundos). Os fabricantes venderam relógios que mostravam uma "visão revolucionária do tempo" por mais ou menos um ano antes de retirar o produto do catálogo com certo constrangimento.

Mas a França e a Suíça não foram os únicos países ocidentais a tentarem procedimentos excêntricos de contagem em um passado não tão distante. O entalhe num bastão, que ficou superado no momento em que o primeiro sumério gravou um tablete cuneiforme, foi usado como um tipo de moeda britânica até 1826. O Banco da Inglaterra costumava lançar incrementados entalhes em bastão que valiam o equivalente monetário da distância de um entalhe até a base. Um documento escrito em 1186 pelo lorde tesoureiro Richard Fitzneal estabelecia as seguintes correlações de valores:

£ 1000   espessura da palma da mão

£ 100   largura de um polegar

£ 20   largura de um dedo mínimo

£ 1   extensão de um grão de cevada inchado

Na verdade, o procedimento utilizado pelo Tesouro era um sistema de "entalhes duplos". Um pedaço de madeira era partido ao meio, resultando em duas partes — o cabo e a lâmina. Um valor era registrado — e entalhado — no cabo e também na lâmina, que funcionava como um recibo. Se pegasse emprestado um dinheiro do Banco da Inglaterra, eu receberia um cabo com uma marca indicando a quantidade — o que explica a origem das palavras *stockholder* [portador de cabos] e *stockbroker* [corretor de cabos] em inglês — enquanto o banco guardava a lâmina, com um entalhe correspondente.

Essa prática foi abandonada cerca de dois séculos atrás. Em 1834, o Tesouro decidiu incinerar os pedaços de madeira obsoletos em uma fornalha debaixo do Palácio de Westminster, a sede do governo britânico. Mas o fogo saiu de controle. Charles Dickens escreveu: "A fornalha, alimentada por aqueles bastões ridículos, espalhou o fogo para os painéis; os painéis espalharam o fogo para a Casa dos Comuns; as duas casas [do governo] foram reduzidas a cinzas". Outros instrumentos financeiros obscuros já tinham causado impacto nos trabalhos do governo, mas só os bastões entalhados conseguiram derrubar o Parlamento. Quando foi reconstruído, o palácio tinha um novo relógio numa torre, o Big Ben, que logo se tornou o marco mais reconhecível de Londres.

Um dos argumentos usados com frequência a favor do sistema imperial em relação ao métrico é que as palavras soam melhor. Um caso notável é o das medidas para vinho:

2 *gills* = 1 *chopin*
2 *chopins* = 1 *pint*
2 *pints* = 1 *quart*
2 *quarts* = 1 *pottle*
2 *pottles* = 1 *gallon*
2 *gallons* = 1 *peck*
2 *pecks* = 1 *demibushel*
2 *demibushels* = 1 *bushel* (ou *firkin*)
2 *firkins* = 1 *kilderkin*
2 *kilderkins* = 1 *barrel*
2 *barrels* = 1 *hogshead*
2 *hogsheads* = 1 *pipe*
2 *pipes* = 1 *tun*

Esse sistema é de base 2, ou binário, e é em geral expresso usando os dígitos 0 e 1. Números binários são os empregados na base 10 quando apenas o 0 e o 1 aparecem. Em outras palavras, a sequência que começa 0, 1, 10, 11, 100, 101, 110, 111, 1000. Nesse caso, 10 é dois, 100 é quatro, 1000 é oito e assim por diante, com cada 0 a mais no final representando uma multiplicação por dois. (Que é exatamente igual à base 10 — somando-se um 0 no final de um número obtém-se o resultado de sua multiplicação por dez.) Nas medidas de vinho, a menor unidade é um *gill*. Dois *gills* formam um *chopin*; 4 *gills*, uma *pint*; 8 *gills*, um *quart*; 16 *gills*, um *pottle* etc. As medidas reproduzem perfeitamente os algarismos binários. Se um *gill* for representado por 1, então um *chopin* é 10, uma *pint* é 100, um *quart* é 1000, chegando dessa forma até um *tun*, que vale 10 000 000 000 000.

O sistema binário tem como seu grande entusiasta o maior matemático que já se apaixonou por uma base não padrão, o cientista, filósofo e estadista Gottfried Leibniz, um dos mais importantes pensadores do final do século XVII. Uma de suas funções era a de bibliotecário na corte do duque de Brunswick, em Hanover. Leibniz era tão entusiasmado pela base 2 que certa vez escreveu ao duque pedindo que cunhasse um medalhão de prata com as palavras *Imago Creationis* — "imagem da Criação" — como tributo ao sistema binário. Para Leibniz, o sistema binário tinha uma relevância prática e espiritual. Em primeiro lugar, ele achava que a possibilidade de descrever todos os números em termos

Projeto do medalhão binário de Leibniz, em Dissertatio mathematica de praestantia arithmeticae binaria prae decimali *(1718), de Johan Bernard Wiedeburg. Além das palavras* Imago Creationis, *o texto em latim diz: "Do nada vem o um e tudo o mais, mas o um é necessário".*

de duplos facilitava uma variedade de operações. "Permite ao avaliador pesar todos os tipos de massas com poucos pesos e pode servir de cunhagem para dar mais valor a menos peças", escreveu em 1703. Leibniz admitia que o sistema binário tinha algumas inconveniências práticas. Os números escritos são muito maiores: 1000 em decimal, por exemplo, é 1 111 101 000 em binário. Mas acrescentava: "Como recompensa por sua extensão, [o sistema binário] é mais fundamental para a ciência e leva a novas descobertas". Ao examinar as simetrias e padrões da notação binária, afirmava, novas descobertas matemáticas são reveladas, e a teoria dos números fica mais rica e mais versátil por essa razão.

Em segundo lugar, Leibniz se maravilhava com a maneira como o sistema binário refletia seus pontos de vista religiosos. Ele acreditava que o cosmos era composto do ser, ou substância, e do não ser, ou nada. Essa dualidade era perfeitamente simbolizada pelos números 1 e 0. Da mesma forma que Deus cria todas as coisas do nada, todos os números podem ser escritos em termos de 1 e 0. A convicção de Leibniz de que o sistema binário exemplificava uma verdade metafísica fundamental foi — para seu grande prazer — fortalecida quando, mais tarde, foi apresentado ao antigo texto místico chinês *I Ching*. O *I Ching* é um livro de adivinhação que contém 64 símbolos diferentes, cada um

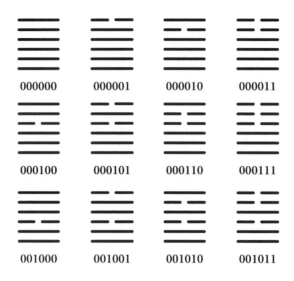

Parte da sequência Fu Hsi do I Ching e seu equivalente binário.

acompanhado por um comentário. O leitor seleciona aleatoriamente um símbolo (pela tradição, jogando varetas) e interpreta o texto relacionado — mais ou menos como se pode ler um mapa astral. Cada símbolo no *I Ching* é um hexagrama, o que significa ser composto de seis linhas horizontais. As linhas são quebradas ou inteiras, correspondendo a *yin* ou *yang*. Os 64 hexagramas do *I Ching* são um conjunto de combinações de *yins* com *yangs* reunidos em grupos de seis a cada vez.

Uma forma particularmente elegante de ordenar os hexagramas é mostrada na figura acima. Se cada *yang* for escrito como 0 e cada *yin* como 1, a sequência reproduz com precisão os dígitos binários de 0 a 63.

Essa forma de ordenamento é conhecida como a sequência Fu Hsi. (Estritamente falando, é o inverso da Fu Hsi, mas as duas são equivalentes em termos matemáticos.) Ao perceber a natureza binária da Fu Hsi, Leibniz teve uma "opinião muito favorável da profundidade [do *I Ching*]". Como ele acreditava que o sistema binário refletia a Criação, sua descoberta de que ele era também subjacente à sabedoria do taoismo significava que o misticismo do Oriente poderia agora se acomodar em suas convicções ocidentais. "A substância da antiga teologia dos chineses continua intacta e, purgada de erros adicionais, pode ser subordinada às grandes verdades da religião cristã", escreveu.

Os panegíricos de Leibniz sobre a base 2 eram apenas um interesse excêntrico de um dos mais destacados polímatas de sua época. No entanto, ao atribuir uma importância fundamental ao sistema, Leibniz foi muito mais visionário do que ele mesmo jamais poderia ter imaginado. A era digital opera em binários, pois a tecnologia dos computadores utiliza o nível mais básico de uma linguagem composta de 0 e 1. "Ora!", escreveu o matemático Tobias Dantzig. "O que outrora foi saudado como um monumento ao monoteísmo terminou nas entranhas de um robô."

"Liberdade é a liberdade de dizer que dois mais dois são quatro", escreveu Winston Smith, o protagonista de *1984*, de George Orwell. O comentário de Orwell não era apenas sobre a liberdade de expressão na União Soviética, mas também sobre a matemática. Dois mais dois é sempre quatro. Ninguém pode dizer que não é. As verdades matemáticas não podem ser influenciadas pela cultura ou pela ideologia.

Por outro lado, nossa abordagem da matemática é muito influenciada pela cultura. A escolha da base 10, por exemplo, não foi feita por razões matemáticas, mas sim por razões psicológicas, como o número de dedos nos nossos pés e mãos. Surpreende também o modo pelo qual a linguagem molda a compreensão da matemática. No Ocidente, por exemplo, somos limitados pelas palavras que escolhemos para expressar os números.

Em quase todos os idiomas da Europa Ocidental, as palavras numéricas não seguem um padrão regular. Diz-se vinte e um, vinte e dois, vinte e três. Mas não se diz dez e um, dez e dois, dez e três — diz-se onze, doze, treze. Onze e doze são construções únicas, e mesmo que treze seja uma combinação de três com dez, o três vem antes do dez — diferente de vinte e três, quando o três vem depois do vinte. Entre dez e vinte, é uma bagunça.

Em chinês, japonês e coreano, no entanto, as palavras numéricas seguem um padrão regular. Onze se escreve dez um. Doze se escreve dez dois, e assim por diante, com dez três, dez quatro até dez nove, para dezenove. Vinte é dois dez, e vinte e um é dois dez um. Em todos os casos, os números são pronunciados como os vemos escritos. E daí? Bem, isso faz muita diferença na tenra idade. Experiências têm mostrado que as crianças asiáticas acham mais fácil aprender a contar do que as europeias. Em estudo realizado com chineses e norte-americanos de quatro e cinco anos de idade, as duas nacionalidades tiveram desempenho semelhante quando aprendiam a contar até doze, mas os chineses ficavam um ano à frente com os números maiores. Um sistema regular também facilita a compreensão da aritmética. Uma simples adição como 25 mais 32 já fica um passo mais próxima da resposta ao ser expressada como dois dez cinco mais três dez dois: cinco dez sete.

Nem todos os idiomas europeus são tão irregulares. O galês, por exemplo, é exatamente como o chinês. Onze em galês é *un deg un* (um dez um); doze é *un deg dau* (um dez dois) e assim por diante. Ann Dowker e Delyth Lloyd, da Universidade de Oxford, testaram as habilidades matemáticas de crianças que falavam galês e inglês de um mesmo vilarejo galês. Embora as crianças asiáticas possam ser melhores do que as norte-americanas devido a inúmeros fatores culturais, como as horas passadas no estudo ou nas atitudes em relação à matemática, esses fatores culturais podem ser eliminados se todas as crianças viverem no mesmo lugar. Dowker e Lloyd concluíram que enquanto o desempenho aritmético geral era mais ou menos igual entre falantes de galês e inglês, os que falavam galês demonstraram mais facilidade em matemática em áreas específicas — como leitura, comparação e manipulação de números de dois dígitos.

O alemão é ainda mais irregular. Em alemão, 21 é *einundzwanzig*, ou um--e-vinte, 22 é *zweiundzwanzig*, ou dois-e-vinte, e continua com o valor da unidade precedendo as dezenas até 99. Isso implica que, quando um alemão diz um número acima de cem, os dígitos não são pronunciados numa ordem consecutiva: 345 é *dreihundertfünfundvierzig*, ou trezentos-cinco-e-quarenta, que apresenta o número na confusa forma de 3-5-4. Tamanha é a preocupação na Alemanha de que isso torna os números mais confusos do que precisam ser, que foi organizado um grupo de campanha chamado Zwanzigeins (Vinte e um) para forçar uma mudança para um sistema mais regular.

E não é só o posicionamento das palavras numéricas, ou suas formas irregulares entre o onze e o dezenove, que situa os falantes da maioria das línguas europeias em desvantagem diante de alguns falantes de línguas asiáticas. Os europeus também são prejudicados pelo tempo que gastam para dizer os números. Em *The number sense*, Stanislas Dehaene escreve a sequência 4, 8, 5, 3, 9, 7, 6 e pede que os leitores passem vinte segundos memorizando-a. Os que falam inglês têm cerca de 50% de probabilidade de se lembrar dos sete números corretamente. Em comparação, os que falam chinês podem memorizar nove dígitos dessa mesma forma. Dehaene diz que isso acontece porque o número de dígitos que conseguimos manter na cabeça por qualquer período de tempo é determinado pelo que podemos pronunciar num intervalo de dois segundos. As palavras em chinês para um até nove são todas concisas e monossilábicas: *yi, er, san, si, wu, liu, qi, ba, jiu*. Podem ser pronunciadas em menos de um quarto de segundo, de forma que, num intervalo de dois segundos, um chinês pode recitar nove números desses. As palavras numéricas em inglês, ao contrário, levam pouco menos de um terço de segundo para serem pronunciadas (graças ao desajeitado "sete", com duas sílabas, e a sílaba prolongada *"three"*, "três"), por isso nosso limite em dois segundos é de sete números. O recorde, contudo, vai para o cantonês, cujos dígitos são pronunciados com mais brevidade ainda. Eles conseguem se lembrar de dez números num intervalo de dois segundos.

Enquanto os idiomas ocidentais parecem trabalhar contra a facilidade de compreensão da matemática, no Japão a língua é recrutada como um aliado. Palavras e frases são alteradas a fim de tornar as tábuas de multiplicação, chamadas *kuku*, mais fáceis de aprender. A tradição dessas tábuas tem origem na China, tendo se difundido pelo Japão por volta do século VIII. *Ku* em japonês é nove, e o termo vem do fato de que as tablitas costumavam começar pelo fim, com $9 \times 9 = 81$. Há cerca de quatrocentos anos elas foram mudadas, e agora a *kuku* começa com "um um é um".

As palavras na *kuku* são simplesmente:

Um um é um
Um dois é dois
Um três é três [...]

E continua até "um nove é nove", quando então começam os dois, com:

Dois um é dois
Dois dois é quatro.

E assim vai até "nove nove é oitenta e um".

Até aqui, isso parece ser bem semelhante ao puro estilo britânico de recitar a tabuada da multiplicação. Na *kuku*, porém, sempre que houver duas maneiras de pronunciar uma palavra, será escolhida a forma mais fluente. Por exemplo, a palavra para um pode ser *in* ou *ichi*, mas em vez de começar a *kuku* com *in in* ou *ichi ichi*, é utilizada a combinação *in ichi*, por ter melhor sonoridade. A palavra para oito é *ha*. Oito oitos deveria ser *ha ha*. No entanto, a linha da *kuku* para 8 × 8 é *happa*, pois desliza na língua com mais facilidade. O resultado é que a *kuku* fica parecendo um poema, ou uma rima infantil. Quando visitei uma escola elementar em Tóquio e vi uma classe de crianças de sete a oito anos praticar a *kuku*, fiquei surpreso como aquilo soava como um rap — as frases eram sincopadas e cômicas. Nem de longe remete à maneira como me lembro de recitar minhas tabuadas na escola, com o ritmo metronômico de um trem a vapor subindo uma colina. Makiko Kondo, a professora, disse que ensina a *kuku* para os alunos com um ritmo acelerado porque isso torna o aprendizado mais fácil. "Primeiro nós fazemos com que recitem, e só depois de algum tempo eles começam a entender o verdadeiro significado." A poesia da *kuku* parece incutir a tabuada no cérebro dos japoneses. Adultos me disseram que sabem, por exemplo, que sete vezes sete é igual a 49 não por se lembrarem da matemática, mas porque a melodia de "sete sete quarenta e nove" soa correta.

Ainda que as irregularidades das palavras numéricas ocidentais não sejam muito propícias para a formação de aritméticos, elas são de extremo interesse para os historiadores da matemática. O termo francês para oitenta é *quatre-vingts*, ou quatro vintes, o que sugere que os ancestrais dos franceses usaram no passado um sistema de base 20. Já foi sugerido que a razão por que as palavras para "nove" e "novo" são idênticas ou semelhantes em muitas línguas indo-europeias — inclusive em francês (*neuf, neuf*), em espanhol (*nueve, nuevo*), em alemão (*neun, neu*) e em norueguês (*ni, ny*) — seja um legado de um há muito esquecido sistema de base 8, em que a unidade nove seria a primeira de um novo conjunto de oito. (Excluindo os polegares, temos oito dedos, o que poderia ser a razão da evolução dessa base. Ou talvez da contagem dos intervalos entre os dedos.) As palavras numéricas são também uma lembrança de quão próximos estamos das tribos da Amazônia e da Austrália que não usam números. Em inglês, *thrice* pode significar tanto três vezes como muitas vezes; em francês, *trois* é três e *très* é muito; resquícios, talvez, de nosso próprio "um, dois, muito" do passado.

Embora certos aspectos dos números — como a base, o estilo do algarismo ou a forma das palavras empregadas — tenham se diferenciado muito entre culturas distintas, as primeiras civilizações se mostraram surpreendentemente bem unificadas quanto aos procedimentos que empregavam para contar e calcular. O método geral que utilizavam é a chamada "notação posicional", que vem a ser o princípio pelo qual diferentes posições são usadas para representar diferentes ordens de grandeza. Vamos considerar o que isso significa no contexto dos pastores na Lincolnshire medieval. Como escrevi anteriormente, eles tinham 20 números, de *yan* até *figgit*. Assim que contava 20 carneiros, o pastor separava uma pedrinha e começava a contar de *yan* a *figgit* outra vez. Se tivesse 400 carneiros, ele teria que ter 20 pedrinhas, já que 20 × 20 = 400. Agora imagine que o pastor tivesse 1000 carneiros. Se contasse todos, ele teria 50 pedrinhas, já que 50 × 20 = 1000. Mas o problema de o pastor ter 50 pedrinhas é que não haveria como contá-los, pois ele só sabe contar até 20!

Uma maneira de resolver isso é traçar sulcos paralelos no chão, como na figura a seguir. Ao contar 20 carneiros, o pastor deposita uma pedrinha no primeiro sulco. Ao contar outros 20 carneiros ele deposita mais uma pedrinha no primeiro sulco. Aos poucos, este se enche de pedrinhas. Chega a hora, no entanto, em que, em vez de depositar uma vigésima pedrinha no sulco, ele põe uma única no segundo sulco, e tira todas as outras do primeiro. Em outras palavras, uma pedrinha no segundo sulco significa 20 pedrinhas no primeiro — assim como uma pedrinha no primeiro sulco significa 20 carneiros. Uma pedrinha no segundo sulco representa 400 carneiros. Um pastor que tiver 1000 carneiros e usar esse procedimento terá duas pedrinhas no segundo sulco e 10 no primeiro. Ao usar um sistema de notação posicional como esse — no qual cada sulco confere um valor diferente à pedrinha que contém — ele usou apenas 12 pedrinhas para contar 1000 carneiros, e não as 50 que teria precisado sem esse recurso.

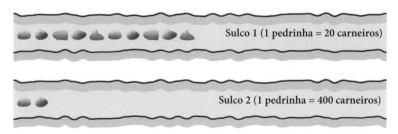

Total de carneiros = (10 × 20) + (2 × 400) = 1000

Sistemas de contagem de notação posicional têm sido usados no mundo todo. Em lugar de pedrinhas em sulcos, os incas utilizavam feijão ou grãos de milho em bandejas. Os índios norte-americanos enfiavam pérolas ou conchas em fios de cores diferentes. Os gregos e romanos usavam contas de osso, marfim ou metal em mesas com diferentes colunas marcadas na superfície. Na Índia eles faziam marcas na areia.

Os romanos dispunham também de uma versão mecânica, com contas que deslizavam em fendas, chamada de ábaco. Essas versões portáteis se difundiram pelo mundo civilizado, mesmo que países diferentes preferissem versões diferentes. O *schoty* russo tem dez contas por haste (exceto em uma das fileiras, que tem quatro contas, usada pelos caixas para denotar quartos de rublos). O *suan-pan* chinês tem sete, enquanto o *soroban* japonês, assim como o ábaco romano, só tem cinco.

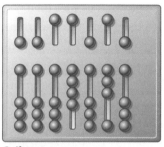

O ábaco romano

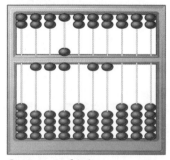

O *suan-pan* chinês

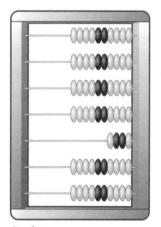

O *schoty* russo

O *nepohualtzintzin* maia

No Japão, anualmente, cerca de 1 milhão de crianças aprendem o ábaco fora do período escolar, em um dos 20 mil clubes de ábaco. Certa noite visitei um deles, num subúrbio na zona oeste de Tóquio. O clube ficava bem próximo de uma estação de trem local, na esquina de um quarteirão residencial. Trinta bicicletas coloridas estavam estacionadas do lado de fora. Uma grande janela mostrava troféus, ábacos e uma fileira de tabletes de madeira com os nomes dos melhores alunos escritos à mão.

Os equivalentes em japonês para ler, escrever e aritmética são *yomi*, *kaki* e *soroban*, ou ler, escrever e ábaco. A frase data do período da história do Japão entre os séculos XVII e XIX, quando o país era quase isolado do resto do mundo. Com o surgimento de uma nova classe de mercadores, que requeria outras habilidades que não as de um samurai com a espada, surgiu também uma cultura de escolas particulares dirigidas pela comunidade que ensinavam linguagem e aritmética — com foco no treinamento com o ábaco.

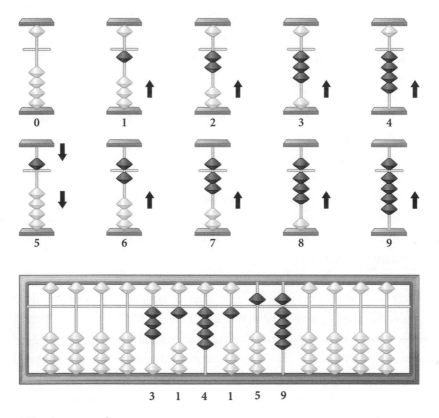

Números no soroban.

O clube de ábaco de Yuji Miyamoto é um descendente moderno desses antigos estabelecimentos de *soroban*. Quando entrei, Miyamoto, de terno azul-escuro e camisa branca, estava de pé em frente a uma pequena classe de cinco meninas e nove meninos, lendo em voz alta números em japonês com o ritmo sincopado e contínuo de um locutor de corridas de cavalos. Enquanto as crianças faziam os cálculos, o estalido das contas dos ábacos soava como um enxame de cigarras.

Existem exatamente dez posições de contas por coluna em um *soroban*, representando os números de 0 a 9, como mostrado na página anterior.

Quando um número é exibido no *soroban*, cada dígito é representado numa coluna em separado usando uma das dez posições.

O ábaco foi inventado como uma forma de contar, mas acabou se tornando um método de cálculo em si. A aritmética ficou muito mais fácil com a ajuda daquelas contas móveis. Por exemplo, para calcular 3 mais 1, você começa com 3 contas, move 1 conta e a resposta está bem diante dos seus olhos: 4 contas. Para calcular, digamos, 31 mais 45, você começa com duas colunas marcando 3 e 1, move 4 posições de conta para cima na coluna da esquerda e cinco na coluna direita. As colunas agora mostram 7 e 6, que é a resposta, 76. Com um pouco de prática e dedicação, fica fácil somar números de qualquer tamanho, desde que haja colunas o suficiente para acomodá-los. Se em uma das colunas os dois números somarem mais do que dez, você vai precisar mover as contas da coluna da esquerda uma posição. Por exemplo, 9 mais 2 em uma coluna resulta em um 1 na coluna da esquerda e um 1 na coluna original, expressando a resposta, 11. Subtrair, multiplicar e dividir são operações um pouco mais complicadas, mas quando se domina a técnica podem ser realizadas com muita rapidez.

Até que se tornassem disponíveis calculadoras baratas, nos anos 1980, ábacos eram vistos normalmente em balcões de lojas de Moscou a Tóquio. Na verdade, durante a transição entre as eras manual e eletrônica, um produto que combinava ábaco e calculadora chegou a ser vendido no Japão. Em geral a adição era mais rápida no ábaco, pois a resposta aparece assim que você registra os números. Na multiplicação a calculadora eletrônica dá uma pequena vantagem em termos de velocidade. (O ábaco era também uma forma de o usuário cético conferir o resultado da calculadora, no caso de ter alguma dúvida a respeito.)

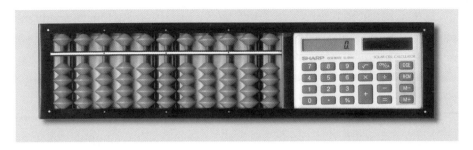

A calculadora-ábaco da Sharp.

O uso do ábaco no Japão caiu desde os anos 1970, quando, no seu auge, 3,2 milhões de alunos prestavam anualmente o exame nacional de proficiência no *soroban*. Mas o ábaco continua sendo um aspecto marcante na formação das crianças, uma atividade extracurricular muito adotada, como natação, violino ou judô. O treinamento no ábaco, aliás, segue o mesmo modelo das artes marciais. Os níveis da habilidade são medidos em *dans*, e existe uma estrutura de competições locais, provinciais e nacionais. Em um domingo fui assistir a um evento regional. Quase trezentas crianças, entre cinco e doze anos, acomodavam-se num salão de conferências com uma série de acessórios especiais de ábaco organizados em uma sacola. Um locutor ficava na frente da sala e ditava, com a entonação de um impaciente muezim, números a serem somados, subtraídos ou multiplicados. Foi uma competição intensa, que durou várias horas. Acordes de uma banda de metais militar japonesa irromperam pelo sistema de som quando os troféus — todos com uma figura alada segurando um ábaco no alto — foram entregues aos vencedores.

Na escola de Miyamoto ele me apresentou a um de seus melhores alunos. Naoki Furuyama, de dezenove anos, é um ex-campeão nacional de *soroban*. Estava vestido informalmente, com uma camisa clara xadrez em cima de uma camiseta preta, e parecia um garoto tranquilo e bem ajustado — nada parecido com o clichê de um nerd esquisito. Furuyama consegue multiplicar dois números de seis dígitos em cerca de quatro segundos, o que é mais ou menos o tempo de enunciar o problema. Perguntei qual era a razão de conseguir calcular tão depressa, já que esse tipo de habilidade não é necessário na vida cotidiana. Ele respondeu que aquilo ajudava os seus poderes de concentração e autodisciplina. Miyamoto estava ao nosso lado e interrompeu. Qual era a razão para se correr 41 quilômetros, ele me perguntou. Nunca haveria necessidade de correr 41 quilômetros, mas as pessoas faziam isso para forçar o desempenho humano até o limite. Da mesma forma, acrescentou, havia certa nobreza em exercitar o cérebro aritmético até o máximo possível.

Alguns pais mandam os filhos para clubes de ábaco como uma forma de melhorar o desempenho escolar. Mas só isso não explica a popularidade do ábaco. Outros clubes oferecem um ensino matemático mais direcionado. O *kumon*, por exemplo, um método de destrinchar planilhas de números criado em Osaka no início dos anos 1950, é agora seguido por mais de 4 milhões de crianças em todo o mundo. Os clubes de ábaco são divertidos. Vi isso na expressão dos alunos na escola de Miyamoto. Eles nitidamente curtem a própria destreza de mover as contas com velocidade e precisão. O legado do *soroban* no Japão é motivo de orgulho nacional. Mas a verdadeira alegria do ábaco, pensei, é mais primitiva: o de ter sido usado por milhares de anos e, em alguns casos, ainda ser o modo mais rápido de somar.

Depois de alguns anos usando um ábaco, quando você já se sente bem familiarizado com o posicionamento das contas, é possível fazer cálculos apenas visualizando um ábaco mentalmente. Isso é chamado *anzan*, e todos os melhores alunos de Miyamoto aprenderam a prática. É uma proeza incrível de se ver — embora não haja nada para ver. Miyamoto lê números para uma classe totalmente imóvel e em silêncio, e segundos depois os alunos levantam as mãos com as respostas. Naoki Furuyama me contou que visualiza um ábaco com oito colunas. Em outras palavras, seu ábaco imaginário pode representar todos os números de 0 a 99 999 999.

O clube de ábaco de Miyamoto é um dos melhores do país em termos de *dans* de seus alunos e vitórias em torneios nacionais. Sua especialidade, porém, é em *anzan*. Alguns anos atrás, Miyamoto resolveu criar um tipo de desafio matemático que só poderia ser resolvido usando o *anzan*. Quando você lê uma soma para um aluno, por exemplo, ela pode ser respondida de diferentes maneiras: usando uma calculadora, lápis e papel, um ábaco ou o *anzan*. Miyamoto queria mostrar que havia certas circunstâncias em que o *anzan* era o único método possível.

A solução encontrada foi o jogo de computador Flash Anzan, que ele demonstrou para mim. Pediu que a classe se preparasse, apertou a tecla *play* e os alunos olharam para a tela do televisor na frente da sala. A máquina bipou três vezes para anunciar o início do jogo, depois apareceram os quinze números seguintes, um de cada vez. Cada número aparecia por apenas 0,2 segundo, por isso a coisa toda durou só três segundos:

164
597
320
872
913
450
568
370
619
482
749
123
310
809
561

Os números piscaram por tão pouco tempo que mal tive tempo de registrá-los. Mas assim que o último número piscou, Naoki Furuyama sorriu e disse que a soma dos números era 7907.

É impossível resolver o desafio do Flash Anzan com uma calculadora ou um ábaco, pois não há tempo nem para lembrar os dígitos piscando na tela, que dirá então digitá-los numa máquina ou organizar as contas. O *anzan* não requer que se lembre dos dígitos. O que se faz é posicionar as contas na cabeça sempre que surge um novo número. Começa-se do 0, em seguida, ao ver o 164, visualiza-se instantaneamente o ábaco no 164. Ao ver 567, o ábaco interno rearranja a soma, que é 761. Depois de quinze adições você não consegue mais se lembrar de qualquer dos números, nem das somas intermediárias, mas o ábaco imaginário na sua cabeça vai mostrar a resposta: 7907.

O deslumbramento com o Flash Anzan fez dele uma mania nacional, e a Nintendo chegou a lançar um jogo de Flash Anzan para seus consoles DS. Miyamoto me mostrou alguns trechos de um programa de tevê com o Flash Anzan em que jovens expoentes do *anzan* duelavam diante de fãs aos gritos. Miyamoto diz que seu jogo ajudou a recrutar muitos novos alunos para clubes de ábaco em todo o Japão. "As pessoas não percebem o que se pode fazer com o domínio do *soroban*", explicou. "Com toda essa cobertura, agora elas percebem."

Registros de imagens neurais mostram que as partes do cérebro ativadas pelo ábaco são diferentes das ativadas pelos cálculos ou pela linguagem aritmética normal. A tradicional aritmética de "papel e lápis" depende de redes neurais associadas ao processamento linguístico. O *soroban* depende de redes associadas à informação visual e espacial. Miyamoto simplifica isso dizendo que "o *soroban* usa o cérebro direito, a matemática normal usa o cérebro esquerdo". Ainda não foram realizadas pesquisas científicas que determinem quais os benefícios dessa segregação, ou como isso se relaciona com a inteligência geral, a concentração ou outras aptidões. Mas o fenômeno permanece inegável e impressionante: os peritos em *soroban* conseguem realizar multitarefas de uma forma incrível.

Miyamoto conheceu a esposa, uma ex-campeã nacional de *soroban*, quando os dois eram mais novos e frequentavam o mesmo clube de ábaco. A filha deles, Rikako, é um prodígio em *soroban*. Pobre dela se não fosse. Aos oito anos de idade, já tinha completado seu *dan* mais alto — um nível que apenas uma em 100 mil pessoas consegue atingir em toda a vida. Agora com nove anos, Rikako estava na classe. Usava uma camiseta azulada, a franja caída nos óculos. Parecia muito alerta e apertava os lábios em sinal de concentração.

Shiritori é um jogo de palavras japonês que começa com uma pessoa falando *shiritori* e cada jogador subsequente deve dizer uma palavra que começa com a última sílaba da palavra anterior. Assim, uma possível segunda palavra seria *ringo* (maçã), porque começa com *ri*. Miyamoto pediu a Rikako e à garota ao seu lado para jogarem *shiritori* ao mesmo tempo em que jogavam uma partida de Flash Anzan em que números de quarenta dígitos seriam expostos em vinte segundos. A máquina emitiu seus bips introdutórios e assim foi o diálogo entre as duas garotas:

Ringo
Gorira (gorila)
Rappa (trompete)
Panda (urso panda)
Dachou (avestruz)
Ushi (vaca)
Shika (veado)
Karasu (corvo)
Suzume (pardal)
Medaka (peixe de aquário)
Kame (tartaruga)
Medama yaki (ovo frito)

Ao fim de vinte segundos, Rikako disse: 17 602. Ela tinha conseguido somar os trinta números e jogar *shiritori* ao mesmo tempo.

2. Atenção!

Nunca achei que a data do meu aniversário fosse um bom assunto para começar uma conversa. Talvez porque nunca tenha passado muito tempo na companhia de homens como Jerome Carter. Eu tinha acabado de me sentar para almoçar com ele e sua esposa Pamela, na casa deles em Scottsdale, no Arizona, quando revelei: 22 de novembro.

"Uaaaau!", disse Pamela, uma ex-comissária de bordo de 57 anos, usando uma bonita camiseta cor-de-rosa e saia jeans.

Jerome olhou para mim. Num tom sério, ele confirmou o entusiasmo dela: "Você tem um número muito bom".

Com 53 anos de idade, Jerome não tem a aparência que se espera de um místico. Vestia camisa havaiana cor de laranja e calção branco, e o corpo sarado refletia sua carreira prévia de campeão de caratê e guarda-costas internacional. Então, o que havia de tão bom nos números 22/11?, perguntei.

"Bem, 22 é um número mestre. Assim como 11. Só existem quatro números mestres: 11, 22, 33 e 44."

Jerome tem um rosto peculiar, com fortes linhas de sorriso e um domo calvo e brilhante. Tem também uma tremenda voz musical, uma mistura de comentarista esportivo com rapper. "Você nasceu no dia 22", começou. "Não é por acaso que o nosso primeiro presidente nasceu num dia 22. Dois mais dois somam quanto? Quatro. Quando elegemos os nossos presidentes? De quatro em quatro anos. Pagamos nossos impostos no quarto mês. Tudo nos Estados Unidos é quatro. Tudo. Nossa primeira Marinha tinha 13 navios, 1 mais 3 é igual a 4. Tínhamos 13 colônias, 1 mais 3 é igual a 4. Eram 13 os signatários da Declaração de Independência. Quatro. Onde eles estavam? Na Locust Street, 1300. Quatro!

"O número quatro controla o dinheiro. Você nasceu sob esse número. É um número muito poderoso. O número quatro é o quadrado, por isso envolve lei, estrutura, governo, organização, jornalismo, construção."

Ele estava começando a apertar o passo. "Foi por isso que eu disse a O. J. Simpson que ele iria sair livre. Observei os advogados dele. Todos os advogados tinham nascido sob o número quatro. Johnny Cochran, nascido no dia 22, 2 mais dois é igual a 4. F. Lee Bailey, nascido no dia 13, 1 mais 3 é igual a 4. Barry Scheck, nascido no dia 4. Robert Shapiro, nascido no dia 31, 3 mais 1 é igual a 4. Ele tinha quatro advogados nascidos sob o número quatro. Quando foi anunciado o veredicto? Às quatro da tarde. Entendeu? Até Hitler teria saído livre!

"Como disse Mike Tyson quando tirei os números dele, quando chega a hora desses números, até os nossos erros acabam sendo bons."

Jerome é um numerólogo profissional. Ele acredita que os números expressam *qualidades*, não apenas *quantidades*. Seu dom, ele diz, é conseguir usar essa compreensão para reunir dados sobre a personalidade das pessoas e até mesmo prever o futuro. Atores, músicos, atletas e corporações pagam um bom dinheiro por seus conselhos. "A maior parte dos numerólogos é pobre. A maior parte dos médiuns é pobre", falou. "Isso não faz sentido." Jerome, por outro lado, mora numa linda casa num condomínio de luxo e tem três motocicletas de 25 mil dólares na garagem.

Datas de nascimento são uma fonte óbvia de números que servem para deduzir traços de personalidade. O mesmo se dá com os nomes, pois as palavras podem ser separadas em letras, e cada letra pode assumir um valor numérico. "Puff Daddy estava prestes a ir para a cadeia", Jerome continuou. "Puff Daddy era uma combinação ruim, daí eu mudei o nome dele para P. Diddy. Depois, quando ele quis se assentar, mudei o nome dele para Diddy. Foram as minhas sugestões, e ele aceitou. Jay-Z queria se casar com a Beyoncé. Eu disse que ele precisava voltar ao seu nome original. Ele voltou a se chamar Shawn Carter."

Perguntei a Jerome se ele tinha alguma recomendação para mim.

"Qual é o seu nome completo?", perguntou.

"Alexander Bellos, mas todo mundo me chama de Alex."

"Que chato!" Fez uma pausa para dar um efeito dramático.

"Alexander é melhor?", perguntei.

Ele sorriu. "Digamos apenas que um dos maiores homens que já andou sobre esta terra não se chamava Alex, o Grande.

"Vai por mim. Já falei com pessoas chamadas Alex antes. Só pra te dar uma ideia: a primeira letra do nome é muito importante. 'A' é 1. Você já tem isso com Alex. Mas com Alexander você termina com 'r'. 'R' é igual a 9. Então a primeira e a última letras do seu nome são 1 e 9. Alfa e ômega. O começo e o fim. Agora vamos pegar a primeira e a última letra de Alex. Só o som do 'x'." Ele pronunciou como "chiiiisss", num esgar que dava a impressão de que iria vomitar. "Você quer usar esse nome? Eu não usaria. Nunca atenderia por Alex.

"Deus disse que é preferível um bom nome a muitas riquezas! Ele não disse que é preferível um bom apelido!"

"Alex não é um apelido", protestei. "É uma abreviação."

"Por que você está lutando contra isso, Alexander?"

Jerome me pediu então minha prancheta e rabiscou a seguinte tabela:

1	2	3	4	5	6	7	8	9
A	B	C	D	E	F	G	H	I
J	K	L	M	N	O	P	Q	R
S	T	U	V	W	X	Y	Z	

Segundo explicou, a tabela mostrava quais números correspondiam a quais letras. Apontou o dedo para a primeira coluna: "As letras que equivalem ao 1 são A, J, S. Alá, Jeová, Jesus, Salvador, Salvação. Dois é o número dos diplomatas, dos embaixadores. Dois é bom conselheiro, dois é amor, você atua bem em equipe, são as letras B, K e T, é por isso que no Burger King eles fazem do seu jeito. O número 3 controla o rádio, a tevê, entretenimento e numerologia. C, L, U. Claro, você liga o rádio e a televisão e eles não lhe dão nenhuma pista." Lançou um olhar irônico para mim.* "Mas quando você aprende numerologia, todas essas coisas viram pistas para a vida. Número 4: D, M, V. Quantas rodas tem um carro? Onde você licencia seu automóvel? No Departamento de Veículos a Motor. Cinco está na metade, entre 1 e 10: E, N e W. Cinco é o número da mudança. Se você permutar as letras vai obter '*new*' [novo]. Seis é o número de Vênus, amor, família, comunidade. O que você vê quando olha para uma uma linda mulher? Uma FOX [raposa]. Sete é o número da espiritualidade. Jesus nasceu no dia 25, 2 mais 5 é igual a 7. Oito é o número dos negócios, finanças, comércio, dinheiro. Onde você guarda o dinheiro? Nos *headquarters* [quartel-general, abreviado como HQ em inglês]. Nove é o único só com duas letras. I e R. Já conversou com algum jamaicano? Ele só RI, cara."

Para concluir, ele largou a caneta e me olhou direto no rosto. "Esse é o método Jerome Carter do sistema pitagórico", falou.

Pitágoras é o nome mais famoso da matemática, e tudo por conta de seu teorema sobre triângulos. (Mais sobre isso posteriormente.) Creditam-se a ele outras contribuições, como a descoberta dos "números quadrados". Imagine contar usando pedrinhas, uma prática antes comum. (A palavra em latim para pedrinha é *calculus*, o que explica a origem da palavra "calcular".) Para compor um quadrado em que as pedrinhas estão dispostas por igual em linhas e colunas, um quadrado de duas linhas e duas colunas irá precisar de quatro pedrinhas; já um quadrado de três linhas e três colunas vai precisar de nove. Em outras palavras, multiplicar o número n por si mesmo equivale a trabalhar com o número de pedrinhas numa formação quadrada de n filas e colunas. A ideia é tão instintiva que o termo "quadrado" para descrever a multiplicação de um número por si mesmo pegou.

Pitágoras observou alguns excelentes padrões em seus quadrados. Viu que o número de pedrinhas usadas no quadrado de 2, 4, era a soma de 1 e 3, enquanto o número usado no quadrado de 3, 9, era a soma de 1 e 3 e 5. O quadrado 4 tem 16 pedrinhas — ou 1 + 3 + 5 + 7. Em outras palavras, o quadrado

---

* CLU em inglês tem o mesmo som de "*clue*" [pista], daí a ironia. (N. T.)

do número n é a soma dos primeiros n números ímpares. Isso pode ser visto observando-se como se constrói um quadrado de pedrinhas:

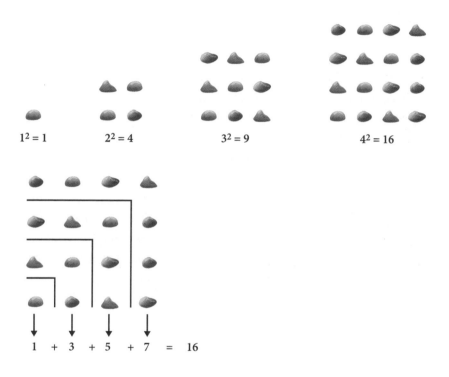

Quadrados de pedrinhas.

Outro padrão descoberto por Pitágoras está relacionado com a música. Certo dia, segundo a lenda, ao passar em frente ao estabelecimento de um ferreiro ele ouviu os sons do martelo batendo no metal e percebeu que a altura do som mudava de acordo com os pesos das bigornas. Isso fez com que estudasse a relação entre a altura de uma corda vibrando e o seu comprimento. O que, por sua vez, o levou a perceber que se o comprimento da corda fosse reduzido à metade, a altura aumentava uma oitava. Outras harmonias acontecem quando a corda é dividida nas proporções 3 : 2 e 4 : 3, e assim por diante.

Pitágoras ficou muito entusiasmado com os padrões numéricos que encontrou na natureza, e acreditou que os segredos do Universo só poderiam ser compreendidos através da matemática. Mas em vez de ver a matemática apenas como um instrumento para descrever a natureza, ele via os números como a essência da natureza — e ensinou seu rebanho a reverenciá-los. Pitágoras não era apenas um acadêmico, era o líder carismático de uma seita mística dedicada à contemplação filosófica e à matemática, a Irmandade Pitagórica, uma combinação de fazenda saudável, acampamento de treinamento e templo. Os discípulos precisavam obedecer regras estritas, como nunca urinar em direção ao sol, nunca se casar com uma mulher que usasse joias de ouro e nunca passar por um asno deitado na rua. Tão seleto era o grupo, que os que quisessem entrar para a Irmandade tinham de passar por um período probatório de cinco anos, durante o qual só poderiam ver Pitágoras através de uma cortina.

No cosmos espiritual de Pitágoras, a razão de o dez ser divino não tinha nada a ver com os dedos dos pés ou das mãos, mas sim por ser a soma dos primeiros quatro números (1 + 2 + 3 + 4 = 10), cada um deles simbolizando um dos quatro elementos: fogo, ar, água e terra. O número 2 era feminino, o 3 era masculino, e o 5 — a união dos dois — era sagrado. O brasão da Irmandade era o pentagrama, ou estrela de cinco pontas. Embora possa agora parecer algo bizarro, a ideia de venerar números talvez reflita a escala da admiração diante da descoberta dos primeiros fragmentos de conhecimento matemático abstrato. O entusiasmo em perceber que existe uma ordem na natureza, quando antes pensava-se que não havia nenhuma, deve ter sido vivenciado como uma revelação religiosa.

Os ensinamentos espirituais de Pitágoras iam além da numerologia. Incluíam uma crença na reencarnação, e ele provavelmente era vegetariano. Aliás, suas exigências dietéticas têm sido tema de debates acalorados há mais de 2 mil anos. A Irmandade era famosa por proibir a ingestão do pequeno e arredondado feijão-preto, e um dos relatos da morte de Pitágoras o mostra fugindo de agressores ao chegar a um campo de feijão. De acordo com a história, ele preferiu ser capturado e morto a pisar na plantação. A razão por que os feijões eram sagrados, de acordo com uma antiga fonte, era por brotarem do mesmo lodo primordial que os humanos. Pitágoras provou isso ao mostrar que se você mastigasse um feijão, triturando-o com os dentes, e depois o deixasse por algum tempo ao sol, ele começaria a cheirar como sêmen. Uma hipótese mais recente é de que a Irmandade era apenas uma colônia para os que tinham alergia hereditária a feijões.

Pitágoras viveu no século VI a. C. Não escreveu nenhum livro. Tudo o que sabemos dele foi escrito muitos anos depois de sua morte. Embora a Irmandade tenha sido satirizada pelo antigo teatro de comédia ateniense, no início da Era Cristã Pitágoras era visto sob uma luz bem favorável, considerado gênio ímpar, suas intuições matemáticas tornando-o o pai intelectual dos grandes filósofos gregos. Milagres foram atribuídos a ele, e alguns autores, estranhamente, afirmaram que ele tinha uma coxa feita de ouro. Outros escreveram que certa vez, ao cruzar um rio, o rio o cumprimentou em voz alta, para que todos pudessem ouvir: "Saudações, Pitágoras". Essa produção de mitos póstuma tem paralelos com a história de outro líder espiritual do Mediterrâneo: Jesus. De fato, Pitágoras e Jesus foram rivais religiosos contemporâneos. Quando o cristianismo estava se enraizando em Roma no século II d.C., a imperatriz Julia Domna encorajava seus cidadãos a adorarem Apolônio de Tiana, que alegava ser Pitágoras reencarnado.

Pitágoras deixou um legado duplo e contraditório: sua matemática e sua antimatemática. Talvez, de fato, como atualmente sugerem alguns estudiosos, as únicas ideias que possam se atribuir a ele com certeza sejam as místicas. O esoterismo pitagórico tem sido uma presença constante no pensamento ocidental desde a Antiguidade, mas esteve especialmente em voga na Renascença, graças à descoberta de um poema de máximas de "autoajuda" escrito por volta de século IV a.C. chamado *Os versos dourados de Pitágoras*. A Irmandade Pitagórica serviu de modelo para muitas sociedades secretas ocultistas e influenciou a criação da maçonaria, uma organização fraternal com elaborados rituais que se acredita ter quase meio milhão de membros só no Reino Unido. Pitágoras inspirou também a "mãe fundadora" da numerologia ocidental, a sra. L. Dow Balliett, uma dona de casa de Atlantic City que escreveu o livro *The philosophy of numbers* [A filosofia dos números] em 1908. "Pitágoras disse que os céus e a terra vibram com os números ou com os dígitos dos números", ela escreveu, propondo um sistema de ler a sorte em que cada letra do alfabeto corresponde a um número de 1 a 9. Ao somar os números das letras de um nome, afirmava, podem-se adivinhar os traços da sua personalidade. Testei essa ideia em mim mesmo. "Alex" é $1 + 3 + 5 + 6 = 15$. Completei o processo somando os dois dígitos da resposta, obtendo $1 + 5 = 6$. Isso dá ao meu nome uma vibração de seis, que significa que eu "devo me vestir sempre com cuidado e precisão; preferindo efeitos e cores elegantes, tendo como cores favoritas o laranja, o escarlate e o quartzo em tons mais claros, mas sempre mantendo seus tons verdadeiros". Minhas pedras são o topázio, o diamante, a ônix e a jaspe, enquanto meu mineral é o bórax, e minhas flores são a tuberosa, o louro e o crisântemo. Meu aroma é o da camélia.

Atualmente, claro, a numerologia é um prato tradicional no bufê do misticismo moderno, em que não faltam gurus querendo aconselhar números de loteria ou especular sobre o o que trará uma data futura. Parece algo divertido e inofensivo — e gostei muito da minha conversa com Jerome Carter —, mas conferir significado espiritual aos números pode também ter consequências sinistras. Em 1987, por exemplo, o governo militar de Burma emitiu novas cédulas com valor de face divisível por nove — pela única razão de o nove ser o número favorito do general no poder. As novas notas ajudaram a precipitar uma crise econômica que desencadeou uma revolta popular em 8 de agosto de 1988 — 8/8/88. (Oito era o número favorito do movimento contra a ditadura.) O protesto foi reprimido com violência no dia 18 de setembro: no nono mês, num dia divisível por nove.

O teorema de Pitágoras afirma que *em qualquer triângulo reto, o quadrado da hipotenusa é igual à soma dos quadrados dos catetos*. Essas palavras estão gravadas no meu cérebro como uma velha rima infantil de uma canção de Natal: uma frase nostálgica e confortante, independentemente do seu significado.

A hipotenusa é o lado oposto ao ângulo reto, e o ângulo reto é um quarto de volta de uma circunferência. O teorema é o grande sucesso da geometria básica, o primeiro conceito matemático realmente instigante que aprendemos na escola. O que me entusiasma nele é a forma como revela uma profunda relação entre os números e o espaço. Nem todos os triângulos são retos, mas, quando são, os quadrados de dois lados devem ser iguais ao quadrado do terceiro. O teorema se aplica também em outra situação. Considere quaisquer três números. Se o quadrado de dois deles for igual ao quadrado do terceiro, você pode construir um triângulo reto com esses lados.

Alguns comentários sobre Pitágoras dizem que antes de fundar a Irmandade ele viajou ao Egito em uma missão de estudos. Se tivesse passado algum tempo numa construção egípcia ele teria visto que os trabalhadores usavam um truque para criar um ângulo reto que era uma aplicação do teorema que

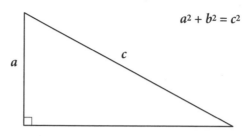

Teorema de Pitágoras.

mais tarde levaria o seu nome. Uma corda era marcada com nós separados por uma distância de 3, 4 e 5 unidades. Uma vez que $3^2 + 4^2 = 5^2$, quando a corda era esticada entre três colunas, com um nó em cada coluna, ela formava um triângulo com um ângulo reto.

Esticar uma corda era a forma mais conveniente para obter ângulos retos, que eram necessários para que os tijolos, ou os gigantescos blocos de pedra usados para construir as pirâmides, pudessem ser colocados lado a lado ou uns sobre os outros. (A palavra hipotenusa vem do grego "esticado contra".) Os egípcios poderiam ter usado muitos outros números além do 3, do 4 e do 5 para obter ângulos retos de fato. Na verdade, existe um número infinito de números a, b e c que dão origem a $a^2 + b^2 = c^2$. Eles poderiam ter marcado a corda em seções de 5, 12 e 13, por exemplo, uma vez que 25 + 144 = 169,

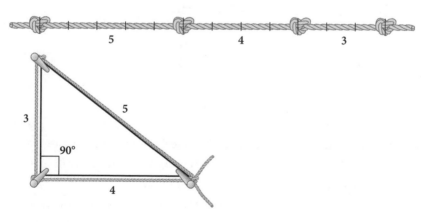

O equivalente egípcio de um esquadro era uma corda dividida na razão 3 : 4 : 5, que produz um ângulo reto quando amarrada a três colunas.

ou 8, 15 e 17, já que 64 + 225 = 289, ou até 2772, 9605 e 9997 (7 683 984 + 92 256 025 = 99 940 009), embora isso não fosse muito prático. Os números 3, 4 e 5 são mais apropriados à tarefa. Além de essa ser a trinca de menor valor, é também a única cujos dígitos são inteiros consecutivos. Por causa dessa herança da corda esticada, o triângulo retângulo cujos lados obedeçam a razão 3 : 4 : 5 é conhecido como o triângulo egípcio. Trata-se de uma máquina portátil capaz de gerar ângulos retos, uma joia do nosso patrimônio matemático, um artefato intelectual de grande poder, elegância e concisão.

Os quadrados mencionados no teorema de Pitágoras podem ser entendidos como números e também como imagens — literalmente, os quadrados desenhados com os lados do triângulo. Imagine que na imagem abaixo os quadrados são feitos de ouro. Como você não faz parte da Irmandade Pitagórica, a aquisição de ouro é algo desejável. Você pode ficar com os dois quadrados menores ou pode pegar o quadrado maior. Qual você escolheria?

O matemático Raymond Smullyan contou que quando fazia essa pergunta para seus alunos, metade da classe queria o quadrado maior e a outra metade preferia os dois quadrados menores. Os dois lados ficavam perplexos quando ele dizia que não faria diferença nenhuma.

Isso é verdade porque, como afirma o teorema, a área combinada dos dois quadrados menores é igual à da área do quadrado maior. Qualquer triângulo retângulo pode ser estendido dessa maneira para produzir três quadrados em que a área do maior pode ser dividida exatamente nas áreas dos dois menores. Não é que o quadrado da hipotenusa às vezes seja igual aos quadrados dos catetos e às vezes não. O encaixe é perfeito em todos os casos.

Não se sabe se Pitágoras descobriu mesmo esse teorema, embora seu nome esteja ligado a ele desde a era clássica. Tenha ou não sido de sua autoria, o teorema faz jus à sua visão de mundo, demonstrando uma notável harmonia no universo matemático. Na verdade, o teorema revela mais do que uma relação entre os quadrados dos lados de um triângulo retângulo. A área de um semicírculo feito sobre a hipotenusa, por exemplo, é igual à soma das áreas dos semicírculos traçados sobre os catetos. Um pentágono sobre a hipotenusa é igual à soma dos pentágonos sobre os catetos, e o mesmo se aplica a hexágonos, octógonos e, na verdade, a qualquer forma regular ou irregular. Por exemplo, se três Mona Lisa fossem desenhadas a partir de um triângulo retângulo, a área da Mona Lisa grande seria igual às áreas combinadas das duas menores.

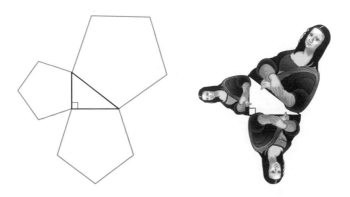

Para mim, o verdadeiro deleite propiciado pelo teorema de Pitágoras vem da percepção de por que ele tem de ser verdadeiro. A prova mais simples é a que se segue. Foi criada pelos chineses, talvez antes mesmo do nascimento de Pitágoras, e é uma das razões pelas quais muitos duvidam de que ele tenha criado o teorema.

Antes de continuar a leitura, olhe por um momento para os dois quadrados. O quadrado A é do mesmo tamanho do quadrado B, e todos os triân-

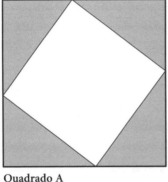 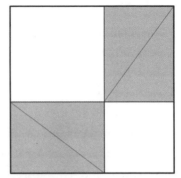

Quadrado A   Quadrado B

gulos retângulos dentro do quadrado têm também o mesmo tamanho. Como os quadrados são iguais, as áreas brancas dentro deles também são iguais. Agora, observe que o grande quadrado branco dentro do quadrado A é o quadrado da hipotenusa do triângulo retângulo. E que os quadrados brancos menores dentro do quadrado B são os quadrados dos catetos do triângulo. Em outras palavras, o quadrado da hipotenusa é igual ao quadrado dos catetos. *Voilà*.

Dado ser possível construir um quadrado como A e B com qualquer formato ou tamanho a partir de um triângulo retângulo, o teorema deve ser verdadeiro em todos os casos.

O encanto da matemática é o momento da revelação instantânea de provas como essa, quando de repente tudo faz sentido. É uma coisa muito gratificante, quase um prazer físico. O matemático indiano Bhaskara ficou tão impressionado com uma demonstração semelhante à de Pitágoras que em seu livro de matemática do século XII, chamado *Lilavati*, ele não escreveu nenhuma explicação embaixo dessa imagem, apenas a palavra "Atenção!".

Existem muitas outras demonstrações do teorema de Pitágoras, e uma das mais adoráveis encontra-se na figura a seguir, creditada ao matemático árabe Annairizi, datada de cerca de 900 d.C. O teorema está contido dentro do padrão repetitivo. Você consegue localizar? (Se não conseguir, damos uma dica no apêndice da p. 443)

Em seu *The Pythagorean proposition* [A proposição de Pitágoras], de 1940, Elisha Scott Loomis publicou 371 demonstrações do teorema, concebidas por uma surpreendente diversidade de pessoas. Uma delas, de 1888, foi atribuída a E. A. Coolidge, uma garota cega, outra a Ann Condit, uma colegial de dezesseis anos, datada de 1938, enquanto outras foram atribuídas a Leonardo da Vinci e ao presidente dos Estados Unidos James A. Garfield, que topou com sua demonstração durante algumas brincadeiras matemáticas com colegas quando era congressista republicano. "Achamos que era algo com o que os membros de ambas as casas poderiam concordar sem distinção de partido", declarou quando a prova foi publicada pela primeira vez, em 1876.

Essa diversidade de demonstrações é um testemunho da vitalidade da matemática. Não existe um jeito "certo" de atacar um problema matemático, e é intrigante mapear as diferentes rotas que diferentes mentes tomaram para encontrar suas soluções. A seguir, três diferentes provas de três diferentes épocas: uma de Liu Hui, um matemático chinês do século III d.C., uma de Leonardo da Vinci (1452-1519) e uma terceira de Henry Dudeney, o mais famoso enigmista da Grã-Bretanha, datada de 1917. As provas de Liu Hui e de Dudeney são "provas de dissecção", em que os dois quadrados menores são divididos em formas que podem ser reunidas perfeitamente no quadrado maior. A de Leonardo requer um pouco mais de raciocínio. (Se precisar de uma dica, consulte de novo o apêndice na p. 443)

Uma demonstração particularmente dinâmica foi criada pelo matemático Hermann Baravalle, mostrada na p. 98. Há algo mais orgânico nessa

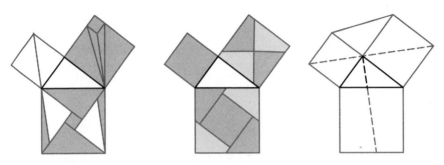

Demonstração de Liu Hui.   *Demonstração de Dudeney.*   *Demonstração de Leonardo.*

demonstração — ela mostra como o quadrado maior, à semelhança de uma ameba, divide-se em dois quadrados menores. Em cada estágio, a área sombreada é a mesma. O único passo não óbvio é o 4. Quando um paralelogramo é transformado de tal forma que a base e a altura são preservadas, sua área permanece a mesma.

A demonstração de Baravalle é semelhante à prova mais bem estabelecida na literatura matemática, elaborada por Euclides por volta de 300 a.C.

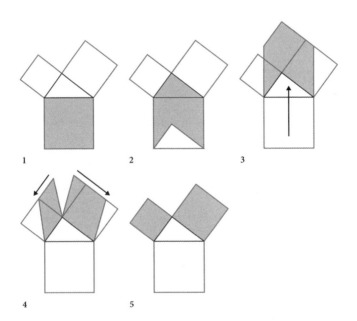

Demonstração de Baravalle.

O mais famoso matemático grego depois de Pitágoras, Euclides viveu em Alexandria, cidade fundada pelo homem que nunca abreviou o nome para Alex, o Grande. Sua *chef-d'oeuvre*, *Os elementos*, continha 465 teoremas que sumarizavam a extensão do conhecimento grego naquela época. A matemática grega era quase inteiramente a geometria — derivada de suas palavras para "terra" e "medida" —, ainda que *Os elementos* não se referisse ao mundo real. Euclides operava num domínio abstrato de pontos e linhas. Só o que permitia em seu estojo de trabalho eram um lápis, uma régua e um compasso, e é por isso que durante séculos esses têm sido os componentes dos estojos escolares para crianças.

A primeira tarefa de Euclides (Livro 1, Proposição 1) era mostrar que ele poderia fazer um triângulo equilátero a partir de qualquer linha, ou seja, um triângulo com três lados iguais tendo essa linha como um dos lados:

Passo 1: Ponha a ponta do compasso na extremidade de uma dada linha e faça um círculo que passe pela outra ponta da linha.

Passo 2: Repita o primeiro passo com o compasso na outra ponta da linha. Agora você tem dois círculos que se interceptam.

Passo 3: Trace uma linha a partir das intersecções do círculo até as duas pontas da linha original.

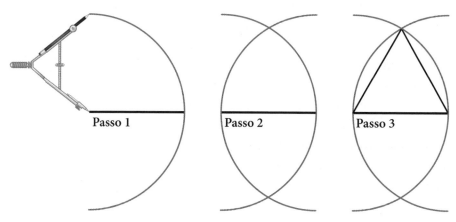

Os elementos, *Proposição 1*.

A partir daí ele progrediu meticulosamente, de proposição em proposição, revelando inúmeras propriedades das linhas, dos triângulos e dos círculos. Por exemplo, a Proposição 9 mostra como traçar a "bissetriz" de um ângulo, isto é, construir um ângulo exatamente igual à metade de um dado ângulo. A Proposição 32 afirma que os ângulos internos de um triângulo sempre somam dois ângulos retos, ou 180 graus. *Os elementos* é uma *magnum opus* de rigor e pedantismo. Nada jamais é pressuposto. Cada demonstração segue de forma lógica a demonstração anterior. E mesmo assim, a partir de não mais que alguns axiomas básicos, Euclides reuniu um corpo de resultados impressionante e atraente.

O *grand finale* do primeiro livro é a Proposição 47. O comentário de uma edição de 1570 da primeira tradução para o inglês diz: "Este excelente e notável teorema foi inventado pelo grande filósofo Pitágoras, que, embriagado de alegria por ter concebido essa invenção, ofereceu um boi em sacrifício, como relata Hierone, Proclus, Lycius & Vitruvius. E foi chamada comumente por escritores bárbaros de eras posteriores de Dulcarnon". Dulcarnon significa dois chifres, ou "no limite da compreensão" — talvez em virtude de o diagrama da demonstração ter dois quadrados que parecem chifres, ou talvez porque seja realmente de difícil compreensão.

Não há nada de belo na demonstração do teorema de Pitágoras por Euclides. É longa, meticulosa e intricada, e requer um diagrama cheio de linhas e triângulos superpostos. Arthur Schopenhauer, filósofo alemão do século XIX, disse que a demonstração era tão desnecessariamente complicada que era uma "brilhante peça de perversidade". Para ser justo com Euclides, ele não estava tentando ser divertido (como Dudeney), nem estético (como Annairizi) ou intuitivo (como Baravalle). A maior preocupação de Euclides era o rigor de seu sistema dedutivo.

Enquanto Pitágoras vislumbrava a maravilha dos números, Euclides revelava em *Os elementos* uma beleza mais profunda, um rigoroso sistema de verdades matemáticas. Página após página, ele demonstra que o conhecimento matemático é de uma ordem diferente de qualquer outro. As proposições de *Os elementos* são verdadeiras em sua perpetuidade. Elas não se tornam menos certas, ou menos relevantes com o tempo (que é a razão de Euclides ainda ser matéria do ensino fundamental e os dramaturgos, poetas e historiadores gregos não). O método de Euclides é inspirador. Dizem que o polímata inglês do século XVII Thomas Hobbes viu de relance um exemplar de *Os elementos* aberto numa biblioteca quando tinha quarenta anos de idade. Ao ler uma das proposições, ele exclamou: "Por Deus, é impossível!". Em seguida leu a proposição anterior, depois a anterior, e assim por diante, até se convencer de que tudo fazia sentido. Nesse processo, apaixonou-se pela geometria por conta da certeza de suas propostas, e essa abordagem dedutiva influenciou seu mais famoso trabalho de filosofia política. Desde *Os elementos*, o raciocínio lógico passou a ser o padrão-ouro de toda a investigação humana.

Euclides começou dividindo o espaço bidimensional em uma família de formas conhecidas como polígonos, aquelas feitas apenas de linhas retas. Com seu compasso e esquadro podia construir não apenas um triângulo equilátero, mas também um quadrado, um pentágono e um hexágono. Polígonos em que todos os lados têm o mesmo comprimento e os ângulos entre os lados são todos iguais são chamados *polígonos regulares*. Interessante notar, porém, que o método de Euclides não se aplica a todos os polígonos. O heptágono (sete lados), por exemplo, não pode ser construído só com um compasso e um esquadro. O octógono *pode* ser construído, mas o nonágono também não pode. Por outro lado, um complexo e surpreendente polígono regular com 65 537 lados pode ser construído, e aliás já foi construído. (A escolha foi motivada pelo número de lados, igual a $2^{16} + 1$). O matemático alemão Johann Gustav Hermes levou dez anos para fazê-lo, em 1894.

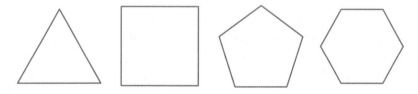

Polígonos regulares.

Uma das metas de Euclides era estudar as formas tridimensionais que podem ser formadas a partir da junção de polígonos regulares idênticos. Só cinco formas dão conta do recado: o tetraedro, o cubo, o octaedro, o icosaedro e o dodecaedro, o quinteto conhecido como os sólidos de Platão desde que o

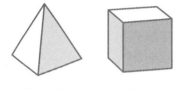 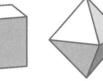

Tetraedro   Cubo   Octaedro   Icosaedro   Dodecaedro

Os sólidos platônicos.

filósofo escreveu sobre eles no *Timeu*. Platão os comparava aos quatro elementos do Universo, mais o espaço celeste ao redor de todos. O tetraedro era o fogo; o cubo era a terra; o octaedro, o ar; o icosaedro, a água; e o dodecaedro, o domo abrangente. Os sólidos platônicos são particularmente importantes por serem perfeitamente simétricos. Podem ser torcidos, girados e invertidos, mas continuam sempre iguais.

No décimo terceiro e derradeiro livro de *Os elementos*, Euclides demonstrou por que existem somente cinco sólidos platônicos ao examinar todos os objetos sólidos possíveis que podem ser feitos a partir de polígonos regulares, começando pelo triângulo equilátero e passando para os quadrados, pentágonos, hexágonos e assim por diante. O diagrama a seguir mostra como ele chegou a essa conclusão. Para fazer um objeto sólido a partir de polígonos é necessário ter sempre um ponto onde três lados se encontram, um canto, ou o que é chamado de vértice. Ao se juntar três triângulos equiláteros num vértice, por exemplo, obtém-se um tetraedro (A). Juntando-se quatro, uma pirâmide (B). A pirâmide não é um sólido platônico porque não tem todos os lados iguais, mas quando se junta uma pirâmide invertida à outra obtém-se um octaedro, este sim um sólido platônico. Juntando cinco triângulos equiláteros tem-se a primeira parte de um icosaedro (C). Mas ao juntar seis triângulos o resultado é um... pedaço de papel plano (D). Não se pode fazer um ângulo sólido com seis triângulos equiláteros, por isso não há outra forma de criar um sólido platônico diferente a partir deles. Continuando esse procedimento com quadrados, fica evidente que só existe uma forma de juntar três quadrados num canto (E). Isso vai resultar em um cubo. Juntando quatro quadrados obtém-se um... pedaço de papel plano (F). Não há mais sólidos platônicos aqui. Da mesma forma, três pentágonos juntos formam um ângulo sólido, e se

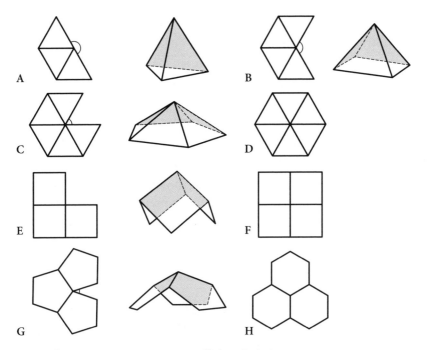

Prova de que existem apenas cinco sólidos platônicos.

transformam num dodecaedro (G). É impossível juntar quatro pentágonos. Três hexágonos que se encontrem no mesmo ponto ficam um ao lado do outro (H), por isso é impossível compor um objeto sólido a partir deles. E por isso não existem mais sólidos platônicos, pois é impossível juntar três polígonos regulares de mais de seis lados num vértice.

Usando o método de Euclides, muitos matemáticos depois dele formularam novas perguntas e fizeram novas descobertas. Em 1471, por exemplo, o matemático alemão Regiomontanus escreveu uma carta a um amigo propondo o seguinte problema: "Desde que ponto do chão um bastão suspenso perpendicular parece maior?". A pergunta foi depois refeita como o "problema da estátua". Imagine uma estátua num pedestal à sua frente. Quando você está mais perto, precisa torcer o pescoço e tem uma visão de um ângulo muito agudo. Quando está muito longe, precisa forçar os olhos e, de novo, vai enxergar por um ângulo muito agudo. Onde, então, é o melhor lugar para ver a estátua?

Tomemos uma visão lateral da situação, como no diagrama abaixo. Queremos encontrar o ponto na linha pontilhada, que representa o nível do olho, de forma que o ângulo do ponto até a estátua seja o maior. A solução vem do terceiro livro de *Os elementos*, sobre os círculos. O ângulo é maior quando um círculo que passa pelo alto e pela base da estátua repousa sobre a linha pontilhada.

O problema é equivalente ao enfrentado por jogadores de rúgbi quanto tentam saber qual a melhor distância para chutar e fazer um gol. Se o jogador estiver muito perto, o ângulo vai ser muito agudo, mas se estiver muito longe, o ângulo também será reduzido. Onde está a melhor posição? Aqui precisamos ter uma vista aérea da situação e fazer um diagrama semelhante. O ponto na linha pontilhada de chutes que subtende o maior ângulo das traves é precisamente o ponto tocado por um círculo que passa pelas duas traves e repousa sobre a linha.

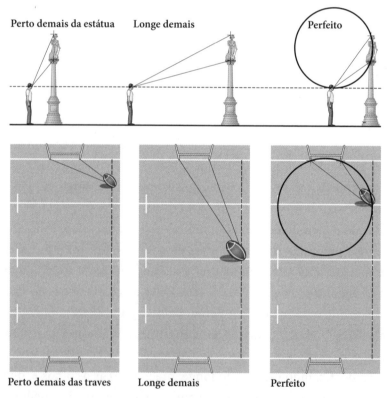

A estátua de Regiomontanus e o problema do rúgbi.

Contudo, talvez o resultado mais impressionante na geometria euclidiana seja o que revela uma propriedade incrível dos triângulos. Consideremos primeiro onde fica o centro de um triângulo. Surpreendentemente, é uma questão não muito clara. Na verdade, há quatro modos de definir o centro de um triângulo, e todos resultam em pontos diferentes (a não ser quando o triângulo é equilátero, quando os pontos coincidem). O primeiro é chamado de *ortocentro*, e é a interseção das linhas de cada vértice que tocam perpendicularmente o lado oposto, chamadas de *alturas*. Já é bem estranho pensar que, em qualquer triângulo, as alturas sempre se encontram no mesmo ponto.

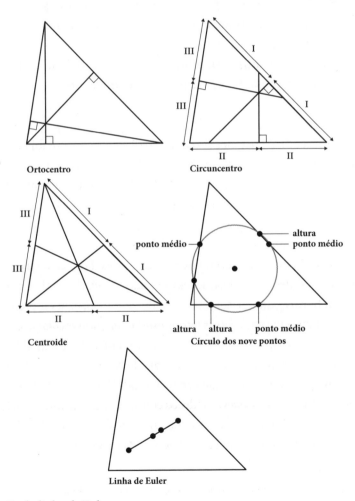

Construção da linha de Euler.

O segundo é o *circuncentro*, que é a interseção das perpendiculares traçadas a partir da metade dos lados. Mais uma vez, é muito interessante que essas linhas também sempre se encontrem, seja qual for o triângulo.

O terceiro é o *centroide*, que é a interseção das linhas que vão dos vértices aos pontos médios dos lados opostos. Elas também sempre se encontram. Finalmente, o *círculo dos nove pontos*,* círculo que passa pelos pontos médios de cada lado e também pelas interseções dos lados com as alturas. Todos os triângulos têm um círculo dos nove pontos, e seu centro é o quarto tipo de ponto médio que um triângulo pode ter.

Em 1767, Leonhard Euler provou que em todos os triângulos o ortocentro, o circuncentro, o centroide e o centro do círculo dos nove pontos estão sempre na mesma linha. É fantástico. Seja qual for a forma do triângulo, esses quatro pontos mantêm uma deslumbrante e uniforme relação entre si. A harmonia é de fato espantosa. Pitágoras teria ficado maravilhado.

Embora seja difícil imaginar isso hoje em dia, *Os elementos* foi um acontecimento literário. Até o século XX, parece ter tido mais edições impressas do que qualquer outro livro com exceção da Bíblia. Isso torna-se ainda mais notável pelo fato de *Os elementos* não ser uma leitura fácil. Mas vale a pena mencionar uma das edições, por sua abordagem heterodoxa para tornar o texto mais acessível. Oliver Byrne, que trabalhava como supervisor dos assentamentos de Sua Majestade nas ilhas Falkland, reescreveu Euclides em cores. Em vez de usar as longas demonstrações, ele desenhou ilustrações nas quais os ângulos, linhas e áreas eram marcados em blocos geométricos em vermelho, amarelo, azul ou preto. Seu *Elementos*, [...] *em que em vez de letras foram usados diagramas coloridos e símbolos para facilitar mais o aprendizado*, foi publicado em 1847 e tem sido definido como "um dos livros mais bonitos e originais do século XIX". Em 1851, era um dos poucos livros britânicos em exibição na Grande Exposição, embora o público não tenha se entusiasmado. Na verdade, os editores de Byrne foram à falência em 1853, com mais de 75% dos exemplares de *Os elementos* encalhados. O alto custo de produção do livro contribuiu para a falência da empresa.

---

* Assim chamado porque, além dos seis pontos citados no texto, também passa pelos pontos médios dos três segmentos de reta que unem o ortocentro aos vértices do triângulo. (N. E.)

As demonstrações ilustradas de Byrne tornaram Euclides mais intuitivo, antecipando os livros-texto em cores dos últimos anos. Em termos estéticos estava também à frente de sua época. As vistosas cores primárias, diagramação assimétrica, angularidade, formas abstratas e bastante espaço em branco anteciparam as pinturas de muitos artistas do século xx. O livro de Byrne parece um tributo a Piet Mondrian, publicado 25 anos antes que o artista tivesse nascido.

Por magistral que fosse, o método euclidiano não conseguia resolver todos os problemas: aliás, alguns problemas bem simples não podem ser resolvidos usando-se apenas esquadro e compasso. Os gregos sofreram por isso. Em 430 a.C., Atenas foi assolada por uma epidemia de febre tifoide. Os cidadãos consultaram o oráculo de Delos, que os aconselhou a dobrar o tamanho do altar de Apolo, que tinha a forma de um cubo. Aliviados pelo fato de poderem ser salvos cumprindo uma tarefa que parecia tão fácil, eles construíram um novo altar em que os lados do cubo eram o dobro dos do altar original. Mas quando dobramos o lado de um cubo, o volume do novo cubo aumenta em 2^3, ou 8. Apolo não ficou satisfeito e piorou ainda mais a pestilência. O desafio feito pelo deus — isto é, dado um cubo, construir um segundo cubo com o dobro do volume — é chamado problema deliano, e é um dos três problemas clássicos da Antiguidade que não podem ser resolvidos com os instrumentos euclidianos. Os outros dois são a *quadratura do círculo*, que é a construção de um quadrado que tenha a mesma área de um dado círculo, e a *trissecção de um ângulo*, que é a construção de um ângulo que seja um terço de um dado ângulo. Entender por que a geometria euclidiana não conseguia resolver esses problemas — e por que outros métodos conseguem — vem sendo uma preocupação de longo prazo para os matemáticos.

Os gregos não foram o único povo intrigado pelas maravilhas das formas geométricas. O objeto mais sagrado no islã é um sólido platônico: a caaba, ou cubo, um paládio negro no centro da mesquita sagrada de Meca, ao redor do qual os peregrinos andam no sentido anti-horário durante o Hajj. (Na verdade, suas dimensões formam um cubo perfeito.) A caaba marca também a direção para a qual os religiosos devem se voltar durante a prece diária, estejam onde estiverem no mundo. A matemática tem um papel mais importante no islã do que em qualquer outra grande religião. Mais de um milênio antes do advento da tecnologia do GPS, a exigência de se voltar para Meca já se apoiava em complicados cálculos matemáticos — que é a razão por que a ciência islâmica mostrou-se imbatível durante quase mil anos.

A arte islâmica é simbolizada pelos engenhosos arranjos de mosaicos nas paredes, no teto e no piso de seus edifícios sagrados, uma consequência da proibição de imagens de pessoas e animais nos sítios sagrados. Considerava-se que a geometria expressava a verdade existente além do meramente humano, bem alinhada com a postura pitagórica de que o Universo se revela através da matemática. As simetrias e as intermináveis curvas criadas pelos artesãos islâmicos em seus estampados eram uma alegoria do infinito, uma expressão do sagrado, da ordem matemática do mundo.

A beleza da repetição de um padrão mosaico não está tanto no apelo estético da imagem reproduzida, mas na facilidade com que os mosaicos preenchem o espaço com perfeição. Quanto melhor a geometria, melhor a arte. Elaborar os polígonos para revestir uma parede de forma a não haver vãos ou sobreposições é um grande desafio matemático, conhecido por qualquer um que já tenha azulejado o piso de um banheiro. Acontece que só existem três polígonos regulares capazes de "enxadrezar", que é o termo técnico para revestir um plano de forma que nenhuma área fique descoberta. São o triângulo equilátero, o quadrado e o hexágono. Na verdade, um triângulo não precisa ser equilátero para enxadrezar. Os lados podem ser de qualquer tamanho. Para qualquer triângulo, só é necessário fazer a junção com um triângulo idêntico colocado de ponta-cabeça, como no diagrama a seguir. A forma resultante é um paralelogramo. O paralelogramo pode se juntar com outros idênticos para formar uma fila, e essas filas podem se juntar lado a lado. Esse tipo de quadriculado — em que o mesmo padrão se repete sem fim — é chamado de periódico.

Um mosaico quadrado pode preencher uma superfície plana. Isso é óbvio. Assim como qualquer retângulo. Isso também é uma observação trivial — olhar para uma parede de tijolo é uma forma de observar retângulos enxadrezados. O surpreendente, porém, é que qualquer polígono de quatro lados pode produzir enxadrezados periódicos. Desenhe qualquer polígono de quatro lados. Junte essa forma com outra de ponta-cabeça, como fizemos com os triângulos a seguir, e você vai criar um polígono de seis lados, um hexágono ir-

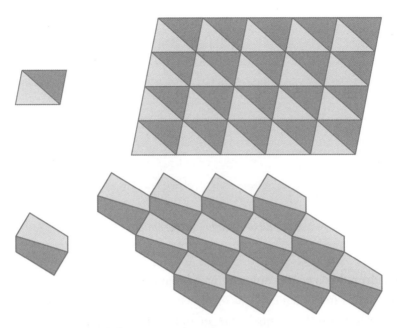

Triângulos e quadriláteros enxadrezados.

regular, em que todos os lados opostos são iguais. Como os lados opostos são iguais, as formas podem ser dispostas em fila de forma que as bordas se encaixem perfeitamente umas com as outras. Como mostra o diagrama acima, esse encaixe trabalha na direção de cada um dos lados, e os hexágonos que se repetem cobrem um plano perfeitamente.

Eu disse que enxadrezado periódico é o que se repete infinitamente. Existe uma definição mais prática de periodicidade. Imagine um plano se estendendo infinitamente em todas as direções recoberto por um enxadrezado de triângulos como na ilustração acima. Agora imagine fazer uma cópia idêntica desse enxadrezado em papel vegetal e colocá-la no plano. Periodicidade pode ser definida como a capacidade de erguer a cópia, movê-la para outra posição e assentá-la de volta no plano de forma que o estampado da cópia se alinhe perfeitamente com o estampado original. Podemos fazer isso com o enxadrezado em triângulos porque podemos mover a cópia para a esquerda (ou para a direita, para cima ou para baixo) com qualquer número de triângulos. Quando é alinhada em sua nova posição, a cópia se encaixa perfeitamente

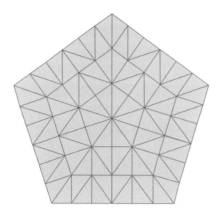

Enxadrezado não periódico.

no enxadrezado da página anterior. Essa definição de periodicidade é útil porque agora fica mais fácil explicar o conceito de *não periodicidade*. Um enxadrezado não periódico é aquele que, quando dele se faz uma cópia, apresenta apenas uma única posição em que a cópia se encaixa perfeitamente no plano — a posição original. Por exemplo, o enxadrezado na figura acima é não periódico. (Imagine que o enxadrezado continua para sempre, em pentágonos concêntricos.) Se se fizer uma cópia dele, a cópia vai coincidir em apenas uma posição com o enxadrezado que a subjaz.

Muitos tipos de mosaicos que podem ser arranjados periodicamente também podem ser organizados de forma não periódica. Contudo, a questão que atormentava os matemáticos na segunda metade do século XX era se existia algum tipo de mosaico que *só* pudesse ser arranjado de forma não periódica. Esses mosaicos poderiam cobrir a superfície de um plano, mas deveriam ser incapazes de produzir padrões repetidos. A ideia vai contra a intuição — se os mosaicos se encaixassem tão bem e fossem tão harmoniosos que pudessem recobrir um plano sem deixar vãos, seria natural que pudessem fazer isso de uma forma regular e repetitiva. Por um longo tempo acreditou-se que não existiam mosaicos não periódicos.

Mas eis que entra em cena Roger Penrose, com seus dardos e suas pipas. Nos anos 1970, Penrose — um cosmólogo — surpreendeu o mundo da matemática ao desenvolver vários tipos de mosaicos não periódicos. Os mais simples eram criados cortando um losango em dois, para obter duas formas diferentes,

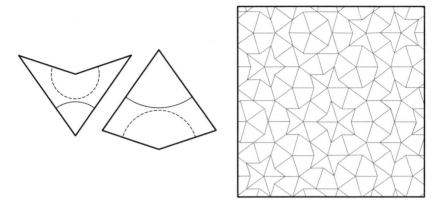

Os dardos e pipas de Penrose só podem formar mosaicos não periódicos.

que ele chamou de pipa e dardo. Na medida em que qualquer forma de quatro lados pode produzir um enxadrezado periódico, Penrose teve de formular uma regra para a maneira como esses mosaicos podiam se juntar de forma a restringir os padrões compostos de forma não periódica. Ele conseguiu isso desenhando dois arcos em cada pipa e em cada dardo e estipulando que os mosaicos deveriam estar ligados de forma que os arcos iguais sempre se juntassem.

A descoberta da formação de mosaicos não periódica foi um fato empolgante para a matemática, mas não tão empolgante quanto seria depois para a física e a química. Nos anos 1980, pesquisadores se espantaram ao descobrir um tipo de cristal que eles não acreditavam que existisse. A pequena estrutura exibia um padrão não periódico, comportando-se em três dimensões da mesma forma que os mosaicos de Penrose em duas. A existência dessas estruturas — chamadas quase cristais — mudou a maneira como os cientistas entendiam a natureza da matéria, pois contradizia a teoria clássica de que todos os cristais devem ter padrões simétricos derivados dos sólidos platônicos. Penrose pode ter inventado seus mosaicos por diversão, mas eles acabaram sendo proféticos a respeito do mundo natural.

Há meio milênio, os geômetras islâmicos podem ter entendido os enxadrezados não periódicos. Em 2007, Peter J. Lu, da Universidade Harvard, e Paul J. Steinhardt, de Princeton, afirmaram que seus estudos de mosaicos do Uzbequistão, do Afeganistão, do Irã, do Iraque e da Turquia mostravam que os artesãos haviam construído "padrões de Penrose quase cristalinos e quase perfeitos cinco séculos antes de sua descoberta no Ocidente". É possível, portanto, que os matemáticos islâmicos estivessem ainda mais avançados do que os historiadores da ciência têm tradicionalmente pensado.

O hinduísmo também usava a geometria para ilustrar o divino. Mandalas são representações simbólicas de divindades e do cosmos. A mais complexa está em Sri Yantra, uma figura formada por cinco triângulos apontando para baixo e quatro apontando para cima, todos sobrepostos a um ponto central, ou *bindu*. Dizem que representa o contorno essencial dos processos de emanação e reabsorção, sendo usada como um foco para concentração e veneração. Sua construção é muito imprecisa — a estrutura é descrita de forma enigmática num longo poema, mas os textos sagrados não fornecem detalhes suficientes. Até hoje os matemáticos não conseguem atinar exatamente como ela teria sido de fato construída.

Há outra cultura oriental que há muito adotou o encantamento das formas geométricas. O origami, a arte da dobradura de papel, tem origem no costume dos japoneses de agradecer aos deuses na época da colheita fazendo oferendas de parte de sua colheita num pedaço de papel. Em vez de depositar os produtos em

O Sri Yantra.

uma folha aberta, eles faziam uma dobra diagonal no papel para conferir um toque humano à oferenda. O origami floresceu no Japão durante as últimas centenas de anos como um passatempo informal, o tipo de coisa que os pais fazem para divertir os filhos. Adaptou-se perfeitamente ao amor dos japoneses pelo minimalismo artístico, à atenção aos detalhes e à economia de formas.

O origami com cartões de visita aparenta ser o suprassumo da invenção japonesa, reunindo duas paixões nacionais. Na verdade, essa prática lhes é detestável. Os japoneses consideram os cartões de visita como uma extensão do indivíduo, por isso qualquer brincadeira com eles é vista como algo grosseiro e ofensivo, mesmo com propósitos de origami. Quando tentei dobrar um cartão em um restaurante de Tóquio, quase fui expulso por meu comportamento antissocial. No resto do mundo, no entanto, o origami com cartões de visita é um subgênero moderno de dobradura de papel. Data de mais de cem anos atrás, até a (agora obsoleta) prática de origami em cartões de visita comuns.

Um exemplo simples é dobrar um cartão de visita de forma que o canto inferior direito encontre o canto superior esquerdo, e depois sobrepor as dobras, como mostrado abaixo. Repita isso com outro cartão, só que dessa vez dobre o canto inferior esquerdo até o canto superior direito. Você obterá duas partes que podem ser acopladas para formar um tetraedro. É a maneira certa, segundo me disseram, de oferecer um cartão de visita profissional em conferências sobre matemática.

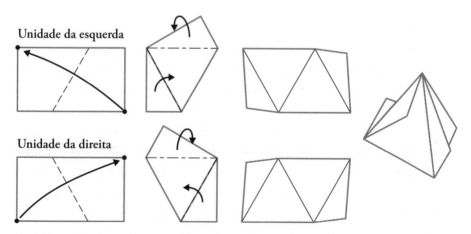

Cartão de visita em forma de tetraedro.

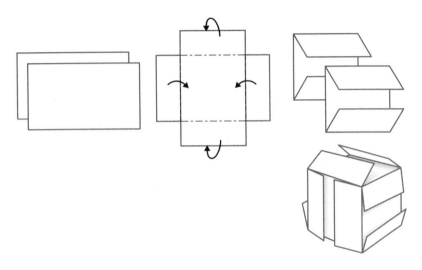

Cartão de visita em forma de cubo.

O octaedro pode ser feito com quatro cartões, e um icosaedro com dez cartões. É fácil também fazer um quarto sólido platônico — o cubo. Ponha dois cartões um em cima do outro, como um sinal de adição, e dobre as bordas como mostrado acima. Isso cria um quadrado. Seis cartões dobrados dessa maneira se encaixam para formar um cubo, embora as beiras fiquem de fora. Vão ser precisos seis cartões para encaixar em cada face para fazer um cubo perfeito.

Jeannine Mosely, desenvolvedora de aplicativos de computador de Massachussetts, é uma mestra zen do origami em cartões de visita. Alguns anos atrás ela descobriu que tinha 100 mil cartões guardados na garagem — depois de ter herdado três levas dos colegas de trabalho, a primeira quando a empresa mudou de nome, a segunda quando mudou de endereço e mais uma quando perceberam que os novos cartões tinham um erro tipográfico. Pode-se fazer um monte de tetraedros com 100 mil cartões de visita. Mas a grande ambição de Mosely ia além dos sólidos platônicos. Por que se limitar aos gregos antigos? Será que 2 mil anos de geometria não tinham produzido formas em três dimensões mais empolgantes? Reunindo seus recursos, Mosely sentiu-se pronta para encarar o maior desafio de sua arte, a esponja de Menger.

Mas antes de chegarmos à esponja de Menger, é preciso apresentar o tapete de Sierpinski. Essa forma bizarra foi inventada pelo matemático polonês Waclaw Sierpinski em 1916. Começa com um quadrado preto. Imagine que seja formado por nove quadrados idênticos e remova o quadrado central (figura A). Agora repita a operação com os quadrados restantes — isto é, imagine que são nove subquadrados e remova o quadrado central (B). Repita esse processo outra vez (C). O tapete de Sierpinski é o que se obtém continuando esse processo *ad infinitum*.

Em 1926, o matemático austríaco Karl Menger surgiu com a ideia de uma versão tridimensional do tapete de Sierpinski, conhecida agora como a esponja de Menger. Você começa com um cubo. Imagine que seja formado por 27 subcubos idênticos e remova o subcubo no centro, assim como os seis subcubos no centro de cada cubo original. O que resta é um cubo que parece ter tido três buracos quadrados escavados de cada lado (D). Faça com cada um dos 20 subcubos restantes como fez com o cubo original e extraia sete dos 27 subcubos (E). Repita o processo outra vez (F) e o bloco começa a parecer ter sido devorado por um enxame de cupins obcecados por geometria.

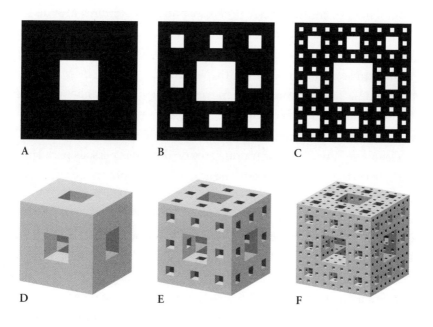

Jeannine Mosely e sua esponja de Menger.

A esponja de Menger é um objeto lindo e paradoxal. À medida que você continua retirando cubos cada vez menores, o volume da esponja diminui cada vez mais, acabando por se tornar invisível — como se os cupins tivessem comido tudo. Mas cada remoção também faz que a área da superfície da esponja aumente. Ao continuar esse processo, pode-se obter uma área de superfície maior do que qualquer outra que você quiser, o que significa que quando o número de repetições se aproximar do infinito, a área de superfície da esponja também se aproxima do infinito. No limite, a esponja de Menger é um objeto com uma superfície infinitamente extensa, mas que também é invisível.

Mosely construiu uma esponja de Menger de nível três — em outras palavras, uma esponja resultante de três repetições de remoção de cubos (F). O projeto levou dez anos. Ela contratou cerca de duzentas pessoas para ajudar e usou 66 048 cartões de visita. A esponja acabada tinha 142 cm de altura, largura e profundidade.

"Por um bom tempo me perguntei se não estava fazendo uma coisa completamente ridícula", ela me disse. "Mas quando terminei, percebi que a escala conferia grandeza ao objeto. Uma coisa especialmente maravilhosa é que você pode enfiar a cabeça e os ombros no modelo e ver essa incrível figura de um ponto de vista que nunca se viu." É de um fascínio sem fim olhar para o cubo, porque quanto mais se aproximava, mais ela via os padrões se repetindo. "Você olha para o objeto e não precisa de explicação. Você entende tudo só de olhar. É uma ideia transformada em sólido, uma matemática visual." A esponja de Menger feita de cartões de visita é um objeto lindo e artesanal, que provoca uma resposta emocional e intelectual. Pertence tanto à geometria quanto à arte.

Embora o origami seja uma invenção japonesa, outras técnicas de dobradura de papel se desenvolveram independentemente em outros países. Um dos pioneiros europeus foi o educador alemão Friedrich Fröbel, que em meados do século XIX usava dobraduras de papel para ensinar geometria para as crianças. O origami tinha a vantagem de permitir que os alunos do jardim de infância sentissem os objetos que criavam, não apenas que os vissem em desenhos. Fröbel inspirou o matemático indiano T. Sundara Row a publicar *Geometric exercises in paper folding* [Exercícios geométricos em dobradura de papel] em 1901, em que argumentava que o origami era um método matemático que em alguns casos era mais poderoso que o de Euclides. Ele escreveu que "vários importantes processos geométricos [...] podem ser obtidos com muito mais facilidade do que com régua e compasso". Mas nem ele previu o quão poderoso o origami pode ser.

Em 1936, Margherita P. Beloch, matemática italiana da Universidade de Ferrara, publicou uma monografia na qual provava que, a partir de um comprimento em L num pedaço de papel, ela podia obter por dobras um comprimento igual à raiz cúbica de L. Talvez ela não tenha percebido na época, mas isso significava que o origami podia resolver o problema apresentado aos gregos em Delos, quando o oráculo pediu que os atenienses dobrassem o volume de um cubo. O problema deliano pode ser reformulado como o desafio de criar um cubo com lados que são $\sqrt[3]{2}$ — a raiz cúbica de dois — multiplicada pelo lado de um dado cubo. Em termos de origami, o desafio é reduzir a dobra para $\sqrt[3]{2}$ do comprimento 1. Como podemos dobrar 1 para chegar a 2 dobrando o comprimento 1 sobre si mesmo, e como podemos extrair a raiz cúbica desse novo comprimento seguindo os passos de Beloch, o problema estava resolvido. A demonstração de Beloch também provou que qualquer ângulo pode ser trissecado — o que resolveu o segundo grande problema sem solução da Antiguidade. O artigo de Beloch continuou na obscuridade durante décadas, até que nos anos 1970 o mundo dos matemáticos começou a levar o origami a sério.

A primeira publicação de uma prova em origami do problema deliano veio a público por um matemático japonês em 1980, à qual se seguiu a da trissecção de um ângulo por um norte-americano em 1986. Em parte, esse crescente interesse foi derivado da frustração com mais de dois milênios de ortodoxia euclidiana. As restrições impostas pela limitação de Euclides, de só trabalhar com régua e compasso, reduziram o escopo da investigação matemática. Da forma como aconteceu, o origami se mostrou mais versátil que a régua e o compasso na construção de polígonos regulares, por exemplo. Euclides era capaz de desenhar um triângulo equilátero, um quadrado, um pentágono e um hexágono, mas lembre-se de que o heptágono (com sete lados) e o eneágono (nove) não eram tão dóceis. O origami pode formar heptágonos e eneágonos com relativa facilidade, embora não consiga formar um undecágono. (Estritamente falando, este é um origami de uma dobra de cada vez. Se múltiplas dobras são possíveis, em teoria qualquer polígono pode ser construído, embora a demonstração física possa ser tão difícil que chegue a ser impossível.)

Longe de ser uma brincadeira de criança, o origami atualmente representa a vanguarda da matemática. Aos dezessete anos, Erik Demaine e seus colaboradores provaram ser possível criar qualquer forma com lados retos dobrando um pedaço de papel e fazendo apenas um corte. Ao escolher a forma que se quer produzir, descobre-se o modelo de dobradura necessário, dobra-se o papel, faz-se um único corte, desdobra-se o papel e obtém-se a forma desejada. Embora possa parecer que isso só seria interessante para colegiais fazendo decorações de Natal cada vez mais complexas, o trabalho de Demaine encontrou utilização na indústria, notadamente em projetos de *airbags*. O origami tem relação com as dobraduras das proteínas, e agora ganhou aplicações em esferas ainda mais inesperadas: em tubos arteriais, em robótica e em painéis solares de satélites.

Um dos gurus do origami moderno é Robert Lang, que, além de ter desenvolvido a teoria por trás da dobradura de papel, transformou esse passatempo em uma forma de arte escultural. Ex-físico da Nasa, Lang foi pioneiro no uso de computadores para projetar padrões de dobraduras para criar figuras novas e complexas. Suas figuras originais incluem insetos, escorpiões, dinossauros e um homem tocando um piano de cauda. Os padrões das dobraduras são quase tão bonitos quanto os projetos acabados.

Atualmente os Estados Unidos têm razões tão boas quanto as do Japão para afirmar que também estão na vanguarda do origami, em parte pelo fato de o origami ser tão arraigado como uma atividade informal na sociedade japonesa que existem barreiras que impedem essa prática de ser levada a sério como ciência. Outro fator impeditivo é a absurda segregação entre diferentes facções, cada uma reivindicando seu acesso exclusivo ao espírito do origami. Fiquei surpreso ao ouvir Kazuo Kobayashi, presidente da Associação Internacional de Origami, descartar o trabalho de Robert Lang por ser elitista: "Ele está fazendo isso em benefício próprio", afirmou com desdém. "O meu origami tem a ver com reabilitação de doentes e com educação infantil."

Ainda assim, muitos entusiastas japoneses do origami estão fazendo trabalhos interessantes. Fui até Tsukuba, uma moderna cidade universitária ao norte de Tóquio, para conhecer um deles. Kazuo Haga é um entomologista aposentado cuja experiência profissional envolve o desenvolvimento embrionário de ovos de insetos. Seu minúsculo escritório estava atulhado de livros e caixas de vidro com borboletas. Com 74 anos de idade, Haga usa óculos grandes com armação preta que conferem uma forma geométrica ao seu rosto. Percebi de imediato que é um homem muito tímido, delicado e modesto — e estava bastante nervoso ao ser entrevistado.

Mas a timidez de Haga é apenas social. No origami ele é um rebelde. Optando por se manter afastado da corrente majoritária do origami, Haga nunca se sentiu restringido por quaisquer convenções. Por exemplo, segundo as regras do origami tradicional japonês, existem só duas maneiras de fazer a primeira dobra. As duas são feitas ao meio — a dobra em diagonal, juntando dois cantos opostos, ou a dobra ao meio, juntando dois lados opostos. São conhecidas como "vincos primários" — as diagonais e as mediatrizes do quadrado.

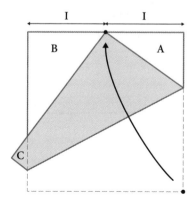

O teorema de Haga: A, B e C são triângulos egípcios.

Haga resolveu fazer diferente. E se ele dobrasse um canto até o meio de um dos lados? *Ker-azee*! [Lou-cu-ra!] Ele fez isso pela primeira vez em 1978, e essa dobradura simples abriu as cortinas para um novo mundo sublime. Haga havia criado três triângulos retângulos. Mas não eram triângulos retângulos quaisquer. Os três eram egípcios, o triângulo mais icônico e histórico de todos.

Emocionado com a descoberta, mas sem ter com quem partilhá-la, Haga mandou uma carta falando de sua dobradura ao professor Koji Fushimi, um físico teórico conhecido por seu interesse em origami. "Eu nunca recebi uma resposta", contou, "mas de repente ele escreveu um artigo numa revista chamada *Mathematics Seminar* referindo-se ao teorema de Haga. Essa foi a resposta dele." Desde então Haga já deu seu nome para dois outros "teoremas" com origami, embora ele afirme que tenha outros cinquenta. Ele me conta isso não por arrogância, mas para dar uma ideia de quanto a área continua rica e inexplorada.

No teorema de Haga, um canto é dobrado até o ponto médio de um lado. Haga conjecturou se algo interessante poderia ser revelado se dobrasse um canto até um ponto aleatório de um dos lados. Decidido a demonstrar isso para mim, pegou um pedaço de papel azul quadrado de origami e marcou um ponto arbitrário em um dos lados com uma caneta vermelha. Dobrou uma das pontas opostas até essa marca, deixando um vinco, e depois desdobrou. Em seguida dobrou a outra ponta oposta até a marca para fazer um segundo vinco, deixando o quadrado com duas linhas separadas se interceptando.

Haga me mostrou que a interseção das duas dobras sempre acontece na linha central do papel, e que a distância entre o ponto arbitrário e a interseção é sempre igual à distância da interseção até os cantos opostos. Achei as dobraduras de Haga absolutamente fascinantes. O ponto havia sido escolhido aleatoriamente, e não estava no centro. Mas o processo de dobradura funcionava como um mecanismo de autocorreção.

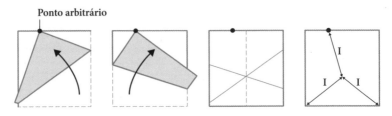

O outro teorema de Haga.

Haga fez questão de me mostrar uma última dobradura. O nome que escolheu para sua descoberta parecia um haicai: *uma "linha mãe" arbitrária dando origem a onze prodigiosos bebês.*

Passo 1: Fazer uma dobradura arbitrária num pedaço de papel quadrado.

Passo 2: Dobrar cada lado ao longo dessa dobradura em separado, sempre desdobrando para deixar um vinco, como demonstrado abaixo, de A até E.

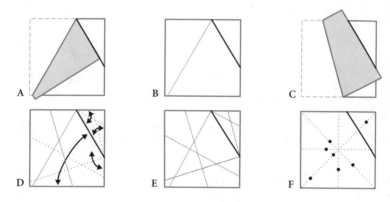

Linha mãe mostrando sete de seus onze prodigiosos bebês.

Mais uma vez, é uma tarefa muito fácil e revela uma linda ordem geométrica. Todas as interseções acontecem nos vincos primários, como mostra F. (O diagrama mostra as sete interseções que estão dentro do quadrado original; as outras quatro estão nas extensões das dobras.) A primeira dobra foi aleatória, no entanto todas as dobras se encontram com perfeita concisão e regularidade nas diagonais ou mediatrizes.

Percebi de repente que, se podemos dizer que algum homem incorporou a alma de Pitágoras no mundo moderno, sem dúvida foi Kazuo Haga. Os dois partilham uma paixão por descobertas matemáticas baseadas no prodígio das harmonias simples da geometria. A experiência parece ter mexido com o espírito de Haga da mesma forma que fez com Pitágoras dois milênios atrás. "Muitos japoneses estão tentando criar novas formas em origami", ele disse. "Meu objetivo era deixar de ter que criar algo físico, para descobrir fenômenos matemáticos. É por isso que acho tudo isso muito interessante. Perceber que ainda se pode descobrir coisas fascinantes em um universo muito, muito simples."

3. Algo sobre nada

Todos os anos a cidade costeira de Puri, na Índia, recebe 1 milhão de peregrinos. Eles vêm para um dos festivais mais espetaculares do calendário hindu, o Rath Yatra, em que três carruagens do tamanho de carros alegóricos carnavalescos são puxadas pela cidade. Quando estive lá, as ruas estavam repletas de devotos tocando címbalos e entoando mantras, homens santos descalços com longas barbas e turistas indianos de classe média com camisetas da moda e saris de cores berrantes. Era o meio do verão, o início da estação das monções, e nos intervalos das fortes chuvas os organizadores do festival borrifavam água no rosto dos transeuntes para amenizar o calor. Pequenas procissões de Rath Yatra acontecem simultaneamente por toda a Índia, embora a de Puri seja o principal evento e suas carruagens sejam as maiores.

O festival só começa quando o homem santo local, o Shankaracharya de Puri, fica em frente à multidão e abençoa a todos. O Shankaracharya é um dos sábios mais importantes do hinduísmo, líder de uma ordem monástica que remonta a mais de mil anos. Foi ele também a razão de eu ter ido até Puri. Além de ser um líder espiritual, o Shankaracharya é também um matemático com livros publicados. Também eu era um peregrino em busca de esclarecimento.

Logo que cheguei à Índia, notei algo estranho na forma como eles usam os números. Na recepção do hotel peguei um exemplar do *The Times of India*.

Com os cantos das folhas do jornal esvoaçando com as rajadas de vários ventiladores de metal, a manchete da primeira página me chamou a atenção:

5 CRORE MAIS INDIANOS
DO QUE O GOVERNO ESTIMOU

Crore é palavra em inglês indiano para 10 milhões, portanto o artigo dizia que a Índia tinha acabado de descobrir 50 milhões de habitantes que não sabia existirem — um número quase comparável à população da Inglaterra. Era surpreendente que um país pudesse ter deixado passar um número tão alto, mesmo se isso representasse menos de 5% da população total. Mas fiquei ainda mais intrigado com a palavra *crore*. O inglês indiano tem palavras para os números grandes diferentes das do inglês britânico ou americano. Por exemplo, a palavra "milhão" não é usada. Em vez disso, 1 milhão é expressado como *ten lakh*, em que *lakh* é 100 mil. Como não se usa "milhão" na Índia, o filme vencedor do Oscar *Quem quer ser um milionário?* foi lançado lá como *Quem quer ser um crorepati?*. Uma pessoa muito rica é alguém que tenha um crore de dólares ou rupias, não 1 milhão. A tabela dos equivalentes indianos para as palavras numéricas britânicas e norte-americanas são como segue:

Notação britânica/ americana		Notação em inglês indiano	
Ten [Dez]	10	Ten [Dez]	10
Hundred [Cem]	100	Hundred [Cem]	100
Thousand [Mil]	1000	Thousand [Mil]	1000
Ten thousand [Dez mil]	10 000	Ten thousand [Dez mil]	10 000
Hundred thousand [Cem mil]	100 000	Lakh	1 00 000
One million [Um milhão]	1 000 000	Ten [dez] lakh	10 00 000
Ten million [Dez milhões]	10 000 000	Crore	1 00 00 000
Hundred million [Cem milhões]	100 000 000	Ten [dez] crore	10 00 00 000

Observe que acima de mil os indianos usam um ponto a cada dois dígitos, enquanto no resto do mundo a convenção é a cada três dígitos.

O uso dos termos *lakh* e *crore* é uma herança da matemática da antiga Índia. As palavras vêm do hindi *lakh* e *karod*, que por sua vez vieram dos termos em sânscrito para esses números, *laksh* e *koti*. Na Índia antiga, cunhar palavras para números altos era uma preocupação científica e religiosa. Por exemplo, no *Lalitavistara Sutra*, um texto em sânscrito datado no máximo do início do século IV, Buda é desafiado a expressar números maiores que cem *koti*. Ele responde:

> Cem *koti* são chamados um *ayuta*, cem *ayuta* são um *niyuta*, cem *niyuta* são um *kankara*, cem *kankara* são um *vivara*, cem *vivara* são um *kshobhya*, cem *kshobhya* são um *vivaha*, cem *vivaha* são um *utsanga*, cem *utsanga* são um *bahula*, cem *bahula* são um *nâgabala*, cem *nâgabala* são um *titilambha*, cem *titilambha* são um *vyavasthânaprajñapati*, cem *vyavasthânaprajñapati* são um *hetuhila*, cem *hetuhila* são um *karahu*, cem *karahu* são um *hetvindriya*, cem *hetvindriya* são um *samâptalambha*, cem *samâptalambha* são um *gananâgati*, cem *gananâgati* são um *niravadya*, cem *niravadya* são um *mudrâbala*, cem *mudrâbala* são um *sarvabala*, cem *sarvabala* são um *visamjñagati*, cem *visamjñagati* são um *sarvajña*, cem *sarvajña* são um *vibhutangamâ*, cem *vibhutangamâ* são um *tallakshana*.

Assim como se faz na Índia dos dias de hoje, Buda fez uma lista de múltiplos de cem. Como *koti* é 10 milhões, o valor de um *tallakshana* é 10 milhões multiplicados 23 vezes por 100, cujo resultado é um 10 seguido por 52 zeros, ou 10^{53}. Trata-se de um número fenomenalmente grande, aliás tão grande que se você medir o Universo inteiro de ponta a ponta, em metros, e elevar esse número ao quadrado, o resultado será aproximadamente 10^{53}.

Mas Buda não parou por aí. Ele estava só esquentando. Explicou que havia descrito apenas o sistema de contagem *tallakshana*, e que acima dele havia outro, o sistema *dhvajâgravati*, também com 24 palavras numéricas. Na verdade, existem outros seis sistemas de contagem — que Buda, claro, sabia recitar com perfeição. O último número no sistema final é o equivalente a 10^{421}: um seguido de 421 zeros.

Vale a pena tomar fôlego para considerar essa imagem. Existem estimados 10^{80} átomos no Universo. Se tomarmos a menor unidade de medida de tempo — conhecida como tempo de Planck, que é um segundo dividido por 10^{43} partes —, passaram-se 10^{60} unidades de Planck desde o Big Bang. Se multiplicarmos o número de átomos no Universo pelo número de Planck desde o Big Bang — o que nos dá o número de posições únicas de cada partícula desde o início do tempo — estaremos ainda apenas no 10^{140}, que é ainda muito, muito menor do que 10^{421}. O imenso número de Buda não tem aplicação prática — ao menos não para contar as coisas que existem.

Buda não era capaz apenas de perscrutar o impossivelmente grande; ele também conhecia o domínio do impossivelmente pequeno e sabia explicar quantos átomos existiam no *yojana*, uma antiga unidade de comprimento de cerca de dez quilômetros. Um *yojana*, ele disse, era equivalente a:

Quatro *krosha*, cada um medindo
Mil arcos, cada um medindo
Quatro cúbitos, cada um medindo
Dois palmos, cada um medindo
Doze falanges de dedos, cada uma medindo
Sete grãos de cevada, cada um medindo
Sete sementes de mostarda, cada uma medindo
Sete sementes de papoula, cada uma medindo
Sete partículas de poeira levantadas por uma vaca, cada uma medindo
Sete partículas de poeira agitadas por um cordeiro, cada uma medindo
Sete partículas de poeira levantadas por uma lebre, cada uma medindo
Sete partículas de poeira carregadas pelo vento, cada uma medindo
Sete minúsculas partículas de poeira, cada uma medindo
Sete diminutas partículas de poeira, cada uma medindo
Sete partículas dos primeiros átomos.

Na verdade, trata-se de uma boa estimativa. Digamos que um dedo tenha quatro centímetros de comprimento. Os primeiros átomos de Buda têm, portanto, quatro centímetros divididos por sete vezes dez vezes, que é 0,04 m $\times 7^{-10}$, ou 0,0000000001416 m, que é mais ou menos o tamanho de um átomo de carbono.

O Buda não foi nem de longe o único indiano da Antiguidade a se interessar pelo incrivelmente grande e pelo impossivelmente pequeno. A literatura em sânscrito está repleta de números astronomicamente grandes. Os seguidores do jainismo, uma religião irmã do hinduísmo, definiam um *raju* como a distância percorrida por um deus em seis meses se ele percorresse 100 mil *yojana* a cada piscar do seu olho. Um *palya* era o período de tempo necessário para esvaziar um cubo gigante, com cada lado medindo um *yojana* e totalmente cheio com a lã de carneiros recém-nascidos caso se removesse dele uma fibra por século. A obsessão por números grandes (e pequenos) era metafísica por natureza, uma maneira de abrir caminho para avaliar o infinito e lidar com as grandes questões existenciais da vida.

Antes de os algarismos arábicos se tornarem língua franca, os humanos tinham muitas outras maneiras de escrever números. Os primeiros símbolos numéricos surgidos no Ocidente eram entalhes, rastros cuneiformes e hieróglifos. Quando as línguas desenvolveram seus alfabetos, as culturas começaram a usar letras para representar os números. Os judeus usavam o alef hebraico (א) para representar o um, bet (ב) para o dois e assim por diante. A décima letra, yod (י), era dez, e depois dela cada letra aumentava em uma dezena, e ao chegar a cem aumentava em centenas. A vigésima segunda e última letra do alfabeto hebraico, tav (ת), era quatrocentos. Usar letras para designar números era confuso, e também estimulava uma abordagem numerológica para a contagem. A gematria, por exemplo, era a prática de somar os números das letras em palavras hebraicas para encontrar um valor e usar esse número para especulações ou adivinhações.

Os gregos usavam um sistema semelhante, com alfa (α) sendo um, beta (β) sendo dois e assim por diante até a vigésima sétima letra do alfabeto deles, sampi (ϡ), que era novecentos. A cultura matemática grega, a mais avançada do mundo clássico, não tinha o apetite dos hindus para números imensos. A palavra numérica que designava o maior valor que eles tinham era *miríada*, significando 10 mil, que eles escreviam como um M maiúsculo.

Os algarismos romanos também eram alfabéticos, embora seu sistema tivesse raízes mais antigas do que o dos gregos ou dos judeus. O símbolo para um era i, provavelmente relíquia de um entalhe numa vareta de madeira. O cinco era v, talvez porque se parecesse com a mão. Os outros números eram x, l, c, d e m para dez, cinquenta, cem, quinhentos e mil. Todos os demais números eram formados a partir dessas sete letras maiúsculas. Ter como origem uma vareta de madeira fez do sistema romano uma forma muito intuitiva de escrever números. Era também eficiente — por usar apenas sete símbolos, se comparado com os 22 dos hebreus e os 27 dos gregos — e os algarismos romanos foram o sistema numérico predominante na Europa por mais de mil anos.

Os algarismos romanos eram no entanto muito pouco apropriados para a aritmética. Tente-se calcular 57 × 43. A melhor maneira de fazer isso é com um método conhecido como multiplicação egípcia, ou camponesa, por ter sua origem no antigo Egito, se não até antes. É um método engenhoso, embora lento.

Primeiro decompõe-se um dos números a ser multiplicado em potências de 2 (que são 1, 2, 4, 8, 16, 32 e assim por diante, dobrando o número cada vez), obtendo-se uma tabela com os dobros do outro número. Assim, no exemplo 57 × 43, ao se decompor 57 produzir-se-á uma tábua com os dobros de 43. Vou usar algarismos arábicos para mostrar como é feito, e depois vou traduzir para algarismos romanos.

Decomposição: 57 = 32 + 16 + 8 + 1

Tabela de dobros:

1 × 43	=	43
2 × 43	=	86
4 × 43	=	172
8 × 43	=	344
16 × 43	=	688
32 × 43	=	1376

A multiplicação de 57 × 43 é equivalente à soma dos números na tabela dos dobros que correspondem às quantidades na decomposição. Parece uma grande confusão, mas é algo bem direto. A decomposição contém um 32, um 16, um 8 e um 1. Na tabela, 32 corresponde a 1376, 16 corresponde a 688, 8 corresponde a 344 e 1 corresponde a 43. Então, podemos reescrever a multiplicação inicial como 1376 + 688 + 344 + 43, que é igual a 2451.

Agora, com os algarismos romanos: 57 é LVII e 43 é XLIII. A decomposição e a tabela se tornam:

LVII = XXXII + XVI + VIII + I

e

XLIII

LXXXVI

CLXXII

CCCXLIV

DCLXXXVIII

MCCLXXVI

então,

LVII X XLIII = MCCCLXXVI + DCLXXXVIII + CCCXLIV + XLIII = MMCDLI

Ufa! Ao decompor o cálculo em porções digestivas envolvendo apenas multiplicar por dois e somar, os algarismos romanos até que cumprem sua função. Mesmo assim, tivemos muito mais trabalho do que o necessário. Mencionei antes que o sistema romano era intuitivo e eficiente. Retiro o que disse. O sistema romano torna-se rapidamente contraintuitivo tão logo a relação entre o tamanho do número e seu valor deixe de existir. MMCDLI é maior do que DCLXXXVIII, mas usa menos algarismos, o que é um contrassenso. E qualquer eficácia resultante do uso de apenas sete símbolos é anulada pela ineficácia da forma como são usados. Em geral usam-se longas fileiras para representar números pequenos: LXXXVI usa seis símbolos, comparado ao equivalente arábico, 86, que usa dois.

Compare o cálculo acima com o método de cálculo da multiplicação "longa" que todos aprendemos na escola:

```
   57
×  43
 0171
 2280
 2451
```

Há uma razão muito simples para o nosso método ser mais fácil e rápido. Nem os romanos, os gregos ou os judeus tinham um símbolo para o zero. Quando se trata de somas, o nada faz toda a diferença.

Os Vedas são os textos sagrados do hinduísmo. Foram passados oralmente por gerações até serem transcritos para o sânscrito cerca de 2 mil anos atrás. Em um dos Vedas, um trecho sobre a construção de altares lista as seguintes palavras numéricas:

Dasa	10
Sata	100
Sahasra	1000
Ayuta	10 000
Niyuta	100 000
Prayuta	1 000 000
Arbuda	10 000 000
Nyarbuda	100 000 000
Samudra	1 000 000 000
Madhya	10 000 000 000
Anta	100 000 000 000
Parârdha	1 000 000 000 000

Quando se dispõe de nomes para todos os múltiplos de dez, os números grandes podem ser descritos com muita eficiência, o que propiciava aos astrônomos e astrólogos indianos (e, supõe-se, aos construtores de templos) um vocabulário adequado para se referir às enormes quantidades exigidas em seus cálculos. Essa é uma das razões por que a astronomia indiana estava muito adiante de seu tempo. Considere o número 422 396. Os indianos começavam pelo menor dígito, à direita, e enumeravam os outros em sucessão, da direita para a esquerda: *Seis e nove dasa e três sata e dois sahasra e dois ayuta e quatro niyuta*. Não é preciso avançar muito para perceber que se pode deixar de lado os nomes das potências de dez, já que a posição do número na lista já define o seu valor. Em outras palavras, o número acima poderia ser escrito: *seis, nove, três, dois, dois, quatro*.

Esse tipo de numeração é conhecido como um sistema de "notação posicional", que já discutimos. A conta de um ábaco tem um valor que depende da coluna onde se encontra. Da mesma forma, cada número na lista acima tem um valor que depende de sua posição na lista. Os sistemas de notação posicional, contudo, requerem o conceito de "dono do lugar". Por exemplo, se um número tiver duas unidades, nenhum *dasa* e três *sata*, não pode ser escrito dois, três, pois isso se refere a duas unidades e três *dasa*. É preciso um dono do lugar para deixar claro que não existe nenhum *dasa*, e os indianos usavam a palavra *shunya* — que significava "vácuo" — para se referir a esse dono do lugar. O número formado apenas por duas unidades e três *sahastra* seria escrito como *dois, shunya, três*.

Os indianos não foram os primeiros a introduzir um dono do lugar. Essa honra provavelmente é dos babilônios, que escreviam seus símbolos numéricos em colunas com um sistema de base 60. Uma coluna era para as unidades, a coluna seguinte era para os 60, a seguinte para os 3600 e assim por diante. Se algum número não tivesse nenhum valor para aquela coluna, era inicialmente deixado em branco. Mas isso causava confusão, e por essa razão eles acabaram introduzindo um símbolo que denotava a ausência de valor. Esse símbolo, porém, era usado apenas como um marcador.

Depois de adotarem o *shunya* como um dono de lugar, os indianos pegaram essa ideia e foram além, promovendo o *shunya* a um completamente adequado número de fato e de direito: zero. Hoje não temos dificuldade para entender que zero é um número. Mas esse conceito não é nada óbvio. As civilizações ocidentais, por exemplo, ainda não conseguiram inventá-lo nem depois de milhares de anos de estudos matemáticos. De fato, a escala do salto conceitual atingido pela Índia é ilustrada pelo fato de que o mundo clássico estava frente a frente com o zero e mesmo assim não conseguia enxergá-lo. O ábaco continha o conceito do zero porque se apoiava na notação posicional. Por exemplo, quando um romano queria expressar 101, ele empurrava uma conta na primeira coluna para significar 100, não movia conta nenhuma na segunda coluna, indicando que não havia nenhum dez, e empurrava uma conta na terceira coluna para representar uma só unidade. A segunda coluna, intocada, estava expressando o nada. Nos seus cálculos, o abacista sabia que tinha de respeitar as colunas intocadas da mesma forma que respeitava as colunas que tinham suas contas movimentadas. Mas nunca atribuiu um número ou um símbolo ao valor expresso na coluna intocada.

Os primeiros passos do zero como um número genuíno aconteceram sob a tutela de matemáticos indianos como Brahmagupta, que no século VII mostrou como o *shunya* se comportava com seus números irmãos:

Uma dívida menos *shunya* é uma dívida.

Uma fortuna menos *shunya* é uma fortuna.

Shunya menos *shunya* é *shunya*.

Uma dívida subtraída de *shunya* é uma fortuna.

Uma fortuna subtraída de *shunya* é uma dívida.

O produto de *shunya* multiplicado por uma dívida ou uma fortuna é *shunya*.

O produto de *shunya* multiplicado por *shunya* é *shunya*.

Se "fortuna" for entendido como um número positivo, a, e "dívida" como um número negativo, $-a$, Brahmagupta enunciou as seguintes afirmações:

$$-a - 0 = -a$$
$$a - 0 = a$$
$$0 - 0 = 0$$
$$0 - (-a) = a$$
$$0 - a = -a$$
$$0 \times a = 0, 0 \times -a = 0$$
$$0 \times 0 = 0$$

Os números surgiram como ferramentas para contar, como abstrações que descreviam quantidades. Mas o zero não era um número para contar daquela mesma forma: entender seu valor exigia um nível mais alto de abstração. No entanto, quanto mais a matemática se desligou das coisas reais, mais poderoso o zero se tornou.

Tratar o zero como um número significava que o sistema de notação posicional que transformou o ábaco na melhor forma de calcular poderia ser mais bem aproveitado usando símbolos escritos. O zero turbinava a matemática de outras maneiras também, ao levar à "invenção" dos números negativos e das frações decimais — conceitos que aprendemos sem esforço na escola e que são intrínsecos às nossas necessidades cotidianas, mas não eram absolutamente evidentes. Os gregos fizeram descobertas matemáticas fantásticas sem o zero, sem números negativos e sem frações decimais. Isso porque tinham uma compreensão essencialmente espacial da matemática. Para eles era um absurdo que nada pudesse ser "alguma coisa". Pitágoras não era capaz de imaginar um número negativo, da mesma forma que não conseguia imaginar um triângulo negativo.

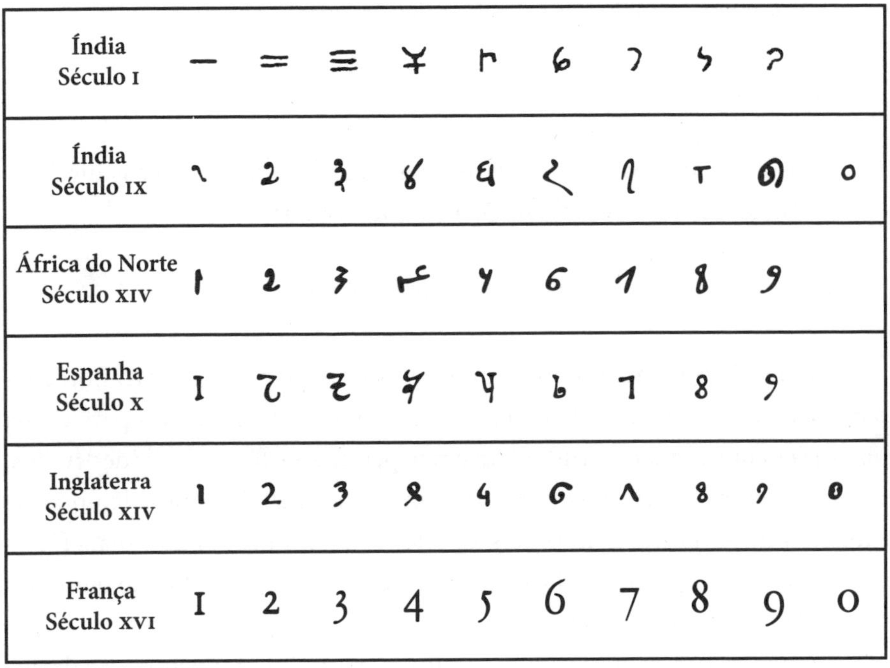

Índia Século I	—	=	≡	⅄	⌐	6	⏋	⥾	?	
Índia Século IX	⟍	2	�	8	ⴹ	⟨	⎧	T	⑥	o
África do Norte Século XIV	⌠	2	�ʒ	⌐	ⴹ	6	⥿	8	9	
Espanha Século X	I	⟨	⟨	ⴹ	Ч	⍟	⥿	8	9	
Inglaterra Século XIV	⌠	2	3	⒳	4	⒢	⋀	8	9	⦿
França Século XVI	I	2	3	4	�five	6	7	8	9	0

Evolução dos algarismos modernos.

Entre todas as maneiras inovadoras de lidar com números na antiga Índia, talvez nenhuma fosse mais curiosa que o vocabulário empregado para descrever os números de zero a nove. Em lugar de cada dígito ter um único nome, havia todo um léxico colorido de sinônimos. Zero, por exemplo, era *shunya*, mas era também "éter", "ponto", "furo" ou "serpente da eternidade". O um podia ser "terra", "lua", "a estrela polar", "leite coalhado". O dois era intercambiável com "braços", o três com "fogo" e o quatro com "vulva". Os nomes eram escolhidos dependendo do contexto e se conformavam com as regras estritas do sânscrito de versificação e prosódia. Por exemplo, o verso seguinte é um trecho de malabarismos numéricos de um antigo texto astrológico:

As apsides da lua em uma yuga
Fogo. Vácuo. Cavaleiro. *Vasu.** Serpente. Oceano,
e de seu nódulo minguante
Vasu. Fogo. Casal Primordial. Cavaleiros. Fogo. Gêmeos.

A tradução:

[O número de revoluções] das apsides da Lua em um [ciclo cósmico é]
Três. Zero. Dois. Oito. Oito. Quatro, [ou 488.203]
e de seu nodo descendente
Oito. Três. Dois. Dois. Três. Dois. [ou 232.238]

Embora em princípio possa parecer confuso ter alternativas floreadas para cada dígito, na verdade isso faz muito sentido. Durante um período na história em que os manuscritos eram em papéis finos e fáceis de ser destruídos, os astrônomos e os astrólogos precisavam de um método para se lembrar de números importantes com precisão. Fileiras de números eram mais fáceis de memorizar quando descritos em versos, com nomes variados, do que o uso do mesmo número repetidamente.

Outra razão para que os números fossem passados oralmente era a de que os algarismos que surgiram em diferentes regiões da Índia para os números de um a nove (do zero vou falar mais tarde) não eram os mesmos. Nesse caso, duas pessoas que não se entendessem quanto aos símbolos dos números usados podiam ao menos se comunicar com palavras. Por volta de 500 d.C., no entanto, havia uma uniformidade maior no uso dos algarismos, e a Índia tinha três elementos requeridos por um sistema numérico decimal moderno: dez algarismos, notação posicional e um zero com toda sua modernidade.

Por ser fácil de usar, o método indiano se difundiu pelo Oriente Médio e foi adotado pelo mundo islâmico, o que explica por que se costuma pensar, erroneamente, que os algarismos foram inventados pelos árabes. De lá o sistema foi levado para a Europa por Leonardo Fibonacci, um empreendedor italiano cujo sobrenome significa "filho de Bonacci". Fibonacci entrou em contato com os

---

* Grupo de oito divindades no épico indiano *Mahabharata.*

algarismos indianos pela primeira vez enquanto crescia no local que é hoje a cidade de Béjaïa, na Argélia, onde o pai era um funcionário da alfândega de Pisa. Ao perceber que eram muito melhores do que os algarismos romanos, Fibonacci escreveu um livro sobre a notação posicional no sistema decimal chamado *Liber Abaci*, publicado em 1202. O livro principia com a boa notícia:

Os algarismos indianos são:

9 8 7 6 5 4 3 2 1

Com esses nove algarismos e com o sinal 0, que os árabes chamam *zephyr*, pode-se escrever o número que se quiser, como será demonstrado.

Mais do que qualquer outro livro, o *Liber Abaci* apresentou o sistema indiano ao Ocidente. Nele, Fibonacci demonstrava formas de lidar com a aritmética que eram mais rápidas, mais fáceis e elegantes do que os métodos que os europeus vinham usando. Eram longas contas de multiplicação e divisão que podem parecer assustadoras hoje, mas no início do século XIII eram a última novidade tecnológica.

Porém nem todo mundo foi convencido a mudar de repente. Os operadores profissionais de ábacos, por exemplo, sentiram-se ameaçados por aquele método de cálculo mais fácil. (Eles devem ter sido os primeiros a perceber que o sistema decimal era essencialmente o ábaco com símbolos escritos.) Além disso, o livro de Fibonacci surgiu durante o período das Cruzadas contra o islã, e o clero desconfiava de tudo o que tivesse alguma conotação árabe. Alguns, aliás, consideravam a nova aritmética obra do diabo, exatamente por ser tão engenhosa. O medo dos algarismos arábicos revela-se pela etimologia de algumas palavras modernas. A palavra *zephyr* originou o "zero", mas também a palavra em português *chifre*, como chifre do Diabo, e a palavra inglesa *cipher*, significando "código". Já se argumentou que isso aconteceu porque o uso de números com *zephyr*, ou zero, era feito às escondidas, contra o desejo da Igreja.

Arithmetica, o espírito da aritmética, entre Boethius, que faz uso de algarismos arábicos, e Pitágoras, com uma prancheta de cálculo. Seu olhar de adoração e os números em seu vestido revelam qual método ela prefere. De uma gravura em madeira em Margarita Philosophica (1503), de Gregorius Reisch.

Em 1299, Florença baniu os algarismos arábicos porque, segundo se dizia, aqueles símbolos furtivos eram mais fáceis de falsificar do que os sólidos vs e is romanos. Um zero podia se transformar facilmente num seis ou num nove, e um um se podia metamorfosear perfeitamente em um sete. Em consequência, foi somente por volta do final do século xv que os algarismos romanos foram afinal substituídos, embora os números negativos tenham demorado muito mais para ser implantados na Europa, só ganhando aceitação no século xvii, porque diziam serem usados em cálculos de empréstimos ilegais, ou usura, associados à blasfêmia. Mas em situações em que não se exigem cálculos, como documentos legais e capítulos de livros, os algarismos romanos ainda sobrevivem.

Com a adoção dos algarismos arábicos, a aritmética se juntou à geometria e passou a ser parte da matemática, tendo sido usada anteriormente mais como um instrumento por comerciantes, e o novo sistema ajudou a abrir as portas da revolução científica.

Uma contribuição mais recente ao mundo dos números é um conjunto de truques aritméticos conhecidos como matemática védica. Foi descoberto no início do século xx por um jovem *swami*, Bharati Krishna Tirthaji, que afirmou tê-los encontrado nos Vedas, o que é mais ou menos como, digamos, um vigário anunciando que encontrou um método de resolução de equações quadráticas na Bíblia. A matemática védica baseia-se na seguinte lista de dezesseis aforismos, ou sutras, que Tirthaji disse não estarem na verdade escritos em nenhum trecho dos Vedas, sendo apenas detectáveis "com base na revelação intuitiva".

1. Por um mais do que o de antes
2. Todos do 9 e o último do 10
3. Verticalmente e na diagonal
4. Transpor e aplicar
5. Se o samuccaya é o mesmo é zero
6. Se um é a proporção o outro é zero
7. Por adição e por subtração
8. Pela complementação ou não complementação
9. Cálculo diferencial
10. Pela ausência

11. Específico e geral
12. Os restos pelo último dígito
13. O último e duas vezes o penúltimo
14. Por um menos que o de antes
15. O produto da soma
16. Todos os multiplicadores

Será que ele estava falando sério? Sim, e muito. Tirthaji foi um dos mais respeitáveis homens santos de sua geração. Ex-menino-prodígio, formado em sânscrito, filosofia, inglês, matemática, história e ciência com vinte anos de idade, era também um talentoso orador que, como ficou claro em sua vida adulta, estava destinado a ter um papel proeminente na vida religiosa indiana. Em 1925, Tirthaji chegou realmente a ser Shankaracharya, uma das posições mais respeitadas na sociedade tradicional hindu, encarregado de um importante mosteiro em Puri, Orissa, na baía de Bengala. Essa era a cidade que eu estava visitando, o centro do festival de carruagens de Rath Yatra, onde minha esperança era encontrar o atual Shankaracharya, que é o presente embaixador da Matemática Védica.

Em seu papel como Shankaracharya nos anos 1930 e 1940, Tirthaji viajava regularmente pela Índia fazendo sermões para multidões de dezenas de milhares, em geral proferindo orientação espiritual mas também promovendo seu novo modo de cálculo. Os dezesseis sutras, ele ensinava, deveriam ser usados como fórmulas matemáticas. Embora parecessem ambíguos, como títulos de capítulos de um livro de engenharia ou de mantras numerológicos, eles na verdade se referiam a regras específicas. Um dos mais diretos era o segundo, *Todos do 9 e o último do 10*, que deve ser implementado sempre que se estiver subtraindo um número de uma potência de 10, como 1000. Para calcular 1000 – 456, por exemplo, basta subtrair 4 de 9, 5 de 9 e 6 de 10. Em outras palavras, os primeiros dois números de 9 e o último de 10. A resposta é 544. (Os outros sutras se aplicam a outras situações, que veremos mais adiante.)

Tirthaji promoveu a matemática védica como uma dádiva para o país, argumentando que a matemática que normalmente um aluno levava quinze anos para aprender poderia ser entendida em oito meses com os sutras. Chegou até a afirmar que o sistema poderia ser expandido para incluir não apenas a aritmética, como também álgebra, geometria, cálculo e astronomia. Por conta da autoridade moral e do carisma de Tirthaji como orador, as plateias o adoravam. O público geral, ele escreveu, se sentia "muito impressionado, não, emocionado, maravilhado e pasmo!" com a matemática védica. Aos que perguntavam se o método era matemático ou mágico, ele tinha uma só resposta: "As duas coisas. É mágico até o momento em que você o compreende; e é matemático daí em diante".

Em 1958, com 82 anos de idade, Tirthaji visitou os Estados Unidos, o que provocou muita controvérsia em seu país porque os líderes espirituais indianos são proibidos de viajar para o exterior, e era a primeira vez que um Shankaracharya saía da Índia. A viagem despertou muita curiosidade nos EUA. Depois disso a Costa Oeste se tornaria um foco de *"flower power"*, gurus e meditação, mas naquela época ninguém ainda havia visto alguém como ele. Quando Tirthaji chegou à Califórnia, o *Los Angeles Times* o definiu como "um dos mais importantes — e menos conhecidos — personagens do mundo".

Tirthaji estava com a agenda cheia de palestras e aparições na TV. Embora falasse principalmente sobre a paz mundial, dedicou uma conferência inteira à Matemática Védica. O local escolhido foi o Instituto de Tecnologia da Califórnia, uma das mais prestigiadas instituições científicas do mundo. Tirthaji, que não pesava muito mais de cinquenta quilos e usava trajes tradicionais, sentou-se numa cadeira à frente de uma sala de aula. Numa voz calma, porém com a presença de uma autoridade, falou para a plateia: "Desde a minha infância, sempre gostei igualmente de metafísica de um lado e de matemática por outro. E nunca encontrei nenhuma dificuldade nisso".

Depois passou a explicar exatamente como havia encontrado os sutras, garantindo haver uma grande profusão de conhecimentos ocultos nos textos védicos derivados dos muitos duplos sentidos de palavras e frases. Esses "trocadilhos" místicos, acrescentou, tinham sido totalmente perdidos pelos indianistas ocidentais. "A suposição era de que a matemática não fazia parte da literatura védica", falou, "mas quando consegui encontrar essa relação, bem, foi fácil navegar."

O truque de abertura de Tirthaji foi demonstrar como multiplicar 9×8 sem usar uma tabuada de multiplicação. Para isso se usa o sutra *Todos do 9 e o último do 10*, só que a razão disso só fica clara mais tarde.

Primeiro, ele escreveu um 9 no quadro-negro, seguido pela diferença entre 9 e 10, que é –1. Embaixo ele escreveu 8, e ao lado a diferença entre 8 e 10, que é –2.

```
9  –1
8  –2
```

O primeiro número da resposta pode ser extraído de quatro diferentes maneiras. Somando-se os números da primeira coluna e subtraindo dez (9 + 8 – 10 = 7). Somando-se os números da segunda coluna e adicionando dez, ou somando-se as duas diagonais (9 – 2 = 7 e 8 – 1 = 7). A resposta é sempre sete.

```
  9  –1
  8  –2
 ───────
  7
```

A segunda parte da resposta é calculada multiplicando-se os dois números da segunda coluna (–1 × –2 = 2). A resposta completa é 72.

```
  9  –1
  8  –2
 ───────
  7   2
```

Considero esse truque enormemente prazeroso. Escrever um número de um só dígito ao lado de sua diferença do dez é como revelar a personalidade interna desse número, alinhando *ego* e *alter ego*. Temos uma compreensão mais profunda de como o número se comporta. Uma operação como a de 9 × 8 é absolutamente mundana, mas se limparmos a superfície podemos enxergar uma ordem e uma elegância inesperadas. E o método não funciona só para 9 × 8, mas para quaisquer dois números. Tirthaji escreveu outro exemplo: 8 × 7.

```
  8  –2
  7  –3
 ───────
  5   6
```

Mais uma vez, o primeiro dígito é extraído de uma entre quatro maneiras: 8 + 7 − 10 = 5, ou −2 − 3 + 10 = 5, ou 8 − 3 = 5 ou 7 − 2 = 5. O segundo dígito é o produto dos dígitos da segunda coluna, −2 × −3 = 6.

A tática de Tirthaji reduz a multiplicação de dois números de um dígito a uma adição e à multiplicação das diferenças dos números originais de dez. Em outras palavras, reduz a multiplicação de dois números de um dígito maior que cinco a uma adição e à multiplicação de dois números menores que cinco. O que significa que é possível multiplicar por seis, sete, oito e nove sem ir além da tabuada de multiplicação do cinco. Isso é útil para pessoas com dificuldades para aprender a tabuada de multiplicação.

Na verdade, a técnica explicada por Tirthaji é o mesmo método de cálculo com os dedos usada pelo menos desde a Renascença na Europa, e ainda usada em fazendas em partes da França e da Rússia até os anos 1950. Em cada uma das mãos os dedos são designados por números de 6 a 10. Para multiplicar dois números, digamos 8 e 7, toque o dedo 8 no dedo 7. O número de dedos acima de um dos dedos que se tocam é subtraído do valor do dedo tangente do lado oposto (7 − 2 ou 8 − 3), com resultado 5. O número de dedos acima dos dedos se tocando de cada lado, 2 e 3, são multiplicados para obter o número 6. A resposta, como acima, é 56.

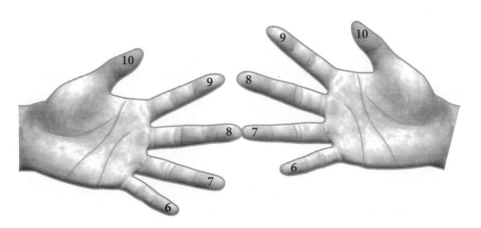

Como calcular 8 × 7 com a multiplicação de dedos "camponesa".

Tirthaji continuou a palestra demonstrando que o método também funciona na multiplicação de números de dois dígitos, dessa vez usando o exemplo 77 × 97. Ele escreveu no quadro-negro:

77
.97

Depois, em vez de escrever a diferença entre 77 e 10, ele escreveu a diferença de cada número de 100. (É aqui que entra o segundo sutra. Quando se subtrai um número de 100, ou de qualquer potência de 10, todos os dígitos do número são subtraídos de 9 menos o último, que é subtraído de 10, como mostrei na p. 137):

77 −23
97   −3

Como antes, existem quatro opções para chegar à primeira parte da resposta. Ele escolheu mostrar as duas adições diagonais: 77 − 3 = 97 − 23 = 74.

77 −23
97   −3
─────────
74

A segunda parte é encontrada multiplicando-se os dois dígitos da coluna da direita: −23 × −3 = 69.

77 −23
97   −3
─────────
74 69

A resposta é 7469.

Em seguida Tirthaji passou a um exemplo com três dígitos: 888 × 997. Dessa vez a diferença foi calculada de 1000.

```
888   -112
997   -003
885    336
```

A adição na diagonal resulta em 885 para a primeira parte, e a multiplicação da coluna da direita é 336 para a segunda, resultando na resposta de 885 336.

"As equações ficam muito mais fáceis com essas fórmulas", comentou Tirthaji. Os estudantes reagiram com gargalhadas. Talvez as risadas fossem pelo absurdo de um guru de 82 anos estar ensinando aritmética básica para alguns dos mais brilhantes estudantes dos Estados Unidos. Ou talvez fossem um elogio à esperteza dos truques aritméticos de Tirthaji. Os algarismos arábicos são uma mina de padrões ocultos, mesmo no nível mais simples de multiplicação de dois números de um dígito. Tirthaji prosseguiu a palestra expondo técnicas para extrair a raiz quadrada, divisão e álgebra. A reação parece ter sido de entusiasmo, a julgar por uma transcrição de uma das anotações feitas durante a palestra: "Logo depois do final da demonstração, um dos estudantes perguntou ao colega ao lado: 'O que você achou?'. A resposta do amigo: 'Fantástico!'".

Quando voltou à Índia, Tirthaji foi chamado à cidade santa de Varanasi, onde um conselho especial de anciãos hindus discutiu a quebra de protocolo de sua saída do país. Foi decidido que sua viagem havia sido a primeira e a última vez em que se permitia que um Shankaracharya saísse do país, e Tirthaji submeteu-se a um ritual de purificação para o caso de ter consumido comida não indiana durante suas viagens. Dois anos depois, ele faleceu.

No hotel em que me hospedei em Puri conheci dois destacados entusiastas da matemática védica interessados em aprofundar seus conhecimentos na matéria. Kenneth Williams é um ex-professor de matemática de 62 anos, do sul da Escócia, que escreveu vários livros sobre o método. "É tão bem apresentado e tão unificado como sistema", ele me disse. "Quando descobri isso, achei que era assim que a matemática deveria ser." Williams era um homem calado e gentil, com uma testa sacerdotal, barba grisalha aparada e olhos azuis com pálpebras pesadas. Com ele estava um corretor de valores de 29 anos de Kolkata, Gaurav Tekriwal, muito mais loquaz, usando uma camisa branca novinha e óculos de sol Armani. Tekriwal é presidente do Fórum de Matemática Védica da Índia, uma organização que administra um site na internet, organiza palestras e vende DVDs.

Tekriwal me ajudou a agendar uma entrevista com o Shankaracharya, e ele e Williams quiseram me acompanhar. Contratamos um riquixá motorizado e partimos para o Math de Govardhan, um nome auspicioso mas que, infelizmente, não tem nada a ver com matemática. Significa mosteiro, ou templo. Passamos pelo porto e por pequenas ruas alinhadas com barracas vendendo comida e seda estampada. O Math é um edifício de concreto e tijolo aparente do tamanho de uma pequena igreja de interior, cercado por palmeiras e um jardim de areia com manjericão, babosa e manga. No pátio há uma figueira-de-bengala com o tronco decorado com um tecido ocre onde se acredita que Shankara, um sábio hindu do século VIII, tenha se sentado para meditar. O único toque moderno é a fachada preta e brilhante no primeiro andar — uma fachada à prova de balas instalada para proteger o quarto do Shankaracharya depois que o Math recebeu ameaças muçulmanas de ataques terroristas.

O atual Shankaracharya de Puri, Nischalananda Sarasvati, herdou o cargo do homem que o herdou de Tirthaji. Ele tem muito orgulho do legado matemático de Tirthaji e já publicou cinco livros sobre a abordagem védica aos números e ao cálculo. Ao chegarmos ao Math fomos conduzidos até a sala usada pelo Shankaracharya para suas audiências. As únicas peças de mobiliário eram um antigo sofá vermelho escuro e, bem à sua frente, uma cadeira baixa com um grande assento e o espaldar de màdeira coberto por um xale vermelho: o trono do Shankaracharya. Sentamos no chão em frente ao trono, de pernas cruzadas, e esperamos a chegada do santo homem.

Sarasvati entrou na sala usando uma bata rosa desbotada. Seus discípulos mais adiantados recitaram alguns versos religiosos, e Sarasvati juntou as mãos em posição de prece e tocou na imagem de Shankara na parede de trás. Tinha olhos azuis, barba branca e a cabeça era calva e brilhante. Sentado em posição de meia lótus em seu trono, ele assumiu uma expressão entre o sereno e o taciturno. Quando a sessão estava para começar, um homem com uma bata azul atirou-se à minha frente e prostrou-se diante do trono com as mãos abertas. Suspirando como um vovô exasperado, o Shankaracharya dispensou-o com um ar desinteressado.

Os procedimentos religiosos exigem que o Shankaracharya fale em hindi, por isso usei um de seus discípulos como intérprete. Minha primeira pergunta foi: "De que forma a matemática está ligada à espiritualidade?". Depois de alguns minutos, veio a resposta. "Na minha opinião, a criação, a continuidade e a destruição de todo esse universo acontecem de uma forma muito matemática. Nós não diferenciamos entre a matemática e a espiritualidade. Vemos a matemática como a nascente das filosofias hindus."

Em seguida Sarasvati contou uma história sobre dois reis que se encontraram numa floresta. O primeiro rei disse ao outro que conseguia contar todas as folhas de uma árvore só de olhar para ela. O segundo rei duvidou e começou a tirar as folhas para contá-las uma a uma. Quando terminou, tinha chegado ao exato número dado pelo primeiro rei. Sarasvati disse que a história era prova de que os indianos antigos sabiam contar um grande número de objetos só de olhar para eles como um todo, em vez de enumerá-los individualmente. Essa e muitas outras habilidades daquela época, acrescentou, haviam sido perdidas. "Todas essas ciências perdidas podem ser recuperadas com a ajuda de uma contemplação séria, meditação séria e esforços sérios", falou. O processo de estudar as antigas escrituras com a intenção de resgatar conhecimentos antigos, continuou, é exatamente o que Tirthaji tinha feito com a matemática.

Durante a entrevista, a sala se encheu com umas vinte pessoas, que permaneceram em silêncio enquanto o Shankaracharya falou. Quando a sessão se aproximava do fim, um consultor de aplicativos de meia-idade de Bangalore fez uma pergunta sobre o significado do número 10^{62}. O número estava nos Vedas, ele explicou, portanto tinha que significar alguma coisa. O Shankaracharya concordou. Estava nos Vedas, sim, e tinha que significar alguma coisa. Isso deu início a uma discussão sobre como o governo indiano negligenciava a herança cultural do país, e o Shankaracharya lamentou ter gastado muito de sua energia na tentativa de proteger a cultura tradicional e por isso não poder dedicar mais tempo à matemática. Naquele ano ele só tinha conseguido fazer isso durante quinze dias.

No dia seguinte, no café da manhã, perguntei ao consultor de informática sobre seu interesse no número 10^{62}, e ele respondeu com uma palestra sobre as realizações científicas da antiga Índia. Milhares de anos atrás, disse, os indianos sabiam mais do mundo do que sabem hoje. Disse que eles já voavam em aeroplanos. Quando perguntei se havia alguma prova disso, ele respondeu que haviam sido encontradas xilogravuras de aeronaves de milênios de idade. Esses aviões usavam motor a jato? Não, ele respondeu, eram propulsionados pelo campo magnético da Terra. Eram construídos com um material composto e voavam a baixa velocidade, entre cem e 150 quilômetros por hora. Então ele começou a ficar cada vez mais incomodado com as minhas perguntas, interpretando meu desejo de explicações científicas adequadas como um afronta à herança indiana. Depois de um tempo ele se recusou a continuar falando comigo.

Embora a ciência védica seja fantasiosa, ocultista e dificilmente verossímil, a matemática védica admite escrutínio, ainda que os sutras sejam em sua maioria vagos a ponto de não fazerem sentido, e aceitar a história de sua origem nos Vedas exige certa vontade de acreditar. Algumas técnicas são tão específicas que não passam de meras curiosidades — como uma dica para calcular a fração $\frac{1}{19}$ em decimais. Mas outras são bem interessantes.

Vamos considerar o exemplo anterior, de 57×43. O método padrão de multiplicar esses números é escrever duas linhas intermediárias e depois somá-las:

$$
\begin{array}{r}
57 \\
\times\ 43 \\
\hline
0171 \\
2280 \\
\hline
2451
\end{array}
$$

Usando o terceiro sutra, *Verticalmente e na diagonal*, podemos encontrar a resposta com rapidez, como segue:

Passo 1: Escrever os números, um em cima do outro:

$$
\begin{array}{cc}
5 & 7 \\
4 & 3
\end{array}
$$

Passo 2: Multiplicar os dígitos da coluna da direita: $7 \times 3 = 21$. O dígito final desse número é o dígito final da resposta. Escrever o número debaixo da coluna da direita e levar o 2.

```
5    7
     |
4    3
    ₂1
```

Passo 3: Fazer a soma dos produtos na diagonal cruzada $(5 \times 3) + (7 \times 4)$ $= 15 + 28 = 43$. Acrescentar o 2 que foi transportado no passo anterior para obter 45. O dígito final desse número, 5, é escrito abaixo da coluna da esquerda, levando o 4.

```
5    7
 ╲  ╱
  ╳
 ╱  ╲
4    3
₄5   1
```

Passo 4: Multiplicar os dígitos da coluna da esquerda, $5 \times 4 = 20$. Somar o 4 transportado para obter 24, para chegar à resposta final:

```
      5    7
      |
      4    3
2    4    5    1
```

Os números foram multiplicados na vertical e na diagonal, como disse o sutra. Esse método pode ser generalizado para multiplicar números de qualquer grandeza. Só o que muda é que mais números precisam ser escritos na vertical e na diagonal.

Por exemplo, 376×852:

```
3    7    6
8    5    2
```

Passo 1: Vamos começar pela coluna da direita: 6 × 2 = 12

Passo 2: Em seguida a soma dos produtos na diagonal entre as unidades e a coluna dos dez, (7 × 2) + (6 × 5) = 44, mais o 1 que foi levado para cima. O resultado é 45.

Passo 3: Agora passamos aos produtos da diagonal entre as unidades e a coluna das centenas, e os acrescentamos ao produto vertical da coluna dos dez, (3 × 2) + (8 × 6) + (7 × 5) = 89, mais o 4 que levamos para baixo. O resultado é 93.

Passo 4: Passando para a esquerda, agora fazemos a multiplicação na diagonal das primeiras duas colunas: (3 × 5) + (7 × 8) = 71, mais o 9 levado para cima. O resultado é 80.

Passo 5: Finalmente, vamos obter o produto vertical da coluna da esquerda, 3 × 8 = 24, mais o 8 levado para cima. O resultado é 32. A resposta final: 320 352.

```
   3   7   6
   |
       8   5   2
3  2   0   3   5   2
```

O método *Verticalmente e na diagonal*, ou "multiplicação cruzada", é mais rápido, usa menos espaço e dá menos trabalho do que nossa longa multiplicação. Kenneth Williams me contou que sempre que explica o método védico, seus alunos entendem com facilidade. "Eles não conseguem acreditar por que não foram ensinados dessa forma antes", falou. As escolas preferem as longas multiplicações porque elas apresentam todos os estágios do cálculo. *Verticalmente e na diagonal* mantém parte dessa maquinaria escondida. Williams acha que isso não é ruim, que pode até ajudar os alunos menos inteligentes. "Temos que escolher um caminho, e não insistir em que os garotos precisem saber tudo ao mesmo tempo. Alguns garotos precisam saber como funciona [a multiplicação]. Alguns não querem saber como funciona. Só querem ser capazes de fazer isso." Se uma criança acaba não conseguindo fazer multiplicações porque o professor insiste em ensinar uma regra geral que ele ou ela não entendem, explicou, é porque a criança não está aprendendo. Para os garotos mais inteligentes, acrescentou Williams, a matemática védica dá vida à aritmética. "Matemática é um conceito criativo. Quando você expõe uma variedade de métodos, as crianças percebem que é possível inventar seu próprio método e também se tornam inventivas. A matemática é realmente um assunto divertido e lúdico, e [a matemática védica] propicia uma maneira de ensinar dessa forma."

Minha primeira entrevista com o Shankaracharya não chegou a cobrir todos os tópicos da discussão a que me propus, por isso ele me concedeu uma segunda. No início da sessão, o discípulo mais adiantado tinha um anúncio a fazer: "Nós gostaríamos de dizer uma coisa sobre o zero", disse. O Shankara-charya falou então por mais ou menos dez minutos em hindi e com muita animação, e depois o discípulo traduziu: "O atual sistema matemático consi-dera o zero uma entidade não existente", declarou. "Nós queremos retificar essa anomalia. O zero não pode ser considerado uma entidade não existente. Uma mesma entidade não pode existir em um lugar e não existir em outro." O cerne do argumento de Shankaracharya era, suponho, o seguinte: as pessoas consideram o 0 em 10 como algo que existe, mas o 0 sozinho como não exis-tente. É uma contradição — ou alguma coisa existe, ou não. Então o zero exis-te. "Na literatura védica o zero é considerado um número eterno", continuou. "O zero não pode ser aniquilado ou destruído. É uma base indestrutível. É a base de tudo."

Àquela altura eu já estava acostumado com a característica mistura que o Shankaracharya fazia entre a matemática e a metafísica. Já tinha de-sistido de fazer perguntas para esclarecer certos pontos, pois até meus co-mentários serem traduzidos para o hindi, discutidos e depois traduzidos de novo, as respostas acabavam aumentando a minha confusão. Resolvi parar de me concentrar em detalhes do discurso dele e deixar as palavras tradu-zidas simplesmente flutuarem por mim. Examinei o Shankaracharya com atenção. Hoje ele usava uma bata laranja, amarrada com um grande nó atrás da cabeça, e a testa estava coberta por uma tinta bege. Fiquei imagi-nando como seria viver como ele. Soube que ele dorme num quarto sem mobílias, come o mesmo curry suave todos os dias e que não sente desejo ou necessidade de ter posses. Realmente, no começo da sessão um peregri-no se aproximou e ofereceu uma tigela de frutas, e assim que ele as rece-beu, distribuiu as frutas entre nós. Eu ganhei uma manga, que ficou aos meus pés.

Tentando vivenciar a sabedoria do Shankaracharya de outra maneira, pensei na frase "o zero é uma entidade existente", e repeti aquilo mentalmente, como um mantra. Relaxei. De repente eu estava perdido nos meus pensamentos. E tudo fez sentido. "O zero é uma entidade existente" não é apenas o ponto de vista matemático do Shankaracharya, mas uma afirmação incisiva e descritiva. Sentado à minha frente estava o próprio sr. Zero, a incorporação do *shunya* em carne e osso.

Foi um momento de esclarecimento, talvez até de iluminação. Não havia o nada no pensamento hindu. O nada era tudo. E aquele monástico e abnegado Shankaracharya era o embaixador perfeito desse nada. Pensei sobre a profunda ligação entre a espiritualidade oriental e a matemática. A filosofia hindu havia adotado o conceito do nada da mesma forma que os matemáticos indianos tinham adotado o conceito do zero. O salto conceitual que levou à invenção do zero aconteceu numa cultura que aceitava o nada como a essência do Universo.

O símbolo que surgiu na Índia antiga para o zero encapsulava com perfeição a radical afirmação do Shankaracharya de que a matemática não podia ser separada da espiritualidade. O círculo, 0, foi escolhido por retratar os movimentos cíclicos da face do céu. Zero significa nada e significa a eternidade.

O orgulho pela invenção do zero ajudou a transformar a excelência na matemática em um aspecto da identidade nacional indiana. As crianças precisam aprender a tabuada até vinte, que é o dobro do que tive de aprender no Reino Unido. Antigamente os indianos precisavam aprender a tabuada até trinta. Um dos mais destacados matemáticos não védicos da Índia, S. G. Dani, confirmou: "Quando era criança, eu tinha a impressão de que a matemática era extremamente importante", ele me disse. Sempre foi comum as pessoas mais velhas proporem desafios matemáticos para crianças, e elas gostavam muito quando obtinham as respostas corretas. "Independentemente de ser útil ou não, a matemática é algo muito estimado na Índia por nossos pares e amigos."

Dani é professor emérito de matemática no Instituto Tata de Pesquisa Fundamental de Bombaim. Usa o cabelo crespo penteado para o lado como um acadêmico, óculos com aros de tartaruga e um bigode que emoldura seu lábio superior. Não é fã da matemática védica, não acredita que os métodos aritméticos de Tirthaji possam ser encontrados nos Vedas nem considera particularmente útil dizer que eles estão lá. "Existem maneiras melhores de despertar o interesse pela matemática do que afirmar que ela está nos textos antigos", falou. "Não acredito que isso torne a matemática mais interessante. O que importa é que esses algoritmos agilizam as operações, não que tornem a matemática mais interessante, não que façam você internalizar o que acontece. O interesse está no fim, não no processo." Ele tem dúvidas se eles tornam o cálculo mais rápido, já que a vida real não propõe problemas tão bem estabelecidos, como encontrar as casas decimais de $\frac{1}{19}$. Ao fim e ao cabo, acrescentou, o método convencional é mais conveniente.

Por isso, fiquei surpreso ao ouvir Dani falar com tanta simpatia da missão de Tirthaji com a matemática védica. Dani tinha uma relação emocional com Tirthaji. "O sentimento dominante que eu tinha é que ele demonstrava certo complexo de inferioridade que estava tentando vencer. Quando era criança eu também tinha esse tipo de atitude. Na Índia daqueles tempos [pouco depois da Independência] havia um forte sentimento de que precisávamos recuperar [dos britânicos] o que tínhamos perdido a ferro e a fogo. Principalmente em termos de artefatos, coisas que os britânicos poderiam ter levado embora. Por termos perdido tanto, eu achava que deveríamos recuperar o equivalente ao que havíamos perdido. A matemática védica é uma tentativa equivocada de recuperar a matemática da Índia."

Alguns truques da matemática védica são tão simples que fiquei imaginando se não seria capaz de encontrá-los em outros livros sobre matemática. Achei que o *Liber Abaci*, de Fibonacci, seria um bom lugar para começar. Quando voltei a Londres, encontrei um exemplar na biblioteca, abri no capítulo sobre multiplicação, e o primeiro método sugerido por Fibonacci não era outro senão... *Verticalmente e na diagonal*. Fiz algumas pesquisas e descobri que a multiplicação usando *Todos do 9 e último do 10* era uma das técnicas preferidas em vários livros da Europa do século XVI. (Aliás, já foi sugerido que esses dois métodos podem ter influenciado na adoção do sinal × para multiplicar. Quando o sinal × fez sua primeira aparição como notação para multiplicar, em 1631, já haviam sido publicados livros ilustrando os dois métodos de multiplicação com grandes ×s desenhados como linhas cruzadas.)

A matemática védica de Tirthaji seria então, ao menos em parte, uma redescoberta de alguns truques aritméticos comuns na Renascença. Podem ou não ter se originado na Índia, mas seja qual for sua origem, para mim o encanto da matemática védica é a forma como estimula uma alegria infantil com os números e os padrões de simetria que eles mantêm. A aritmética é uma coisa essencial na vida diária, é importante conhecer a matéria, e é por isso que a aprendemos tão metodicamente na escola. Porém, ao nos concentrarmos nas praticidades, perdemos de vista o quanto o sistema numérico indiano é interessante. Foi um avanço impressionante em relação a todos os métodos de contagem anteriores e não precisou ser aperfeiçoado durante mil anos. Nós aceitamos o sistema de notação posicional decimal como uma coisa óbvia, sem perceber o quanto é versátil, elegante e eficiente.

4. A vida de Pi

No início do século XIX, chegaram aos ouvidos da rainha Charlotte notícias sobre o menino-prodígio George Parker Bidder, filho de um pedreiro de Devonshire. Ela então fez uma pergunta ao menino:

"Descobriu-se por medições que os confins da pátria, na Cornualha, e o extremo de Farret, na Escócia, distam 838 milhas; em quanto tempo uma lesma percorreria essa distância, numa média de oito pés por dia?".

A pergunta e a resposta — 553 080 dias — são mencionadas em um livro popular da época, *Um pequeno relato sobre George Bidder, o celebrado calculista mental: com uma variedade das mais difíceis perguntas, propostas a ele nas principais cidades do reino, e suas respostas surpreendentemente rápidas!*, em cujas páginas se relacionam os grandes cálculos da criança, inclusive clássicos como "Qual é a raiz quadrada de 119 550 669 121?" (345 761, respondida em meio minuto) e "Quantas libras de açúcar há em 232 barricas, cada uma pesando 12 cwt. 1qr. 22lbs?* (323 408 libras, também respondida em meio minuto).

Os algarismos arábicos facilitaram a operação de adição para todo mundo, mas uma consequência inesperada foi a descoberta de que certas pessoas eram abençoadas com uma capacidade aritmética realmente espantosa. Em

---

* *Hundredweights, quarters* e libras, medidas inglesas de peso. (N. E.)

geral, esses prodígios não se destacavam em nada mais do que sua facilidade com os números. Um dos primeiros exemplos conhecidos foi um fazendeiro de Derbyshire, Jedediah Buxton, que maravilhava os habitantes locais com sua capacidade de fazer multiplicações, apesar de mal saber ler. Ele podia, por exemplo, calcular o valor de um *farthing* (moeda que valia $\frac{1}{4}$ de pêni) duplicado 140 vezes. (A resposta tem 39 dígitos de comprimento, com um resto de 2 xelins e 8 pence de troco.) Em 1754, a curiosidade pelo talento de Buxton fez com que fosse convidado a visitar Londres, onde foi examinado por membros da Royal Society. Parece que ele tinha alguns sintomas de autismo de alto desempenho, pois quando o levaram para assistir *Ricardo III*, de Shakespeare, a experiência o desconcertou, embora tenha notificado seus anfitriões que os atores tinham dado 5202 passos e falado 14 445 palavras.

No século xix, "calculistas relâmpago" eram astros internacionais. Alguns mostravam essa aptidão ainda muito jovens. Zerah Colburn, de Vermont, tinha cinco anos quando se apresentou em público pela primeira vez e oito ao partir para a Inglaterra com sonhos de obter grande sucesso. (Colburn nasceu hexadáctilo, mas não se sabe se seus dedos extras conferiram alguma vantagem quando ele aprendeu a contar.) Um dos contemporâneos de Colburn foi o rapaz de Devonshire, George Parker Bidder. Os dois prodígios se encontraram em 1818, quando Colburn tinha catorze anos e Bidder doze, e claro que o encontro, num pub de Londres, resultou num duelo matemático.

Perguntaram a Colburn quanto tempo um balão levaria para circum-navegar o globo se viajasse a 3878 pés por minuto e o mundo tivesse 24 912 milhas de circunferência. Era uma pergunta internacional propícia a decidir o título oficial de sabichão mais inteligente da Terra. Mas depois de deliberar por nove minutos, Colburn não conseguiu fornecer uma resposta. Um jornal de Londres alardeou que seu oponente, por outro lado, levou só dois minutos para dar a resposta correta, "23 dias, 13 horas e 18 minutos, [que] foi recebida com grandes aplausos. Muitas outras questões foram propostas ao rapaz americano, as quais ele se recusou a responder, enquanto o jovem Bidder respondeu a todas". Em sua fascinante biografia, *A memoir of Zerah Colburn, written by himself* [Memórias de Zerah Colburn, escritas pelo próprio], o americano dá uma versão diferente da competição. "[Bidder] demonstrou grande força e poder da mente nas mais altas esferas da aritmética", declarou, antes de acrescentar, "mas era incapaz de extrair raízes e de encontrar fatores de números."

O campeonato ficou sem uma decisão final. Pouco tempo depois, a Universidade de Edimburgo se ofereceu para cuidar dos estudos de Bidder. Ele acabou se tornando um importante engenheiro, primeiro em estradas de ferro e depois supervisionando a construção das Royal Victoria Docks de Londres. Colburn, por outro lado, voltou para a América, tornou-se um pregador e morreu com 35 anos.

A capacidade de calcular com rapidez não tem grande correlação com uma visão matemática ou com criatividade. Poucos grandes matemáticos demonstraram ter habilidades de calculista relâmpago, e muitos eram até bem fracos em aritmética. Alexander Craig Aitken foi um conhecido calculista relâmpago da primeira metade do século XX, e o inusual era ser também professor de matemática na Universidade de Edimburgo. Em 1954 Aitken fez uma palestra para a Sociedade dos Engenheiros de Londres, na qual explicou alguns dos métodos de seu repertório, como atalhos algébricos e — fator crucial — a importância da memória. Para provar seu argumento, disparou a expansão decimal de $\frac{1}{97}$, que só se repete depois de 96 dígitos.

Aitken encerrou a palestra comentando jocosamente que suas habilidades começaram a se deteriorar quando ele comprou sua primeira calculadora de mesa. "Calculistas mentais, como os tasmanianos ou os maoris, estão fadados à extinção", vaticinou. "Por isso... talvez vocês sintam um interesse quase antropológico ao estudar um espécime estranho, e alguns dos meus ouvintes aqui poderão dizer no ano 2000: 'Sim, eu conheci um deles'."

Mas esse cálculo, Aitken errou.

"Neurônios! Preparar! Já!"

Com um suspiro impaciente, os competidores da rodada de multiplicação da Copa do Mundo de Cálculo Mental debruçaram-se sobre seus papéis. O salão da Universidade de Leipzig ficou em silêncio enquanto dezessete homens e duas mulheres examinavam a primeira questão: 29 513 736 × 92 842 033.

A aritmética voltou à moda. Trinta anos depois que as primeiras calculadoras eletrônicas baratas precipitaram uma falência generalizada da capacidade de cálculo mental, está acontecendo uma reação. Jornais publicam exercícios matemáticos mentais diariamente, jogos populares de computador com problemas aritméticos aguçam a nossa mente e — no limite — calculistas relâmpago competem em torneios internacionais periódicos. A Copa do Mundo de Cálculo Mental foi fundada em 2004 pelo cientista de computação alemão Ralf Laue, e acontece a cada dois anos. Foi o clímax inevitável dos dois passatempos de Laue: aritmética mental e catalogação de recordes incomuns (do tipo maior número de uvas lançadas a uma distância de cinco metros e apanhadas com a boca em um minuto, que são 55 uvas). A internet ajudou, possibilitando que conhecesse espíritos afins — em geral, aritméticos mentais não são extrovertidos. A comunidade global de calculadores humanos, ou "matematletas", estava bem representada em Leipzig, com competidores de lugares tão diversos quanto Peru, Irã, Argélia e Austrália.

Como se mede uma capacidade de cálculo? Laue adotou as categorias já escolhidas pelo *Livro Guiness dos recordes* — multiplicar dois números de oito dígitos, somar dez números de dez dígitos, extrair a raiz quadrada de números de seis dígitos com resultado de até oito algarismos, e encontrar o dia da semana de qualquer data entre 1600 e 2100. Esta última é chamada de cálculo de calendário e é um regresso à era de ouro dos cálculos relâmpago, em que os calculistas perguntavam a data de aniversário de alguém da plateia e de imediato diziam o dia da semana em que havia caído.

Regulamentos e espírito de competitividade tomaram o palco das apresentações teatrais. O mais jovem competidor na Copa do Mundo, um garoto indiano de onze anos de idade, interpretava um "ábaco de ar" — gesticulando e agitando as mãos para rearranjar contas imaginárias, enquanto os demais permaneciam quietos e imóveis, às vezes garatujando suas respostas. (A regra diz que apenas a resposta final pode ser escrita.) Depois de oito minutos e 25 segundos, Alberto Coto, da Espanha, ergueu o braço como um escolar empolgado. O homem de 38 anos havia completado dez multiplicações de dois números de oito dígitos nesse intervalo de tempo, batendo o recorde mundial. Sem dúvida era uma façanha impressionante, mas observar seu desempenho era tão atraente quanto supervisionar um exame final.

Uma ausência gritante no espetáculo em Leipzig foi a do mais famoso matematleta do mundo, o estudante francês Alexis Lemaire, que preferiu outra forma de medir o poder computacional. Em 2007, com 27 anos, ele ficou conhecido internacionalmente quando, no Museu de Ciência de Londres, levou só 70,2 segundos para calcular a raiz 13 de:

85 877 066 894 718 045 602 549 144 850 158 599 202 771 247 748 960 878
023 151 390 314 284 284 465 842 798 373 290 242 826 571 823 153 045
030 300 932 591 615 405 929 429 773 640 895 967 991 430 381 763 526
613 357 308 674 592 650 724 521 841 103 664 923 661 204 223

Sem dúvida a proeza de Lemaire foi mais espetacular. O resultado tem duzentos dígitos, que mal podem ser pronunciados em 70,2 segundos. Mas será que essa façanha significa, como alega o próprio Lemaire, que ele é o maior calculista relâmpago de todos os tempos? Essa é uma questão de grande controvérsia entre os calculistas, que reflete a batalha ocorrida há quase duzentos anos entre Zerah Colburn e George Bidder, ambos excepcionais em seus próprios estilos de adição.

O termo "raiz 13 de a" refere-se ao número que, quando multiplicado por si mesmo treze vezes, é igual a a. Só uma quantidade fixa de números é igual a um número de duzentos dígitos quando multiplicados por si mesmos treze vezes. (É uma quantidade fixa grande. A resposta limita-se a cerca de 400 trilhões de possibilidades, todos com dezesseis dígitos e começando por 2.) Como 13 é um número primo e considerado de má sorte, o cálculo de Lemaire foi envolvido por uma aura extra de mistério. Mas, na verdade, o 13 oferece algumas vantagens. Por exemplo, quando multiplicamos 2 por si mesmo 13 vezes, a resposta termina em 2. Quando 3 é multiplicado por si mesmo 13 vezes, a resposta termina em 3. O mesmo se aplica ao 4, 5, 6, 7, 8 e 9. Em outras palavras, o último dígito da raiz 13 de um número é o mesmo do último dígito do número original. Esse número é obtido de graça, sem ter que fazer nenhum cálculo.

Lemaire desenvolveu um algoritmo, que ele não divulgou, para calcular os outros catorze dígitos da resposta final. Os puristas, talvez de forma injusta, dizem que a habilidade dele é menos um feito de cálculo e mais de memorização de grandes fileiras de números. E argumentam que Lemaire não consegue calcular a raiz 13 de *qualquer* número de duzentos dígitos. Centenas de algarismos foram apresentados a ele no Museu da Ciência de Londres, e permitiu-se que ele escolhesse um deles para fazer o seu cálculo.

Ainda assim, o desempenho de Lemaire está mais para a tradição dos calculistas de antigamente. As plateias querem sentir o *frisson* do "uau!", em vez de compreender o processo. Em comparação, na Copa do Mundo de Cálculo Mental, Coto não teve escolha quanto ao problema a ser resolvido e não usou nenhuma técnica oculta quando multiplicou 29 513 736 × 92 842 033. Simplesmente usou suas tabuadas de 1 a 9. A forma mais rápida de multiplicar oito dígitos por oito dígitos é usando o sutra védico *Verticalmente e na diagonal*, que fragmenta a soma em 64 multiplicações de números de um dígito. Ele conseguiu chegar aos resultados certos numa média de menos de 51 segundos. Saber o que ele estava fazendo tornou o feito menos deslumbrante, mas ainda assim foi sem dúvida uma façanha formidável.

Enquanto conversava com os competidores em Leipzig, descobri que muitos tinham se apaixonado pela aritmética veloz graças a Wim Klein, um calculista relâmpago holandês que se tornou uma celebridade nos anos 1970. Klein já era um veterano de circos e teatros quando, em 1958, conseguiu um emprego no mais avançado instituto de física da Europa, a Organização Europeia de Pesquisas Nucleares (CERN) em Genebra, fazendo cálculos para os físicos. É provável que tenha sido o último calculista a ser contratado como calculista. Com o desenvolvimento dos computadores, sua habilidade se tornou redundante, e ao se aposentar ele voltou aos palcos, tendo feito diversas aparições na tevê. (Aliás, Klein foi um dos primeiros a promover cálculos da raiz 13.)

Um século antes de Klein, outro calculador humano, Johann Zacharias Dase, também foi contratado pelo *establishment* científico para fazer somas. Dase nasceu em Hamburgo e começou a se apresentar como calculista relâmpago ainda adolescente, tendo sido apadrinhado por dois eminentes matemáticos. Antes dos calculadores mecânicos ou eletrônicos, os cientistas usavam tabelas logarítmicas para fazer multiplicações e divisões complicadas. Como explicarei com detalhes mais adiante, cada número tem seu logaritmo próprio, que pode ser calculado por meio de um trabalhoso procedimento de soma de frações. Dase calculou os logaritmos naturais dos primeiros 1 005 000 números, todos até a sétima casa decimal. Levou dez anos para fazer isso, e disse que gostou da tarefa. Depois, atendendo à recomendação do matemático Carl Friedrich Gauss, Dase embarcou em outro projeto gigantesco: compilar uma tabela de fatores de todos os números entre 7 000 000 e 10 000 000. Isso significa que ele olhava para qualquer número desse intervalo e calculava os seus fatores, que são os números inteiros que dividem o número. Por exemplo, 7 877 433 tem só dois fatores: 3 e 2 625 811. Quando morreu, aos 37 anos, Dase tinha completado boa parte do trabalho.

Porém, Dase é mais lembrado por outro cálculo. Ainda adolescente, ele calculou o número pi até duzentas casas, um recorde para a época.

Os círculos podem ser vistos em toda parte no mundo natural — na lua cheia, nos olhos de seres humanos e de animais e na secção transversal de um ovo. Se amarrarmos um cachorro num poste, o trajeto que ele faz quando a correia está esticada é um círculo. O círculo é a forma geométrica bidimensional mais simples. Um agricultor egípcio calculando o quanto plantar num terreno, ou um mecânico romano medindo o comprimento de um eixo para uma roda teriam precisado fazer cálculos envolvendo círculos.

As civilizações antigas perceberam que a razão entre a circunferência do círculo e seu diâmetro era sempre a mesma, não importando as dimensões do círculo. (A circunferência é o comprimento do contorno do círculo, e o diâmetro é a distância entre dois pontos nele opostos.) Essa razão é conhecida como pi, ou π, sempre um pouco maior que três. Então, se se pegar o diâmetro de um círculo e curvar essa medida em torno da circunferência, são necessários pouco mais de três diâmetros para preenchê-la.

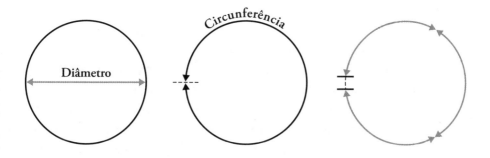

Embora pi seja uma simples razão entre as propriedades básicas de um círculo, a tarefa de calcular seu valor exato provou não ser nada simples. Essa dificuldade transformou pi num objeto de fascínio durante milhares de anos. É o único número que é ao mesmo tempo o nome de uma canção de Kate Bush e uma fragrância da Givenchy, cujo departamento de relações públicas me mandou o seguinte texto:

π — PI
ALÉM DO INFINITO

Quatro mil anos se passaram e o mistério permanece.
Embora qualquer criança de escola estude π, o símbolo conhecido ainda
consegue se esconder num abismo de grande complexidade.
Por que escolher π para simbolizar o eterno masculino?
É uma questão de sinais e direções. Se π é a história da longa luta para
chegar ao inatingível, é também um retrato do lendário conquistador em
busca de conhecimento.
Pi fala de homens, de todos os homens, de seu gênio científico, do gosto
pela aventura, da determinação em agir e de suas paixões pelo extremo.

As primeiras aproximações do pi surgiram com os babilônios, que usavam o valor de $3\frac{1}{8}$, e com os egípcios, que usavam $4(\frac{8}{9})^2$, que traduzidos em decimais são respectivamente 3,125 e 3,160. Uma passagem da Bíblia revela uma situação em que pi é calculado como 3: "Fez o mar de metal fundido, com dez côvados de diâmetro. Era redondo, tinha cinco côvados de altura; sua circunferência media-se com um fio de trinta côvados" (1 Reis, 7,23).

Se o formato do mar é um círculo com uma circunferência de 30 côvados e um diâmetro de 10, então pi é $\frac{30}{10}$, ou 3. Foram apresentadas muitas desculpas para a imprecisão do valor da Bíblia, como a alegação de que o mar estava em um recipiente circular com uma borda mais larga. Nesse caso, os dez côvados citados abrangem o mar e a borda (fazendo o diâmetro do mar um pouco menor que dez côvados), enquanto a circunferência do mar é medida no limite interno da borda. Existe uma explicação mística muito mais atraente: devido às peculiaridades da pronúncia e da grafia hebraicas, a palavra "linha", ou *qwh*, é pronunciada *qw*. Tome-se os valores numerológicos das letras fornecidas por 111 para *qwh* e de 106 para *qw*. Multiplicando-se três por $\frac{111}{106}$, o resultado é 3,1415, o que está correto para pi até cinco dígitos.

O primeiro gênio cuja extrema paixão por descobertas acerca de pi faz justiça às aspirações da loção pós-barba da Givenchy é também o homem que tomou o banho mais famoso da história da ciência. Arquimedes entrou na banheira e percebeu que o volume de água que deslocava era igual ao volume do seu corpo imerso na água. Instantaneamente entendeu que por causa disso poderia saber o volume de qualquer objeto submergindo-o na água, em especial a coroa do rei de Siracusa, e assim poderia dizer se peça do tesouro real era feita de ouro puro ou não calculando sua densidade. (Não era.) Por conta dessa revelação, Arquimedes saiu correndo nu pela rua gritando "Eureca!" [Descobri!], mostrando assim — ao menos para os cidadãos de Siracusa — toda a sua masculinidade. Arquimedes adorava se engalfinhar com problemas do mundo real, à diferença de Euclides, que só lidava com abstrações. Dizem que suas inúmeras invenções incluem espelhos que refletiam os raios do sol com tal intensidade que incendiaram os navios romanos durante o Cerco de Siracusa. Foi também a primeira pessoa a inventar um dispositivo para o cálculo de pi.

Para fazer isso, primeiro ele desenhou um círculo, depois construiu dois hexágonos — um que ele encaixou dentro do círculo e um que pôs fora dele, como mostra o diagrama abaixo. Isso já nos diz que pi deve estar entre 3 e 3,46, o que é determinado pelo cálculo dos perímetros dos hexágonos. Se o diâmetro do círculo for 1, o perímetro do hexágono interno será 3, que é menor do que a circunferência do círculo, que é pi, que por sua vez é menor do que o do hexágono externo, que é de $2\sqrt{3}$, ou 3,46, com duas casas decimais. (Arquimedes calculou esse valor usando um método que em sua essência era um trabalhoso precursor da trigonometria, muito complicado para dissecar aqui.)

Então, 3 < pi < 3,46.

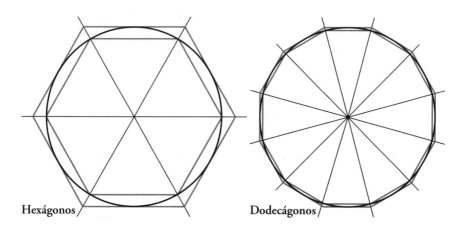

Hexágonos Dodecágonos

Se quisermos repetir o cálculo usando dois polígonos regulares com mais de seis lados, obtemos limites mais estreitos para pi. Isso porque quanto mais lados tiver um polígono, mais próximo seu perímetro estará do da circunferência, como podemos ver no diagrama anterior no caso do polígono de doze lados. Os polígonos funcionam como paredes se fechando em torno de pi, espremendo-o por dentro e por fora entre limites cada vez mais estreitos. Arquimedes começou com um hexágono e acabou construindo polígonos de 96 lados, o que permitiu que calculasse pi da seguinte forma: $3\frac{10}{71} < \text{pi} < 3\frac{1}{7}$.

Isso se traduz em 3,14084 < pi < 3,14289, com uma precisão de duas casas decimais.

Mas os caçadores de pi não parariam por aí. Para chegar mais perto do verdadeiro valor do número, só era preciso criar polígonos com mais lados. Na China do século III, Liu Hui utilizou um método semelhante, usando a área de um polígono de 3072 lados para calcular pi com cinco casas decimais: 3,14159. Dois séculos depois, Tsu Chung-Chih e seu filho Tsu Keng-Chih avançaram mais uma casa, para 3,141592, com um polígono de 12 288 lados.

O trabalho de gregos e chineses era dificultado por uma notação canhestra. Quando os matemáticos aprenderam afinal a usar os algarismos arábicos, esse recorde caiu. Em 1596, o mestre de esgrima holandês Ludolph van Ceulen usou um turbinado polígono de 60×2^{29} lados para calcular pi com vinte casas decimais. O panfleto em que ele imprimiu seu resultado terminava com as palavras: "quem quiser, pode se aproximar ainda mais", mas ninguém quis fazer aquilo. Ele continuou os cálculos, tendo chegado a 32 e depois a 35 casas decimais — que foram gravadas em sua lápide. Na Alemanha, *die Ludolphsche Zahl*, o número de Ludolph, é usado até hoje como um sinônimo de pi.

Durante 2 mil anos, a única maneira de calcular pi com precisão era usando polígonos. Porém, no século XVII, Gottfried Leibniz e John Gregory inauguraram uma nova era de apreciação para o pi, com a fórmula:

$$\frac{\text{Pi}}{4} = 1 - \frac{1}{3} + \frac{1}{5} - \frac{1}{7} + \frac{1}{9} \cdots$$

Em outras palavras, um quarto de pi é igual a um menos um terço, mais um quinto, menos um sétimo, mais um nono e assim por diante, alternando a adição e subtração de frações unitárias dos números ímpares até o infinito. Antes disso os cientistas só conheciam a distribuição aparentemente aleatória da expansão decimal de pi. Mas ali estava uma das mais elegantes e descomplicadas equações da matemática. Acabou ficando claro que pi, o arauto da desordem, apresentava certa ordem em seu DNA.

Leibniz havia chegado à sua fórmula usando "o cálculo", um poderoso método matemático descoberto por ele, no qual uma nova compreensão das quantidades infinitesimais era usada para calcular áreas, curvas e gradientes. Isaac Newton também chegara ao cálculo, de forma independente, e os dois passaram um bom tempo disputando a primazia. (Durante anos, considerou-se que Newton ganhou a discussão, baseado nas datas de seus manuscritos não publicados, mas agora parece que essa versão do cálculo foi na verdade inventada primeiro no século XIV pelo matemático indiano Madhava.)

A fórmula que Leibniz encontrou para pi é conhecida como *série infinita*, uma soma que continua para sempre e provê uma maneira de calcular pi. Primeiro, precisamos multiplicar os dois lados da fórmula por 4 para obter:

$$Pi = 4 - \frac{4}{3} + \frac{4}{5} - \frac{4}{7} + \frac{4}{9} \cdots$$

Começar pelo primeiro termo e ir acrescentando sucessivos termos produz a seguinte progressão (convertida em decimais):

$$4 \rightarrow 2,667 \rightarrow 3,467 \rightarrow 2,896 \rightarrow 3,340 \rightarrow \cdots$$

O total se aproxima cada vez mais de pi em saltos cada vez menores. Mas esse método requer mais de trezentos termos para chegar a uma resposta com duas casas decimais de precisão para pi, por isso era impraticável para os que queriam usá-lo para encontrar mais dígitos na expansão decimal.

Mais tarde, o cálculo produziu outras séries infinitas para pi, não tão bonitas, porém mais eficientes para desvendar seus algarismos. Em 1705, o astrônomo Abraham Sharp usou uma delas para calcular pi até 72 casas decimais, quebrando o recorde de um século de Ceulen, que era de 35. Embora tenha sido uma façanha e tanto, foi inútil. Não existem razões práticas para saber o valor de pi até 72 dígitos, aliás nem até 35. Quatro casas decimais são o suficiente para os engenheiros de instrumentos de precisão. Dez casas decimais são o suficiente para calcular a circunferência da Terra com precisão de uma fração de centímetro. Com 39 casas decimais, é possível computar a circunferência de um círculo ao redor do universo com a precisão da dimensão do raio de um átomo de hidrogênio. Mas o que estava em questão não era o uso prático. A aplicação prática não era uma preocupação para os aficionados pelo pi do Iluminismo: a caça aos dígitos era um fim em si mesmo, um desafio romântico. Um ano depois da façanha de Sharp, John Machin chegou aos cem dígitos, e em 1717 o francês Thomas de Lagny acrescentou mais 27 dígitos. Na virada do século, o esloveno Jurij Vega estava na liderança, com 140.

Zacharias Dase, o calculista relâmpago alemão, aumentou o recorde para duzentas casas decimais em 1844, num esforço intenso de dois meses. Dase usou a seguinte série, que parece mais intricada do que a fórmula para pi acima, mas que na verdade é de uso muito mais fácil. Isso porque, em primeiro lugar, chega até o valor de pi a um ritmo respeitável. Atinge-se uma precisão de duas casas decimais depois dos primeiros nove termos. Em segundo, os $\frac{1}{2}$, $\frac{1}{5}$ e $\frac{1}{8}$ que reaparecem a cada três termos são muito convenientes para se manipular. Se $\frac{1}{5}$ for reescrito como $\frac{2}{10}$, e $\frac{1}{8}$ como $\frac{1}{2} \times \frac{1}{2} \times \frac{1}{2}$, todas as multiplicações envolvendo esses termos podem ser reduzidas a combinações de duplicar e dividir à metade. Dase teria escrito uma tabela de referência com dobros para ajudar em seus cálculos, começando por 2, 4, 8, 16, 32 e continuando até onde fosse necessário — o que, como ele estava calculando pi até duzentas casas, seria quando a duplicação final tivesse duzentos dígitos de comprimento. Isso acontece a cada 667 dobros consecutivos.

Dase usou a seguinte série:

$$
\frac{\pi}{4} = \frac{1}{2} - \frac{(1/2)^3}{3} + \frac{(1/2)^5}{5} - \cdots
$$

$$
+ \frac{1}{5} - \frac{(1/5)^3}{3} + \frac{(1/5)^5}{5} - \cdots
$$

$$
+ \frac{1}{8} - \frac{(1/8)^3}{3} + \frac{(1/8)^5}{5} - \cdots
$$

$$
= \frac{1}{2} + \frac{1}{5} + \frac{1}{8} - \left[\frac{(1/2)^3}{3} + \frac{(1/5)^3}{3} + \frac{(1/8)^3}{3} \right]
$$

$$
+ \left[\frac{(1/2)^5}{5} + \frac{(1/5)^5}{5} + \frac{(1/8)^5}{5} \right] - \cdots
$$

Então, $\pi = 4$ (0,825 − 0,0449842 + 0,00632 − ...

Depois de um termo isso dá 3,3
Depois de dois termos isso dá 3,2100
Depois de três termos isso dá 3,1452

Dase mal teve tempo para descansar em seus louros e os britânicos já estavam tentando ultrapassar sua façanha, e na década seguinte William Rutherford tinha calculado pi até 440 casas. E ainda deu força para que seu protegido William Shanks, um matemático amador que dirigia uma escola interna no condado de Durham, fosse ainda mais longe. Em 1853, Shanks chegou a 607 dígitos, e em 1874 ele já estava em 707. Esse recorde permaneceu por setenta anos, até D. F. Ferguson, da Escola Naval Real de Chester, encontrar um erro no cálculo de Shank. O erro havia sido cometido na 527ª casa, de forma que todos os números subsequentes estavam errados. Ferguson passou o último ano da Segunda Guerra Mundial calculando pi à mão. Pode-se apenas imaginar que ele achava que a guerra já tinha sido vencida. Em maio de 1945 ele estava em 530 casas, e em julho de 1946 tinha chegado a 620, e desde então nunca mais ninguém foi além disso usando lápis e papel.

Ferguson foi o último dos caçadores de dígitos manuais e o primeiro entre os mecânicos. Usando uma calculadora de mesa, ele acrescentou quase duzentas casas a mais em apenas um ano, e em setembro de 1947 pi era conhecido até 808 casas decimais. Depois disso os computadores mudaram essa corrida. O primeiro computador a lidar com pi foi o Electronic Numerical Integrator and Computer, ou ENIAC, construído nos últimos anos da Segunda Guerra Mundial no Laboratório de Pesquisa de Balística do Exército dos EUA em Maryland. Era do tamanho de uma pequena casa. Em setembro de 1949, o ENIAC levou setenta horas para calcular pi com 2037 dígitos — quebrando o recorde por mais de mil casas decimais.

Quanto mais algarismos se encontravam em pi, mais uma coisa parecia bem clara: o número não obedecia a nenhum padrão óbvio. Mas só em 1767 os matemáticos conseguiram provar que a confusa sequência de dígitos nunca se repetiria. A descoberta se deu a partir da compreensão de que tipo de número pi poderia ser.

O *tipo* mais conhecido de número é o *número natural*. São os números da contagem, começando pelo 1:

1, 2, 3, 4, 5, 6 . . .

Os números naturais, porém, têm o escopo limitado, por se expandirem numa só direção. Mais úteis são os *números inteiros*, que são os números naturais junto com o zero e os negativos dos números naturais:

. . . −4, −3, −2, −1, 0, 1, 2, 3, 4 . . .

Os números inteiros abrangem todos os números desde o menos infinito até o mais infinito. Se existisse um hotel com um número ilimitado de andares e um número ilimitado de subsolos, os botões do elevador seriam os números inteiros.

Outro tipo básico de número é a *fração*, que são os números escritos como $\frac{a}{b}$ quando a e b são inteiros, com b nunca igual a 0. O número de cima da fração é o *numerador*, e o número de baixo é o *denominador*. Se tivermos várias frações, o *menor denominador comum* é o menor número divisível por todos os denominadores sem deixar resto. Então, se considerarmos $\frac{1}{2}$ e $\frac{3}{10}$, o menor denominador comum é 10, já que tanto 2 como 10 são divisores de 10. Mas qual o menor denominador comum de $\frac{1}{3}$, $\frac{3}{4}$, $\frac{2}{9}$ e $\frac{7}{13}$? Em outras palavras, qual é o menor número divisível por 3, 4, 9 e 13? A resposta é surpreendentemente elevada: 468! Estou mencionando isso mais para esclarecer uma questão semântica do que matemática. O termo "menor denominador comum" é usado, em geral, para descrever alguma coisa básica e não sofisticada. Parece intuitivo, mas é enganoso quanto à aritmética. Menores denominadores comuns podem ser grandes e nada convencionais: 468 é um número bem impressionante! Um termo mais significativo em termos aritméticos para algo muito comum é o *máximo divisor comum* — que é o maior número divisor de um grupo de números. O máximo divisor comum de 3, 4, 9 e 13, por exemplo, é 1, e não se pode atingir nada menor ou menos sofisticado.

Por serem equivalentes a razões entre números inteiros, as frações são também chamadas de *números racionais*, e existe uma quantidade infinita deles. Aliás, existe um número infinito de números racionais entre 0 e 1. Por exemplo, vamos considerar todas as frações em que o numerador é 1 e o denominador é um número natural maior ou igual a 2. Será o conjunto composto por:

$$\frac{1}{2}, \frac{1}{3}, \frac{1}{4}, \frac{1}{5}, \frac{1}{6} \dots$$

Podemos ir além e provar que existe um número infinito de números racionais entre *quaisquer dois* números racionais. Vamos considerar c e d como dois números racionais, com c menor que d. O ponto médio entre c e d é um número racional: é $\frac{(c+d)}{2}$. Vamos chamar esse ponto de e. Podemos agora encontrar um ponto entre c e e. Seria $\frac{(c+e)}{2}$. É um número racional e também está entre c e d. Podemos continuar *ad infinitum*, sempre dividindo a distância entre c e d em partes cada vez menores. Não importa o quanto diminuirmos a distância entre c e d, sempre haverá um número infinito de números racionais entre eles.

Considerando que sempre se pode encontrar uma quantidade infinita de números racionais entre quaisquer dois números racionais, seria de se pensar que os números racionais abrangem todos os números. Sem dúvida era o que Pitágoras esperava. Sua metafísica baseava-se na convicção de que o mundo era feito de números e da proporção harmônica entre eles. A existência de um número que não pudesse ser descrito como uma proporção no mínimo diminuía sua importância, se não o contradissesse de uma vez por todas. Mas, infelizmente para Pitágoras, *existem* números que não podem ser expressos em termos de frações — o que é ainda mais constrangedor para ele —, e é seu próprio teorema que nos leva a um deles. Se tivermos um quadrado em que cada lado tenha a medida de 1, o comprimento da diagonal será a raiz quadrada de dois, que não pode ser escrita como fração (incluí uma prova disso no apêndice, p. 445).

Os números que não podem ser escritos em forma de frações são chamados de *irracionais*. Segundo a lenda, a existência desses números foi demonstrada pela primeira vez por um discípulo pitagórico, Hipaso, o que por certo não lhe valeu o ingresso na Irmandade: ele foi declarado herege e afogado no mar.

Quando um número racional é escrito como uma fração decimal, ou ele tem uma quantidade finita de dígitos — como $\frac{1}{2}$ pode ser escrito como 0,5 —, ou as casas se repetem para sempre — como $\frac{1}{3}$ é igual a 0,3333... em que esses 3 continuam para sempre. Às vezes a repetição acontece com mais de um dígito, como no caso de $\frac{1}{11}$, que é 0, 090909... onde os dígitos 09 se repetem para sempre, ou $\frac{1}{19}$, que é 0,0526315789473684210... em que 052631578947368421 se repete para sempre. Em contraste, e esse é o ponto crucial, quando um número é irracional, sua expansão decimal nunca se repete.

Em 1767, o matemático suíço Johann Heinrich Lambert demonstrou que pi era mesmo um número irracional. Os primeiros homens do pi poderiam ter imaginado que depois do caos inicial de 3,14159... o ruído diminuiria e surgiria um padrão repetitivo. A descoberta de Lambert confirmou que isso era impossível. A expansão decimal de pi cabriola em direção ao infinito de uma forma predestinada, porém aparentemente indiscriminada.

Os matemáticos interessados nos números irracionais queriam classificá-los ainda mais. No século XVIII eles começaram a especular sobre um tipo especial de número irracional chamado *números transcendentais*. Eram números tão misteriosos e fugidios que a matemática finita não conseguia captá-los. A raiz quadrada de dois, $\sqrt{2}$, por exemplo, é irracional, mas pode ser definida como a solução da equação $x^2 = 2$. Número transcendental é um número irracional que não pode ser descrito por uma equação com um número finito de termos. Quando o conceito de números transcendentais foi levantado pela primeira vez, ninguém nem sabia se eles existiam.

Mas eles existiam, embora tenha levado cerca de cem anos para que o matemático francês Joseph Liouville surgisse com alguns exemplos. Pi não estava entre eles. Só quarenta anos depois o alemão Ferdinand von Lindemann demonstrou que pi era na verdade transcendental. O número existia além do domínio da álgebra finita.

A descoberta de Lindemann foi um marco na teoria dos números. Resolveu também, de uma vez por todas, o que talvez fosse o mais celebrado problema não resolvido da matemática: se era ou não possível calcular a quadratura do círculo. Para explicar como isso foi realizado, porém, preciso introduzir a fórmula que diz que a área do círculo é πr^2, onde r é o raio. (O raio é a distância entre o centro e o lado, ou metade do diâmetro.) Uma das provas visuais disso usa uma torta como metáfora para pi. Imagine que você tenha duas tortas circulares do mesmo tamanho, uma branca e uma cinza, como em A na figura a seguir. A circunferência de cada torta é pi vezes o diâmetro, ou pi vezes duas vezes o raio, ou $2\pi r$. Quando fatiadas em iguais segmentos, os pedaços podem ser rearranjados em segmentos de um quarto, como em B, ou em dez segmentos, como em C. Nos dois casos o comprimento do lado permanece sendo $2\pi r$. Se continuarmos fatiando segmentos cada vez menores, a forma acabaria se transformando num retângulo, como em D, com lados iguais a r e 2πr. Assim, a área do retângulo — que é a área das duas tortas — será 2πr², e a área de uma só torta será πr².

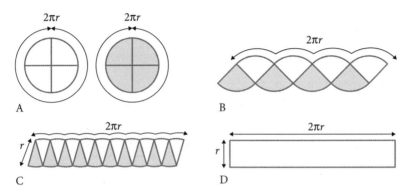

Prova de que a área de um círculo = πr².

Para calcular a quadratura de um círculo, precisamos construir (usando apenas um compasso e um esquadro) um quadrado que tenha a mesma área de um dado círculo. Agora sabemos que uma linha com o comprimento r é o raio de um círculo com uma área de πr², e sabemos ainda que um quadrado com uma área πr² deve ter um lado igual a $r\sqrt{\pi}$ (uma vez que $(r\sqrt{\pi})^2 = r^2(\sqrt{\pi})^2 = r^2\pi = \pi r^2$). Então, a quadratura do círculo pode ser reduzida ao desafio de construir a medida $r\sqrt{\pi}$ a partir da medida r. Ou, considerando r como 1, por conveniência, a medida $\sqrt{\pi}$ de 1.

Usando a geometria coordenada, de que tratarei mais adiante, é possível expressar algebricamente o processo de construção de uma linha como uma equação finita. Pode-se demonstrar que, conquanto x seja a solução de uma equação finita, então, a partir de uma linha de comprimento 1 é possível construir uma linha de comprimento x. Mas se x não for a solução para uma equação finita — em outras palavras, se x for transcendental —, é impossível construir uma linha com o comprimento x. Agora, o fato de π ser transcendental significa que $\sqrt{\pi}$ também é transcendental. (Você vai ter que confiar em mim quanto a isto.) Então é impossível construir o comprimento $\sqrt{\pi}$. A transcendentalidade de pi prova que não se pode calcular a quadratura do círculo.

A demonstração da transcendência de pi por Lindemann foi o fim de um sonho que incontáveis matemáticos acalentavam havia milhares de anos. Talvez a figura mais eminente a declarar ter calculado a quadratura do círculo tenha sido Thomas Hobbes, o pensador inglês do século XVII cujo livro *Leviatã* fundou a filosofia política. Depois de se tornar um tardio e arguto geômetra amador, Hobbes publicou sua solução aos 67 anos de idade. Embora a quadratura do círculo ainda fosse uma questão em aberto na época, sua demonstração foi recebida com perplexidade pela comunidade científica. John Wallis, professor em Oxford e melhor matemático inglês antes de Isaac Newton, revelou os erros de Hobbes em um panfleto, iniciando assim uma das mais divertidas — e inúteis — contendas da história da vida cultural britânica. Hobbes respondeu aos comentários de John Wallis com um adendo ao seu livro, intitulado *Six lessons to the professors of mathematics* [Seis lições aos professores de matemática]. Wallis replicou com *Due correction for Mr. Hobbes in school discipline for not saying his lessons right* [Castigo merecido ao sr. Hobbes em comportamento escolar por não expor direito suas lições]. Hobbes treplicou com seu *Marks of the absurd geometry, rural language, Scottish church politics and barbarisms of John Wallis* [Notas sobre a geometria absurda, linguagem rural, política da Igreja escocesa e os barbarismos de John Wallis]. Isso levou Wallis a responder com *Hobbiani Puncti Dispunctio! or the undoing of Mr. Hobbes's points* [Hobbiani Puncti Dispuncto! ou a refutação dos argumentos de Hobbes]. A disputa durou quase um quarto de século, até a morte de Hobbes, em 1679. Wallis até que gostou de toda aquela disputa, pois lhe oferecia a oportunidade para lançar calúnias sobre os pontos de vista políticos e religiosos de Hobbes, que ele desprezava. E, claro, ele estava certo. Em muitas disputas, a verdade acaba sendo dividida entre os dois lados. Não foi o caso de Hobbes *versus* Wallis. Hobbes não conseguiu calcular a quadratura do círculo porque é impossível fazer isso.

A prova da impossibilidade de calcular a quadratura do círculo não impediu algumas pessoas de tentarem. Em 1897, ficou famoso o caso da legislatura estadual de Indiana, que acolheu uma declaração feita por E. J. Goodwin, um médico do interior, como uma prova da quadratura do círculo, que ele ofereceu como "um presente para o estado de Indiana". Ele estava enganado, claro. Desde Ferdinand von Lindemann, em 1882, dizer que alguém conseguiu calcular a quadratura do círculo é sinônimo de charlatanismo matemático.

* * *

Os enigmáticos atributos de pi, nos séculos XVIII e XIX, revelaram-se não apenas uma parte central de antigos problemas geométricos, mas demonstraram também estar profundamente enraizados em novos campos da ciência não diretamente relacionados a círculos. "Esse misterioso 3,141592... que surge em cada porta e janela, e embaixo de cada chaminé", escreveu o matemático britânico Augustus De Morgan. Por exemplo, o tempo que um pêndulo leva para oscilar depende de pi. A distribuição de mortes numa população é uma função de pi. Se você jogar uma moeda para o alto $2n$ vezes, se n for um número muito grande, a probabilidade de conseguir exatamente 50% de caras e 50% de coroas é de $\frac{1}{\sqrt{(n\pi)}}$.

O homem cujo nome é mais associado às estranhas ocorrências envolvendo pi foi o polímata francês Georges-Louis Leclerc, o conde de Buffon (1707-88). Entre os muitos empreendimentos científicos pitorescos de Buffon, talvez o mais ambicioso tenha sido a construção de uma versão funcional da arma de espelhos de Arquimedes, com a qual dizem que o grego teria ateado fogo em navios. A engenhoca de Buffon era feita de 168 espelhos planos, cada um medindo de quinze a vinte centímetros, e com ela ele conseguiu queimar uma prancha de madeira a uma distância de 45 metros, uma boa marca, mas numa escala bem diferente da de incendiar uma armada romana.

Em relação a pi, Buffon é lembrado por ter elaborado uma equação que levou a um novo método para calcular pi, ainda que ele próprio não tenha feito essa conexão. Ele chegou à sua equação estudando um jogo de tabuleiro do século XVIII chamado *"clean tile"* [azulejo limpo], no qual você joga uma moeda numa superfície azulejada e aposta se a moeda vai cair numa das fendas entre os azulejos ou repousar na superfície lisa. Buffon surgiu com o seguinte cenário alternativo: imagine um assoalho marcado por linhas paralelas espaçadas por igual onde se jogue uma agulha. Ele calculou corretamente que se o comprimento da agulha for l e a distância entre as linhas for d, estabelece-se a seguinte equação:

Probabilidade de a agulha tocar na linha = $\dfrac{2l}{\pi d}$

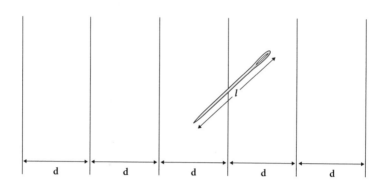

Alguns anos depois da morte de Buffon, Pierre Simon Laplace percebeu que essa equação poderia ser usada para estimar o valor de pi. Se você jogar um monte de agulhas no chão, a razão entre o número de vezes que a agulha toca a linha e o número total de lançamentos será aproximadamente igual à probabilidade matemática de a agulha tocar a linha. Em outras palavras, depois de muitos lançamentos

$$\dfrac{\text{Número de vezes que a agulha toca a linha}}{\text{Número de lançamentos}} \approx \dfrac{2l}{\pi d}$$

ou:

$$\pi \approx \dfrac{2l \,(\text{número total de lançamentos})}{d \,(\text{número de vezes que a agulha toca a linha})}$$

(O símbolo ≈ significa "aproximadamente igual a".)

Embora Laplace tenha sido o primeiro a escrever sobre essa maneira de calcular pi, seu trabalho seguiu a equação de Buffon, é e por esta razão que o nome dele é lembrado. Essa façanha o coloca entre importantes membros do clube de matemáticos que encontraram novas formas de calcular pi, que incluem Arquimedes e Leibniz.

Quanto mais vezes se lançar a agulha, melhor a aproximação, e jogar agulhas em tabuleiros tornou-se uma diversão tradicional para matemáticos que não conseguiam pensar em maneiras mais criativas para passar o tempo. É preciso, porém, jogar muitas agulhas antes de obter algum resultado interessante. Consta que um dos primeiros aficionados foi um certo capitão Fox, durante a Guerra 'Civil Americana, que enquanto se recuperava de ferimentos de batalha lançou um pedaço de arame 11 mil vezes num tabuleiro com linhas paralelas e conseguiu calcular pi com duas casas decimais.

As propriedades matemáticas de pi transformaram-no em uma celebridade entre os números e num ícone cultural genérico. Como os dígitos de pi nunca se repetem, os números são perfeitos para proezas de memorização. Se o seu negócio é memorizar números, o *ne plus ultra* dos dígitos são os dígitos de pi. Isso vem sendo um passatempo desde pelo menos 1838, quando o jornal *The Scotsman* reportou que um garoto holandês de doze anos recitou todos os 155 dígitos conhecidos na época para uma plateia de cientistas e membros da nobreza. Akira Haraguchi, um engenheiro aposentado de sessenta anos de idade, é detentor do atual recorde mundial. Em 2006 ele foi filmado num espaço público perto de Tóquio recitando pi até 100 mil casas decimais. A performance durou dezesseis horas e 28 minutos, inclusos os intervalos de cinco minutos a cada duas horas para comer bolas de arroz. Ele explicou a um jornalista que pi simbolizava a vida, pois seus dígitos nunca se repetiam e não seguiam nenhum padrão. Memorizar pi, ele acrescentou, era "a religião do Universo".

Memorizar pi pode parcer meio monótono, mas memorizar pi fazendo malabarismos, isso sim é um esporte competitivo! O recorde pertence a Mats Bergsten, um estatístico sueco de quase sessenta anos que recitou 9778 dígitos de pi enquanto fazia malabarismos com três bolas. Mas ele me contou que sua maior façanha foi no "teste do Everest", no qual os primeiros 10 mil dígitos da expansão de pi são divididos em 2 mil grupos de cinco, começando por 14 159. No teste, cinquenta grupos são lidos aleatoriamente, e o participante tem que dizer de memória quais os cinco números que precedem e sucedem cada um deles. Mats Bergsten está entre as únicas quatro pessoas no mundo que conseguem fazer isso sem errar, e o seu tempo, de dezessete minutos e 39 segundos, é o mais rápido. É muito mais mentalmente extenuante, ele me disse, lembrar-se de 10 mil dígitos aleatoriamente do que se lembrar deles em ordem.

Quando recitou 100 mil dígitos de pi de cor, Akira Haraguchi usou uma técnica mnemônica, atribuindo sílabas a cada número do zero ao nove e depois traduzindo os decimais de pi em palavras, que por sua vez formavam sentenças. Os primeiros quinze dígitos soavam como: "a mulher e os filhos viajaram para fora; o marido não está com medo". Empregar palavras para lembrar os dígitos de pi dessa forma é usado por escolares em culturas do mundo todo, mas em geral isso é feito não pela atribuição de sílabas, mas criando uma frase em que o número de letras de cada palavra representa cada dígito consecutivo da expansão decimal de pi. Um método em inglês bem conhecido é creditado ao astrofísico sir James Jeans: *How I need a drink, alcoholic in nature, after the heavy lectures involving quantum mechanics. All of thy geometry, Herr Planck, is fairly hard.** "*How*" tem três letras. "*I*" tem uma, "*need*" tem quatro e assim por diante.

Entre todos os números, só pi tem inspirado esse tipo de aficionados. Ninguém quer memorizar a raiz quadrada de dois, uma façanha igualmente desafiadora. Pi é também o único número a ter inspirado seu próprio subgênero literário. Escrita restrita é uma técnica na qual algumas condições são adotadas para impor um padrão ou proibir certas coisas no texto. Poemas inteiros — ou "piemas" — foram escritos sob a restrição de que o número de letras por palavra é determinado por pi, em geral com a convenção de que um 0 na expansão corresponda a uma palavra de dez letras. O mais ambicioso piema é o "Cadaeic Cadenza", de Mike Keith, que segue pi por 3835 dígitos. Começa com um pastiche de Edgar Allan Poe:

One; A poem
A Raven
Midnights so dreary, tired and weary,
    Silently pondering volumes extolling all by-now obsolete lore.
During my rather long nap — the weirdest tap!
    An ominous vibrating sound disturbing my chamber's antedoor.
"This", I whispered quietly, "I ignore."**

---

* "Como eu preciso de um drinque, alcoólico por natureza, depois de pesadas conferências envolvendo mecânica quântica. Toda a tua geometria, Herr Planck, é bem difícil." (N. T.)
** Um; Um poema/ Um Corvo/ Madrugadas tão lúgubres, cansadas e enfastiadas,/ Silenciosamente ponderando volumes exaltando toda a pompa agora obsoleta./ Durante minha bem longa soneca — o mais estranho estalido!/ Um agourento som vibrante perturbando a porta de meu aposento./ "Isso", murmurei em voz baixa, "eu ignoro." (N. T.)

Keith diz que escrever com tamanha restrição é um exercício de disciplina e descoberta. Como os dígitos de pi são aleatórios, segundo ele, a restrição é "como trazer ordem ao caos". Quando perguntei "Por que pi?", ele respondeu que pi era "uma metáfora para todas as coisas infinitas, ou inescrutáveis, ou imprevisíveis, ou repletas de maravilhas sem fim".

Pi só passou a atender por esse nome em 1706, quando o galês William Jones introduziu o símbolo π em seu livro com o pequeno título de *A new introduction to the Mathematics, for the use of some friends who have neither leisure, convenience, nor, perhaps, patience, to search into so many different authors, and turn over so many tedious volumes, as is unavoidably required to make but tolerable progress in Mathematics*. [Uma nova introdução à matemática, para o uso de alguns amigos que não tem lazer nem conveniência, nem, talvez, paciência, para buscar em muitos diferentes autores, e revirar tantos volumes tediosos, como é inevitavelmente exigido para se fazer um apenas tolerável progresso na matemática]. Mas a letra grega, que provavelmente foi usada como abreviatura da palavra periferia, não pegou de imediato e só se tornou a notação padrão para pi trinta anos mais tarde, quando Leonhard Euler a adotou.

Euler foi o matemático mais prolífico de todos os tempos (publicou 886 livros), e talvez tenha sido quem mais contribuiu para a compreensão de pi. Foi sua fórmula aperfeiçoada para pi que possibilitou aos caçadores de dígitos dos séculos XVIII e XIX descascar cada vez mais casas decimais. No início do século XX, o matemático indiano Srinivasa Ramanujan elaborou muitas outras séries infinitas ao estilo de Euler para pi.

Ramanujan foi um matemático quase autodidata que trabalhava como escriturário em Madras antes de escrever uma carta para o professor da Universidade de Cambridge, G. H. Hardy. Hardy ficou pasmo ao ver que Ramanujan havia redescoberto resultados que levaram séculos para ser obtidos e convidou-o para ir à Inglaterra, onde os dois colaboraram até a morte de Ramanujan, aos 32 anos. Seu trabalho mostrava uma extraordinária intuição quanto às propriedades dos números, inclusive pi, e sua fórmula mais famosa é a seguinte:

$$\frac{1}{\pi} = \frac{2\sqrt{2}}{9801} \sum_{n=0}^{\infty} \frac{(4n)!\,(1103 + 26390n)}{(n!)^4 396^{4n}}$$

O símbolo $\sum_{n=0}^{\infty}$ indica uma série de valores somados, começando pelo valor quando n é igual a zero, adicionado ao valor quando n é igual a um e assim por diante, até o infinito. Mesmo sem entender a notação, contudo, é possível perceber o drama dessa equação. A fórmula de Ramanujan corre em direção a pi com uma velocidade considerável. Desde o início, quando n é igual a zero, a fórmula tem um termo e fornece um valor de pi com precisão de até seis casas decimais. Para cada aumento no valor de n, a fórmula acrescenta aproximadamente oito novos dígitos a pi. É uma máquina industrial de geração de pi.

Nos anos 1980, inspirados por Ramanujan, os matemáticos ucranianos Gregory e David Chudnovsky criaram uma fórmula ainda mais feroz. Cada termo acrescenta cerca de quinze dígitos a pi.

$$\frac{1}{\pi} = \sum_{n=0}^{\infty} (-1)^n \times \frac{(6n)!}{(3n)!\,n!^3} \times \frac{163096908 + 6541681608n}{(262537412640768000)^{n+\frac{1}{2}}}$$

A primeira vez que vi a fórmula dos Chudnovsky eu estava em cima dela. Gregory e David são irmãos e dividem um escritório na Universidade Politécnica do Brooklyn. É um espaço aberto com um sofá no canto, algumas cadeiras e um assoalho azul decorado com dezenas de fórmulas de pi. "Queríamos pôr alguma coisa no chão, e o que mais a gente pode pôr no chão se não coisas que se relacionem com a matemática?", esclareceu Gregory.

Na verdade, o assoalho de pi foi a segunda escolha deles. O plano original era aplicar uma reprodução gigante de *Melencolia I* de Albrecht Dürer (reproduzida na p. 234). A xilogravura do século XVI é a queridinha dos matemáticos, por conta de suas divertidas referências a números, à geometria e à perspectiva.

"Uma noite, quando ainda não havia nada no piso, imprimimos mais de 2 mil páginas [de *Melencolia I*] e pusemos no chão", contou David. "Mas quando a gente andava ao redor, tinha vontade de vomitar! Porque o ponto de vista muda de forma muito abrupta." David começou a estudar pisos de catedrais e castelos da Europa para saber como poderia decorar o escritório sem provocar náuseas em quem andasse por lá. "Descobri que o padrão mais comum é..."

"Um estilo geométrico simples", interrompeu Gregory.

"Preto, branco, preto, quadrados brancos...", completou David.

"Sabe, quando você tem uma imagem muito complexa e tenta andar por ela, o ângulo muda de forma tão abrupta que os olhos não gostam do que veem", acrescentou Gregory. "Então, a única coisa que se pode fazer nesse caso é..."

"Se pendurar no teto!", gritou David no meu ouvido esquerdo, e os dois morreram de rir.

Conversar com os Chudnovsky é como usar um fone de ouvido estéreo com uma conexão errática e alternante nos dois ouvidos. Eles me puseram no sofá e sentaram-se um de cada lado. Sempre interrompendo um ao outro, um terminava a sentença do outro, falando alto e num inglês melódico carregado de nuances eslavas. Os irmãos nasceram em Kiev, quando a cidade ainda era parte da República Soviética da Ucrânia, embora vivam nos Estados Unidos desde os anos 1970 e sejam cidadãos americanos. Colaboraram em tantos artigos e livros juntos que nos fazem pensar neles como um matemático só, não dois.

Mas apesar da homogeneidade genética, conversacional e profissional, os dois são bem diferentes. Principalmente porque Gregory, que tem 56 anos, sofre de *myasthenia gravis*, um distúrbio autoimune dos músculos. É tão magro e frágil que passa a maior parte do tempo deitado. Não cheguei a vê-lo se levantar do sofá. Porém a energia que falta em seus músculos foi compensada por um rosto brilhante e expressivo que ganha vida assim que começa a falar de matemática. Ele tem feições angulosas, olhos castanhos e grandes, uma barba branca e cabelos finos e despenteados. David tem olhos azuis, é cinco anos mais velho, mais encorpado e tem o rosto mais cheio. Não usa barba, e os cabelos curtos estavam escondidos sob um boné de beisebol verde-oliva.

É provável que os Chudnovsky sejam os matemáticos que mais tenham feito para popularizar pi nos últimos anos. No início dos anos 1990, eles construíram um supercomputador no apartamento de Gregory, em Manhattan, com peças encomendadas pelo correio, e com a máquina, usando uma fórmula própria, calcularam o pi até mais de 2 bilhões de casas decimais — um recorde para a época.

Essa notável façanha foi contada em um artigo da *New Yorker*, que por sua vez inspirou o filme *Pi*, de 1998. O personagem principal era um gênio matemático de cabelos rebeldes que procurava padrões ocultos nos dados do mercado de ações em um computador feito em casa. Fiquei curioso para saber se os Chudnovsky tinham visto o filme, que recebeu críticas favoráveis e se tornou referência como filme de suspense matemático de baixo orçamento em preto e branco. "Não, nós não vimos o filme", disse Gregory.

"Você deve entender que em geral os cineastas reproduzem seus estados interiores", acrescentou David com sarcasmo.

Digo que eles deveriam se sentir lisonjeados com aquela atenção.

"Não, não", respondeu Gregory sorrindo.

"Deixe-me dizer outra coisa", interrompeu David. "Voltei da França há uns dois anos. Alguns dias antes da minha partida houve uma grande feira de livros. Parei num estande onde havia um livro policial. Foi escrito por um engenheiro. Era um romance de assassinato, você sabe. Um monte de cadáveres, a maior parte mulheres em um hotel, e a fonte que determinava tudo o que ele fazia era pi."

Gregory sorriu de orelha a orelha e disse baixinho: "Bom, uma coisa é *zerta*, eu não vou ler esse livro".

David continuou: "Então eu fui falar com o cara. É um homem muito culto". Fez uma pausa, deu de ombros e ergueu o tom de voz em uma oitava: "Como já disse, eu não tenho nenhuma responsabilidade!".

David disse que se surpreendeu na primeira vez em que viu os cartazes de propaganda do perfume Givenchy. "Em todo lugar se via pi... pi... pi..." Agora ele estava quase gritando: "*Pi... pi... pi!* E sou eu o responsável?".

Gregory olhou para mim e disse: "Por alguma razão, o público em geral é fascinado por esse negócio. Mas eles entendem mal a coisa". Existem muitos matemáticos profissionais que estudam pi, continuou. Depois acrescentou, secamente: "Em geral, não se permite que essas pessoas vejam a luz do dia".

Nos anos 1950 e 1960, os avanços na tecnologia de computadores refletiram-se no número de novos dígitos encontrados em pi. No final da década de 1970, o recorde havia sido batido nove vezes, ficando pouco acima de 1 milhão de casas decimais. Nos anos 1980, porém, uma combinação de computadores ainda mais rápidos e algoritmos fresquinhos levaram a uma frenética nova era de caça aos dígitos. Yasumasa Kanada, um jovem cientista da computação da Universidade de Tóquio, foi o primeiro a dar a partida no que se tornou uma corrida por pi entre o Japão e os Estados Unidos. Em 1981 ele usou um computador NEC para calcular pi até 2 milhões de dígitos em 137 horas. Três anos depois já tinha chegado a 16 milhões. William Gosper, um matemático da Califórnia, assumiu a liderança com 17,5 milhões, antes que David H. Bailey, da Nasa, o superasse com a marca de 29 milhões. Em 1986, Kanada venceu os dois com 33 milhões e quebrou o próprio recorde três vezes nos dois anos seguintes, chegando a 201 milhões com uma nova máquina, a S-820, que fez o cálculo em menos de seis horas.

Longe dos holofotes da caçada aos dígitos, os Chudnovsky também trabalhavam duro com pi. Usando um novo método de comunicação chamado internet, Gregory conectou o computador ao lado da sua cama a dois supercomputadores IBM em diferentes locais dos EUA. Os irmãos criaram então um programa para calcular pi baseado na nova fórmula super-rápida que haviam descoberto. Eles só tinham acesso aos computadores quando ninguém mais os estava usando, durante a noite e nos fins de semana.

"Foi uma coisa fantástica", relembrou Gregory com saudade. Naquela época os computadores não tinham capacidade de armazenar os números que os irmãos estavam calculando. "Eles salvavam pi numa fita magnética", explicou.

"Uma minifita. E você tinha que ligar para o cara e dizer...", acrescentou David.

"E dizer o número da fita e coisa e tal", prosseguiu George. "E às vezes as nossas fitas eram desmontadas no meio da computação por causa de alguém mais importante." Ele revirou os olhos como se fosse erguer as mãos para o alto.

Apesar dos obstáculos, os Chudnovsky continuaram, passando de 1 bilhão de dígitos. Kanada passou à frente por pouco tempo, mas os Chudnovsky retomaram a liderança com 1,13 bilhão. David e Gregory decidiram então que, se quisessem calcular pi com seriedade, precisariam de uma máquina própria.

O supercomputador dos Chudnovsky morava num quarto no apartamento de Gregory. Feito de processadores conectados por cabos, a coisa toda custou, de acordo com a estimativa dos dois, cerca de 70 mil dólares. Uma bagatela, se comparada aos milhões de dólares necessários para comprar uma máquina com capacidade semelhante, embora tenha causado algumas complicações no estilo de vida deles. O computador, que eles chamavam de *m zero*, ficava ligado o tempo todo, pois um desligamento poderia ser irreversível, e eram necessários 25 ventiladores na sala para mantê-lo resfriado. Os irmãos tinham o cuidado de não acender muitas luzes no apartamento, para que o excesso de consumo não queimasse a fiação.

Em 1991, a geringonça feita em casa por David e Gregory calculou pi até mais de 2 bilhões de casas. Depois disso os dois se ocuparam com outros problemas. Em 1995, Kanada passou à frente mais uma vez, tendo chegado a 1,2 trilhão de dígitos em 2002, um recorde que resistiu até 2008, quando compatriotas da Universidade de Tsukuba atingiram 2,6 trilhões. Em dezembro de 2009, o francês Fabrice Bellard reivindicou um novo recorde usando a fórmula dos Chudnovsky: quase 2,7 trilhões de casas. O cálculo levou 131 dias para ser feito em seu computador pessoal.

Se se escrevesse 1 trilhão de dígitos em caracteres pequenos, a fileira de números iria daqui ao Sol. Se se conseguisse colocar 5 mil dígitos numa página (teriam que ser caracteres muito pequenos) e as empilhassem umas sobre as outras, o pi atingiria 10 quilômetros de altura. Qual o sentido de calcular pi até essas extensões absurdas? Uma das razões é muito humana: recordes existem para ser quebrados.

Mas existe outra motivação, esta mais importante. Encontrar novos dígitos em pi é ideal para testar a capacidade de processamento e a confiabilidade de computadores. "Eu não tenho interesse em estender o valor conhecido de pi como passatempo", declarou certa vez Kanada. "Meu principal interesse é aperfeiçoar o desempenho da computação." Atualmente, o cálculo de pi é essencial para testes de qualidade de supercomputadores, por ser um "trabalho pesado que exige uma grande memória principal, opera números imensos e fornece [uma maneira] fácil de verificar [a] resposta correta. Constantes matemáticas como a raiz quadrada de dois, e* [e] gama são algumas das candidatas, mas pi é a mais eficaz.

A história de pi tem impressionante circularidade. É a razão mais simples e antiga da matemática, e tem sido reinventada como uma ferramenta extremamente importante na linha de frente da tecnologia de computação.

Na verdade, o interesse dos Chudnovsky por pi surgiu principalmente a partir do desejo de construir supercomputadores, uma paixão que ainda arde

---

* A constante matemática e é um número irracional que começa em 2,718281828, que Gregory Chudnovsky chama de "dois Tolstói", já que o romancista russo nasceu em 1828. Não tem relação com a equação de Einstein $E = mc^2$, em que E significa energia.

intensamente. No momento os irmãos projetam um chip que afirmam será o mais veloz do mundo, com apenas 2,7 centímetros de largura, mas contendo 160 mil chips menores e 1,75 quilômetro de fiação.

Ao discorrer sobre o novo chip, Gregory ficou entusiasmado: "Os computadores dobram de potência a cada dezoito meses, não porque fiquem mais rápidos, mas por conseguirem armazenar mais coisas. Mas há um porém", falou. O desafio matemático era como particionar as menores peças de maneira que elas consigam falar umas com as outras da forma mais eficaz. Ele mostrou os circuitos do chip em seu laptop. "Eu diria que o problema com esse chip é que ele é um chip capitalista!", lamentou. "O problema é que a maior parte do que está aqui não faz nada. Não há muitos proletários aqui." Apontou uma das seções. "Isso aqui é só gerenciamento das lojas dentro do chip", lamentou. "A maioria desses sujeitos só cuida de estoque e contabilidade. Isso é terrível! Cadê a linha de produção?"

No *best-seller Contato*, de Carl Sagan, um extraterrestre diz a uma mulher na Terra que, depois de certa quantidade de dígitos, a aleatoriedade de pi termina e surge uma mensagem escrita em 0 e 1. Essa mensagem ocorre depois de 10^{20} casas decimais, que é o número descrito por 1 seguido por 20 zeros. Como no momento "só" conhecemos pi até 2,7 trilhões de casas (27 seguido por 11 zeros), ainda temos certo caminho a percorrer para saber o que ele estava tramando. Aliás, temos que ir ainda mais adiante, pois parece que a mensagem é escrita na base 11.

A possibilidade da existência de um padrão em pi é fascinante. Os matemáticos vêm procurando sinais de ordem na expansão decimal de pi desde a descoberta das expansões decimais. A irracionalidade de pi significa que os números continuam chegando sem um padrão repetitivo, mas isso não elimina a possibilidade de ilhas de ordem, como uma mensagem escrita em 0 e 1. Até agora, porém, ninguém encontrou nada significativo. Mas o número pi tem seus caprichos. O primeiro 0 surge na posição 32, além do que seria de esperar com dígitos distribuídos aleatoriamente. A primeira vez que um dígito é repetido seis vezes consecutivas é 999999, na 762ª casa decimal. A probabilidade da ocorrência de seis 9 tão cedo numa sequência randômica é de menos de 0,1%. Essa sequência é conhecida como ponto de Feynman, pois o físico Richard Feynman disse certa vez que gostaria de memorizar pi até esse ponto e terminar dizendo: "Nove, nove, nove, nove, nove, nove e assim por diante". A próxima instância em que pi surge com seis dígitos idênticos ocorre na posição 193 034, também com o número 9. Será uma mensagem do além? E se for, o que estará nos dizendo?

Um número é considerado *normal* se cada um dos dígitos entre 0 e 9 ocorrer com a mesma frequência em sua expansão decimal. Será que pi é normal? Kanada analisou os primeiros 200 bilhões de dígitos e descobriu que os dígitos ocorrem nas seguintes frequências:

0	20 000 030 841	5	19 999 917 053
1	19 999 914 711	6	19 999 881 515
2	20 000 136 978	7	19 999 967 594
3	20 000 069 393	8	20 000 291 044
4	19 999 921 691	9	19 999 869 180

Só o dígito 8 parece um pouco abundante demais, mas a diferença é insignificante em termos estatísticos. A impressão é de que pi é normal, porém ninguém ainda foi capaz de provar. Mas tampouco ninguém conseguiu provar que seja impossível provar. Existe a possibilidade, portanto, de pi não ser *normal*. Quem sabe depois de 10^{20} decimais só sejam mesmo encontrados 0 e 1?

Uma questão diferente, porém relacionada, é o posicionamento dos números. Será que estão todos distribuídos de forma aleatória? Stan Wagon analisou os primeiros 10 milhões de dígitos de pi com um "teste de pôquer": considere cinco dígitos consecutivos de pi como se fosse uma mão de pôquer.

Tipo de mão	Ocorrência real	Ocorrência esperada
Todos os dígitos diferentes	604 976	604 800
Um par, três diferentes	1 007 151	1 008 000
Dois pares	216 520	216 000
Uma trinca	144 375	144 000
Uma trinca e um par	17 891	18 000
Quadra	8887	9000
Quina	200	200

A coluna da direita é o número de vezes que deveríamos esperar para ver num jogo de pôquer se pi fosse normal e se cada casa decimal tivesse a mesma probabilidade de ser ocupada por um dígito. Os resultados estão bem dentro dos limites do que se poderia esperar. Cada padrão numérico parece surgir com frequência normal, como se cada casa decimal fosse gerada de forma aleatória.

Existem sites na internet em que você pode encontrar a primeira ocorrência em pi dos números da data do seu aniversário. A primeira vez que a sequência 0123456789 acontece é na 17 387 594 880ª casa — o que só foi descoberto quando Kanada chegou até lá, em 1997.

Perguntei a Gregory se ele acredita que vamos encontrar uma ordem em pi. "Não existe ordem", ele respondeu de forma direta. "E, se houvesse, seria uma ordem esquisita, e não exata. Portanto, não faz sentido perder tempo com isso."

Em vez de se concentrar nos padrões de pi, alguns veem essa própria aleatoriedade como uma tremenda expressão da beleza da matemática. Pi é predeterminado, mas parece imitar a aleatoriedade muito bem.

"É um belo número aleatório", concorda Gregory.

Pouco depois de começarem a computar pi, os Chudnovsky receberam um telefonema do governo dos Estados Unidos. David esganiçou uma imitação da voz na linha: "Vocês podem nos mandar o pi, por favor?".

Números aleatórios são necessários na indústria e no comércio. Por exemplo, digamos que uma empresa de pesquisa precise de uma amostra representativa de mil pessoas de uma população de 1 milhão. A empresa vai usar um gerador de números aleatórios para selecionar o grupo da amostra. Quanto melhor for o gerador ao selecionar o grupo, mais representativa será a amostra — e a pesquisa será mais exata. Da mesma forma, são necessários fluxos de números aleatórios para simular cenários imprevisíveis quando se testa modelos de computadores. Aliás, projetos podem fracassar se os números aleatórios usados nesses testes não forem aleatórios o suficiente. "Você só consegue ser tão bom quanto os seus números aleatórios", observou David. "Se você usar números aleatórios péssimos, vai acabar em péssimas condições", concluiu Gregory. De todas as séries de números aleatórios disponíveis, a expansão decimal de pi é a melhor.

Mas existe um paradoxo filosófico. É evidente que pi não é aleatório. Seus dígitos podem se comportar como aleatórios, mas são fixos. Por exemplo, se os dígitos em pi fossem realmente aleatórios, haveria apenas uma probabilidade de 10% de o primeiro dígito depois da vírgula decimal ser 1, mas sabemos que é 1 com certeza absoluta. Pi apresenta uma aleatoriedade não aleatória — o que é fascinante, e estranho.

Pi é um conceito matemático que vem sendo estudado há milhares de anos e ainda continua mantendo muitos segredos. Não tem havido grandes progressos na compreensão de sua natureza desde que a transcendência foi demonstrada quase um século e meio atrás.

"Na verdade, nós não sabemos muito dessa coisa toda", disse Gregory.

Perguntei se haveria novos progressos na compreensão de pi.

"Claro, claro", respondeu Gregory. "Sempre há progressos. A matemática evolui."

"Vai ser mais miraculoso, mas não agradável", observou David.

O ano de 1968 foi de rebeliões da contracultura em todo o mundo, e a Grã-Bretanha não ficou imune a essa revolta de gerações. Em maio, o Tesouro anunciou a introdução de uma revolucionária nova moeda.

A moeda de cinquenta pence foi criada para substituir a antiga nota de dez xelins, como parte da mudança da moeda corrente imperial para a decimal. A singularidade da moeda, porém, não era sua denominação, mas sim sua forma heterodoxa.

"Não é uma moeda normal", advertiu o *Daily Mirror*. "Ora, o Decimal Current Board chegou a defini-la como um 'heptágono de curva multilateral'." Nunca antes um país havia lançado uma moeda de sete lados. E nunca antes uma nação sentiu-se tão indignada com a estética de uma forma geométrica. O líder do movimento foi o coronel da reserva Essex Moorcroft, de Rosset, Derbyshire, que formou os Anti-Heptagonistas. "Tiramos o nosso lema do grito indignado de Cromwell: 'Tirem essa geringonça daqui'. Fundei a sociedade porque acredito que nossa rainha esteja sendo insultada por essa monstruosidade heptagonal", declarou. "É uma moeda feia e insulta a nossa soberana, que ela traz em efígie."

Mesmo assim, a moeda de cinquenta pence entrou em circulação em outubro de 1969, e o coronel Moorcroft não foi para as barricadas. Na verdade, em janeiro de 1970 o *Times* informou que "o heptágono curvilíneo tem ganhado alguma afeição". Hoje a moeda de cinquenta pence é considerada uma parte diferencial e querida da herança britânica. Quando uma moeda de vinte pence foi lançada depois, em 1982, ela também era heptagonal.

As moedas de cinquenta e vinte pence são, na verdade, um projeto clássico. A forma de sete lados faz com que seja facilmente diferenciada das moedas circulares, ajudando em particular os cegos ou deficientes visuais parciais. São as moedas mais instigantes que existem em circulação. O círculo não é a única forma arredondada interessante na matemática.

Um círculo pode ser definido como uma curva em que todos os pontos são equidistantes de um ponto fixo, o centro. Essa propriedade propicia muitas aplicações práticas. A roda — em geral trombeteada como a primeira grande invenção da humanidade — é a mais óbvia. Um eixo preso ao centro de uma roda permanecerá em um ponto fixo acima do solo quando a roda girar sobre uma superfície, e é por essa razão que carroças, carros e trens se locomovem suavemente, sem oscilar para cima e para baixo.

Para o transporte de cargas muito pesadas, contudo, um eixo não pode suportar o peso todo. Uma alternativa é o uso de roletes. Um rolete é um tubo comprido com uma seção transversal circular e apoiado no chão. Se um objeto pesado com a base achatada (como um gigantesco pedaço de pedra em forma de cubo destinado a uma pirâmide) for posto sobre diversos roletes, pode ser empurrado com facilidade, com novos roletes sendo depositados à frente na medida em que se mover.

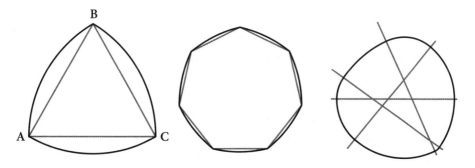

As curvas de largura constante incluem o triângulo de Reuleaux (esquerda) e o heptágono de curva multilateral, mais conhecido como a moeda de cinquenta pence (centro).

O aspecto mais crucial de um rolete é que a distância entre o solo e a parte superior do rolete seja sempre a mesma. É o que acontece no caso de uma seção transversal circular, uma vez que a largura do círculo (seu diâmetro) é sempre igual.

Mas será que todos os roletes têm uma seção circular transversal? Existem outras formas que podem funcionar? Pode parecer contraintuitivo, porém na verdade existem várias outras formas de roletes perfeitos. Um dos exemplos é a moeda de cinquenta pence.

Se soldássemos várias moedas para formar roletes com uma seção transversal igual à da moeda de cinquenta pence e colocássemos este livro sobre os roletes, o livro não oscilaria para cima e para baixo quando empurrado. Deslizaria com a mesma suavidade, como se estivesse sobre cilindros circulares.

A razão por que isso acontece deve-se ao fato de a moeda de cinquenta pence ser uma *curva de largura constante*. Onde quer que se meça ao redor do perímetro, a moeda tem sempre a mesma largura. Por isso, quando uma moeda de cinquenta pence rola pelo chão, a distância entre a base e o topo da moeda é sempre a mesma. Assim, um livro apoiado num conjunto de roletes de moedas de cinquenta pence estará sempre à mesma altura do chão.

Surpreendentemente, existem muitas e muitas curvas de largura constante. A mais simples é o triângulo de Reuleaux. É construído com um triângulo equilátero, ajustando-se a ponta do compasso em cada vértice e desenhando um arco que passe pelos outros dois vértices. No diagrama da p. 187, ponha o compasso em A e mova o lápis de B para C, depois repita o mesmo com os outros vértices. O heptágono de curva multilateral é construído da mesma maneira. Curvas de largura constante não precisam ser simétricas. É possível construí-las a partir de qualquer número de linhas que se interceptem, como mostrado acima à direita. As seções do perímetro são sempre arcos de um círculo centrado no vértice oposto.

Esse triângulo curvilíneo deve seu nome a Franz Reuleaux, um engenheiro alemão que escreveu pela primeira vez sobre suas aplicações no livro *Kinematics of machinery* [Cinemática da maquinaria], em 1876. O livro foi lido muitos anos depois por H. G. Conway, ex-presidente da Instituição dos Engenheiros Mecânicos da Inglaterra, que ocupava um posto no Decimal Currency Board do Tesouro britânico. Conway sugeriu uma curva não circular de largura constante para a moeda de cinquenta pence, pois esse formato era adequado para uso em máquinas operadas com moedas. Essas máquinas diferenciam as moedas medindo seus diâmetros, e a de cinquenta pence tem a mesma largura em qualquer posição que estiver. (Uma moeda quadrada, mesmo com os lados arredondados, nunca poderá ter uma largura constante, e é por isso que não existem moedas de quatro lados.) A escolha dos sete lados foi feita por ter sido considerada a mais agradável em termos estéticos.

Embora tenha reinventado o rolete, o triângulo de Reuleaux não reinventou a roda. Não se podem fazer rodas com os triângulos de Reuleaux, pois curvas não circulares de largura constante não têm um "centro" — um ponto fixo que seja equidistante de todos os demais pontos do perímetro. Se você fixar um eixo em um triângulo de Reuleaux e rolar, a altura do rolete continuará a mesma, mas o eixo ficará trepidando.

Uma das propriedades úteis do triângulo de Reuleaux é o de poder ser girado dentro de um quadrado de forma a tocar sempre os seus quatro lados. Essa propriedade foi explorada por Harry James Watts, um engenheiro inglês que morava na Pensilvânia, em 1914, quando projetou uma das mais bizarras ferramentas que já existiu: uma broca para fazer furos quadrados. (Os cantos são arredondados, não em ângulos retos, então podemos dizer que o furo é um quadrado modificado.)

A seção transversal da invenção de Watt é simplesmente um triângulo de Reuleaux, com três porções removidas para formar uma aresta cortante. Vem com um mandril especial para compensar o movimento do eixo central durante a rotação. A broca para fazer furos quadrados de Watts é usada até hoje.

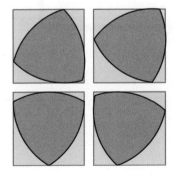

Esquerda: triângulo de Reuleaux em quadrados. Acima: seção transversal da broca quadrada de Watts.

5. O fator X

Os matemáticos normalmente gostam de truques de mágica, que além de vez ou outra serem engraçados, quase sempre escondem teorias interessantes. Eis aqui um truque clássico que é ao mesmo tempo uma boa maneira de apreciar as virtudes da álgebra. Comece escolhendo um número de três dígitos em que o primeiro e o último dígitos se diferenciem em pelo menos duas unidades — por exemplo, 753. Agora inverta o número para obter 357. Subtraia o número menor do maior: 753 – 357 = 396. Finalmente, some esse número ao seu inverso: 396 + 693. A soma obtida é 1089.

Tente outra vez com um número diferente, digamos, 421.

421 – 124 = 297
297 + 792 = 1089

O resultado é o mesmo. Na verdade, não importa qual seja o número de três dígitos escolhido, você sempre termina com 1089. Como que por magia, o 1089 é conjurado do nada, um pedregulho nas areias movediças de números escolhidos aleatoriamente. Apesar de ser surpreendente chegar ao mesmo resultado a partir de qualquer ponto depois de algumas operações simples, existe uma explicação, e vamos chegar a ela em breve. O mistério do 1089 recorrente é revelado quase de imediato quando o problema é escrito em símbolos e não com números.

Embora o uso de números com propósito de entretenimento tenha sido um tema constante em suas descobertas, a matemática só começou de fato e de direito como uma ferramenta para resolver problemas práticos. O Papiro Rhind, datado de cerca de 1600 a.C., é o documento matemático mais abrangente que sobreviveu do antigo Egito. Contém 84 problemas que cobrem áreas como levantamento topográfico, contabilidade e como dividir certo número de pães entre certo número de homens.

Os egípcios enunciavam seus problemas de forma retórica. O problema 30 dos Papiros de Rhind pergunta: "Se o escriba disser 'qual é a pilha na qual $\frac{2}{3} + \frac{1}{10}$ será igual a 10', que ele ouça". "Pilha" é o termo egípcio para *quantidade desconhecida*, que agora chamamos de x, o símbolo fundamental e essencial da álgebra moderna. Hoje diríamos que o Problema 30 pergunta: Qual o valor de x de forma que $\frac{2}{3} + \frac{1}{10}$ seja igual a 10? Enunciando de forma mais concisa: Quanto é x de forma que $(\frac{2}{3} + \frac{1}{10}) x = 10$?

Como não dispunham das ferramentas simbólicas que temos hoje, como parênteses, sinais de igual ou x, os egípcios resolviam a questão acima por tentativa e erro. Faziam uma estimativa da pilha, depois iam atrás da resposta. Esse método é chamado de "regra da falsa posição", e é mais ou menos como jogar golfe. Quando você chega perto, é mais fácil perceber como encaçapar a bola no buraco. Da mesma forma, quando você tem a resposta, mesmo uma resposta errada, você sabe como chegar mais perto da resposta correta. Em comparação, o método moderno de solução é combinar as frações na equação com a variável x, de forma que:

$$\left(\frac{2}{3} + \frac{1}{10}\right) x = 10$$

Que é o mesmo que:

$$\left(\frac{20}{30} + \frac{3}{30}\right) x = 10$$

Ou:

$$\left(\tfrac{23}{30}\right) x = 10$$

Que se reduz ainda mais para:

$$x = 10 \left(\tfrac{30}{23}\right)$$

E finalmente:

$$x = \tfrac{300}{23}$$

A notação simbólica facilita muito a vida.

O hieróglifo egípcio para adição era $\wedge$, duas pernas andando da direita para a esquerda. O da subtração era $\wedge$, duas pernas andando da esquerda para a direita. Assim como os símbolos numéricos evoluíram de entalhes em uma vara até os algarismos, o mesmo aconteceu com os símbolos de operações aritméticas.

De qualquer forma, os egípcios não tinham um símbolo para uma quantidade desconhecida, e tampouco o tinham Pitágoras e Euclides. Para eles, a matemática era geométrica, relacionada com tudo que pudesse ser construído. A quantidade desconhecida exigia um nível mais alto de abstração. O primeiro matemático grego a introduzir um símbolo para o desconhecido foi Diofanto, que usou a letra grega sigma, ς. Para representar o quadrado de um número desconhecido ele usava Δ^Y, e para o cubo ele usava K^Y. Embora sua notação tenha sido uma inovação na época, pois os problemas podiam ser expressados de forma mais concisa, também se prestava a confusão, visto que, à diferença do que ocorre com x, x^2 e x^3, não havia uma relação visual imediata entre ς e suas potências Δ^Y e K^Y. Apesar das deficiências de seus símbolos, contudo, Diofanto é mesmo assim lembrado como o pai da álgebra.

Diofanto viveu na Alexandria em algum período entre os séculos I e III d.C. Não se sabe mais nada de sua vida pessoal a não ser a seguinte charada, que apareceu numa coleção de enigmas gregos e conta-se ter sido inscrita em sua tumba:

Deus aquiesceu que fosse um rapaz pela sexta parte de sua vida; quando foi acrescentado um duodécimo, e suas faces ganharam uma barba. Ele acendeu para o rapaz a luz de um casamento depois de um sétimo, e no quinto ano depois do casamento Ele garantiu que tivesse um filho. Lástima! Prematura e infeliz criança, ao atingir a metade da vida de seu pai, o túmulo frio o requisitou. Após buscar consolar seu pesar com a ciência dos números durante quatro anos, chegou ele ao fim da vida.

Talvez as palavras não sejam uma descrição exata das circunstâncias familiares de Diofanto, mas sim um tributo ao homem cuja notação inovadora apresentou novos métodos para a solução de problemas como esse. A capacidade de enunciar sentenças matemáticas de forma clara, isenta de verborragias confusas, abriu as portas para novas técnicas. Antes de mostrar como resolver o epitáfio, vamos examinar alguns desses enunciados.

Álgebra é um termo genérico para a matemática das equações, em que números e operações são escritos como símbolos. A palavra em si tem uma história curiosa. Na Espanha medieval, as barbearias expunham cartazes que diziam *Algebrista y Sangrador*. A expressão significa "Ortopedista e sangrador", dois ofícios que costumavam fazer parte do repertório de um barbeiro. (É por isso que os mastros dos barbeiros têm listras vermelhas e brancas — o vermelho simboliza o sangue e o branco, a bandagem.)

A raiz de *algebrista* é a palavra árabe *al-jabr*, que além de se referir a técnicas cirúrgicas rudimentares significa também restauração ou reunião. Na Bagdá do século IX, Muhammad ibn Musa al-Khwarizmi escreveu uma cartilha matemática intitulada *Hisab al-jabr w'al-muqabala*, ou *Cálculo por restauração e redução*, em que expõe duas técnicas para resolver problemas aritméticos. Al-Khwarizmi escreveu seus problemas de forma retórica, mas aqui, para facilitar a compreensão, serão expressos com símbolos e terminologia modernos.

Considere a equação A = B – C.

Al-Khwarizmi definiu *al-jabr*, ou restauração, como o processo pelo qual a equação se transforma em A + C = B. Em outras palavras, um termo negativo pode se tornar positivo ao ser passado para o outro lado do sinal de igual.

Agora, considere a equação A = B + C.

Redução é o processo que transforma a equação em A − C = B.

Graças à notação moderna, agora podemos ver que tanto a restauração como a redução são exemplos da regra geral de que, *seja o que for* que se faça de um lado de uma equação, isso tem de ser feito no outro lado também. Na primeira equação *somamos* C a ambos os lados. Na segunda *subtraímos* C dos dois lados. Como, por definição, as expressões dos dois lados de uma equação são iguais, elas devem continuar iguais quando outro termo for somado ou subtraído simultaneamente de ambos. Segue-se que, se multiplicarmos um dos lados por uma quantidade, devemos multiplicar o outro pela mesma quantidade, e o mesmo se aplica à divisão e a outras operações.

O sinal de igual funciona como uma cerca de estacas separando os jardins de duas famílias muito competitivas. Tudo o que os Jones fizerem no seu jardim, os Smith farão exatamente igual.

Al-Khwarizmi não foi o primeiro a usar os conceitos de restauração e redução — essas operações podem também ser encontradas em Diofanto —, mas quando o livro de Al-Khwarizmi foi traduzido para o latim, a palavra *al-jabr* do título se tornou *algebra*. O livro de álgebra de Al-Khwarizmi, assim como um outro que ele escreveu sobre o sistema decimal indiano, foi tão difundido na Europa que seu nome foi imortalizado como um termo científico: Al-Khwarizmi se transformou em Alchoarismi, Algorismi e, afinal, em algarismo e algoritmo.

Entre os séculos xv e xvii, os enunciados matemáticos deixaram de ser expressões retóricas para ser simbólicas. Pouco a pouco, as palavras foram substituídas por letras. Diofanto pode ter começado o simbolismo das letras com a introdução do ς para a quantidade não conhecida, mas a primeira pessoa a popularizar de fato esse hábito foi François Viète na França do século xvi. Viète sugeriu que vogais em caixa alta — A, E, I, O, U — e o Y fossem usados para quantidades desconhecidas, e que as consoantes B, C, D etc. fossem usadas para quantidades conhecidas.

Poucas décadas depois da morte de Viète, René Descartes publicou seu *Discurso do método*, em que aplicava o raciocínio matemático ao pensamento humano. Começou por colocar em dúvida todas as suas convicções e, depois de eliminar todas, a única certeza que lhe restou foi a de que ele existia. O argumento de que ninguém pode duvidar da própria existência, já que o processo de pensar requer a existência de alguém que pensa, foi resumido em seu *Discurso* como "Penso, logo existo". Essa afirmação é uma das mais famosas citações de todos os tempos, e o livro é considerado uma das pedras angulares da filosofia ocidental. Descartes projetou sua obra para ser uma introdução a três apêndices de outros trabalhos científicos de sua autoria. Um deles, *La géométrie*, também foi um marco na história da matemática.

Em *La géométrie*, Descartes introduz o que se tornou a anotação algébrica padrão. É o primeiro livro a parecer um trabalho moderno de matemática, cheio de *a*, *b*, *c*, *x*, *y* e *z*. Foi ideia de Descartes empregar letras em caixa baixa do início do alfabeto para quantidades conhecidas, e letras em caixa baixa do final do alfabeto para as desconhecidas. Quando o livro estava sendo impresso, no entanto, o impressor começou a ficar sem letras, e perguntou se não poderia usar *x*, *y* ou *z*. Descartes disse ao homem que não, e o impressor resolveu então privilegiar o *x*, por ser uma letra de uso menos recorrente em francês que *y* ou *z*. Como resultado, o *x* se estabeleceu na matemática — e na cultura como um todo — como o símbolo da quantidade desconhecida. É por isso que acontecimentos paranormais são classificados nos Arquivos X, e a razão de Wilhelm Röntgen ter inventado o termo raios X. Não fosse a limitação dos tipos para impressão, o fator Y poderia ter se tornado um termo que define um carisma estelar intangível, e certo líder político afro-americano poderia ter se chamado Malcolm Z.

Com a simbologia de Descartes, todos os vestígios de expressões retóricas foram purgados.

A equação que Luca Pacioli teria em 1494 expressado como:

4 Census p 3 de 5 rebus ae 0

e Viète teria em 1591 escrito como:

4 em A quad – 5 em A plano + 3 aequatur 0

foi em 1637 cravada por Descartes como:

$$4x^2 - 5x + 3 = 0$$

A substituição de palavras por letras e símbolos foi mais do que uma abreviação conveniente. O símbolo *x* pode ter começado como uma abreviação de "quantidade não conhecida", mas tão logo foi inventado tornou-se poderosa ferramenta para o pensamento. Uma palavra ou abreviação não podem ser submetidas a operações matemáticas da mesma forma que um símbolo como x. Os números tornaram a contagem possível, mas as letras simbólicas levaram a matemática a um domínio bem além da linguagem.

Quando os problemas eram expressos de forma retórica, como no Egito, os matemáticos empregavam métodos engenhosos, porém um tanto desajeitados, para resolvê-los. Esses pioneiros na resolução de problemas eram como exploradores envoltos na neblina, com alguns truques para ajudá-los a se movimentar. Mas quando os problemas passaram a ser expressados em símbolos, foi como se a neblina tivesse se dispersado para revelar um mundo definido com precisão.

A maravilha da álgebra é que, ao ser enunciado em termos simbólicos, o problema em geral já está praticamente resolvido.

Por exemplo, vamos reexaminar o epitáfio de Diofanto. Quantos anos ele tinha quando morreu? Traduzindo aquela afirmação, usando a letra D para simbolizar sua idade ao morrer, o epitáfio diz que durante $\frac{D}{6}$ anos ele era um rapaz, depois outros $\frac{D}{12}$ anos se passaram antes que lhe brotassem os primeiros pelos no rosto, e que se casou depois de $\frac{D}{7}$ anos. Cinco anos depois ele teve um filho, que viveu por $\frac{D}{2}$ anos, e quatro anos depois o próprio Diofanto deu seu último alento. A soma de todos esses intervalos de tempo resulta em D, pois D é o número de anos que Diofanto viveu. Então:

$$\frac{D}{6} + \frac{D}{12} + \frac{D}{7} + 5 + \frac{D}{2} + 4 = D$$

O menor denominador comum das frações é 84, então obtemos:

$$\frac{14D}{84} + \frac{7D}{84} + \frac{12D}{84} + 5 + \frac{42D}{84} + 4 = D$$

Que pode ser rearranjado como:

$$D\left(\frac{14+7+12+42}{84}\right) + 9 = D$$

Ou:

$$D\left(\frac{75}{84}\right) + 9 = D$$

Que equivale a:

$$D\left(\tfrac{25}{28}\right) + 9 = D$$

Situando os Ds no mesmo lado:

$$D - D\left(\tfrac{25}{28}\right) = 9$$

$$D\left(\tfrac{28}{28}\right) - D\left(\tfrac{25}{28}\right) = 9$$

$$D\left(\tfrac{3}{28}\right) = 9$$

Fazendo a multiplicação:

$$D = 9 \times \tfrac{28}{3} = 84$$

O pai da álgebra morreu aos 84 anos.

Agora podemos voltar ao truque do início do capítulo. Pedi para escolher um número de três dígitos em que o primeiro e o último dígitos diferissem em pelo menos duas unidades. Depois pedi para inverter esse número para resultar num segundo número. Em seguida, pedi para subtrair o número menor do maior. Então, se você escolheu 614, o inverso é 416. Então, 614 – 416 = 198. Depois pedi para somar esse resultado intermediário ao seu inverso. No caso acima, isso dá 198 + 891.

Assim como antes, a resposta é 1089. E sempre será, e a álgebra nos explica por quê. Primeiro, porém, precisamos encontrar uma maneira de descrever o nosso protagonista, o número de três dígitos em que o primeiro e o último dígitos diferem por pelo menos duas unidades.

Considere o número 614. Ele é igual a 600 + 10 + 4. Aliás, qualquer número de três dígitos *abc* pode ser escrito como $100a + 10b + c$ (nota: abc neste caso **não** é $a \times b \times c$). Então, vamos chamar nosso número de *abc*, no qual a, b e c são dígitos únicos. Por uma questão de conveniência, vamos tornar a maior do que c.

O inverso de *abc* é *cba*, que pode ser desdobrado como $100c + 10b + a$.

Agora precisamos subtrair *cba* de *abc* para termos um resultado intermediário. Então, *abc* – *cba* é:

$$(100a + 10b + c) - (100c + 10b + a)$$

Os dois termos b se cancelam mutuamente, deixando um resultado intermediário de:

$99a - 99c$, ou
$99 (a - c)$

No seu nível básico, a álgebra não envolve nenhuma visão especial, mas sim a aplicação de certas regras. O objetivo é aplicar essas regras até a expressão se tornar o mais simples possível.

O termo $99 (a - c)$ é o mais simplificado possível.

Como o primeiro e o último dígitos diferem em pelo menos 2, então $a - c$ pode ser 2, 3, 4, 5, 6, 7 ou 8.

Então, $99 (a - c)$ é um entre os seguintes números: 198, 297, 396, 495, 594, 693 ou 792. Seja qual for o número de três dígitos com que começamos, assim que o subtrairmos de seu inverso temos um resultado intermediário que é um dos oito números acima.

O estágio final é somar esse número intermediário ao seu inverso.

Vamos repetir o que fizemos antes e aplicar a operação ao número intermediário. Chamaremos o nosso número intermediário de def, que é $100d + 10e + f$. Queremos somar def com fed, seu inverso. Examinando melhor a lista de números intermediários possíveis acima, vemos que o número do meio, e, é sempre 9. E também que o primeiro e o terceiro números sempre somam 9. Em outras palavras, $d + f = 9$. Então, $def + fed$ é:

$$100d + 10e + f + 100f + 10e + d$$

Ou:
$$100 (d + f) + 20e + d + f$$

Que é:
$$(100 \times 9) + (20 \times 9) + 9$$

Ou:
$$900 + 180 + 9$$

Et voilà! O resultado é 1089, e o enigma está revelado.

A surpresa do truque do 1089 é que, a partir de um número escolhido ao acaso, nós sempre podemos produzir um número fixo. A álgebra nos faz ver além da prestidigitação, propiciando uma forma de ir do concreto ao abstrato — de rastrear o comportamento de um número específico até rastrear o comportamento de *qualquer* número. É uma ferramenta indispensável, não só para matemáticos. Toda a ciência depende da linguagem das equações.

Em 1621, foi publicada na França uma tradução para o latim da obra-prima de Diofanto, *Arithmetica*. A nova edição reacendeu o interesse pelas antigas técnicas de solução de problemas, as quais, combinadas com uma melhor notação numérica e simbólica, inaugurou uma nova era do pensamento matemático. A notação menos intricada proporcionava maior clareza à descrição dos problemas. Pierre de Fermat, funcionário público e juiz que vivia em Toulouse, era um entusiasmado matemático amador que encheu seu exemplar do *Arithmetica* com observações numéricas. Ao lado da seção que tratava dos triplos pitagóricos — qualquer conjunto de números naturais a, b e c de forma a resultar em $a^2 + b^2 = c^2$, como 3, 4 e 5, por exemplo —, Fermat garatujou algumas notas na margem. Ele notou que era impossível encontrar valores para a, b e c tais que $a^3 + b^3 = c^3$. Também não conseguiu encontrar valores para a, b e c tais que $a^4 + b^4 = c^4$. Fermat escreveu em seu exemplar do *Arithmetica* que, para qualquer número n maior que 2, não havia valores possíveis a, b e c que satisfizessem a equação $a^n + b^n = c^n$. "Tenho uma demonstração realmente maravilhosa dessa proposição, mas esta margem é estreita demais para contê-la", ele escreveu.

Fermat nunca produziu uma demonstração — maravilhosa ou não — de sua proposição, mesmo sem a restrição das margens estreitas. Suas anotações em *Arithmetica* podem ter sido uma indicação de que ele tinha uma demonstração, ou de que talvez tenha acreditado ter uma demonstração, ou quem sabe estivesse querendo fazer uma provocação. Seja qual for o caso, sua petulante afirmação foi uma isca fantástica para gerações de matemáticos. A proposta ficou conhecida como o Último Teorema de Fermat, e foi o mais célebre problema não resolvido da matemática até o britânico Andrew Wiles resolvê-lo em 1995. A álgebra pode ser muito humilhante nesse sentido — a facilidade para enunciar um problema não tem correlação com a facilidade para resolvê-lo. A prova de Wiles é tão complicada que talvez só possa ser compreendida por poucas centenas de pessoas.

O aperfeiçoamento da notação matemática possibilitou a descoberta de novos conceitos. O logaritmo foi uma invenção de enorme importância no início do século XVII, criação do matemático escocês John Napier, o latifundiário de Merchiston, que na verdade foi muito mais famoso em seu tempo de vida por seu trabalho em teologia. Napier escreveu uma polêmica protestante que foi um *best-seller*, em que afirmava que o papa era o anticristo e previa que o dia do Juízo Final aconteceria entre 1688 e 1700. À noite, ele gostava de vestir uma longa bata e ficar andando do lado de fora de seu aposento na torre, o que aumentou sua reputação de necromante. Fez também experiências com fertilizantes em sua grande propriedade perto de Edimburgo e teve ideias para equipamentos militares, como uma carruagem com uma "boca móvel ardente" que "espalharia destruição para todos os lados" e uma máquina para "navegar debaixo d'água, com mergulhadores e outros estratagemas para prejudicar os inimigos" — precursores do tanque e do submarino. Como matemático, popularizou o uso da vírgula decimal e criou o conceito de logaritmo, cunhando o termo a partir do grego *logos*, proporção, e *arithmos*, número.

Não se assuste com a seguinte definição: *O logaritmo, ou log, de um número é o seu expoente quando esse número é expresso como uma potência de 10.* É mais fácil entender os logaritmos a partir de uma expressão algébrica: se $a = 10^b$, então o log de a é b.

Então, log 10 = 1   (porque $10 = 10^1$)
log 100 = 2   (porque $100 = 10^2$)
log 1000 = 3   (porque $1000 = 10^3$)
log 10 000 = 4   (porque $10\,000 = 10^4$)

Encontrar o logaritmo de um número é fácil quando o número é uma potência de 10. Mas e se você estiver tentando encontrar o log de um número que não seja potência de 10? Por exemplo, qual é o logaritmo de 6? O log de 6 é o número a tal que quando 10 for multiplicado por si mesmo a vezes, o resultado é 6. Mas parece completamente insensato dizer que se pode multiplicar 10 por si mesmo certo número de vezes para obter 6. Como se pode multiplicar 10 por si mesmo uma fração de vezes? Claro, o conceito *é* insensato se imaginarmos que possa representar o mundo real, mas o poder e a beleza da matemática é o de não precisarmos ficar presos a nenhum significado, além da definição algébrica.

O log de 6 é 0,778, até o terceiro decimal. Em outras palavras, quando multiplicamos 10 por si mesmo 0,778 vez, obtemos 6.

Veja a seguir uma lista dos logaritmos dos números 1 a 10, sempre com três casas decimais.

$$\log 1 = 0 \qquad\qquad \log 6 = 0{,}778$$
$$\log 2 = 0{,}301 \qquad \log 7 = 0{,}845$$
$$\log 3 = 0{,}477 \qquad \log 8 = 0{,}903$$
$$\log 4 = 0{,}602 \qquad \log 9 = 0{,}954$$
$$\log 5 = 0{,}699 \qquad \log 10 = 1$$

Mas, afinal, para que servem os logaritmos? Os logaritmos transformam as mais difíceis operações de multiplicação em um processo mais simples de adição. Mais precisamente, a multiplicação de dois números é equivalente à adição de seus logaritmos. Se $X \times Y = Z$, então $\log X + \log Y = \log Z$.

Podemos verificar essa equação usando a tabela acima.

$$3 \times 3 = 9$$
$$\log 3 + \log 3 = \log 9$$
$$0{,}477 + 0{,}477 = 0{,}954$$

Outra vez,
$$2 \times 4 = 8$$
$$\log 2 + \log 4 = \log 8$$
$$0{,}301 + 0{,}602 = 0{,}903$$

Portanto, esse método pode ser usado para multiplicar dois números: convertendo-os em logs, somando os dois para obter um terceiro log e depois convertendo o log em um número. Por exemplo, quanto é 2×3? Encontramos os logs de 2 e 3, que são 0,301 e 0,477, e somamos os dois, que dá 0,778. Na lista acima, 0,778 é o log de 6. Então, a resposta é 6.

Agora vamos multiplicar 89 por 62.

Primeiro, precisamos saber seus logs, o que podemos fazer inserindo os números numa calculadora ou no Google. Até o final do século XX, porém, a única maneira de fazer isso era consultando tabelas de logaritmos. O log de 89 é 1,949 até três casas decimais. O log de 62 é 1,792.

Então, a soma dos logs é 1,949 + 1,792 = 3,741.

O número cujo log é 3,741 é 5518. Mais uma vez isso é feito usando as tabelas de logaritmos.

Então, 89 × 62 = 5518.

É importante notar que o único cálculo que fizemos para resolver essa multiplicação foi uma simples adição.

Os logaritmos, escreveu Napier, conseguiram libertar os matemáticos do "tedioso dispêndio de tempo" e dos "erros traiçoeiros" presentes nas "multiplicações, divisões, extrações de raiz quadrada e cúbica de grandes números". Usando a invenção de Napier, não só podemos multiplicar com a soma de logs como também fazer divisões subtraindo logs. Para calcular a raiz quadrada, dividimos o log por dois, e para calcular a raiz cúbica, dividimos o log por três.

A comodidade introduzida pelos logaritmos fez deles a mais importante invenção matemática à época de Napier. Ciência, comércio e indústria se beneficiaram maciçamente de seu advento. O astrônomo alemão Johannes Kepler, por exemplo, fez uso dos logaritmos quase que de imediato, para calcular a órbita de Marte. Recentemente foi aventado que Kepler talvez não tivesse descoberto suas três leis da mecânica celeste caso não dispusesse da facilidade de cálculo oferecida pelos novos números de Napier.

Em seu livro de 1614, *A description of the admirable table of logarithmes* [Uma descrição da admirável tabela de logaritmos], Napier usou uma versão ligeiramente diferente da dos logaritmos usados na matemática moderna. Logaritmos podem ser expressos como a potência de qualquer número, que chamamos de base. O sistema de Napier usava uma complicada e desnecessária base de $1 - 10^{-7}$ (que depois ele multiplicava por 10^7). Henry Briggs, o maior matemático da Inglaterra na época de Napier, foi a Edimburgo cumprimentar o escocês por sua invenção. Briggs empenhou-se em simplificar o sistema introduzindo logaritmos com base 10 — que são também conhecidos como logaritmos de brigg-

Chilias tertia.

Num. absolu	Logarithmi.	Num. absolu	Logarithmi.	Num. absolu	Logarithmi.
2601	3,41514,03521,9587 16,69400,2969	2634	3,42061,57706,2575 16,48489,2280	2667	3,42602,30156,8987 16,28095,5464
2602	3,41530,72922,2556 16,68758,8367	2635	3,42078,06195,4855 16,47863,7341	2668	3,42618,58252,4451 16,27485,4300
2603	3,41547,41681,0923 16,68117,8692	2636	3,42094,54059,2196 16,47238,7147	2669	3,42634,85737,8751 16,26875,7707
2604	3,41564,09798,9615 16,67477,3939	2637	3,42111,01297,9343 16,46614,1691	2670	3,42651,12613,6458 16,26266,5680
2605	3,41580,77276,3554 16,66837,4103	2638	3,42127,47912,1034 16,45990,0970	2671	3,42667,38880,2138 16,25657,8213
2606	3,41597,44113,7657 16,66197,9176	2639	3,42143,93902,2004 16,45366,4978	2672	3,42683,64538,0351 16,25049,5303
2607	3,41614,10311,6833 16,65558,9155	2640	3,42160,39268,6983 16,44743,3710	2673	3,42699,89587,5654 16,24441,6943
2608	3,41630,75870,5988 16,64920,4034	2641	3,42176,84012,0693 16,44120,7158	2674	3,42716,14029,2597 16,23834,3128
2609	3,41647,40791,0022 16,64282,3806	2642	3,42193,28132,7851 16,43498,5320	2675	3,42732,37863,5725 16,23227,3854
2610	3,41664,05073,3828 16,63644,8467	2643	3,42209,71631,3171 16,42876,8189	2676	3,42748,61090,9579 16,22620,9114
2611	3,41680,68718,2295	2644	3,42226,14508,1360	2677	3,42764,83711,8693

Página da tabela de logaritmos de Briggs, de 1624.

sianos ou logaritmos comuns, porque desde então a base 10 tornou-se a mais popular. Em 1617, Briggs publicou uma tabela de logs de todos os números de 1 a 1000 até a oitava casa decimal. Em 1628, Briggs e o matemático holandês Adriaan Vlacq haviam estendido a tabela de logs até 100 000, até dez casas decimais. Os cálculos envolviam muitos números — mas assim que as somas eram completadas corretamente, não precisavam mais ser feitos de novo.

Quer dizer, isso até 1792, quando a jovem República francesa achou por bem encomendar novas e mais ambiciosas tabelas — os logaritmos de todos os números até 100 000 com dezenove casas decimais, e os de 100 000 a 200 000 com 24 casas decimais. Gaspard de Prony, o homem que encabeçou o projeto, afirmava que podia "fabricar logaritmos com a mesma facilidade que se fabrica alfinetes". Ele tinha uma equipe de quase noventa calculistas humanos, muitos dos quais eram ex-serviçais ou penteadores de perucas cujas habilidades pré-revolucionárias haviam se tornado redundantes (se não até traiçoeiras) no novo regime. A maior parte dos cálculos foi concluída em 1796, mas àquela altura o governo já tinha perdido o interesse, e o gigantesco manuscrito de Prony nunca foi publicado. Hoje está guardado no Observatório de Paris.

As tabelas de Briggs e Vlacq continuaram sendo a base para todas as tabelas de logs por trezentos anos, até 1924, quando o inglês Alexander J. Thompson começou a trabalhar manualmente numa nova tabela com precisão de vinte casas decimais. Porém, em vez de conferir um novo lustro a um antigo conceito, o trabalho de Thompson já estava obsoleto quando ele o concluiu, em 1949. Àquela altura os computadores já podiam gerar tabelas com facilidade.

Quando distribuímos os dígitos de 1 a 10 numa régua a partir dos valores dos seus logaritmos, obtemos o seguinte padrão:

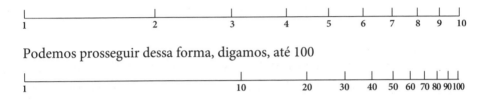

Isso é que é conhecido como uma escala logarítmica. Nessa escala, quanto mais altos forem os números, mais próximos eles vão se posicionando.

Algumas escalas de medidas são logarítmicas, o que significa que cada unidade que sobe na escala representa uma distância dez vezes maior no que se está medindo. (Na segunda escala acima, a distância entre 1 e 10 é igual à distância entre 10 e 100.) A escala Richter, por exemplo, que mede a amplitude das ondas registradas pelos sismógrafos, é a escala logarítmica mais comumente usada. Um terremoto que registre 7 na escala Richter produz uma amplitude dez vezes maior que um terremoto que registre 6.

Em 1620, o matemático inglês Edmund Gunter foi a primeira pessoa a marcar a escala logarítmica em uma régua. Ele percebeu que conseguia fazer multiplicações somando segmentos dessa régua. Se um compasso fosse posicionado com a haste esquerda em 1 e a direita em *a*, quando a haste esquerda fosse movida para *b*, a haste direita marcava *a* × *b*. O diagrama a seguir mostra o compasso posicionado em 2 e depois com a haste esquerda em 3, posicionando a haste direita em 2 × 3 = 6.

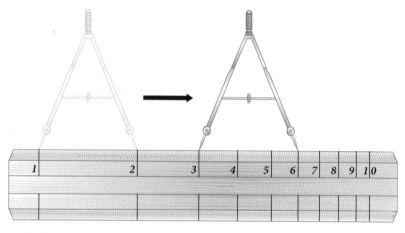

Multiplicação de Gunter.

Não muito tempo depois, William Oughtred, um ministro anglicano, aperfeiçoou a ideia de Gunter. Ele dispensou os compassos, em vez disso juntando duas tábuas logarítmicas em madeira, para assim criar um dispositivo conhecido como régua de cálculo. Oughtred inventou dois estilos de régua de cálculo. Uma das versões usava duas réguas retas, a outra usava um disco circular com dois cursores. Mas, por motivos que se desconhecem, Oughtred não publicou a notícia da sua invenção. Em 1630, porém, um de seus alunos, Richard Delamain, o fez. Oughtred ficou indignado, acusando Delamain de ser um "batedor de carteira", e a batalha sobre as origens da régua de cálculo perdurou até a morte de Delamain. "Esse escândalo", reclamou Oughtred no final da vida, "me causou muito prejuízo e desvantagem."

A régua de cálculo era uma calculadora com uma engenhosidade fantástica, e embora hoje possa estar obsoleta, ainda tem entusiastas fanáticos. Fui visitar um deles, Peter Hopp, em Braintree, Essex. "Entre os anos 1700 e 1975, todas as inovações tecnológicas foram inventadas usando-se uma régua de cálculo", ele me explicou quando foi me buscar na estação. Engenheiro eletricista aposentado, Hopp é um homem muito afável, com sobrancelhas eriçadas, olhos azuis e um queixo exuberante. Ele estava me levando para ver sua coleção de réguas de cálculo, uma das maiores do mundo, que contém mais de mil dessas esquecidas heroínas da nossa herança científica. No caminho até sua casa conversamos sobre a coleção. Hopp disse que os melhores exemplares foram comprados em leilões diretamente da internet, onde a concorrência sempre puxava os preços para cima. Uma régua de cálculo rara, falou, pode custar centenas de libras, fácil.

Quando chegamos à casa dele, sua esposa nos fez um chá e fomos até seu estúdio, onde ele me mostrou uma régua de cálculo de madeira da Faber--Castell com acabamento de plástico cor de magnólia, de 1970. A régua tem o tamanho de uma régua normal de trinta centímetros, com uma seção deslizável no meio. Nessa seção, várias escalas diferentes eram marcadas com números pequenos. Tinha também um cursor móvel transparente marcado por uma linha fina. A forma e a empunhadura da Faber-Castell remetia aos *nerds* do pós-guerra, antes do advento dos computadores — quando eles usavam camisa, gravatas e canetas nos bolsos, e não camisetas, tênis e iPods.

Entrei para o ensino médio nos anos 1980, quando as réguas de cálculo já não eram mais usadas, por isso Hopp me deu uma breve lição. Recomendou que, como principiante, eu usasse a escala logarítmica de 1 a 100 na régua principal e uma escala logarítmica adjacente de 1 a 100 na seção deslizável no meio.

A multiplicação de dois números usando uma régua de cálculo é feita alinhando-se o primeiro número marcado em uma escala com o segundo número marcado na outra escala. Você nem precisa entender o que são logaritmos, só precisa deslizar a régua do meio até a posição certa e ler a escala.

Por exemplo, digamos que eu queira multiplicar 4,5 por 6,2. Preciso adicionar o comprimento de 4,5 numa das réguas ao comprimento de 6,2 na outra. Isso é feito deslizando o 1 da régua do meio até o ponto marcado como 4,5 na régua principal. A resposta a essa multiplicação é o ponto na régua principal adjacente à marca de 6,2 na régua do meio. O diagrama abaixo deixa isso claro:

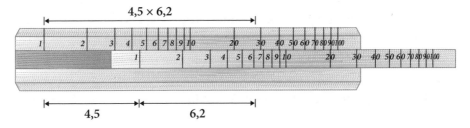

Como multiplicar com uma régua de cálculo.

Usando-se a linha fina do cursor, é fácil ver onde uma escala encontra a outra. Partindo do 6,2 da régua do meio, posso ver que a linha encontra a régua principal *logo abaixo* do 28, que é a resposta certa. Réguas de cálculo não são instrumentos de precisão. Ou melhor, nós somos imprecisos ao usá-las. Quando lemos uma régua de cálculo, estamos estimando onde está um número numa escala análoga, não encontrando um resultado preciso. Mas apesar dessa imprecisão inerente, Hopp disse que — ao menos para seus propósitos como engenheiro — as réguas de cálculo tinham precisão suficiente para a maioria das aplicações.

A escala logarítmica que usei na régua de cálculo ia de 1 a 100. Existem também escalas que vão de 1 a 10, que são utilizadas para cálculos com mais precisão, por haver mais espaço entre os números. Por essa razão, sempre que usar uma régua de cálculo é melhor converter a soma original em números entre 1 e 10 movendo a vírgula decimal. Por exemplo, para multiplicar 4576 por 6231, eu transformaria essa multiplicação em 4,576 por 6,231. Obtida a resposta, movo a vírgula decimal seis casas para a direita. Ao fazer o alinhamento de 4,576 com 6,231, chego perto de 28,5, o que significa que a resposta de 4576×6231 é aproximadamente 28 500 000. A resposta exata, calculada da forma exposta acima, usando logs, é 28 513 056. Não é uma má estimativa. Em geral, uma régua como a Faber-Castell garante uma precisão de três casas decimais — o que normalmente é só do que precisamos. O que perdi em precisão, porém, ganhei em velocidade, pois essa soma me tomou menos de cinco segundos. Usando tabelas de logaritmos eu teria levado um tempo dez vezes maior.

O item mais antigo na coleção de Peter Hopp era uma régua de cálculo de madeira do início do século XVIII, usada por coletores de impostos para fazer cálculos sobre o volume de álcool. Antes de conhecer Hopp, eu tinha dúvidas sobre o quão interessante poderia ser o passatempo de colecionar réguas de cálculo. Ao menos selos e fósseis eram bonitos! Réguas de cálculo, por outro lado, são apenas instrumentos de conveniência. Mas aquela antiga régua de cálculo de Hopp era linda, com números elegantes lavrados em madeira nobre.

A vasta coleção de Hopp mostrava as pequenas melhorias que foram sendo feitas ao longo dos séculos. No século XIX foram adicionadas novas escalas. Peter Roget — cuja compulsão por fazer listas (um mecanismo compensatório para enfrentar sua doença mental) resultou em seu intemporal, clássico e definitivo *Thesaurus* — inventou a escala log-log, que possibilitou o cálculo de frações de potências, como $3^{2,5}$, e raízes quadradas. Com o aperfeiçoamento das técnicas de manufatura, os novos dispositivos ganharam em engenhosidade, precisão e esplendor. Por exemplo, o Instrumento de Cálculo de Thacher parece um rolo de macarrão sobre uma base de metal, e a Calculadora do Professor Fuller tem três cilindros concêntricos de latão ocos e um cabo de mogno. Uma hélice em espiral de 12,5 m gira em torno do cilindro, conferindo uma precisão de cinco casas decimais. O Calculex de Halden, por outro lado, parece uma ampulheta e é feito de vidro e aço cromado. Decidi que réguas de cálculo são, na verdade, objetos surpreendentemente atraentes.

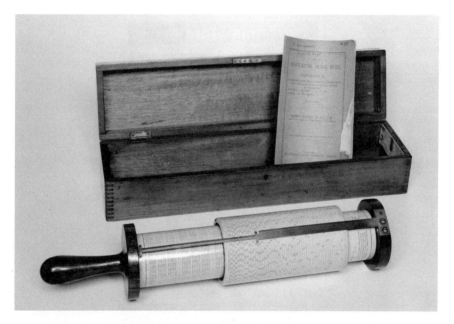

Calculadora do Professor Fuller.

Em meio a tudo aquilo, avistei na prateleira de Hopp uma engenhoca que parecia um moedor de pimenta e perguntei o que era. Ele respondeu que era uma Curta. A Curta é um cilindro preto, do tamanho da palma da mão, com uma manivela no alto, e foi uma invenção singular — a única calculadora mecânica de bolso já produzida. Para demonstrar como funcionava, Hopp imprimiu uma rotação na manivela, o que assentou a máquina no zero. Os números são introduzidos ajustando as maçanetas posicionadas ao lado da Curta. Hopp ajustou os números em 346 e virou a manivela uma vez. Depois ajustou as maçanetas em 217. Quando girou a manivela outra vez, a soma dos dois números — 563 — foi mostrada na parte superior da máquina. Hopp disse que a Curta também podia subtrair, multiplicar, dividir e realizar outras operações matemáticas. Costumava ser muito popular entre entusiastas de carros esportivos, acrescentou. Os navegadores conseguiam calcular os tempos do percurso girando a manivela sem afastar por muito tempo os olhos da estrada. Era mais fácil de ler do que uma régua de cálculo e menos sensível a solavancos na estrada.

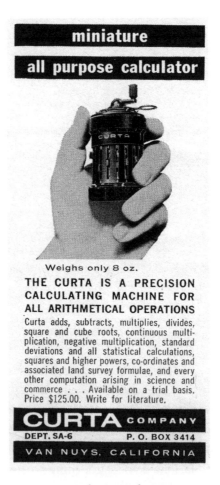

Anúncio da Curta de 1971.

Embora a Curta não seja uma régua de cálculo, a engenhosidade com que fazia seus cálculos atraiu os colecionadores de instrumentos matemáticos. Logo depois de tê-la usado, tornou-se o meu item favorito na coleção de Hopp. Para começar, era literalmente uma moedora de números — os números eram introduzidos, e o resultado aparecia com um giro na manivela. Mas o conceito de moer uma resposta é rude demais para descrever um aparelho feito de seiscentas peças mecânicas que se movem com a precisão de um relógio suíço.

Ainda mais intrigante é que a Curta tem uma história particularmente dramática. Seu inventor, Curt Herzstark, projetou o protótipo do dispositivo enquanto era prisioneiro no campo de concentração de Buchenwald, nos últimos anos da Segunda Guerra Mundial. Herzstark, um austríaco filho de pai judeu, foi autorizado a trabalhar em sua máquina de calcular por ser conhecido pelas autoridades do campo como um engenheiro genial. Disseram a Herzstark que se máquina funcionasse, seria dada de presente a Adolf Hitler — e que depois ele seria declarado ariano e teria sua vida poupada. Quando a guerra acabou e Herzstark foi libertado, ele saiu com seus planos quase concluídos dentro do casaco. Depois de várias tentativas para encontrar um investidor, acabou convencendo o príncipe de Liechtenstein — onde a primeira Curta foi fabricada, em 1948. Desde então, uma fábrica no principado produziu cerca de 150 mil dessas máquinas até o início dos anos 1970. Herzstark viveu num apartamento em Liechtenstein até morrer, em 1988, aos 86 anos de idade.

Entre os anos 1950 e 1960, a Curta foi a única calculadora de bolso existente capaz de fornecer respostas exatas. Mas tanto a Curta como as réguas de cálculo foram extintas por um evento na história da parafernália aritmética, tão cataclísmico quanto o meteorito que pode ter aniquilado os dinossauros: o nascimento da calculadora eletrônica de bolso.

É difícil pensar que um objeto como a régua de cálculo possa ter desaparecido tão rapidamente depois de um período tão longo de domínio. Durante trezentos anos, as réguas de cálculo reinaram absolutas, até que em 1972 a Hewlett-Packard lançou a HP-35. O dispositivo foi propalado como uma "régua de cálculo eletrônica portátil de alta precisão", mas não tinha nenhuma semelhança com uma régua de cálculo. Era do tamanho de um pequeno livro, com um mostrador de LED, 35 botões e uma chave para ligar e desligar. Em poucos anos, era impossível comprar uma régua de cálculo para propósitos gerais, a não ser de segunda mão, e os únicos interessados eram os colecionadores.

Embora a calculadora eletrônica tenha matado sua adorada régua de cálculo, Peter Hopp não guarda mágoas. Ele gosta de colecionar calculadoras eletrônicas antigas também. Quando nossa conversa mudou para essas máquinas, ele me mostrou sua HP-35 e começou a relembrar a época em que viu uma delas pela primeira vez, no início dos anos 1970. Naquela época Hopp estava começando sua carreira na Marconi, a empresa de comunicações eletrônicas. Um de seus colegas comprou uma HP-35, que custou 365 libras — na época, metade do salário anual de um engenheiro júnior. "Era tão valiosa que ele a guardava trancada na mesa e não deixava ninguém usar", contou Hopp. Mas o colega tinha outra razão para todo aquele sigilo. Acreditava ter encontrado uma maneira de usar a calculadora de forma a economizar 1% dos gastos da empresa. "Ele tinha encontros altamente secretos com os chefões. Era tudo muito sigiloso", disse Hopp. Mas na verdade seu colega estava enganado. Calculadoras não são instrumentos perfeitos. Por exemplo, digite 10 e divida por 3. O resultado é 3,3333333. Mas se você multiplicar o resultado por 3, não vai voltar para o lugar de onde partiu: vai obter 9,9999999. O colega de Hopp havia usado uma anomalia das calculadoras digitais para criar algo a partir do nada. Hopp lembrou-se do incidente com um sorriso: "Quando o plano foi avaliado por alguém que usava uma régua de cálculo, as melhorias foram consideradas irrisórias".

A história ilustra por que Hopp lamenta o falecimento da régua de cálculo. O dispositivo propiciava ao usuário uma compreensão visual dos números, o que significava que mesmo antes de obter a resposta ele já tinha uma ideia aproximada do que seria. Hoje, disse Hopp, as pessoas digitam números numa calculadora sem qualquer senso intuitivo se a resposta vai estar certa ou não.

Mesmo assim, a calculadora eletrônica digital foi um avanço em relação à régua de cálculo analógica. A calculadora de bolso era mais fácil de usar, dava respostas precisas, e em 1978 seu preço estava abaixo de cinco libras, tornando-a acessível ao público em geral.

Agora já faz mais de três décadas que a régua de cálculo foi abandonada, o que torna surpreendente a descoberta de que, na verdade, existe uma situação no mundo moderno em que elas ainda são usadas. Os pilotos as usam para voar com seus aviões. A régua de cálculo dos pilotos é circular, chamada "whizz wheel" [roda centrífuga], e mede velocidade, distância, tempo, consumo de combustível, temperatura e densidade do ar. Para se qualificar como piloto, é preciso ter proficiência com uma *whizz wheel*, o que parece muito estranho, tendo em vista a tecnologia de ponta dos computadores utilizados atualmente nas cabines de voo. A exigência da régua de cálculo deve-se ao fato de que os pilotos precisam ser capazes de pilotar pequenos aviões sem computadores de bordo. No entanto, é comum que pilotos de jatos modernos prefiram usar suas *whizz wheels*. Ter uma régua de cálculo à mão significa poder fazer estimativas muito rapidamente, e também ter maior compreensão visual dos parâmetros numéricos do voo. Pilotar jatos é mais seguro por causa da capacidade de os pilotos de manejar uma máquina de calcular do início do século XVII.

Os preços astronômicos das primeiras calculadoras eletrônicas fizeram delas itens de luxo. O inventor Clive Sinclair chamou seu primeiro produto de Executive. Uma estratégia de marketing envolvia gueixas para atingir grandes homens de negócios no Japão. Depois de uma noite de entretenimento, a gueixa tiraria uma Sinclair Executive do quimono para que o convidado conferisse a conta. Depois disso ele se sentia obrigado a comprar a máquina.

À medida que os preços baixaram, as calculadoras começaram a ser vistas não só como uma ferramenta aritmética, mas também como um brinquedo versátil. *The pocket calculator game book* [O livro dos jogos da calculadora de bolso], publicado em 1975, sugeria muitas atividades recreativas para a nova maravilha da tecnologia eletrônica. "As calculadoras de bolso são novas na nossa vida. Desconhecidas até cinco anos atrás, estão se tornando populares como a televisão e os sistemas de som de alta-fidelidade", dizia. "Mas são diferentes, pois não são um entretenimento passivo e requerem input inteligente e uma intenção definida para seu uso. Não estamos tão interessados no que a calculadora de bolso pode fazer, mas sim no que você pode fazer com a sua calculadora de bolso." Em 1977, o *best-seller Fun & games with your electronic calculator* [Diversão e jogos com sua calculadora eletrônica] incluía um dicionário de palavras que podem ser usadas só com as letras O, I, Z, E, h, S, g, L e B, que são os dígitos LED *0, 1, 2, 3, 4, 5, 6, 7 e 8* virados de cabeça para baixo. As palavras mais longas são:

Sete letras	**Oito letras**
OBELIZE	ISOgLOSS
ELEgIZE	hEELLESS
LIBELEE	EggShELL
OBLIgEE	
gLOBOSE	**Nove letras**
SESSILE	
LEgIBLE	gEOLOgIZE
BESIEgE	ILLEgIBLE
BIggISh	EISEgESIS
LOOBIES	
LEgLESS	
ZOOgEOg	

Surpreendentemente, a lista não inclui "BOOBLESS" [nada de peito] — palavra que tantos garotos adolescentes usaram com suas colegas de seios pequenos e que deve ter sido responsável por fazer com que uma geração de garotas fugisse da matemática. Ainda assim, talvez *Fun & games with your electronic calculator* seja o único livro sobre números que melhora mais o seu inglês do que a sua aritmética.

O entusiasmo de brincar com calculadoras arrefeceu pouco tempo depois, com o lançamento no mercado dos mais divertidos jogos eletrônicos. Logo ficou claro que, em vez de inspirar amor aos números, as calculadoras teriam o efeito contrário — provocar um declínio nas habilidades mentais aritméticas.

Enquanto o logaritmo foi uma nova invenção possibilitada pelos avanços da notação, a *equação quadrática*, ou de segundo grau, era um antigo artigo matemático que foi renovado por uma nova simbologia. Na notação moderna, dizemos que uma equação quadrática é a que for assim apresentada:

$ax^2 + bx + c = 0$, onde x é a incógnita e a, b e c são quaisquer constantes. Por exemplo, $3x^2 + 2x - 4 = 0$.

As quadráticas, em outras palavras, são equações com um x e um x^2. Em geral estão presentes em cálculos envolvendo área. Considere o seguinte problema de um antigo tablete de barro babilônio: um campo retangular com área de 60 unidades tem um lado 7 unidades maior do que o outro. Qual o tamanho dos lados desse campo? Para encontrar a resposta, precisamos esquematizar o problema, como no diagrama abaixo. O problema se reduz a resolver a equação quadrática $x^2 + 7x - 60 = 0$.

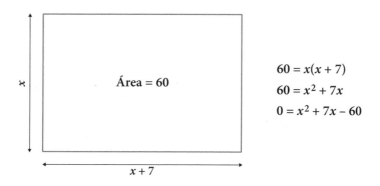

Um aspecto conveniente das equações quadráticas é que elas podem ser resolvidas substituindo-se os valores para a, b e c pela seguinte fórmula unificada:

$$x = \frac{-b \pm \sqrt{b^2 - 4ac}}{2a}$$

O ± significa que existem duas soluções, uma para a fórmula com a + e outra com a –. No problema babilônio, $a = 1$, $b = 7$ e $c = -60$, o que nos dá duas soluções, 5 e –12. A solução negativa não tem sentido para descrever uma área, por isso a resposta é 5.

As quadráticas são usadas também em cálculos que não se aplicam a área. A física praticamente nasceu com a teoria de Galileu Galilei dos corpos que caem, que ele teria descoberto ao deixar cair bolas de canhão da torre inclinada de Pisa. A fórmula que ele desenvolveu para descrever a distância de um objeto que cai foi uma equação quadrática. Desde então, as quadráticas se tornaram tão cruciais para a compreensão do mundo que não é exagero dizer que são a base da ciência moderna.

Mesmo assim, nem todo problema pode ser reduzido a equações em x^2. Alguns exigem a potência de x que vem a seguir na escala: x^3. São as chamadas equações *cúbicas*, ou de terceiro grau, e se apresentam da seguinte forma:

$ax^3 + bx^2 + cx + d = 0$, onde x é a incógnita e a, b, c e d são quaisquer constantes.

Por exemplo, $2x^3 - x^2 + 5x + 1 = 0$.

Em geral as equações cúbicas surgem em cálculos envolvendo volumes, nos quais é preciso multiplicar as três dimensões de um objeto sólido. Mesmo estando apenas um grau acima das quadráticas, as equações cúbicas são muito mais difíceis de resolver. Enquanto as quadráticas foram solucionadas milhares de anos atrás — os babilônios, por exemplo, conseguiram resolvê-las antes da invenção da álgebra —, as cúbicas ainda continuaram além da capacidade dos matemáticos até o início do século XVI. Tudo isso iria mudar no ano 1535.

Na Itália da Renascença, a quantidade desconhecida, ou x, era chamada de *cosa*, ou "coisa". A ciência das equações era conhecida como "arte cosica", e os especialistas que as resolviam eram os "cosistas", literalmente, os "coisistas". Os coisistas não eram só acadêmicos em torres de marfim, mas sim comerciantes que ofereciam seus conhecimentos matemáticos para uma classe burguesa comercial que precisava de ajuda em suas somas. Lidar com o desconhecido era um negócio competitivo e, assim como os mestres artesãos, os coisistas guardavam suas melhores técnicas em segredo.

Apesar de todo o sigilo, porém, em 1535 circulou um boato em Bolonha de que dois coisistas tinham descoberto como resolver a equação cúbica. Para a comunidade coisista, a notícia foi muito empolgante. A conquista do mundo cúbico elevaria um profissional de equações acima de seus pares e permitiria que cobrasse preços mais altos.

Na academia moderna, o anúncio da prova de um famoso problema até então não resolvido seria apresentado com a publicação de um artigo, talvez numa entrevista coletiva de imprensa, mas na época da Renascença os coisistas concordaram em realizar um duelo matemático diante do público.

Em 13 de fevereiro, uma multidão se reuniu na Universidade de Bolonha para ver Niccolò Tartaglia e Antonio Fiore em combate. As regras do concurso eram que cada homem desafiaria o outro com trinta equações cúbicas. Para cada equação resolvida de forma correta, quem a tivesse resolvido ganharia um banquete pago pelo oponente.

O concurso terminou com uma vitória por nocaute de Tartaglia. (O nome dele significa "Gago", apelido que ganhou graças a um ferimento de sabre que o deixou com o rosto desfigurado e com sérios problemas de fala.) Tartaglia resolveu todos os problemas de Fiore em duas horas, enquanto Fiore foi incapaz de resolver um único de Tartaglia. Tendo sido o primeiro a descobrir um método para resolver equações cúbicas, Tartaglia era objeto de inveja de matemáticos por toda a Europa, mas não contava a ninguém como conseguira fazer aquilo. Em especial, resistiu às investidas de Girolamo Cardano, que talvez tenha sido o mais pitoresco matemático importante da história.

Cardano era médico de profissão, reconhecido internacionalmente por suas curas — certa vez viajou até a Escócia para tratar a asma de um arcebispo daquele país. Era também um escritor prolífico. Em sua autobiografia ele relaciona 131 livros impressos, 111 não impressos e 170 manuscritos que ele mesmo rejeitou por não serem bons o bastante. *Consolação*, seu compêndio de conselhos aos que sofriam, foi um *best-seller* em toda a Europa e é considerado por estudiosos de literatura como o livro que Hamlet tinha em mãos durante seu solilóquio do "ser ou não ser". Era também astrólogo profissional e afirmava ter inventado a "metoposcopia", a leitura da personalidade a partir das irregularidades do rosto das pessoas. Na matemática, a grande contribuição de Cardano foi a invenção da probabilidade, à qual vou retornar adiante.

Cardano estava desesperado para saber como Tartaglia tinha resolvido a equação cúbica, por isso escreveu perguntando se ele poderia incluir sua solução no livro que estava escrevendo. Quando Targaglia se recusou, Cardano perguntou outra vez, agora prometendo que não revelaria a ninguém. Mais uma vez, Tartaglia recusou o pedido.

Obter a fórmula cúbica de Tartaglia tornou-se uma obsessão para Cardano, que acabou elaborando um ardil — convidou Tartaglia para ir a Milão sob o pretexto de apresentá-lo a um potencial benfeitor, o governador da Lombardia. Tartaglia aceitou a oferta, mas ao chegar descobriu que o governador estava fora da cidade, sendo recebido só por Cardano. Cansado dos incessantes assédios de Cardano, Tartaglia cedeu, dizendo que revelaria a fórmula se Cardano não a contasse a mais ninguém. Mas ao passar a informação a Cardano, o ardiloso Tartaglia escreveu a solução de uma forma deliberadamente abstrusa: como um bizarro poema de 25 linhas.

Apesar do empecilho, o polivalente Cardano decifrou o método, e quase manteve a promessa. Ele só contou a solução para uma pessoa, seu secretário pessoal, um jovem chamado Ludovico Ferrari. Isso acabou sendo problemático, não porque Ferrari fosse indiscreto, mas por ter aperfeiçoado o método de Tartaglia e descoberto uma maneira de resolver equações *quárticas*, ou de quarto grau. São as equações que envolvem a potência x^4. Por exemplo, $5x^4 - 2x^3 - 8x^2 + 6x + 3 = 0$. Uma equação quártica pode surgir da multiplicação de uma equação quadrática por outra.

Cardano ficou numa situação difícil — não podia publicar a descoberta de Ferrari sem trair a palavra dada a Tartaglia, mas também não podia negar o reconhecimento público que Ferrari merecia. Conseguiu porém encontrar uma saída inteligente. Acontece que Antonio Fiore, o homem que perdeu o duelo cúbico para Tartaglia, sabia mesmo como resolver a cúbica, tendo aprendido o método com um matemático mais velho, Scipione del Ferro, que revelou seu segredo em seu leito de morte. Cardano descobriu isso depois de abordar a família Del Ferro e consultar as últimas anotações não publicadas do matemático. Por essa razão, sentiu-se moralmente justificado ao publicar o resultado, dando os créditos a Del Ferro como o inventor original e a Tartaglia como o reinventor. O método foi incluído no *Ars Magna* de Cardano, o livro sobre álgebra mais importante do século XVI.

Tartaglia jamais perdoou Cardano, tendo morrido furioso e amargurado. Cardano, no entanto, viveu até quase 75 anos de idade. Morreu em 21 de setembro de 1576, a data que havia previsto ao fazer o próprio horóscopo anos antes. Alguns historiadores da matemática afirmam que ele gozava então de perfeita saúde e que tomou veneno só para garantir a veracidade de sua previsão.

Em vez de continuarmos examinando equações de graus cada vez mais altos de x, podemos aumentar a complexidade acrescentando um segundo número desconhecido, y. O problema escolar de álgebra favorito, conhecido como equações simultâneas, geralmente consiste na tarefa de resolver duas equações, cada qual com duas variáveis. Por exemplo:

$y = x$
$y = 3x - 2$

Para resolver as duas equações, substituímos o valor da variável em uma equação pelo valor da outra. Neste caso, uma vez que $y = x$, enunciamos que:

$x = 3x - 2$
Que se reduz a $2x = 2$
Então, $x = 1$, e $y = 1$

É possível também entender visualmente qualquer equação com duas variáveis. Desenhe uma linha horizontal e uma linha vertical que se interceptem. Defina o eixo horizontal como o eixo x, e a linha vertical como eixo y. Os eixos se interceptam em 0. A posição de qualquer ponto no plano pode ser determinada em relação a um ponto nos dois eixos. A posição (a,b) é definida como a interseção de uma linha vertical passando por a no eixo x com uma linha horizontal passando por b no eixo y.

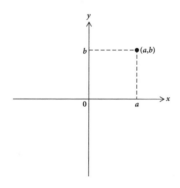

Para qualquer equação em x e y, os pontos em que (x,y) têm valores para x e y que satisfaçam a equação definem uma linha num gráfico. Por exemplo, os pontos (0,0), (1,1), (2,2) e (3,3) satisfazem a nossa primeira equação acima, $y = x$. Se marcarmos esses pontos num gráfico, fica claro que a equação $y = x$ gera uma linha reta, como na figura a seguir. Da mesma forma, podemos desenhar a segunda equação, $y = 3x - 2$. Atribuindo a x um valor para depois descobrir o valor de y, podemos estabelecer que os pontos (0,–2), (1,1), (2,4) e

(3,7) estão na linha definida por essa equação. Também é uma linha reta, que intercepta o eixo y em −2, abaixo, à direita:

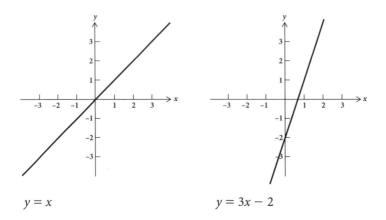

$y = x$ $y = 3x - 2$

Se sobrepusermos uma das linhas à outra, vemos que elas se cruzam no ponto (1,1). Então, podemos ver que a solução de equações simultâneas são as coordenadas do ponto de interseção das duas linhas definidas por essas equações.

O conceito de que essas linhas podem representar equações foi a principal inovação de *La géométrie* de Descartes. Seu sistema de coordenadas "cartesianas" foi revolucionário por ter forjado um caminho até então desconhecido entre a álgebra e a geometria. Pela primeira vez, revelou-se que duas áreas de estudo distintas e separadas não apenas estavam relacionadas como eram representações alternativas uma da outra. Uma das motivações de Descartes era tornar tanto a álgebra como a geometria mais fáceis de ser compreendidas porque, como ele afirmou, independentemente "elas abrangem apenas questões muito abstratas que parecem não ter aplicações práticas, [a geometria] está sempre tão ligada ao estudo de figuras que não pode exercitar a compreensão sem cansar muito a imaginação, enquanto [...] [a álgebra] está tão submetida a certas regras e números que se tornou uma arte confusa e obscura que oprime a mente em vez de ser uma ciência que a cultiva". Descartes não era um apreciador de grandes esforços. Foi um dos mais famosos dorminhocos da história, preferindo ficar na cama até o meio-dia sempre que pudesse.

O casamento cartesiano entre a álgebra e a geometria é um poderoso exemplo de interação entre ideias abstratas e uma imagética espacial, um tema recorrente na matemática. Muitas das mais impressionantes demonstrações algébricas — como a demonstração do Último Teorema de Fermat — dependem da geometria. Da mesma forma, agora que puderam ser descritos algebricamente, problemas geométricos de 2 mil anos ganharam um novo impulso. Uma das características mais empolgantes da matemática é como tópicos aparentemente diferentes estão inter-relacionados e como isso em si leva a novas descobertas vibrantes.

Em 1649, Descartes mudou-se para Estocolmo para ser tutor particular da rainha Cristina da Suécia, que era um pássaro madrugador. Desacostumado tanto com o inverno sueco como com acordar às cinco da manhã, Descartes pegou uma pneumonia logo depois de sua chegada e morreu.

Um dos corolários mais óbvios da percepção de Descartes de que as equações em x e y podem ser escritas como linhas foi o reconhecimento de que diferentes tipos de equações produzem diferentes tipos de linhas. Podemos começar a classificá-las como segue:

Equações como $y = x$ e $y = 3x - 2$, em que os únicos termos são x e y, sempre produzem linhas retas.

Em contraste, equações com termos quadráticos — que incluem valores para x^2 e/ou y^2 — sempre produzem um dos seguintes quatro tipos de curva: círculo, elipse, parábola ou hipérbole.

O fato de que qualquer círculo, elipse, parábola e hipérbole que possam ser desenhados possam ser descritos por uma equação quadrática em x e y é muito útil para a ciência, pois todas essas curvas são encontradas no mundo real. A parábola é a forma que define a trajetória de um objeto voando pelo ar (se ignorarmos a resistência do ar e supondo um campo gravitacional

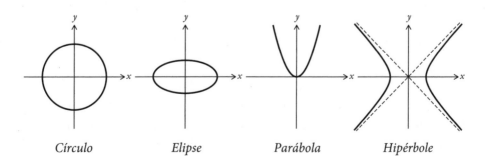

Círculo   Elipse   Parábola   Hipérbole

uniforme). Quando um jogador de futebol dá um chute, por exemplo, a bola descreve uma parábola. A elipse é a curva que descreve a forma como os planetas orbitam em torno do Sol, enquanto a hipérbole descreve o trajeto percorrido pela sombra da haste de um relógio de sol durante o dia.

Considere a seguinte equação quadrática, que é uma espécie de máquina para desenhar círculos e elipses:

$$\frac{x^2}{a^2} + \frac{y^2}{b^2} = 1, \text{ onde } a \text{ e } b \text{ são constantes.}$$

A máquina tem dois botões, um para a e um para b. Se ajustarmos os valores de a e b, poderemos criar qualquer círculo ou elipse que desejarmos com o centro em 0.

Por exemplo, quando a for igual a b, a equação é um círculo com raio a. Quando $a = b = 1$, a equação é $x^2 + y^2 = 1$ e produz um círculo com raio 1, também chamado de "círculo da unidade", como mostrado abaixo à esquerda. E quando $a = b = 4$, a equação é $\frac{x^2}{16} + \frac{y^2}{16} = 1$ e é um círculo com raio 4. Se, por outro lado, a e b forem números diferentes, a equação é uma elipse que seciona o eixo x em a e o eixo y em b. Por exemplo, a curva abaixo à direita é a elipse quando $a = 3$ e $b = 2$.

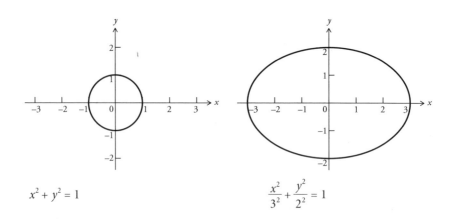

$x^2 + y^2 = 1$ $\qquad\qquad\qquad\qquad \frac{x^2}{3^2} + \frac{y^2}{2^2} = 1$

Em 1818, o matemático francês Gabriel Lamé começou a brincar com as fórmulas do círculo e da elipse. Ele refletiu sobre o que aconteceria se começasse a alterar o expoente, ou potência, em vez de alterar os valores de a e b.

O efeito de seus ajustes foi fascinante. Por exemplo, considere a equação $x^n + y^n = 1$. Quando $n = 2$, o resultado é um círculo unitário. Veja abaixo as curvas produzidas com $n = 2$, $n = 4$ e $n = 8$:

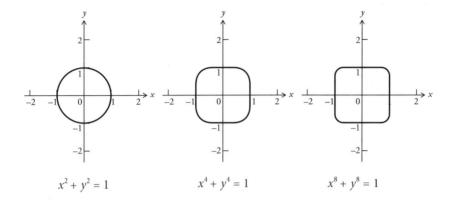

Quando n é 4, a curva parece a vista aérea de um queijo polenguinho espremido numa caixa. Os lados ficaram achatados e existem quatro cantos arredondados. É como um círculo tentando se transformar num quadrado. Quando é 8, a curva é ainda mais quadrada.

De fato, quanto mais alto for o valor de n, mais a curva se aproxima de um quadrado. No limite, quando $x^\infty + y^\infty = 1$, a equação é um quadrado (Se algo merece ser chamado de quadratura do círculo, por certo seria isso.)

O mesmo acontece com uma elipse. Se pegarmos a elipse definida por $(\frac{x}{3})^n + (\frac{y}{2})^n = 1$, ao se aumentar os valores de n, a elipse acaba se transformando num retângulo.

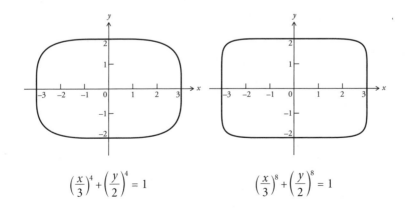

No centro da cidade de Estocolmo há uma grande praça pública chamada Sergels Torg. É um espaço amplo e retangular, com um nível inferior para pedestres e um anel viário em cima. É o local escolhido por ativistas para organizar manifestações políticas e onde fãs de esportes se congregam quando a Seleção sueca vence alguma competição importante. O principal aspecto da praça é uma seção central com uma robusta estátua dos anos 1960 que os habitantes locais adoram odiar — um obelisco de aço e vidro de 37 metros de altura que se ilumina à noite.

No final dos anos 1950, quando estavam projetando Sergels Torg, os urbanistas encontraram um problema geométrico. Qual seria, perguntaram-se a si próprios, a melhor forma para um anel viário redondo em um espaço retangular? Eles não queriam usar o círculo, pois este não ocuparia todo o espaço retangular. Mas também não queriam usar uma forma oval ou elíptica — que preencheriam o espaço — porque as extremidades pontudas prejudicariam o fluxo do tráfego. Em busca de uma resposta, os arquitetos do projeto olharam para o exterior e consultaram Piet Hein, um homem definido como a terceira pessoa mais famosa da Dinamarca (depois do físico Niels Bohr e da escritora Karen Blixen). Piet Hein foi o inventor do *grook*, um estilo de poema aforístico curto, que ele publicou na Dinamarca durante a Segunda Guerra Mundial como forma de resistência passiva contra a ocupação nazista. Era também pintor e matemático, por isso apresentava a combinação certa de sensibilidades artísticas, pensamento colateral e entendimento científico para apresentar novas ideias para os problemas de planejamento dos escandinavos.

A solução de Piet Hein foi encontrar uma forma que se situasse entre uma elipse e um retângulo usando uma matemática simples. Para conseguir isso, ele usou o método descrito na página anterior. Ajustou o expoente na equação da elipse para conseguir uma forma que coubesse dentro da praça retangular em Sergels Torg. Em termos algébricos, fez o mesmo que Larmé enquanto brincava com n na equação da elipse:

$$\left(\frac{x}{a}\right)^n + \left(\frac{y}{b}\right)^n = 1$$

Como demonstrei antes, o aumento de n de 2 até o infinito nos leva de um círculo a um quadrado, ou de uma elipse a um retângulo. Piet Hein calculou que o valor para n de forma que a curva assumisse a forma mais estética entre o redondo e o ângulo reto era quando $n = 2{,}5$. Ele poderia ter chamado sua nova forma de "quacírculo", mas preferiu chamar de superelipse.

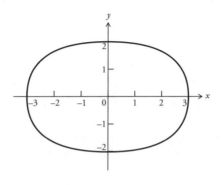

$\left(\dfrac{x}{3}\right)^{2{,}5} + \left(\dfrac{y}{2}\right)^{2{,}5} = 1$

Mais do que apenas uma elegante formulação matemática, a superelipse de Piet Hein tocou num tema humano mais profundo — o eterno conflito entre círculos e linhas retas ao nosso redor. Segundo ele escreveu: "Em todos os padrões da civilização houve duas tendências, uma em direção às linhas retas e padrões retangulares e outra em direção às linhas circulares". O texto continuava: "Existem razões, mecânicas e psicológicas, para as duas tendências. Coisas feitas com linhas retas se encaixam melhor umas nas outras e economizam espaço. E podemos nos mover com mais facilidade — física e mental — ao redor de linhas circulares. Mas estamos numa camisa de força, tendo de aceitar uma ou outra, quando de maneira geral uma forma intermediária seria melhor. A superelipse resolveu o problema. Não é nem circular nem retangular, está no meio. Mas é fixa, é definida — e tem uma unidade".

O anel viário superelíptico de Estocolmo foi copiado por outros arquitetos, sendo que o mais notável é o do projeto do estádio Azteca na Cidade do México — que foi palco da final da Copa do Mundo de 1970 e de 1986. Na verdade, a curva de Piet Hein virou moda, tornando-se um aspecto fundamental do projeto de mobiliário escandinavo dos anos 1970. Ainda é possível comprar pratos, travessas e maçanetas para portas superelípticos da empresa dirigida pelo filho de Piet Hein.

Mas a mente brincalhona de Piet Hein não parou na superelipse. Em seu novo projeto, ele imaginou como seria uma versão tridimensional da forma que desejava. O resultado ficou entre uma esfera e uma caixa. Ele poderia tê-la chamado de "escaixa", mas preferiu chamar de "superovo".

Superovistático: Uri Geller.

Um dos aspectos inesperados do superovo era o de conseguir ficar em pé sem cair. Nos anos 1970, Piet Hein lançou no mercado superovos feitos de aço inoxidável. como uma "escultura, uma novidade ou um talismã". São objetos bonitos e curiosos. Tenho um na minha lareira. Uri Geller também tem um. John Lennon o deu de presente para ele, explicando que tinha recebido o ovo de alienígenas que o visitaram em seu apartamento em Nova York. "Fique com ele", disse Lennon a Geller. "É estranho demais para mim. Se for a minha passagem para outro planeta, eu não quero ir lá."

6. Hora do recreio

Maki Kaji tem uma revista especializada em quebra-cabeças numéricos no Japão. Ele vê a si como um artista que usa números como ferramentas do seu trabalho. "Eu me sinto mais como um diretor de cinema ou de teatro do que como matemático", explicou. Conheci Kaji no seu escritório em Tóquio. Não era nem nerd nem formal, duas características que se poderia esperar de um sujeito que lida com números e de repente vira um empresário bem-sucedido. Kaji vestia uma camiseta preta sob um cardigã bege e óculos *à la* John Lennon. Com 57 anos, tem um cavanhaque branco aparado e costeletas, e de quando em quando dá uma risada exaltada. Kaji me falou com convicção de seus outros passatempos além de enigmas com números. Por exemplo, ele coleciona elásticos de papelaria, e em uma recente viagem a Londres encontrou um glorioso tesouro escondido — um pacote de 25 gramas de elásticos de grife, da WH Smith, e um pacote de 100 gramas de uma papelaria independente. Também se diverte fotografando placas de automóveis interessantes do ponto de vista aritmético. No Japão, as placas dos automóveis consistem de dois números seguidos por outros dois números. Kaji sempre leva uma pequena câmera e fotografa todas as placas em que a multiplicação dos primeiros dois números tem como resultado os outros dois números.

Supondo que nenhum carro no Japão tenha um 00 no segundo par de dígitos, cada placa que Kaji fotografa está alinhada na tabuada de multiplicação dos dígitos de 1 a 9. Por exemplo, 11 01 pode ser visto como 1 × 1 = 1. Da mesma forma, 12 02 é 1 × 2 = 2. Podemos continuar percorrendo lista e perceber que existem 81 combinações possíveis. Kaji já colecionou mais de cinquenta. Assim que reunir o conjunto completo da tabuada de multiplicação, ele pretende fazer uma exposição em uma galeria.

Foto de Kaji em estacionamento de Tóquio: 3 × 5 = 15.

A ideia de que os números podem ser divertidos é tão antiga quanto a própria matemática. O antigo Papiro Rhind egípcio, por exemplo, contém a seguinte lista como parte da resposta ao problema 79. Diferente de outros problemas no papiro, este não tem nenhuma aplicação prática aparente.

Casas	7
Gatos	49
Ratos	343
Trigo	2401*
Hekat**	16 807
Total	19 607

* No original, o número de grãos de trigo está escrito erroneamente como 2301.
** Unidade de volume egípcia.

A lista é um inventário de sete casas, cada uma com sete gatos, com cada gato comendo sete ratos, com cada rato comendo sete grãos de trigo, com cada grão vindo de um *hekat* separado. Os números formam uma *progressão geométrica* — que é uma sequência em que cada termo é calculado multiplicando-se o termo anterior por um número fixo, que nesse caso é sete. Há sete vezes mais gatos que casas, sete vezes mais ratos que gatos, sete vezes mais grãos de trigo que ratos, e sete vezes mais *hekats* que grãos de trigo. Poderíamos reescrever o total de números de itens como $7 + 7^2 + 7^3 + 7^4 + 7^5$.

Mas não foram apenas os egípcios que consideravam irresistíveis sequências desse tipo. Quase exatamente a mesma soma reapareceu no início do século XIX em uma canção infantil da Mamãe Gansa:

As I was going to St Ives,
I met a man with seven wives,
Every wife had seven sacks,
Every sack had seven cats,
Every cat had seven kits.
Kits, cats, sacks, wives,
*How many were going to St Ives?**

O verso é a pergunta capciosa mais famosa da literatura inglesa, pois, presume-se, o homem e seu séquito de mulheres e felinos confinados estavam *vindo* de St. Ives. Porém, sem levar em conta a direção da viagem, o número total de gatinhos, gatas, sacas e esposas é $7 + 7^2 + 7^3 + 7^4$, ou seja, 2800.

Outra versão do enigma, menos conhecida, é um problema no *Liber Abaci* de Leonardo Fibonacci, do século XIII. Essa versão envolvia sete mulheres a caminho de Roma com um número cada vez maior de mulas, sacas, pães, facas e bainhas. O 7^6 a mais aumenta o total da série para 137 256.

Qual é o fascínio exercido por potências crescentes de sete para aparecerem em eras e contextos tão diferentes? Todos os casos mostram a aceleração turbinada de progressões geométricas. A rima é uma forma poética de mostrar

---

* Quando estava indo para St Ives,/ Encontrei um homem com sete esposas,/ Cada esposa tinha sete sacas,/ Cada saca tinha sete gatas,/ Cada gata tinha sete gatinhos,/ Gatinhos, gatas, sacas, esposas,/ Quantos estavam indo para St Ives? (N. T.)

quão rapidamente pequenos números podem levar a grandes números. Ao se ouvir pela primeira vez, dá para imaginar uma boa quantidade de gatinhos, gatas, sacas e esposas — mas não quase 3 mil! Da mesma forma, os divertidos problemas propostos no Papiro de Rhind e no *Liber Abaci* expressam a mesma visão matemática. E o número 7, embora pareça ter alguma característica especial para ser tão comum nesses problemas, na verdade é irrelevante. Quando se multiplica qualquer número por si mesmo algumas vezes, o resultado logo chega a altas quantidades que desafiam a intuição.

Mesmo ao se multiplicar o menor número possível, 2, por si mesmo, o resultado logo sobe aos céus num ritmo alucinante. Coloque um grão de trigo no canto de um tabuleiro de xadrez. Ponha dois grãos no quadrado adjacente e depois comece a encher o resto do tabuleiro dobrando o número de grãos de trigo a cada quadrado. Quantos grãos de trigo seriam necessários para encher todo o tabuleiro? Alguns caminhões, ou talvez um contêiner? São 64 quadrados num tabuleiro de xadrez, por isso, a duplicação será efetuada 63 vezes, ou seja, o número 2 será multiplicado por si mesmo 63 vezes, ou 2^{63}. Em grãos, esse número corresponde a mais ou menos cem vezes mais do que a produção anual de trigo no mundo hoje. Ou, se considerarmos de outra forma, se você começasse a contar um grão de trigo por segundo no momento do Big Bang, há 13 milhões e tantos anos, não teria contado nem até um décimo de 2^{63} até agora.

Enigmas, rimas e jogos matemáticos são agora conhecidos conjuntamente como *matemática recreativa*. É um campo vibrante e abrangente, e um de seus aspectos essenciais é seus tópicos serem acessíveis a qualquer leigo interessado, ainda que às vezes envolvam teorias muito complicadas. E podem até mesmo prescindir de qualquer teoria e apenas estimular uma apreciação da maravilha dos números — como a emoção de colecionar fotos de placas de automóveis.

Consta que um dos eventos que marcaram a história da matemática recreativa aconteceu nas margens do rio Amarelo, na China, no ano 2000 a.C. Segundo a lenda, o imperador Yu viu uma tartaruga sair da água. Era uma tartaruga divina, com manchas brancas e pretas no ventre. As marcas denotavam os nove primeiros números e formavam uma grade no ventre da tartaruga e (se as marcas fossem escritas com algarismos arábicos) seria como na figura A:

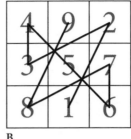

Um quadrado como esse, contendo todos os números consecutivos a partir do 1 e organizados de forma que as linhas, colunas e as diagonais somam sempre o mesmo total, é conhecido hoje como *quadrado mágico*. Os chineses o denominaram *lo shu*. (As linhas, colunas e diagonais sempre somam quinze.) Os chineses acreditavam que o *lo shu* simbolizava as harmonias internas do Universo e o usavam para prever o futuro e como objeto de culto. Por exemplo, partindo do 1 e traçando uma linha entre os números do quadrado em ordem, obtém-se o padrão que pode ser visto em B e na xilogravura abaixo, que mostra instruções para o movimento dos sacerdotes taoistas em um templo. O padrão, chamado de *yubu*, também esboça algumas das regras do *feng shui*, a filosofia estética chinesa.

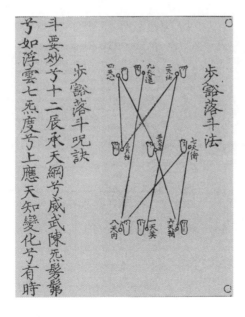

Xilogravura taoista com o yubu.

Melencolia I: A famosa xilogravura de Dürer mostra um anjo perdido em pensamentos rodeado por objetos científicos e matemáticos, como um compasso, uma esfera, um conjunto de balanças, uma ampulheta e um quadrado mágico. Historiadores da arte, em especial os voltados ao misticismo, há muito ponderam sobre o simbolismo do objeto geométrico entre o centro e o lado esquerdo da imagem, conhecido como "sólido de Dürer"; há muito tempo os matemáticos vêm pensando no mistério de como seria possível construí-lo.

A China não foi a única cultura a enxergar o lado místico do *lo shu*. Quadrados mágicos têm sido objetos de importância espiritual para os hindus, muçulmanos, judeus e cristãos. A cultura islâmica foi a que encontrou os usos mais criativos. Na Turquia e na Índia, virgens eram convocadas para bordar quadrados mágicos nas camisas dos guerreiros. E se um quadrado mágico fosse colocado sobre o útero de uma mulher em trabalho de parto, acreditava-se que o nascimento seria mais fácil. Os hindus usavam amuletos com quadrados mágicos como proteção, e os astrólogos da Renascença os associavam com os planetas do nosso sistema solar. É fácil zombar da predisposição ao oculto de nossos ancestrais, mas o homem moderno pode entender esse fascínio pelos quadrados mágicos. A um só tempo simples, sutil e complexo, o quadrado mágico é como um mantra numérico, um objeto de infinita contemplação e uma expressão autossuficiente de ordem em um mundo desordenado.

Um dos prazeres dos quadrados mágicos é o de não serem restritos a grades de 3 × 3. Um exemplo famoso de um quadrado 4 × 4 aparece no trabalho de Albrecht Dürer. Em *Melencolia I* (mostrado na p. 234), Dürer incluiu um quadrado 4 × 4 que é mais bem conhecido por conter o ano em que ele fez a gravura: 1514.

Na verdade, o quadrado de Dürer é supermágico. Não só as colunas, linhas e diagonais somam 34, mas também as combinações dos quatro números marcados por pontos e ligados nos quadrados abaixo.

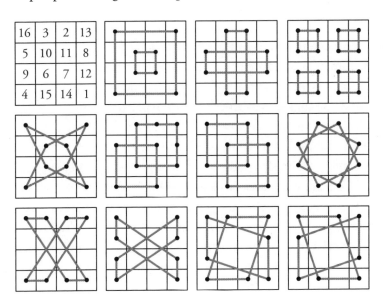

As simetrias produzidas pelo quadrado de Dürer são fascinantes, e quanto mais se olha, mais se consegue ver. Por exemplo, a soma dos quadrados dos números na primeira e na segunda linha somam 748. O mesmo total é obtido somando os quadrados dos números nas filas 3 e 4, ou os quadrados dos números nas filas 2 e 4, ou os quadrados dos números das duas diagonais. Uau!

Para maior assombro, gire o quadrado de Dürer 180 graus, depois subtraia um dos quadrados contendo os números 11, 12, 15 e 16. O resultado é o seguinte:

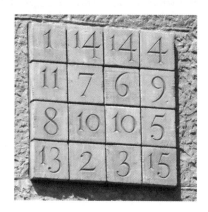

Essa imagem está na lateral da catedral da Sagrada Família em Barcelona, projetada por Antoni Gaudí. O quadrado de Gaudí não é mágico, pois dois números se repetem, mas ainda assim é muito especial. As colunas, filas e as diagonais somam 33: a idade de Cristo quando morreu.

Pode-se passar horas brincando e se divertindo com quadrados mágicos, maravilhando-se com seus padrões e harmonias. Aliás, nenhuma outra área da matemática não pragmática tem atraído tanta atenção de matemáticos amadores por tanto tempo. Nos séculos XVIII e XIX, a literatura sobre quadrados mágicos floresceu. Um dos mais notáveis entusiastas foi Benjamin Franklin, um dos patriarcas fundadores dos Estados Unidos que, como jovem escriturário da Assembleia da Pensilvânia, sentia-se tão entediado durante os debates que construía ali mesmo seus próprios quadrados. Seu quadrado mais conhecido é uma variação do 8 × 8 mostrada a seguir, que dizem que ele inventou ainda garoto. Nesse quadrado Franklin incluiu um de seus próprios aperfeiçoamentos à teoria dos quadrados mágicos: a "diagonal quebrada", que são os

$$\text{\textit{Fig.}} \text{ III.} \qquad \text{\textit{Page}} \text{ 351.}$$

52	61	4	13	20	29	36	45
14	3	62	51	46	35	30	19
53	60	5	12	21	28	37	44
11	6	59	54	43	38	27	22
55	58	7	10	23	26	39	42
9	8	57	56	41	40	25	24
50	63	2	15	18	31	34	47
16	1	64	49	48	33	32	17

Em carta publicada em 1769, Benjamin Franklin comenta a respeito de um livro sobre quadrados mágicos: "Quando mais jovem [...] eu me divertia fazendo esses quadrados mágicos, e com o tempo adquiri certo traquejo nisso, de forma que conseguia preencher as células de qualquer quadrado mágico, de tamanho razoável, com uma série de números na mesma velocidade que os escrevia, dispô-los de certa maneira para que a soma de todas as linhas, horizontais, perpendiculares ou diagonais fosse igual; mas não ficando satisfeito com eles, que já via como coisas fáceis e comuns, impus-me tarefas mais difíceis, e logrei produzir outros quadrados mágicos, com uma variedade de propriedades e muito mais curiosos". Em seguida, em 1769, ele apresentou o quadrado acima, impresso em seu Experiments and observations on electricity made at Philadelphia in America.

números nos quadrados pretos e cinzas, mostrados em A e B abaixo. Embora seu quadrado não seja exatamente mágico, pois suas diagonais não somam todas 260, suas recém-inventadas diagonais quebradas somam. As somas dos quadrados pretos em C e D e E, e a soma dos quadrados cinzas em E e, claro, a soma de todas as linhas e colunas também resultam em 260.

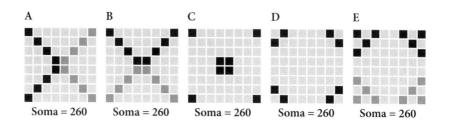

Os quadrados de Franklin contêm ainda outras simetrias encantadoras. A soma dos números em cada subquadrado 2 × 2 é 130, assim como a soma de quaisquer quatro quadrados equidistantes do centro. Consta ainda que Franklin, já quarentão, inventou outro quadrado. Durante uma só noite, ele compôs um incrível quadrado 16 × 16, que chamou de "o mais magicamente mágico de qualquer quadrado mágico já criado por qualquer mágico". (Está nos apêndices, p. 447.)

Uma das razões para a constante popularidade da construção de quadrados mágicos é o surpreendente número deles. Basta fazer as contas, começando pelo menor de todos. Existe apenas um quadrado mágico numa grade de 1 × 1: o número 1. Não existe nenhum quadrado mágico com quatro números numa grade de 2 × 2. Existem oito maneiras de organizar os dígitos de 1 a 9 de forma a dar origem a um quadrado mágico de 3 × 3, mas cada um desses oito quadrados são na verdade o mesmo, girado ou refletido, por isso, diz a convenção que só existe um verdadeiro quadrado mágico 3 × 3. A figura a seguir mostra como gerar todas as possibilidades, começando com o *lo shu*.

Após a grade de 3 × 3, de maneira incrível, o número de quadrados mágicos que podem ser construídos cresce com rapidez espantosa. Mesmo após reduzirmos o número de quadrados, desconsiderando os obtidos por giros e

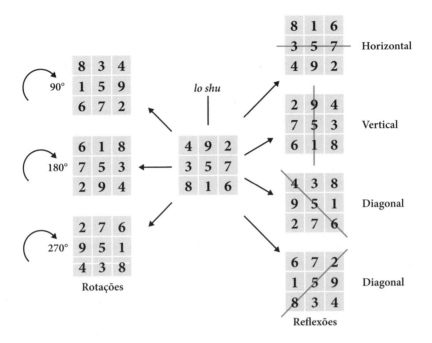

reflexões, é possível fazer 880 quadrados mágicos numa grade de 4 × 4. Numa grade 5 × 5 o número de quadrados mágicos é de 275 305 224, um resultado calculado em 1973, e só com uso de um computador. E embora esse número pareça astronômico, é na verdade minúsculo se comparado ao número de todos os arranjos possíveis dos dígitos de 1 a 25 num quadrado de 5 × 5. O número total de arranjos é calculado multiplicando 25 por 24 por 23 e assim por diante até 1, o que dá 1,5 seguido de 25 zeros, ou 15 setilhões.

O número de quadrados mágicos numa grade 6 × 6 não é sequer conhecido, mas é provável que seja da ordem de 1 seguido por dezenove zeros. É um número tão imenso que excede até mesmo o número total de grãos de trigo no exemplo do tabuleiro de xadrez da p. 232.

Os quadrados mágicos não têm inspirado apenas amadores. No final de sua vida, o matemático suíço do século XVIII, Leonhard Euler, teve sua atenção despertada por eles. (Na época ele já estava quase totalmente cego, o que torna ainda mais admirável sua pesquisa de algo que, em essência, é uma aplicação

●	▲	■
▲	■	●
■	●	▲

£	¥	$	€
€	$	¥	£
$	£	€	¥
¥	€	£	$

2	3	4	0	1
0	1	2	3	4
3	4	0	1	2
1	2	3	4	0
4	0	1	2	3

Quadrados latinos.

espacial dos números.) Em especial, seu trabalho incluía o estudo de uma versão modificada em que cada número ou símbolo na grade aparece exatamente uma vez em cada linha e em cada coluna, que ele chamou de quadrado latino.

À diferença dos quadrados mágicos, os quadrados latinos possuem várias aplicações práticas. Podem ser usados em torneios esportivos para organizar grupos em que todos os adversários jogam contra todos, e na agricultura eles fornecem uma grade útil que permite ao lavrador, por exemplo, experimentar diferentes fertilizantes num pedaço de terra para determinar qual funciona melhor. Se o fazendeiro tiver, digamos, seis produtos para testar, e dividir a terra em um quadrado 6 × 6, a distribuição de cada produto no formato de um quadrado latino garante que qualquer mudança nas condições do solo afetará igualmente cada tratamento específico.

Maki Kaji, o japonês criador de quebra-cabeças que apresentei no começo do capítulo, prevê uma nova era de fascínio por quadrados de números. A ideia lhe veio ao folhear uma revista americana especializada em quebra-cabeças. Por não falar inglês, ele ia passeando os olhos por páginas cheias de incompreensíveis jogos de palavras, quando então se deteve, ao dar de cara com uma intrigante grade de números. O enigma, intitulado "Number Place", era um quadrado latino de 9 × 9 parcialmente preenchido com dígitos de 1 a 9. Baseado nas regras de que cada número só podia aparecer uma vez por linha e por coluna, quem quisesse resolver o problema precisava descobrir como preencher as lacunas por um processo de dedução lógica. Os candidatos a resolver contavam com uma ajuda extra: o quadrado era dividido em subquadrados de 3 × 3, todos grafados em negrito. Cada número de 1 a 9 só podia constar num subquadrado. Kaji resolveu o Number Place e ficou entusiasmado — era exatamente o tipo de quebra-cabeça que queria usar em sua nova revista.

O Number Place, que fez sua primeira aparição em 1979, foi uma criação de Howard Garns, um arquiteto aposentado e entusiasta de quebra-cabeças de Indiana. Embora tenha gostado de resolver o enigma de Garns, Kaji resolveu redesenhá-lo de forma que os números apresentados fossem distribuídos num padrão simétrico ao redor da grade, semelhante ao formato usado em palavras cruzadas. Ele chamou a sua versão de Sudoku, termo japonês que significa "o número só deve aparecer uma vez".

	1	5		4		8		
	8		3				5	
6					5		2	
8				6		5		
		4	8		3	6		
		6		9				1
	2		1					8
	9				8		7	
		8		7		2	1	

O Sudoku surgiu nos primeiros números da revista de quebra-cabeças de Kaji, lançada em 1980, mas segundo Kaji não chamou atenção. Só depois de atravessar os mares o enigma se difundiu como um incêndio na floresta.

Assim como um japonês que não falava inglês pôde entender o Number Place, qualquer um que falasse inglês e não falasse japonês conseguia entender o Sudoku. Em 1997, um neozelandês chamado Wayne Gould entrou numa livraria em Tóquio. Apesar de desorientado pelo fato de estar tudo em japonês, seus olhos acabaram pousando em algo familiar. Ele viu na capa de um livro o que parecia uma grade de palavras cruzadas com números, e embora a imagem fosse obviamente uma espécie de quebra-cabeça, ele não entendeu as regras de imediato. Mas comprou o livro mesmo assim, decidido a resolver aquilo mais tarde. Durante umas férias no Sul da Itália, ele repassou o enigma de trás para a frente até conseguir resolvê-lo. Gould tinha acabado de se aposentar como juiz em Hong Kong e estava ensinando a si mesmo como programar computadores, por isso resolveu tentar escrever um programa que gerasse Sudokus. Um programador de primeira teria feito isso em dias. Gould precisou de seis anos.

Porém o esforço foi recompensado, e em setembro de 2004 ele convenceu o *Conway Daily Sun*, de New Hampshire, a publicar um de seus enigmas. Foi um sucesso instantâneo. No mês seguinte ele decidiu abordar a imprensa britânica. Gould achou que a melhor maneira de lançar sua ideia era apresentar uma réplica do jornal do dia com o Sudoku já na página. Ele sabia o bastante sobre falsificação por conta de seus julgamentos em Hong Kong, por isso produziu uma reprodução convincente da segunda edição do *The Times* e o levou até o escritório central do matutino. Depois de esperar algumas horas na recepção, Gould mostrou seu falso jornal, e eles pareceram ter gostado. Na verdade, assim que ele saiu de lá, um executivo do *Times* mandou um e-mail a Gould pedindo que não mostrasse os enigmas do Sudoku para ninguém mais. Duas semanas depois o quebra-cabeça foi publicado pela primeira vez, e três dias depois o *Daily Mail* publicou sua própria versão. Em janeiro de 2005, o *Daily Telegraph* entrou no jogo, e algum tempo mais tarde todos os jornais da Inglaterra tinham de ter um quebra-cabeça diário para se igualar com a concorrência. Naquele mesmo ano o *Independent* registrou um aumento de 700% nas vendas de lápis no Reino Unido, atribuindo o fato àquela nova mania. No verão, prateleiras de livros sobre Sudoku surgiram em livrarias, bancas de jornais e aeroportos, não só no Reino Unido como ao redor do mundo. A certa altura de 2005, seis dos cinquenta livros mais vendidos na lista do *USA Today* eram títulos sobre Sudoku. No final do ano o quebra-cabeça tinha se espalhado para trinta países, e a revista *Time* elegeu Wayne Gould como uma das cem pessoas que mais haviam moldado o mundo naquele ano, ao lado de Bill Gates, Oprah Winfrey e George Clooney. No fim de 2006, os Sudokus estavam sendo publicados em sessenta países, e no final de 2007, em noventa. De acordo com Maki Kaji, o número de jogadores regulares de Sudoku atualmente passa de 100 milhões de pessoas.

Completar um quebra-cabeça é imensamente gratificante para o ego, mas parte da atração extra de completar um Sudoku é o equilíbrio e a beleza interna do perfeito quadrado latino que lhe dá sua forma. O sucesso do Sudoku é o legado de um fetiche antigo e multicultural por quadrados de números. E, ao contrário de muitos outros quebra-cabeças, seu sucesso é também uma notável vitória da matemática. O quebra-cabeça é matemática disfarçada. Embora não envolva aritmética, o Sudoku requer pensamento abstrato, reconhecimento de padrões, dedução lógica e geração de algoritmos. O enigma estimula ainda uma atitude agressiva na resolução de problemas e estimula uma apreciação da elegância da matemática.

Por exemplo, assim que você entende as regras do Sudoku, o conceito de *solução única* fica muito claro. Para cada distribuição inicial dos números na grade, existe apenas um arranjo final possível para preencher os espaços vazios. Mas isso não quer dizer que qualquer grade parcialmente preenchida tenha só uma solução. É perfeitamente possível que um quadrado 9 × 9 com alguns números preenchidos não tenha solução, assim como é possível que tenha muitas soluções. Quando a tevê Sky lançou um programa sobre Sudoku, eles projetaram o que foi definido como o maior Sudoku do mundo recortando uma grade de 275 × 275 numa colina de calcário no interior da Inglaterra. Mas os números apresentados foram dispostos de tal forma que havia 1905 maneiras válidas de completar o quadrado. O proclamado maior Sudoku do mundo não tinha uma solução única, e portanto não era um Sudoku de jeito nenhum.

O ramo da matemática que envolve o cálculo de combinações, como as 1905 soluções do falso Sudoku da tevê Sky, é chamado análise combinatória. É o estudo das permutações e combinações das coisas, como grades de números, mas serve também para organizar a rotina de vendedores ambulantes. Digamos, por exemplo, que sou um vendedor ambulante e tenho vinte lojas para visitar. Em que ordem devo visitá-las de forma que a distância total percorrida seja a mais curta? A solução, que exige que eu considere todas as permutações dos trajetos entre todas as lojas, é um problema combinatório clássico (e muito difícil). Problemas semelhantes ocorrem na indústria e no comércio, como na programação de horários de partida de voos em aeroportos ou no planejamento de um sistema de organização postal eficiente.

A análise combinatória é o ramo da matemática que mais habitualmente lida com números bastante grandes. Como vimos nos quadrados mágicos, um pequeno conjunto de números pode ser rearranjado de muitas e variadas maneiras. Embora ambos partilhem grades quadradas, há bem menos quadrados mágicos latinos do que quadrados mágicos para grades do mesmo tamanho, mas ainda assim o número de quadrados latinos é colossal. Por exémplo, o número de quadrados latinos de 9 × 9 tem 28 dígitos de comprimento.

Quantos Sudokus possíveis existem? Para que um quadrado latino de grade 9 × 9 seja uma grade de Sudoku, seus nove subquadrados também devem incluir todos os dígitos, o que reduz o total de Sudokus de quadrados 9 × 9 para 6 670 903 752 021 072 963 960. Muitas dessas grades, porém, são diferentes versões do mesmo quadrado refletido ou girado (como mostramos no quadrado mágico 3 × 3 na p. 239). Eliminando os quadrados resultantes de rotações e imagens no espelho, o número de grades de Sudoku diferentes e passíveis de resolução é de cerca de 5,5 bilhões.

Ainda assim, esse não é número total de Sudokus possíveis, que é muito maior, uma vez que cada grade concluída será a solução de muitos Sudokus. Por exemplo, um Sudoku publicado em um jornal tem apenas uma solução. Mas assim que você preenche um dos quadrados, está criando uma nova grade com um novo conjunto de dados ou, em outras palavras, um novo Sudoku com a mesma solução única, e assim por diante para cada quadrado que preencher. Então, se um Sudoku apresentar, digamos, trinta números, ainda poderemos criar outros cinquenta Sudokus com a mesma solução única até completarmos a grade. (Isso é um novo Sudoku para cada número extra, até existirem oitenta possibilidades na grade de 81 quadrados.) Encontrar o número total de Sudokus não é tão interessante, pois vamos perceber que a maioria deles tem grades com poucos espaços em branco restantes, o que não está no espírito do quebra-cabeça. Em vez disso, os matemáticos ficam mais empolgados com o número de dígitos que podemos deixar no quadrado. A questão número um de análise combinatória sobre o Sudoku é qual é a menor quantidade de números que podemos deixar no quadrado de forma a só haver uma maneira de preencher a grade?

Os Sudokus publicados nos jornais incluem em geral 25 números dados. Até agora, ninguém encontrou um Sudoku com uma só solução com menos de dezessete números dados. Na verdade, Sudokus de dezessete dicas inspiram algo como um culto combinatório. Gordon Royle, da Universidade do Oeste da Austrália, mantém um banco de dados de Sudokus de dezessete dicas, e todos os dias recebe três ou quatro propostas novas de aficionados de quebra-

-cabeças do mundo inteiro. Até agora ele já reuniu mais de 50 mil. Mas apesar de ser o maior especialista do mundo em quebra-cabeças de dezessete dicas, ele diz que não sabe o quão próximo está de descobrir o número total de enigmas possível. "Até pouco tempo eu teria dito que estávamos perto do fim, mas aí um contribuinte anônimo me mandou quase 5 mil novos", contou. "Não conseguimos descobrir como o 'anônimo dezessete' conseguiu fazer isso, mas com certeza teve a participação de algum algoritmo muito esperto."

Na opinião de Royle, ninguém até agora encontrou um Sudoku de dezesseis dicas "ou porque não somos inteligentes o bastante ou nossos computadores não são suficientemente potentes". O mais provável é que o "anônimo dezessete" não tenha revelado o seu método por estar usando um grande computador de alguma outra pessoa quando não deveria estar fazendo isso. A resolução de problemas combinatórios em geral depende do trabalho difícil de inserir os números em um computador. "O espaço total possível de um quebra-cabeças possível de dezesseis dicas é vasto demais para conseguirmos explorar mais do que uma minúscula proporção sem algumas novas ideias teóricas", afirmou Royle. Mas seu palpite é de que jamais será encontrado um Sudoku de dezesseis dicas, e acrescenta: "Já temos tantos enigmas de dezessete dicas no momento que seria um pouco estranho existir um de dezesseis dicas por aí sem que já não tivéssemos tropeçado nele".

O cartão de visita de Mai Kaji tem as palavras *Padrinho do Sudoku*. Wayne Gould se define como o Padrasto do Sudoku. Consegui afinal me encontrar com Gould para tomar um café numa *delicatessen* na zona oeste de Londres. Usava uma camiseta de rúgbi da Nova Zelândia e aparentava a atitude despreocupada típica dos antípodas. Gould tem um vão entre os dentes da frente, que, ao lado dos óculos grossos, do cabelo curto grisalho e do entusiasmo juvenil, me lembrou mais um jovem palestrante de universidade do que um ex-juiz. O Sudoku mudou a vida de Gould, que agora anda mais ocupado do que antes de se aposentar. Ele distribui quebra-cabeças de graça para mais de setecentos jornais em 81 países, e ganha dinheiro vendendo seus programas e livros, que diz representar só cerca de 2% do mercado global de Sudoku. Mesmo assim, o Sudoku já rendeu a ele uma fortuna de sete dígitos. E o transformou em uma celebridade. Quando perguntei o que mulher dele achava daquela fama inesperada, ele fez uma pausa. "Nós nos separamos o ano passado", respondeu hesitante. "Depois de 32 anos de casamento. Talvez tenha sido por eu ter ganhado todo esse dinheiro. Talvez isso tenha dado a ela a liberdade que nunca soube que tinha." No silêncio que se seguiu, a mensagem que ouvi foi de partir o coração: ele tinha lançado uma mania global, mas sua aventura custou um preço alto em termos pessoais.

Sempre pensei que uma das razões do sucesso do Sudoku fosse seu nome exótico, que combina com a aura romântica da sabedoria oriental superior, embora a ideia tenha surgido em Indiana com o americano Howard Garns. De fato, existe uma tradição de quebra-cabeças que vieram do Oriente. A primeira onda internacional de quebra-cabeças data do início do século xix, quando marinheiros europeus e norte-americanos que voltavam da China traziam com eles conjuntos de formas geométricas, em geral feitos de madeira ou marfim, com sete peças — dois grandes triângulos, dois pequenos triângulos, um triângulo de tamanho médio, um paralelogramo e um quadrado. Quando encaixadas, as peças formavam um quadrado maior. Acompanhavam os conjuntos livretos com dezenas de contornos de formas geométricas, figuras humanas e outros objetos. O objetivo do quebra-cabeça era utilizar as sete peças para criar dada silhueta impressa.

O quebra-cabeça era parte da tradição chinesa de arrumar a mesa para banquetes com formas diferentes. Um livro chinês do século xii mostrava 76 jogos para banquetes, muitos dos quais organizados para parecerem objetos, como uma bandeira tremulante, uma cadeia de montanhas e flores. Na virada do século xix, um escritor chinês com o divertido apelido de Dim-Witted Recluse [Recluso Obtuso] adaptou essa coreografia cerimonial para blocos geométricos do tamanho de dedos e publicou as figuras em um livro, *Pictures using seven clever pieces* [Imagens usando sete peças inteligentes].

Chamado originalmente de quebra-cabeça chinês, os conjuntos depois ganharam o nome de "tangram". O primeiro livro sobre quebra-cabeças de tangram a ser publicado fora da China foi impresso em Londres em 1817. De imediato, o livro desencadeou uma febre. Entre 1817 e 1818, dezenas de livros sobre tangram foram publicados na França, Alemanha, Itália, Holanda e Escandinávia. Os cartunistas da época captaram a nova mania retratando ho-

Figuras de tangram através dos tempos.

mens que não queriam ir para cama com as esposas, chefes de cozinha incapazes de cozinhar e médicos se recusando a atender pacientes por estarem ocupados demais rearranjando triângulos. A mania foi mais pronunciada na França, talvez porque um dos livros alegava que o quebra-cabeça era o divertimento favorito de Napoleão durante seu exílio na ilha de Santa Helena, no Atlântico Sul. O ex-imperador foi um dos primeiros adeptos em razão da parada que os navios franceses faziam na ilha ao retornarem da Ásia.

Eu adoro tangram. Homens, mulheres e animais ganham vida como num passe de mágica. Com um leve reposicionamento de apenas uma peça, a personalidade da figura muda inteiramente. Com seus contornos angulares e às vezes grotescos, as figuras são maravilhosas e sugestivas. Os franceses levaram essa personificação ao extremo ao chegar de fato a pintar imagens no interior das silhuetas.

É difícil acreditar o quanto o quebra-cabeça é envolvente antes de experimentá-lo. Na verdade, embora pareça fácil, resolver problemas de tangram pode ser surpreendentemente difícil. As formas podem enganar com facilidade, como quando duas silhuetas de aspecto semelhante têm estruturas subjacentes totalmente diferentes. O tangram pode servir de alerta contra a preguiça mental, lembrando que a essência dos objetos pode não ser sempre o que se vê pela primeira vez. Basta observar as figuras de tangram abaixo. A impressão é de que um pequeno triângulo foi removido da primeira para formar a segunda. Na verdade, as duas figuras fazem uso de todas as peças, sendo sim arranjadas de maneiras bem diferentes.

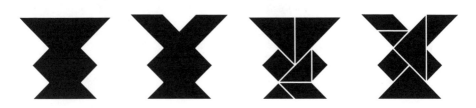

Em meados do século XIX, o tangram foi adotado por escolas, embora tenha continuado a ser um passatempo para os adultos. A empresa alemã Richter rebatizou o tangram com o nome de Kopfzerbrecher, ou arrebenta-cérebros, e devido ao sucesso do produto introduziu mais de uma dezena de quebra-cabeças com arranjos semelhantes e diferentes formas recortadas em diferentes peças. Durante a Primeira Guerra Mundial, os quebra-cabeças da Richter se tornaram uma diversão muito apreciada pelos soldados presos nas trincheiras. A demanda foi tão grande que outros dezoito quebra-cabeças foram lançados. Um deles chamava-se Schützengraben Geduldspiel — o jogo de paciência da trincheira — e continha formas militares como um zepelim, um revólver e uma granada. Algumas das figuras eram idealizadas por soldados, que mandavam suas ideias do front.

Os quebra-cabeças da Richter foram muito vendidos fora das fronteiras da Alemanha antes da eclosão da Primeira Guerra Mundial. Mas o Reino Unido proibiu as importações durante a guerra, e a necessidade dos britânicos de quebra-cabeças de montar foi afinal suprida pela Lott's Bricks Ltd., de Watford, que os produziu até os anos 1940.

Como cada geração vem criando novas figuras, o tangram não saiu da moda nos últimos duzentos anos. Ainda se pode comprar o quebra-cabeça em

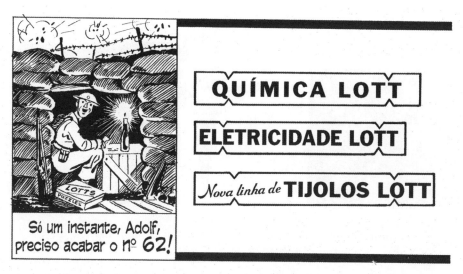

Anúncio dos quebra-cabeças em bloco da Lott durante a Segunda Guerra Mundial.

livrarias e lojas de brinquedos. O número de livros publicados sobre o assunto está bem próximo dos 6 mil.

Apesar da associação com quebra-cabeças desse tipo, o tangram não foi o primeiro enigma de arranjos visuais do mundo. Na Grécia antiga, o *stomachion* seguia as mesmas linhas, com um quadrado dividido em catorze peças. (*Stomachi* quer dizer "estômago", e consta que o nome seja o resultado da dor de barriga induzida pelo quebra-cabeça, mas não por ingerir as peças.) Arquimedes escreveu um tratado sobre o *stomachion*, mas apenas uma fração de seu trabalho sobreviveu. Baseado nesse fragmento, sugeriu-se que o tratado foi uma tentativa de calcular as posições distintas que as peças do *stomachion* podiam assumir para formar um quadrado perfeito. Só recentemente esse antigo problema foi resolvido. Em 2003, o cientista de computação Bill Cutler descobriu que existem 536 posições (excluindo soluções idênticas envolvendo rotações ou reflexões.)

Desde a época de Arquimedes, o interesse por quebra-cabeças recreativos tem sido um traço compartilhado por muitos matemáticos. "O homem nunca foi mais engenhoso do que na invenção de jogos", disse Gottfried Leibniz, por exemplo, cujo amor pelo jogo Resta Um combinava com sua obsessão por nú-

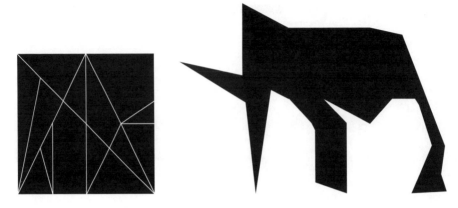

O stomachion, também conhecido como o "lóculo de Arquimedes".

meros binários: um furo pode estar com um pino ou não, ou é 1 ou é 0. Porém, o mais brincalhão de todos os matemáticos foi Leonhard Euler, que inventou um novo ramo da matemática para decifrar um enigma do século XVIII.

Em Königsberg, a ex-capital da Prússia, atual Kaliningrado, sete pontes atravessavam o rio Pregel. Os habitantes locais queriam saber como seria possível fazer um trajeto que passasse pelas sete pontes sem atravessar uma delas mais de uma vez.

Para demonstrar que um trajeto desse tipo era impossível, Euler criou um gráfico em que cada porção de terra era representada por um ponto, ou nódulo, e cada ponte por uma linha, ou ligação. Depois elaborou um teorema que relacionava o número de ligações que passava por cada nódulo para saber se era possível fazer o trajeto do gráfico, o que nesse caso se mostrou impossível.

O salto conceitual dado por Euler foi perceber que o importante para resolver o problema não era a informação sobre a posição exata das pontes, mas como elas se ligavam. O mapa do metrô de Londres utilizou essa ideia, e embora não geograficamente exato, é fiel à maneira como as linhas do metrô se interligam. O teorema de Euler inaugurou a teoria gráfica e pressagiou o desenvolvimento da topologia, uma área muito fértil da matemática que estuda as propriedades de objetos que não se alteram quando são comprimidos, distorcidos ou alongados.

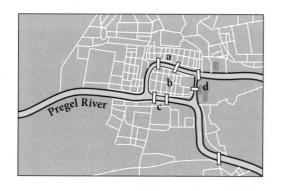
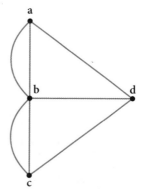

Königsberg no século XVIII: no mapa e como gráfico.

O fascínio por tangrams em 1817 não foi nada em comparação com o extraordinário nível de entusiasmo gerado pela segunda febre internacional por quebra-cabeças no mundo. Quando o quebra-cabeça Fifteen foi lançado em uma loja de brinquedos em Boston, em dezembro de 1879, os fabricantes não conseguiram atender toda a demanda. "Nem a testa enrugada pela idade nem a sobrancelha querúbica da infância são provas contra o contágio", declarou o *Boston Post*.

O quebra-cabeça Fifteen consistia de quinze blocos quadrados de madeira posicionados numa moldura quadrada de modo a formar um quadrado 4 × 4 com um espaço vago. Os blocos eram numerados de 1 a 15 e inseridos na moldura de forma aleatória. O objetivo do quebra-cabeça era posicionar os blocos em ordem numérica deslizando-os no quadrado 4 × 4 usando o espaço vazio. Jogar Fifteen era tão divertido e viciava tanto que a moda logo se alastrou de Massachusetts para Nova York e depois por todos os Estados Unidos. "Atravessou o território de leste a oeste com a violência do siroco, chamuscando o cérebro dos homens em sua passagem e tornando todos temporariamente insanos", anunciou o *Chicago Tribune*. Segundo o *New York Times*, nenhuma pestilência "que tenha atingido este ou qualquer outro país difundiu-se com [tão] assustadora celeridade".

O quebra-cabeça logo atravessou os mares, e uma loja em Londres não vendia nada além do Fifteen. Em seis meses já havia chegado ao outro lado do mundo. "Não foram poucos os que enlouqueceram por isso", afirmou uma carta enviada ao *Otago Witness*, na Nova Zelândia, em 1º de maio de 1880.

O quebra-cabeça Fifteen era conhecido inicialmente como Gem.

O quebra-cabeça Fifteen foi criação de Noyes Chapman, um agente do correio do estado de Nova York que havia quase duas décadas tentava construir um modelo físico de um quadrado mágico 4 × 4. Ele construiu quadrados de madeira para cada um dos dezesseis números e os encaixou numa bandeja quadrada. Quando percebeu que se deixasse um bloco de fora conseguiria espaço para deslizar quaisquer blocos adjacentes para outro lugar, ele viu que a tentativa de rearranjar os números poderia ser um jogo particularmente divertido. Chapman fez algumas versões para a família e para os amigos, mas nunca tirou proveito de sua invenção. Só quando um astuto carpinteiro de Boston resolveu comercializar o produto é que o passatempo finalmente decolou.

O Fifteen era particularmente torturante para quem tentasse completá-lo, pois às vezes podia ser resolvido e às vezes, não. Quando os blocos eram encaixados de forma aleatória na moldura, parecia haver dois resultados: ou eles podiam ser rearranjados na ordem numérica, ou só podiam ser rearranjados com as três primeiras linhas em ordem, mas com a última linha apresentando o resultado 13-15-14. A loucura foi alimentada em parte pelo desejo de fazer o possível para passar do 13-15-14 para o 13-14-15. Em janeiro de 1890, poucas semanas antes de o primeiro quebra-cabeça ser posto à venda, um dentista de Rochester, em Nova York, publicou um anúncio no jornal local oferecendo um prêmio de cem dólares e uma dentadura para quem provasse que o quebra-cabeça era ou não impossível. Ele achava que era impossível — mas precisava de uma ajuda com a matemática.

A perplexidade diante do Fifteen espalhou-se dos lares para os saguões da academia, e quando os profissionais se envolveram no assunto o quebra-cabeça deixou de ser um insolúvel indutor de insanidade e se tornou algo insolúvel de forma aceitável. Em abril de 1890, Hermann Schubert, um destacado matemático da época, publicou em um jornal alemão a primeira prova de que o 13-15-14 era uma posição insolúvel. Pouco depois, o recém-fundado *American Journal of Mathematics* também publicou uma prova, confirmando que metade do total de todas as posições iniciais do quebra-cabeça Fifteen produzia a solução final 13-14-15, e que metade terminava em 13-15-14. O Fifteen continua sendo a única mania internacional em que o quebra-cabeça nem sempre tem uma solução. Não admira que deixasse as pessoas malucas.

À semelhança do tangram, o Fifteen não desapareceu por completo, sendo na verdade o precursor dos quebra-cabeças de peças móveis ainda hoje encontrados em lojas de brinquedos, oferecidos como brindes natalinos e de empresas. Em 1974, enquanto pensava em modos de aperfeiçoar o quebra-cabeças, ocorreu a um hungáro a ideia de o reinventar em três dimensões. Ernö Rubik, o hungáro, fez então o protótipo do que seria o Cubo de Rubik, o cubo mágico, que acabou por se tornar o quebra-cabeça de maior popularidade na história.

Em seu livro *The puzzle instinct* [O instinto do quebra-cabeça], de 2002, o semiótico Marcel Danesi escreveu que a capacidade intuitiva de resolver quebra-cabeças faz parte da condição humana. Quando estamos diante de um quebra-cabeça, ele explicou, nossos instintos nos motivam a encontrar uma solução até nos sentirmos satisfeitos. Da esfinge que fazia perguntas na mitologia grega até as histórias de mistério, os quebra-cabeças têm sido um aspecto comum ao longo do tempo nas culturas. Danesi argumenta que eles são uma forma de terapia existencial que nos ensina que questões desafiadoras podem ter soluções precisas. Henry Ernest Dudeney, o maior compilador de quebra-cabeças da Grã-Bretanha, definiu a solução de enigmas como parte da natureza humana. "O fato é que muito tempo de nossas vidas é passado na resolução de enigmas; pois o que é um enigma se não uma pergunta que nos deixa perplexos? E desde a nossa infância estamos sempre fazendo perguntas ou tentando respondê-las."

Enigmas são também uma forma concisa e maravilhosa de transmitir o fator "uau" da matemática. Em geral requerem um pensamento lateral, ou dependem de verdades que vão contra a intuição. A sensação de realização obtida com a solução de um enigma é um prazer que pode viciar; a sensação de fracasso por não resolver é frustrante de uma forma quase insuportável. As editoras logo perceberam que a matemática divertida tinha mercado. Em 1612, foi lançado na França o livro *Problèmes plaisans et délectables, qui se font par les nombres* (*très utiles pour toutes sortes de personnes curieuses qui se servent d'arithmétique*) [Problemas agradáveis e deleitáveis que se pode ter com números (muito útil para todos os tipos de pessoas curiosas que usam a aritmética)], de Claude Gaspard Bachet. Incluía seções com quadrados mágicos, truques com cartas de baralho, questões em bases não decimais e problemas do tipo "pense em um número". Bachet era um acadêmico sério, que traduziu o *Arithmetica* de Diofanto. Mas seu popular livro sobre matemática pode ter sido mais influente que seu trabalho acadêmico. Todos os livros subsequentes sobre enigmas têm um débito com esse trabalho, que se manteve importante por séculos e foi republicado recentemente, em 1959. Um dos aspectos que define a matemática, mesmo a recreativa, é que ela nunca sai de moda.

Em meados do século XIX os jornais norte-americanos começaram a publicar problemas de xadrez. Um dos primeiros criadores desses problemas, e o mais precoce, foi Sam Loyd. O nova-iorquino Loyd tinha apenas catorze anos de idade quando teve seu primeiro enigma publicado em um jornal local. Aos dezessete já era o mais bem-sucedido e celebrado criador de problemas de xadrez dos Estados Unidos.

Loyd passou do xadrez para enigmas matemáticos, e no final do século tornou-se o primeiro compilador profissional de enigmas e empresário teatral. Escreveu muito na imprensa dos Estados Unidos e afirmou certa vez que suas colunas atraíam 100 mil cartas por dia. Mas deve-se dar um desconto a esse número. Loyd cultivava o tipo de atitude de galhofa em relação à verdade que se poderia esperar de um enigmista profissional. Para começar, ele afirmou ter inventado o quebra-cabeça Fifteen, o que foi aceito como verdade por mais de um século, até que em 2006 os historiadores Jerry Slocum e Dic Sonneveld rastrearam o verdadeiro criador do quebra-cabeça: Noyes Chapman. Loyd também reviveu o interesse pelo tangram com seu *The 8th book of tan Part I*, uma versão sobre um antigo texto que discorria sobre a suposta história de 4 mil anos do quebra-cabeça. O livro era uma farsa, embora tenha de início sido levado a sério pelos acadêmicos.

Loyd tinha um talento singular para transformar problemas matemáticos em enigmas divertidos, sempre ilustrados de forma original. Sua criação mais genial foi inventada para o *Broklyn Daily Eagle* em 1896. O quebra-cabeça Get off the Earth [Saia da Terra] tornou-se tão popular que depois foi adotado como truque publicitário por várias marcas, inclusive pelo *The Young Ladies Home Journal*, pela Great Atlantic & Pacific Tea Company e pela plataforma do Partido Republicano na eleição presidencial de 1896. (Embora sua mensagem não fosse uma promessa de campanha.) O quebra-cabeça é uma imagem de guerreiros chineses posicionados ao redor da Terra, representada por um disco de papelão que pode ser girado ao redor do centro. Quando a seta está apontando para o nordeste, existem treze guerreiros, mas se girarmos o disco até a seta apontar para o noroeste, só enxergamos doze guerreiros. O quebra--cabeça confunde a cabeça. Existem mesmo treze guerreiros, e depois — num átimo — só doze. Qual é o guerreiro desaparecido e para onde ele foi?

O truque desse quebra-cabeça é conhecido como desaparecimento geométrico. Pode também ser demonstrado da seguinte maneira. A imagem na p. 258 mostra um pedaço de papel com dez linhas verticais. Quando o pedaço de papel é cortado pela diagonal, as duas seções podem ser realinhadas de forma que restem apenas nove linhas. Para onde foi a décima linha? O que aconteceu é que os segmentos foram rearranjados para formar nove linhas mais *longas* que a original. Se as linhas na primeira imagem têm um comprimento de dez unidades, o comprimento das linhas da segunda imagem terão $11 \frac{1}{9}$ unidades, pois uma das linhas originais foi dividida em partes iguais entre as outras nove.

O que Loyd fez com Get off the Earth foi adaptar o desaparecimento geométrico para uma forma circular e usar os guerreiros no lugar das linhas. Existem doze posições em seu quebra-cabeça, semelhantes às dez linhas no exemplo a seguir. A posição no canto inferior esquerdo, onde originalmente existem dois guerreiros, é equivalente às linhas finais do desaparecimento geométrico. Quando a seta é movida do nordeste para o noroeste, todas as posições ganham mais um pedaço de guerreiro, menos a posição com dois guerreiros, que encolhe

drasticamente e dá a impressão de que um guerreiro inteiro desapareceu. Na verdade, ele só foi redistribuído entre os outros. Sam Loyd afirmou que foram produzidas 10 milhões de cópias de Get off the Earth. Loyd ficou rico e famoso, saboreando sua reputação de rei dos enigmas nos Estados Unidos.

Enquanto isso, na Grã-Bretanha, Henry Ernest Dudeney adquiria reputação semelhante. Se a impudência capitalista e o dom para a autopromoção refletiam a Nova York agressiva da virada do século, Dudeney encarnava o estilo de vida mais reservado dos ingleses.

De uma família de criadores de ovelhas de Sussex, aos treze anos Dudeney começou a trabalhar como escriturário no serviço público em Londres. Entediado com o emprego, começou a apresentar contos e enigmas para várias publica-

ções. Acabou conseguindo se dedicar ao jornalismo em tempo integral. Sua esposa, Alice, escrevia *best-sellers* românticos sobre a vida na Sussex rural — onde, graças aos seus royalties, o casal pôde viver no luxo. Dividindo seu tempo entre Londres e o interior, os Dudeney faziam parte de uma paisagem literária e intelectual que incluía sir Arthur Conan Doyle, o criador de Sherlock Holmes, talvez o mais icônico solucionador de enigmas em toda a literatura.

Acredita-se que Dudeney e Sam Loyd tenham entrado em contato pela primeira vez em 1894, quando Loyd apresentou um problema de xadrez convicto que ninguém descobriria sua solução com 53 movimentos. Dudeney, então dezessete anos mais novo que Loyd, encontrou uma solução com cinquenta movimentos. Depois disso os dois colaboraram entre si, mas tudo acabou quando Dudeney descobriu que Loyd estava plagiando seu trabalho. Dudeney tinha tal desprezo por Loyd que o comparava ao Diabo.

Embora tanto Loyd como Dudeney fossem autodidatas, Dudeney tinha uma mente matemática mais refinada. Muitos de seus enigmas abordavam problemas profundos — às vezes antecipando interesses acadêmicos. Em 1962, por exemplo, o matemático Mei-Ko Kwan estudou um problema sobre o trajeto que um carteiro deveria fazer em uma grade de ruas para caminhar por todas as ruas percorrendo a menor rota possível. Dudeney havia montado — e resolvido — o mesmo problema em um enigma sobre um inspetor de minas andando por galerias subterrâneas quase cinquenta anos antes.

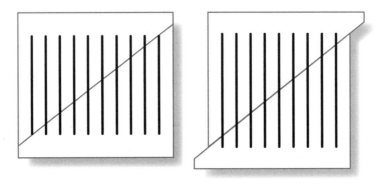

Desaparecimento geométrico: dez linhas se transformam em nove.

Dudeney fez também contribuições não intencionais à teoria dos números. Um de seus enigmas, chamado Root Extraction [Extração da raiz], joga com o fato de a raiz cúbica dos seguintes números serem também iguais à soma dos dígitos que os formam:

$1 = 1 \times 1 \times 1$	$1 = 1$
$512 = 8 \times 8 \times 8$	$8 = 5 + 1 + 2$
$4913 = 17 \times 17 \times 17$	$17 = 4 + 9 + 1 + 3$
$5832 = 18 \times 18 \times 18$	$18 = 5 + 8 + 3 + 2$
$17\,576 = 26 \times 26 \times 26$	$26 = 1 + 7 + 5 + 7 + 6$
$19\,683 = 27 \times 27 \times 27$	$27 = 1 + 9 + 6 + 8 + 3$

Números com essa propriedade — e só existem seis deles — são agora conhecidos como números de Dudeney. Outro forte de Dudeney era a dissecção geométrica, que acontece quando uma figura é cortada em pedaços e rearranjada de outra forma, semelhante ao princípio do tangram. Dudeney encontrou uma maneira de converter um quadrado em um pentágono em seis peças. Seu método se tornou um clássico popular, pois durante muitos anos pensou-se que a dissecção mínima para transformar um quadrado em um pentágono exigisse sete peças.

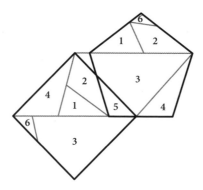

Dudeney descobriu também uma nova maneira de recortar um triângulo e transformá-lo em um quadrado em quatro peças. E percebeu que, se as quatro peças de sua solução fossem articuladas, poderiam ser organizadas em uma corrente — tal que dobrada para um lado origina um triângulo, e para o outro, um quadrado. Ele chamou o quebra-cabeça de Haberdasher's Puzzle [Enigma do armarinho], pois as formas pareciam retalhos que poderiam constar de uma loja de miudezas. O enigma introduziu o conceito de "dissecção articulada", e provocou tanto interesse que Dudeney construiu um em mogno com dobradiças de latão e apresentou-o durante uma reunião da Royal Society em Londres, em 1905. O Haberdasher's Puzzle foi o grande legado de Dudeney, e vem fascinando e deliciando matemáticos há mais de um século.

Uma das mentes que se encantou de forma especial com o Haberdasher's Puzzle foi a do adolescente canadense Erik Demaine. Demaine, tão prodigioso que com vinte anos já era professor no MIT, estava interessado sobretudo pela "universalidade" do problema. Seria possível, ponderou, dissecar *qualquer* forma com lados retos e depois articular as peças em uma corrente de forma que

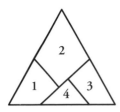

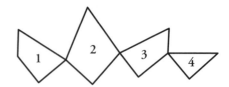

O Haberdasher's Puzzle.

pudesse ser dobrada em *qualquer outra* forma de lados retos com a mesma área? Ele passou dez anos trabalhando no problema até que, em março de 2008, com 27 anos de idade, anunciou a solução para uma audiência muito receptiva de amantes de quebra-cabeças no salão de festas de um hotel em Atlanta.

Alto e magro, com uma barba rala e um rabo de cavalo, Demaine projetou uma imagem do Haberdasher's Puzzle numa grande tela e disse que fora há pouco que havia decidido encarar o problema com seus alunos de PhD. "Eu não acreditei que era verdade", declarou. Contrariando suas expectativas, porém, ele e seus alunos descobriram que é possível transformar qualquer polígono em outro polígono de área igual a partir de uma dissecção ao estilo do Haberdasher's Puzzle. A plateia começou a aplaudir — um acontecimento raro nas camadas superiores da geometria computacional. Mas na terra dos quebra-cabeças isso é a maior novidade que se pode viver — a solução para um problema icônico por uma das mentes mais brilhantes de sua geração.

A conferência de Atlanta, chamada Gathering for Gardner [Reunião para Gardner], era a plateia mais receptiva possível para a palestra de Demaine. O Gathering é a maior festa para matemáticos, mágicos e adeptos de enigmas. É uma homenagem bienal ao homem que revolucionou a matemática recreativa na segunda metade do século passado. Martin Gardner, então com 93 anos de idade, teve uma coluna mensal sobre matemática na revista *Scientific American* entre 1957 e 1981. Foi um período de grandes avanços científicos — viagens espaciais, genética e tecnologia da informação —, mas foi a prosa vívida e lúcida de Gardner que realmente cativou a imaginação dos leitores. Sua coluna cobria assuntos que iam de jogos de tabuleiro a truques de mágica, de numerologia aos primeiros jogos de computador, e às vezes se aventurava em áreas tangenciais como linguística e design. "Eu achava que [Gardner] tinha pela matemática o respeito lúdico que costuma se perder nos círculos matemáticos", disse Demaine quando conversei com ele depois da palestra. "As pessoas tendem a ser sérias demais. Meu objetivo é tornar tudo o que faço divertido."

Quando garoto, Demaine foi apresentado à coluna de Gardner pelo pai, que era soprador de vidro e escultor. Os Demaine, que costumavam publicar artigos sobre matemática a quatro mãos, incorporavam o espírito interdisciplinar de Gardner. Erik é um dos pioneiros do origami computacional, um campo tanto matemático quanto artístico, e alguns de seus modelos de origami foram expostos no Museu de Arte Moderna de Nova York. Demaine considera a arte e a matemática atividades paralelas, que partilham uma "estética de simplicidade e beleza".

Em Atlanta, Demaine não explicou para a plateia os detalhes de sua demonstração da universalidade das dissecções ao estilo do Haberdasher's Puzzle, mas disse que nem sempre é fácil dissecar um polígono de forma a rearranjá-lo e articulá-lo para formar outro polígono — e com frequência será completamente impraticável. Demaine está agora aplicando seu trabalho teórico em dissecções articuladas para construir robôs que se transformam de uma forma para outra com dobraduras — assim como os heróis dos quadrinhos e da franquia cinematográfica *Transformers*, em que os robôs se transformam em diferentes tipos de máquinas.

Essa conferência foi a oitava Gathering for Gardner, ou G4G, e o logotipo, desenhado por Scott Kim, é conhecido como uma inversão, ou ambigrama.

Se você virar o logotipo de cabeça para baixo, a leitura será exatamente a mesma. Kim, um cientista computacional que se tornou projetista de quebra-cabeças, inventou esse estilo de caligrafia simétrica nos anos 1970. Os ambigramas não precisam permanecer iguais quando girados 180 graus — qualquer simetria, ou escrita oculta, funciona.

O escritor Isaac Asimov chamou Kim de "o Escher do alfabeto", comparando-o ao artista plástico holandês que brincava com a perspectiva e a simetria para criar imagens contraditórias, a mais famosa sendo a dos degraus que parecem subir e subir até chegarem onde começam. Outra semelhança entre Escher e Kim é que seus trabalhos só chegaram a um público de massa graças a Martin Gardner.

Os ambigramas foram concebidos de forma independente e na mesma época pelo tipógrafo e artista John Langdon. Os matemáticos têm especial predileção por esse tipo de escrita, por ser uma versão espirituosa de suas buscas por parâmetros e simetria. O escritor Dan Brown conheceu os ambigramas com o pai, Richard Brown, professor de matemática. Dan Brown contratou Langdon para desenhar o termo Anjos & Demônios na forma de um ambigrama para seu livro do mesmo título, e batizou o personagem principal de Robert Langdon em sua homenagem. Langdon reapareceu como o herói em *O código Da Vinci* e o *O símbolo perdido*. Os ambigramas encontraram também outro nicho como arte corporal. Os floreios quase góticos, em geral usados para conferir simetria, além da energia mística de se ler um nome de trás para a frente e da frente para trás, de cabeça para baixo ou na posição normal, encaixou-se perfeitamente com a estética das tatuagens.

Na G4G era impossível deixar de pensar que a matemática é uma arma contra a senilidade. Muitos dos convidados tinham mais de setenta anos — alguns tinham mais de oitenta, ou mesmo noventa. Há mais de meio século Gardner se corresponde com milhares de leitores, muitos deles matemáticos famosos, e alguns se tornaram bons amigos. Raymond Smullyan, com 88 anos, é o maior perito do mundo em paradoxos lógicos. Assim ele iniciou sua palestra: "Antes de começar a falar, há algo que eu quero dizer". Esbelto e dono de uma elegância descuidada, com cabelos brancos esvoaçantes e uma barba rala, Smullyan estava sempre entretendo convidados no piano do hotel. Também realizava truques de mágica para surpresos transeuntes e, durante um jantar, fez a plateia rolar de rir com um número humorístico de palco.

Aos 76 anos, Solomon Golomb tinha menos energia física do que Smullyan, mas era capaz de conversar sem falar em paradoxos. Evocando a imagem de um avô de fala mansa, Golomb fez importantes descobertas em comunicações espaciais, matemática e engenharia eletrônica. Com a ajuda de Martin Gardner, contribuiu também para a cultura pop global. No início de sua carreira acadêmica, Golomb teve a ideia dos poliminós, que são dominós

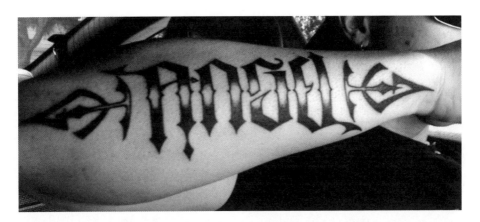

Nesta tatuagem desenhada por Mark Palmer, angel [anjo] *se transforma em* devil [demônio] *quando de cabeça para baixo.*

compostos por mais de dois quadrados. Um triminó é feito de três, um tetraminó é formado por quatro e assim por diante. Uma coluna escrita por Gardner sobre como encaixá-los provocou tanto interesse internacional que o livro de Golomb, *Poliminós*, foi traduzido para o russo e se tornou um *best-seller*. Um de seus fãs desenvolveu um jogo envolvendo tetraminós cadentes. Esse jogo, o tetris, se tornou um dos jogos de computador mais adorados e perenes. Golomb, claro, nunca jogou tetris por mais de meia hora.

Outro presente ao encontro, Ivan Moscovich, era a imagem escarrada de um Vincent Price mais velho. Impecável num elegante terno escuro, tinha os olhos cintilantes, um bigode em forma de pincel e a cabeça tomada por cabelos grisalhos penteados para trás. Para Moscovich, a grande atração dos enigmas é o pensamento criativo que eles exigem. Ele nasceu no que hoje é a Sérvia, e durante a Segunda Guerra Mundial foi prisioneiro em dois campos de concentração, Auschwitz e Bergen-Belsen. Moscovich acredita que conseguiu sobreviver graças à sua criatividade inata — estava constantemente criando situações que o acabavam salvando. Depois da guerra, tornou-se um operoso inventor de enigmas. Gosta de pensar sempre em soluções inusitadas, para contornar o inevitável. A motivação para continuar sempre em busca de novas ideias, disse, foi um efeito posterior do trauma de sua fortuita escapada.

Moscovich tem cerca de 150 quebra-cabeças licenciados e produzidos na última metade do século e compilou um livro de enigmas que foi considerado a maior coletânea desde a era de Loyd e Dudeney. Agora com 82 anos, ele apresenta sua última criação: um quebra-cabeça de peças móveis chamado You and Einstein. A ideia do jogo é deslizar as peças ao redor de uma grade quadrada para criar uma imagem de Einstein. A grande sacada de Moscovich é que cada bloco tem um espelho inclinado que reflete a caixa, de forma que o que você acha que é o bloco é na verdade o reflexo de outra coisa. Moscovich me disse que está entusiasmado com a possibilidade do You and Einstein se tornar um sucesso global.

O sonho de Moscovich, como o de todos no ramo, é, claro, criar uma nova mania por quebra-cabeças. Houve apenas quatro vogas internacionais de quebra-cabeças com cunho matemático: o tangram, o Fifteen, o Cubo de Rubik e o Sudoku. Até agora, o Cubo foi o mais lucrativo. Mais de 300 milhões foram vendidos desde que Ernö Rubik surgiu com essa ideia, em 1974. Além do sucesso comercial, o vistoso cubo colorido é um chamariz constante na cultura popular. É algo sem comparação no ramo dos quebra-cabeças, e não surpreende ter marcado presença no G4G 2008. Uma palestra sobre um Cubo de Rubik em quatro dimensões provocou muitos aplausos seguidos.

O Cubo de Rubik original é um conjunto com dimensões $3 \times 3 \times 3$ formado por 26 cubos menores, ou cubinhos. Cada "fatia" horizontal ou vertical pode girar de forma independente. Depois que os cubinhos são embaralhados, o objetivo é girar as fatias de forma que cada face do cubo seja composta por cubinhos da mesma cor. São seis cores, uma para cada face. Moscovich me contou que Ernö Rubik era duplamente brilhante. Não só a ideia do cubo foi um golpe de gênio, como também a forma como encaixou os blocos foi um trabalho fantástico de engenharia. Quando você desmonta um Cubo de Rubik, não existe um dispositivo mecânico segurando todas as peças — cada cubinho contém um pedaço de uma esfera no centro, que faz a ligação.

Como objeto, o cubo é muito atraente. É um sólido platônico, uma forma que conserva seu status místico e icônico desde pelo menos a Grécia antiga. O nome da marca é também um sonho: envolvente, com deliciosas assonâncias e consonâncias. O Cubo de Rubik apresenta ainda um exotismo oriental, desta vez não da Ásia, mas da Europa Oriental pós-Guerra Fria. Soava como Sputnik, a primeira grande sensação da tecnologia espacial soviética.

Outro ingrediente de seu sucesso foi o fato de que, mesmo sendo de difícil solução, o desafio não afastou as pessoas. Graham Parker, um empreiteiro de Hampshire, o guardou durante 26 anos até realizar o seu sonho. "Cheguei a perder compromissos importantes para ficar em casa tentando resolver o enigma, e ficava acordado até tarde da noite pensando a respeito", falou, depois de passar estimadas 27 400 horas com o cubo. "Quando encaixei o último pedaço no lugar e todas as faces estavam de uma cor só, chorei. Nem sei expressar o alívio que senti." Os que resolveram o problema em um período mais curto sempre queriam resolver de novo, porém dessa vez mais depressa. Reduzir o recorde na solução do Cubo de Rubik se tornou um esporte competitivo.

Mas essa modalidade, o Speedcubing, só decolou no ano 2000. Uma das razões para isso foi um esporte ainda mais esquisito do que medir o tempo de solução de quebra-cabeças mecânicos. Speedstacking é a prática de empilhar copos de plástico, em padrões estabelecidos, no menor espaço de tempo possível. É algo que é simultaneamente torturante e espantoso — os empilhadores mais velozes se movem tão depressa que parecem estar pintando o ar com plástico. O esporte foi inventado na Califórnia nos anos 1980, como forma de melhorar a coordenação entre os olhos e a mão de crianças e para manter a boa forma geral. Consta que 20 mil escolas no mundo todo incluem agora esse jogo em seus currículos educacionais. O esporte usa esteiras especializadas com um sensor de toque ligado a um cronômetro. Essas esteiras propiciaram à comunidade adepta do Speedcubing o primeiro método padronizado para medir o tempo transcorrido para resolver o cubo e agora elas são usadas em todas as competições.

Mais ou menos toda semana, alguém em algum lugar do mundo organiza um torneio oficial de Speedcubing. Para garantir que a posição de partida seja difícil o bastante nessas competições, o regulamento estipula que os cubos devem ser misturados numa sequência de movimentos aleatórios gerada por um programa de computador. O atual recorde, de 7,08 segundos, foi estabelecido em 2008 por Erik Akkersdijk, um estudante holandês de dezenove anos. Akkersdijk também é recordista do cubo $2 \times 2 \times 2$ (0,96 segundo), do cubo $4 \times 4 \times 4$ (40,05 segundos) e do cubo $5 \times 5 \times 5$ (1 minuto e 16,21 segundos). Ele consegue também resolver o Cubo de Rubik com os pés, e seu tempo, de 51,36 segundos, é o quarto melhor do mundo. Mas Akkersdijk precisa melhorar muito seu desempenho na solução do cubo usando uma só mão (33º do mundo) e com os olhos vendados (43º). As regras para a resolução de olhos vendados são as seguintes: o tempo começa a correr quando o cubo é mostrado ao competidor, quando ele deve estudá-lo antes de ser vendado. Quando achar que resolveu, diz ao juiz para parar o cronômetro. O recorde atual, de 48,05 segundos, foi estabelecido por Ville Seppänen, da Finlândia, em 2008. Outras práticas do Speedcubing incluem resolver o Cubo de Rubik numa montanha-russa, debaixo d'água, com palitinhos japoneses, passeando de monociclo e em queda livre.

A categoria mais matematicamente interessante de resolução do cubo é a de como resolver o problema com o menor número de movimentos possível. Os competidores recebem um cubo oficialmente embaralhado e têm sessenta minutos para estudar a posição antes de descrever a menor sequência que puder imaginar para a resolução. Em 2009, Jimmy Coll, da Bélgica, conseguiu bater o recorde mundial: 22 movimentos. Mas isso representa apenas quantos movimentos um ser humano inteligente precisou para resolver um cubo embaralhado depois de pensar na solução durante sessenta minutos. Será que ele conseguiria fazer isso com menos movimentos ainda se tivesse pensado durante sessenta horas? A questão que mais tem intrigado os matemáticos envolvendo o Cubo de Rubik é a seguinte: qual é o menor número de movimentos, n, de forma que qualquer configuração possa ser resolvida em n movimentos ou menos? Como um indicativo de reverência, nesse caso n foi apelidado de "o número de Deus".

Calcular o número de Deus é extremamente complexo, porque os números são muito grandes. Existem cerca de 43×10^{18} (ou 43 seguido de dezoito zeros) posições no cubo. Se cada posição do cubo fosse empilhada uma sobre a outra, a torre de cubos faria uma viagem de ida e volta até o Sol 8 milhões de vezes. Levaria muito tempo para analisar cada posição uma a uma. Em vez disso, os matemáticos têm estudado subgrupos de posições. Tomas Rokicki, que vem estudando o problema há cerca de duas décadas, analisou uma coleção de 19,5 bilhões de posições relacionadas e encontrou formas de resolvê-las em vinte movimentos ou menos. Recentemente ele estudou cerca de 1 milhão de coleções semelhantes, cada uma contendo 19,5 bilhões de posições, e mais uma vez chegou à conclusão de que vinte movimentos são o suficiente para uma solução. Em 2008 ele demonstrou que todas as demais posições do Cubo de Rubik estão apenas dois movimentos além de uma posição de suas coleções, estabelecendo um limite máximo de 22 para o número de Deus.

Rokicki está convencido de que o número de Deus é vinte. "Até agora eu resolvi aproximadamente 9% de todas as posições do cubo, e nenhuma requereu mais de 21 movimentos. Se houver algumas posições que exijam 21 ou mais movimentos, elas são excepcionalmente raras." O desafio de Rokicki não é tanto teórico como também logístico. A análise de séries de posições do cubo utiliza uma capacidade de memória de computador incrível. "Com minha técnica atual, eu precisaria de mil computadores modernos durante mais ou menos um ano para provar [que o número de Deus] é vinte", afirmou.

Faz tempo que a matemática do cubo tornou-se um passatempo para Rokicki. Quando perguntei-lhe se nunca pensou em estudar a matemática de outros quebra-cabeças, como o Sudoku, ele brincou: "Não tente me distrair com outros problemas lustrosos. A matemática do cubo já é um grande desafio".

Ernö Rubik ainda vive na Hungria e raramente concede entrevistas. Mas consegui me encontrar em Atlanta com um de seus ex-alunos, Dániel Erdély, em uma sala do hotel reservada para "objetos matemáticos". Modelos de origami, figuras geométricas e elaborados quebra-cabeças estavam sobre as mesas. Erdély estava lá procurando suas próprias criações: objetos azuis-claros do tamanho de bolas de críquete, sulcados por intricados padrões e espirais. Erdély os tratava com a afeição que um tratador de cães teria com a ninhada de filhotes. Pegou um deles na mão, apontou para a paisagem cristalina do pequeno planeta e disse: "*Spidrons*".

Erdély, assim como Rubik, não é matemático. Rubik é arquiteto, e Erdély é um artista gráfico que estudou projeto gráfico na Faculdade de Artes Aplicadas de Budapeste, onde Rubik era professor. Em 1979, Erdély assistia às aulas ministradas por Rubik. Como dever de casa, criou uma nova figura formada por uma sequência de triângulos isósceles e equiláteros que vão diminuindo em tamanho. Ele batizou a forma com o nome de "*spidron*" por ser curva como uma espiral. Ao terminar a faculdade, os *spidrons* eram a sua obsessão. Não conseguia parar de brincar com eles, percebendo que podiam se encaixar como azulejos em muitas formas esteticamente agradáveis, tanto em duas como em três dimensões. Cerca de cinco anos atrás, um amigo húngaro o ajudou a escrever um programa para gerar *spidrons* no computador. Suas propriedades de mosaico desde então vêm cativando matemáticos, engenheiros e escultores, e Erdély se assumiu como o tutor dessa forma, viajando pelo mundo. Ele acredita que sua criação possa, por exemplo, ter aplicação no desenho de painéis solares. No G4G ele conheceu um homem que dirige uma companhia que lança foguetes. O *spidron*, ele me disse, pode estar prestes a ir para o espaço.

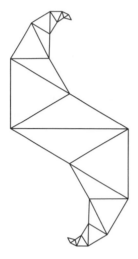 

Spidron e *bola de* spidron.

Uma tarde, os delegados da conferência se transferiram para a casa de Tom Rodgers, nos subúrbios de Atlanta. Homem de negócios de meia-idade, Rodgers foi o organizador do primeiro G4G, em 1993. Admirador de Gardner desde a infância, sua ideia inicial era ter um evento em que Gardner, famoso por sua timidez, pudesse se encontrar com os muitos leitores com quem se correspondia. Resolveu convidar participantes de três áreas específicas do interesse de Gardner — matemática, mágica e quebra-cabeças. A reunião teve tanto sucesso que foi repetida em 1996. Gardner compareceu na primeira vez, mas desde então sua saúde tem estado tão fragilizada que ele não pôde mais vir. Rodgers mora num bangalô em estilo japonês, cercado por uma floresta de bambu, pinheiros e árvores frutíferas que estavam em flor quando o visitei. No jardim, diversos hóspedes formavam equipes para construir esculturas geométricas de madeira e metal. Outros estavam empenhados numa caçada enigmática, elaborada especialmente para a ocasião, cujas pistas estavam pregadas nas paredes externas da casa.

De repente, um grito do professor de matemática da Universidade Princeton, John Horton Conway, chamou a atenção de todos. Conway tem uma barba desgrenhada, bastos cabelos grisalhos e trajava uma camiseta estampada com uma equação. É um dos matemáticos mais destacados dos últimos cinquenta anos. Pediu que cada um dos presentes levasse dez cones de pinho para ele poder contar os seus espirais. A classificação de cones é seu passatempo mais recente: ele já contou cerca de 5 mil deles desde que começou, alguns anos atrás.

Dentro da casa conheci Colin Wright, um australiano que mora em Port Sunlight, em Wirral. Com cabelos ruivos parecendo os de um colegial e óculos, sua aparência é bem a que se espera de um matemático. Wright é um malabarista, pois "pareceu a coisa mais óbvia a fazer depois que aprendi a andar de monociclo", explicou. Também ajudou a desenvolver uma notação matemática para o malabarismo, o que pode não parecer grande coisa, mas que eletrizou a comunidade internacional dos malabaristas. Acontece que, a partir dessa notação, os malabaristas conseguiram descobrir truques que os desafiavam havia milhares de anos. "Quando você tem uma linguagem para falar sobre o problema, isso ajuda o processo de pensamento", disse Wright enquanto pegava três bolas de beisebol para mostrar um recém-inventado malabarismo com três bolas. "Matemática não é só uma questão de somas, cálculos e fórmulas. É desmontar as coisas para entender como elas funcionam."

Perguntei a ele se não havia algo de complacente, sem sentido ou até se não era um desperdício que as melhores cabeças matemáticas passarem tanto tempo trabalhando em passatempos inconsequentes como malabarismos, contagem de cones de pinheiros ou mesmo resolvendo enigmas. "É preciso deixar os matemáticos fazerem o que fazem", ele respondeu. "Na verdade, você nunca sabe o que vai acabar sendo útil." Ele citou o exemplo do professor de Cambridge G. H. Hardy, que em 1940 ficou famoso por ter declarado (com muito orgulho) que a teoria dos números não tinha aplicações práticas, quando na verdade essa teoria é hoje a base de muitos programas de segurança da internet. De acordo com Wright, os matemáticos têm sido "bem-sucedidos de uma forma não razoável" ao encontrar aplicações para teoremas aparentemente inúteis, às vezes anos depois da descoberta desses teoremas.

Um dos aspectos mais encantadores do G4G é que todos os convidados devem trazer um presente — "algo que você gostaria de dar ao Martin". Na verdade, a orientação é a de trazer trezentos presentes iguais, pois no final cada convidado ganha uma sacola cheia contendo um presente de cada um dos demais. No ano em que compareci, a sacola incluía quebra-cabeças, truques de mágica, livros, CDs, geringonças e um pedaço de plástico capaz de fazer uma lata de Coca-Cola falar. Uma das sacolas era para Martin Gardner, e fui eu quem a levou para ele.

Gardner mora em Norman, no Oklahoma. No dia em que cheguei, as tempestades se movimentavam pelo estado. Depois de alguns descaminhos fora da interestadual, encontrei a casa dele, em um Centro de Vida Assistida próximo a um restaurante fast-food de comida texana. A porta do quarto dele fica a poucos passos da entrada, logo depois de uma área comum onde alguns residentes conversavam. Ele não usa e-mail. Mas envia mais cartas do que a soma de todos os outros residentes juntos.

Gardner abriu a porta e me convidou a entrar. Na parede havia um retrato dele feito de dominós, uma grande fotografia de Einstein e um Escher original. Estava casualmente vestido, com calças largas e uma camisa verde. Tem um ar relaxado e franco, tufos de cabelos brancos, grandes óculos de aro de tartaruga e olhos alertas. Havia algo de etéreo em seu aspecto. Era magro e tinha uma excelente postura, talvez por trabalhar todos os dias em pé em sua mesa.

Visitar Gardner era como estar no filme *O mágico de Oz*. Eu estava no Meio-Oeste assolado por furacões, tendo como missão encontrar um velho mago. Aconteceu de Dorothy & companhia terem sido uma referência especialmente pertinente. Eu não sabia antes de conhecê-lo, mas Gardner é um especialista mundial em L. Frank Baum, o autor de *O mágico de Oz*. Ele me contou que uma década antes chegou a escrever uma continuação em que Dorothy e amigos vão a Manhattan. O livro foi resenhado por jornais sérios, ainda que não muito elogiado. "Foi escrito principalmente para fãs de Oz", ele explicou.

Entreguei a ele a sacola de presentes do G4G e perguntei como se sentia ao ser tema de uma conferência. "Eu me sinto muito honrado e surpreso", respondeu. "Fico surpreso em ver como a coisa cresceu." Logo ficou claro que ele não se sentia muito confortável falando sobre seu ilustre papel entre os matemáticos. "Não sou matemático", explicou. "Sou basicamente um jornalista. Não sei nada além do cálculo. Esse era o segredo do sucesso da minha coluna. Levei tanto tempo para entender o que estava escrevendo que eu sabia como escrever sobre aquilo de forma que a maioria dos leitores entendesse."

Logo que soube que Gardner não era um matemático, me senti um pouco desapontado, como se o Mago tivesse aberto a cortina.

Mágica é o tema preferido de Gardner. Ele a definiu como seu principal passatempo. Assina revistas especializadas e — na medida em que sua artrite permite — pratica seus truques. Ofereceu-se para me mostrar o que ele disse ser o único truque de prestidigitação com cartas de baralho que havia inventado, chamado de *"wink change"* [mudança numa piscadela], no qual a cor de uma carta muda "numa piscadela". Pegou um baralho e segurou uma carta preta entre o maço e a palma da mão. De repente, a carta mudou para o vermelho. O interesse de Gardner pela matemática veio de sua atração por truques mágicos "matemáticos", e eram mágicos, não matemáticos, os que compunham seu principal círculo social em sua juventude. Disse que gostava de mágica porque desenvolvia uma sensação de admiração diante do mundo. "Você vê uma mulher levitando e isso lhe faz lembrar que é igualmente milagroso quando ela cai puxada pela gravidade [...] mas você não percebe que a gravidade é um mistério tão grande quanto uma mulher levitando." Perguntei se a matemática propiciava essa mesma sensação de admiração. Ele respondeu: "Sem dúvida, sim".

Talvez Gardner seja mais conhecido por seus textos sobre matemática, mas eles representam apenas uma pequena porção de sua produção. Seu primeiro trabalho foi *Fads and fallacies* [Modismos e falácias], o primeiro livro popular a desbancar a pseudociência. Já escreveu sobre filosofia e publicou um romance sério sobre religião. Seu *best-seller* é *Alice: edição comentada*, um compêndio atemporal de notas de pé de página para *Alice no País das Maravilhas* e *Através do espelho*. Mesmo aos 93 anos de idade, essa produção não dá mostras de diminuir. Gardner está prestes a publicar um livro de ensaios sobre G. K. Chesterton, e entre seus muitos outros projetos está a compilação de um grande livro sobre jogos de palavras.

Graças a Gardner, a matemática recreativa continua em ótima forma. É um campo empolgante e diversificado que continua a proporcionar prazer a pessoas de todas as idades e nacionalidades, assim como a inspirar pesquisas sérias sobre problemas sérios. Eu tinha ficado um pouco desanimado ao saber que Gardner não era matemático, mas quando saí da casa de repouso me dei conta de que, afinal, era bem o espírito da matemática recreativa que o homem que agora a personificava tenha sido sempre um entusiasmado amador.

7. Segredos da sucessão

Em Atlanta, conheci um homem que cultiva um hobby inusitado. Neil Sloane coleciona números. Não números individuais, o que seria bobagem, mas famílias de números, em listas dispostas em ordem e chamadas de sequências. Por exemplo, os números naturais formam uma sequência, que se pode definir dizendo que o enésimo terno da sequência é n:

1, 2, 3, 4, 5, 6, 7...

Sloane começou sua coleção em 1963, como estudante de pós-graduação em Cornell, onde inicialmente escreveu as sequências em fichas. Para alguém que sempre gostou de listas ordenadas, fazia sentido preparar uma lista ordenada dessas listas. Em 1973, ele já atingira 2400 sequências, que foram publicadas num livro intitulado *A handbook of integer sequences*. Em meados dos anos 1990 já tinha atingido a marca de 5500. Mas só quando a internet foi inventada é que a coleção encontrou seu veículo ideal. A lista de Sloane desabrochou, assumindo a forma da *On-line encyclopedia of integer sequences*, um compêndio que já tem mais de 160 mil itens e aumenta à razão de 10 mil itens por ano.

À primeira vista, Sloane parece o típico homem caseiro. É franzino, calvo e usa óculos quadrados, de lentes grossas. Mas ao mesmo tempo é musculoso e duro, com uma aprumada postura zen — fruto benéfico de sua outra paixão, o alpinismo. Sloane adora os desafios de escalar formações geológicas tanto quanto os de escalar formações numéricas. Na opinião de Sloane, a similaridade entre estudar sequências e escalar pedras está no fato de que ambas as atividades exigem grande astúcia para resolver quebra-cabeças. Eu citaria outra semelhança: as sequências encorajam o equivalente numérico do montanhismo — sempre que se atinge o termo n, a tendência natural é encontrar o termo $n + 1$. O desejo de alcançar o próximo termo é como o desejo de escalar picos cada vez mais altos; muito embora os alpinistas sejam, é claro, limitados pela geografia e as sequências possam, geralmente, continuar para sempre.

Como o colecionador de discos que organiza os velhos favoritos por sua pitoresca raridade, Sloane inclui o comum e o bizarro em sua *Encyclopedia*. Sua coleção contém, por exemplo, a sequência abaixo, a chamada "sequência zero", que consiste apenas de zeros. (Cada sequência recebe na *Encyclopedia* um número de referência, prefixado pela letra A. A sequência zero foi a quarta que Sloane colecionou, e por isso ficou conhecida como A4).

(A4) 0, 0, 0, 0, 0...

Tratando-se da mais simples possível de todas as sequências infinitas, essa é a menos dinâmica da coleção, apesar do seu inegável charme niilista.

Manter a *On-line encyclopedia* é tarefa que exige de Sloane dedicação integral e que ele executa concomitante com o seu emprego real de matemático no centro de pesquisas da AT&T em Nova Jersey. Mas ele já não precisa gastar tempo fuçando em busca de novas sequências. Com o sucesso da *Encyclopedia*, passou a receber contribuições. Elas vêm de matemáticos profissionais e, na maioria, de amadores obcecados pelos números. Sloane tem apenas um critério para aceitar uma sequência no clube: que ela seja "bem definida e interessante". A primeira exigência significa apenas que cada termo da sequência possa ser descrito, algébrica ou retoricamente. A outra fica por conta de sua avaliação, embora a tendência de Sloane seja aceitar uma sequência mesmo se não estiver suficientemente seguro sobre ela. Ser bem definida e interessante não quer no entanto dizer que haja nela qualquer coisa de matemático. História, folclore e esquisitice também valem.

Uma das sequências incluídas na *Encyclopedia* é esta sequência arcaica:

(A100000) 3, 6, 4, 8, 10, 5, 5, 7

Os números sequenciais são a tradução em dígitos de marcas feitas num dos objetos matemáticos mais velhos que se conhecem: o osso de Ishango, artefato de 22 mil anos descoberto numa região que hoje pertence à República Democrática do Congo. O osso de macaco foi inicialmente tomado por uma varinha de marcar quantidades, mas a interpretação que surgiu depois é a de que o padrão de 3, seguido por seu dobro, depois por 4, depois pelo dobro, depois por 10, depois pela metade, indica um raciocínio matemático mais sofisticado. Há também uma sequência odiosa na coleção:

(A51003) 666, 1666, 2666, 3666, 4666, 5666, 6660, 6661...

Essa sequência é também conhecida como números bestiais, por serem os números que contêm a série 666 em sua expansão decimal.

Num tom mais leve, eis uma sequência de cantiga:

(A38674) 2, 2, 4, 4, 2, 6, 6, 2, 8, 8, 16

São números tirados da canção infantil latino-americana "La Farolera": *Dos y dos son quatro, quatro y dos son seis. Seis y dos son ocho, e ocho dieciseis.*

Mas talvez a sequência mais clássica de todas seja a dos números primos:

(A40) 2, 3, 5, 7, 11, 13, 17, 19, 23, 29, 31, 37...

Os números primos são os números naturais maiores do que 1 divisíveis apenas por si mesmos e 1. É fácil descrevê-los, mas a sequência exibe algumas qualidades espetaculares, às vezes misteriosas. Primeiro, como demonstrou Euclides, há um número infinito de números primos. Pense num número, qualquer número, e sempre será possível encontrar um número primo mais alto do que esse número. Segundo, todo número natural acima de 1 pode ser escrito como um produto único de primos. Em outras palavras, todo número é igual a um conjunto único de números primos multiplicados uns pelos outros. Por exemplo, 221 é 13 × 17. O próximo número, 222, é 2 × 3 × 37. O que vem depois, 223, é primo, produzido, portanto, apenas por 223 × 1, e

224 é $2 \times 2 \times 2 \times 2 \times 2 \times 7$. Pode-se continuar para sempre, e cada número pode ser reduzido a um produto de primos de uma única maneira. Por exemplo, 1 bilhão é $2 \times 2 \times 2 \times 2 \times 2 \times 2 \times 2 \times 2 \times 2 \times 5 \times 5 \times 5 \times 5 \times 5 \times 5 \times 5 \times 5 \times 5$. Essa característica dos números é conhecida como *teorema fundamental da aritmética*, e é graças a ela que os primos são considerados os elementos básicos indivisíveis do sistema de números naturais.

Os números primos também são elementos básicos quando os juntamos e somamos. Todo número par maior do que 2 é a soma de dois primos:

$$4 = 2 + 2$$
$$6 = 3 + 3$$
$$8 = 5 + 3$$
$$10 = 5 + 5$$
$$12 = 5 + 7$$
...
$$222 = 199 + 23$$
$$224 = 211 + 13$$
...

Essa proposição, segundo a qual todo número par é a soma de dois primos, é conhecida como Conjectura de Goldbach, que tem esse nome em homenagem ao matemático prussiano Christian Goldbach, que manteve correspondência sobre o assunto com Leonhard Euler. Euler estava "inteiramente certo" de que a conjectura era verdadeira. Em quase trezentos anos de tentativas, ninguém encontrou um número par que *não* seja a soma de dois primos, mas até agora ninguém, de fato, demonstrou que a conjectura é verdadeira. É um dos mais antigos e famosos problemas não resolvidos da matemática. Em 2000, absolutamente convencidos de que uma prova continuava além dos limites do conhecimento matemático, os editores da história matemática de detetive *Uncle Petros and Goldbach's Conjecture* ofereceram um prêmio de 1 milhão de dólares para quem resolvesse o problema. Ninguém resolveu.

A Conjectura de Goldbach não é a única questão não resolvida no que diz respeito aos primos. Estuda-se também por que eles parecem espalhados de modo tão imprevisível na linha dos números, sem que sua sequência obedeça a qualquer padrão óbvio. Na realidade, a busca das harmonias que servem de base à distribuição dos primos é uma das áreas de pesquisa mais ricas da teoria dos números, e já levou a muitos resultados e suposições de grande profundidade.

Apesar de sua primazia, entretanto, os primos não são a única sequência a guardar segredos especiais de ordem (ou desordem) matemática. Todas as sequências contribuem, de alguma maneira, para aumentar o apreço pelo comportamento dos números. A *On-line encyclopedia of integer sequences*, de Sloane, pode ser considerada um compêndio da ordem numérica subjacente do mundo. Talvez seja fruto da obsessão pessoal de Sloane, mas o projeto tornou-se recurso científico verdadeiramente importante.

Sloane compara a *Encyclopedia* a um equivalente matemático do banco de dados de impressões digitais do FBI. "Quando se chega à cena do crime e se colhe uma impressão digital, compara-se essa impressão com as do arquivo, para identificar o suspeito", diz ele. "É a mesma coisa com a *Encyclopedia*. Matemáticos aparecem com uma sequência de números que ocorre naturalmente em seu trabalho e consultam o banco de dados — e acham lindo quando a encontram." A utilidade do banco de dados não se restringe à matemática pura. Engenheiros, químicos, médicos e astrônomos também consultam e descobrem sequências na *Encyclopedia*, estabelecendo relações inesperadas e adquirindo *insights* matemáticos em seu próprio campo. Para qualquer um cuja área de trabalho produza insondáveis sequências numéricas, e que esteja interessado em compreendê-las de alguma forma, o banco de dados é uma mina de ouro.

Com a ferramenta da *Encyclopedia*, Sloane vê muitas ideias matemáticas novas, além de passar o tempo inventando as suas. Em 1973, ele apresentou o conceito de "persistência" do número. É a quantidade de passos necessários para atingir um número de um só dígito, primeiro multiplicando-se todos os dígitos do número precedente para obter um segundo número, depois multiplicando-se todos os dígitos desse número para obter um terceiro, e assim por diante, até alcançar um número de um só dígito. Por exemplo:

$$88 \rightarrow 8 \times 8 = 64 \rightarrow 6 \times 4 = 24 \rightarrow 2 \times 4 = 8$$

De acordo com o sistema de Sloane, 88 tem persistência 3, pois são necessários três passos para obter-se um resultado de um só dígito. Era de esperar que quanto maior o número, maior a persistência. Por exemplo, 679 tem persistência 5:

$$679 \to 378 \to 168 \to 48 \to 32 \to 6$$

Se fizéssemos a operação aqui, veríamos que 277 777 788 888 899 tem persistência 11. Apesar disso, eis a novidade: Sloane jamais descobriu um número cuja persistência fosse superior a 11, mesmo depois de checar todos os números até 10^{233}, ou seja, 1 seguido de 233 zeros. Em outras palavras, seguindo-se o processo de multiplicar todos os dígitos de acordo com as regras de persistência, seja qual for o número de 233 dígitos que se escolha, chegar-se-á a um número de um só dígito em onze passos, ou menos.

Isso é esplendidamente disparatado. Parece lógico concluir que se temos um número com mais ou menos duzentos dígitos, formado por muitos dígitos altos, digamos 8 e 9, o produto desses dígitos individuais seria elevado o suficiente para garantir que precisaríamos de muito mais que onze passos para o reduzir a um só dígito. Números grandes, entretanto, desabam sob o próprio peso. Isso ocorre porque, se aparecer um zero no número, o produto de todos os dígitos será zero. Se de início não há zeros no número, um zero aparecerá *sempre* no décimo primeiro passo, a não ser que até lá o número já tenha sido reduzido a um só dígito. Na persistência, Sloane descobriu um matador de gigantes de magnífica eficiência.

Mas Sloane não parou aí e compilou a sequência na qual o enésimo termo é o menor número com persistência n. (Estamos levando em conta apenas números de pelo menos dois dígitos.) O primeiro desses termos é 10, pois:

$10 \to 0$ e 10 é o menor número de dois dígitos que se reduz em um passo.

O segundo termo é 25, pois:

$25 \to 10 \to 0$ e 25 é o menor número que se reduz em dois passos.

O terceiro termo é 39, pois:

$39 \to 27 \to 14 \to 4$ e 39 é o menor número que se reduz em três passos.

A lista completa é:

(A3001) 10, 25, 39, 77, 679, 6788, 68 889, 2 677 889, 26 888 999, 3 778 888 999, 277 777 788 888 899

Acho esta lista de números estranhamente fascinante. Neles existe uma ordem distinta, mas apesar disso formam um amontoado um tanto assimétrico. A persistência é meio parecida com uma máquina de salsichas que produz apenas onze salsichas de formas bem curiosas.

O amigo de Sloane e professor de Princeton John Horton Conway também gosta de se divertir apresentando conceitos matemáticos inusitados. Em 2007, ele inventou o conceito do *powertrain* (conjunto de motor e transmissão). Para qualquer número *abcd...* o *powertrain* é $a^b c^d$... No caso dos números em que haja um número ímpar de dígitos, o último dígito não tem expoente, por isso *abcde* torna-se $a^b c^d e$. Vejamos por exemplo 3462. Ele se reduz a $3^4 6^2 = 81 \times 36 = 2916$. Reaplicando-se o *powertrain* até chegar a um só dígito, fica assim:

$$3462 \rightarrow 2916 \rightarrow 2^9 1^6 = 512 \times 1 = 512 \rightarrow 5^1 2 = 10 \rightarrow 1^0 = 1$$

Conway queria saber se havia dígitos indestrutíveis, números que não se reduzam a um dígito só pelas regras do *powertrain*. Só encontrou um:

$$2592 \rightarrow 2^5 9^2 = 32 \times 81 = 2592$$

Longe de ser um tipo ocioso, Neil Sloane resolveu caçar também e descobriu um segundo:[*]

24 547 284 284 866 560 000 000 000

Sloane agora está seguro de que não há outros dígitos indestrutíveis.

Pense um pouco: o *powertrain* de Conway é uma máquina tão letal que aniquila todos os números do universo, à exceção do 2592 e do 24 547 284 284 866 560 000 000 000 — dois pontos fixos, aparentemente sem relação alguma entre si, na extensão infinita dos números. "O resultado é espetacular", diz Sloane. Grandes números morrem com relativa rapidez no cálculo do *powertrain*, pela

---

[*] Usando a convenção de que $0^0 = 1$, já que, se $0^0 = 0$, o número entraria em colapso.

mesma razão que morrem no da persistência — um zero aparece e todo o edifício é reduzido a coisa alguma. Pergunto a Sloane se a robustez dos dois números que sobrevivem ao *powertrain* pode ter alguma aplicação no mundo real. Ele acha que não. "É só divertido. Nada de errado nisso. A gente precisa se divertir."

E Sloane de fato se diverte. Ele estudou tantas sequências que criou sua própria estética dos números. Uma de suas sequências favoritas foi descoberta pelo matemático colombiano Bernardo Racamán Santos, e chama-se sequência Racamán:

(A5132) 0, 1, 3, 6, 2, 7, 13, 20, 12, 21, 11, 22, 10, 23, 9, 24, 8, 25, 43, 62, 42, 63, 41, 18, 42, 17, 43, 16, 44, 15, 45...

Examine os números e tente descobrir um padrão. Siga-os cuidadosamente. Eles pulam neuroticamente. É tudo confuso: um pulo para a frente aqui, um para trás ali, outro mais adiante.

Na realidade, entretanto, os números são gerados usando-se esta simples regra: "subtraia se puder, do contrário some". Para alcançar o enésimo termo, pegamos o termo *anterior* e somamos ou subtraímos n. A regra é que a subtração tem de ser feita, *salvo* se o resultado for um número negativo ou um número que já apareça na sequência. Eis como os primeiros oito termos foram calculados.

Comece com 0

O primeiro termo é o termo zerado *mais* 1	= 1	*Temos de somar, pois subtraindo-se 1 de zero fica-se com –1, número não permitido*
O segundo termo é o primeiro termo *mais* 2	= 3	*De novo, temos de somar, pois subtraindo-se 2 de 1 fica-se com –1, que não é permitido*
O terceiro termo é o segundo termo *mais* 3	= 6	*Temos de somar, porque subtraindo 3 de 3 ficaríamos com 0, que já aparece na sequência*
O quarto termo é o terceiro termo *menos* 4	= 2	*Temos de subtrair, porque 6–4 dá um número positivo que ainda não aparece na sequência*

O quinto termo é o quarto termo *mais* 5	= 7	*Temos de somar, porque subtraindo 5 de 2 ficamos com −3, que não é permitido*
O sexto termo é o quinto termo *mais* 6	= 13	*Temos de somar, porque subtraindo 6 de 7 ficamos com 1, que já aparece na sequência*
O sétimo termo é o sexto termo *mais* 7	= 20	*Temos de somar, porque subtraindo 7 de 13 teríamos 6, que já está na sequência*
O oitavo termo é o sétimo termo *menos* 8	= 12	*Temos de subtrair, pois 20 menos 8 dá um número positivo que não está na sequência*

E assim por diante.

Esse processo um tanto laborioso pega os números inteiros e faz cálculos cujos resultados parecem totalmente aleatórios. Mas uma forma de perceber o padrão resultante é representar a sequência num gráfico, como mostrado adiante. O eixo horizontal é a posição dos termos, de modo que o enésimo termo está em *n*, e o eixo vertical é o valor dos termos. O gráfico dos primeiros 100 mil termos da sequência Recamán provavelmente não se parece com nenhum outro gráfico

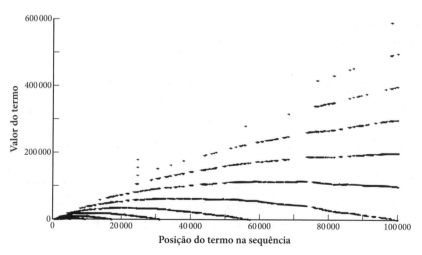

A sequência Recamán.

que já vimos. É como o spray do pulverizador de água do jardim, ou como um desses desenhos em que as crianças tentam unir pontos. (As linhas grossas do gráfico são massas de pontos, pois a escala é enorme.) "É interessante notar quanta ordem se pode impor ao caos", comenta Sloane. "A sequência Racamán fica na zona limítrofe entre o caos e a bela matemática, e vem daí o seu fascínio."

O choque entre ordem e desordem na sequência Recamán também pode ser apreciado musicalmente. A *Encyclopedia* tem uma função que permite ouvir qualquer sequência como notas musicais. Imagine um teclado de piano com 88 teclas, que abrangem pouco menos de oito oitavas. A de número 1 faz o piano tocar sua nota mais baixa, a de número 2 a segunda nota mais baixa, e assim por diante, até a de número 88, que toca a nota mais alta. Quando não há mais notas, começa-se novamente pela mais baixa, de modo que a de número 89 é a primeira tecla. Os números naturais 1, 2, 3, 4, 5... soam como uma escala crescente, numa repetição infinita. A música criada pela sequência Recamán, entretanto, é assustadora. Lembra a trilha sonora de um filme de terror. É dissonante, mas não dá a impressão de ser aleatória. Há padrões perceptíveis, como se uma mão humana estivesse misteriosamente presente por trás da cacofonia.

A questão que interessa os matemáticos na Recamán é se a sequência contém todos os números. Depois de 10^{25} termos, o menor número que falta na sequência é 852 655. Sloane suspeita que todos os números aparecerão cedo ou tarde, inclusive 852 655, mas isso não está provado. Não é difícil entender por que Sloane acha a Recamán tão hipnótica.

Outra favorita de Sloane é a sequência Gijswijt,[*] porque, diferentemente de muitas sequências que crescem com gloriosa rapidez, a Gijswijt prossegue num passo espantosamente lento. É uma maravilhosa metáfora da persistência infinita:

(A90822) 1, 1, 2, 1, 1, 2, 2, 2, 3, 1, 1, 2, 1, 1, 2, 2, 2, 3, 2, 1, 1, 2...

A primeira vez que um 3 aparece é na nona posição. Um 4 aparece pela primeira vez na 221ª posição. A gente procura pelo 5 até o inferno quase congelar, e ele só dá o ar da graça por volta da posição $10^{100\,000\,000\,000\,000\,000\,000\,000\,000}$.

---

[*] A definição da sequência está no apêndice da p. 449.

Este número é extraordinariamente grande. A título de comparação, o universo contém apenas 10^{80} partículas elementares. O 6 acaba aparecendo também, a uma distância tão imensa que sua posição só pode ser descrita, convenientemente, como uma potência de uma potência de uma potência de potência:

$$2^{2^{3^{4^5}}}$$

Os outros números também vão acabar dando as caras, muito embora — é imperativo ressaltar — sem o menor senso de urgência. "A terra está morrendo, os oceanos secando", diz Sloane, num floreio poético, "mas é sempre possível nos refugiarmos na beleza abstrata de sequências como a A090822, de Dion Gijswijt."

Além de prestar muita atenção aos números primos, os gregos eram ainda mais fascinados pelo que chamavam de números *perfeitos*. Consideremos o número 6: os números que o dividem — seus *fatores* — são 1, 2 e 3. Se somarmos 1, 2 e 3, *voilà*, teremos novamente 6. Um número perfeito é qualquer número, como o 6, que seja igual à soma dos seus fatores. (Estritamente falando, 6 é também fator de 6, mas em discussões sobre perfeição só faz sentido incluir os fatores de um número que sejam menores do que o próprio número dado.) Depois do 6, o próximo número perfeito é o 28, porque os números que o dividem são 1, 2, 4, 7 e 14, cuja soma é 28. Não só os gregos, mas também os judeus e os cristãos atribuíram significado cósmico a essa perfeição numérica. O teólogo beneditino Rabanus Maurus escreveu no século IX: "Seis não é perfeito porque Deus criou o mundo em seis dias; Deus é que aperfeiçoou o mundo em seis dias porque esse número era perfeito".

A prática de somar os fatores de um número leva ao mais caprichoso conceito da matemática. Dois números são *amigáveis* se a soma dos fatores do primeiro número for igual ao segundo número, e se a soma dos fatores do segundo número for igual ao primeiro. Por exemplo, os fatores de 220 são 1, 2, 4, 5, 10, 11, 20, 22, 44, 55 e 110. Somados, dão 284. Os fatores de 284 são 1, 2, 4, 71 e 142. Juntos eles totalizam 220. Fofo! Os pitagóricos viam o 220 e o 284 como símbolos de amizade. Durante a Idade Média, talismãs com esses números eram fabricados para fomentar o amor. Um árabe escreveu que tinha tentado o efeito erótico de comer algo marcado com o número 284, enquanto uma parceira sua comia algo marcado com o 220. Só em 1636 Pierre de Fermat descobriu o segundo conjunto de números amigáveis: 17 296 e 18 416. Com o advento da computação, mais de 11 milhões de pares amigáveis foram descobertos. O maior par tem mais de 24 mil dígitos cada um, o que torna complicado escrevê-los numa fatia de baclava.

Em 1918, o matemático francês Paul Poulet cunhou o termo *sociável* para um novo tipo de amizade numérica. Os cinco números relacionados a seguir são sociáveis porque se somarmos os fatores do primeiro, teremos o segundo. Se somarmos os fatores do segundo, teremos o terceiro. Se somarmos os fatores do terceiro, teremos o quarto, os fatores do quarto nos darão o quinto, e os fatores do quinto nos levarão de volta ao ponto de partida: somados, totalizam o primeiro:

12 496

14 288

15 472

14 536

14 264

Poulet descobriu apenas duas séries de números sociáveis — os cinco números citados e uma gangue menos exclusiva de 28 números que começa pelo 14 316. O próximo conjunto de números sociáveis foi descoberto por Henri Cohen, mas não antes de 1969. Ele descobriu nove séries sociáveis de apenas quatro números cada, das quais a série com os menores valores é 1 264 460, 1 547 860, 1 727 636 e 1 305 184. Atualmente, conhecem-se 175 séries de números sociáveis, e quase todas são séries de quatro números. Não há séries de três (particularmente poético, isso, porque, como todo mundo sabe, três é demais, e um grupo de quatro é muito mais sociável). A série mais longa continua sendo a de 28 números de Poulet, o que não deixa de ser curioso, porque 28 também é um número perfeito.

Foram os gregos que descobriram uma ligação inesperada entre os números perfeitos e os números primos, que conduziu a muitas novas aventuras numéricas. Considere-se a sequência de dobros que começa com 1:

(A79) 1, 2, 4, 8, 16...

Euclides, em *Os elementos*, mostrou que sempre que a soma de dobros é um número primo, é possível criar-se um número perfeito multiplicando-se o total pelo dobro mais alto da soma. Parece uma dessas palavras grandes demais para se pronunciar, portanto vamos somar dobros e ver o que significa:

1 + 2 = 3. 3 é primo, portanto multipliquemos 3 pelo dobro mais alto, que é 2. 3 × 2 = 6 e 6 é um número perfeito.

1 + 2 + 4 = 7. De novo, 7 é primo. Portanto, multipliquemos 7 por 4 para obter outro número perfeito: 28.

1 + 2 + 4 + 8 = 15. Este não é primo. Não há números perfeitos aqui.

1 + 2 + 4 + 8 + 16 = 31. Este é primo, e 31 × 16 = 496, que é perfeito.

1 + 2 + 4 + 8 + 16 + 32 = 63. Este não é primo.

1 + 2 + 4 + 8 + 16 + 32 + 64 = 127. Este é primo e 127 × 64 = 8128, que é perfeito.

1 + 2 + 4 + 8 + 16 + 32 + 64 + 128 = 255. Este não é primo.

A prova de Euclides, é claro, foi feita mediante a geometria. Ele não a escreveu em termos numéricos, mas usando segmentos de linha. Se tivesse à sua disposição o luxo da moderna notação algébrica, teria percebido que poderia expressar a soma dos dobros 1 + 2 + 4 +... como a soma de potências de dois, $2^0 + 2^1 + 2^2 + ...$ (Qualquer número elevado à potência 0 é sempre 1, por convenção, e qualquer número elevado à potência 1 é ele mesmo.) Então fica claro que qualquer soma de dobros é igual ao próximo dobro maior, menos 1. Por exemplo:

1 + 2 = 3 = 4 − 1

ou

$$2^0 + 2^1 = 2^2 - 1$$

$$1 + 2 + 4 = 7 = 8 - 1$$

ou

$$2^0 + 2^1 + 2^2 = 2^3 - 1$$

Isso pode ser generalizado pela fórmula: $2^0 + 2^1 + 2^2 + \ldots + 2^{n-1} = 2^n - 1$, em outras palavras, a soma dos primeiros termos n da sequência de dobros que começa com 1 é igual a $2^n - 1$.

Portanto, usando-se a declaração original de Euclides de que "sempre que a soma de dobros for um número primo, o produto da soma multiplicado pelo dobro mais alto será um número perfeito", e acrescentando-se a notação algébrica moderna, chega-se a uma declaração muito mais concisa:

Sempre que $2^n - 1$ for primo, então $(2^n - 1) \times 2^{n-1}$ será um número perfeito.

Para civilizações que prezavam os números perfeitos, a prova de Euclides era grande notícia. Se números perfeitos podiam ser gerados sempre que $2^n - 1$ fosse primo, tudo que se precisava fazer para obter novos números perfeitos era encontrar novos números primos da forma $2^n - 1$. A caça aos números perfeitos foi reduzida à caça a certo tipo de número primo.

O interesse matemático pelos números primos correspondentes a $2^n - 1$ pode ter nascido da ligação com os números perfeitos, mas por volta do século XVII os primos tinham se tornado objeto de fascinação em si mesmos. Assim como certos matemáticos tinham a obsessão de encontrar mais e mais decimais de pi, outros se preocupavam em descobrir primos cada vez mais altos. Eram atividades similares, mas opostas: enquanto encontrar dígitos em pi é como tentar ver objetos cada vez menores, caçar primos é como querer alcançar o céu. São missões realizadas tanto pelo romance da viagem como pelos usos possíveis dos números descobertos durante a jornada.

Na busca de números primos, o método gerador "$2^n - 1$" adquiriu vida própria. Ele não produziria primos para cada valor de n, mas no caso dos números menores, o índice de sucesso era muito bom. Como já vimos, quando $n = 2, 3, 5$ e 7, então $2^n - 1$ é primo.

O matemático que mais insistiu em usar $2^n - 1$ para gerar primos foi o frade francês Marin Mersenne. Em 1644, ele declarou ambiciosamente que sabia quais eram os números primos em que o valor de n em $2^n - 1$ vai até 257. Afirmou que esses números eram:

(A109461) 2, 3, 5, 7, 13, 17, 19, 31, 67, 127, 257

Mersenne era um matemático capaz, mas sua lista baseou-se largamente em adivinhação. O número $2^{257} - 1$ tem 78 dígitos, grande demais para que a mente humana possa determinar se é primo ou não. Mersenne sabia que seus números eram golpes no escuro. Disse de sua lista: "Nem todo o tempo do mundo seria suficiente para determinar se eles são primos".

Mas o tempo foi suficiente, como em geral ocorre no caso da matemática. Em 1876, dois séculos e meio depois que Mersenne preparou sua lista, o teórico de números Edouard Lucas inventou um método que permitia verificar se números da fórmula $2^n - 1$ são primos, e descobriu que Mersenne estava errado com relação ao 67, e que deixara de incluir o 61, o 89 e o 107.

Incrivelmente, porém, Mersenne estava certo a respeito do 127. Lucas usou seu método para demonstrar que $2^{127} - 1$, ou 170 141 183 460 469 231 731 687 303 715 884 105 727, era primo. Foi o número primo mais alto que se descobriu antes do advento do computador. Lucas, entretanto, foi incapaz de determinar se $2^{257} - 1$ era primo ou não; o número era grande demais para que se pudesse verificar com lápis e papel.

Apesar desses erros, a lista de Mersenne o imortalizou; e agora, um primo que possa ser escrito de acordo com a fórmula $2^n - 1$ é conhecido como um *primo de Mersenne*.

A demonstração quanto a $2^{257} - 1$ ser ou não primo só veio em 1952, com a utilização do método de Lucas, e muita ajuda. Em certo dia daquele ano, uma equipe de cientistas se reuniu no Instituto de Análise Numérica em Los Angeles para ver um rolo de fita de 7,3 metros de comprimento ser inserido num computador digital chamado SWAC. Só a colocação da fita demorou vários minutos. Depois, o operador inseriu o número a ser testado: 257. Numa fração de segundo, o resultado apareceu. O computador disse que não: $2^{257} - 1$ não é primo.

Na mesma noite de 1952 na qual se constatou que $2^{257} - 1$ não é primo, novos números potenciais de Mersenne foram inseridos na máquina. O SWAC rejeitou o primeiro 42 como não primo. Então, às 22 horas, veio um resultado. O computador disse sim! Anunciou que $2^{521} - 1$ é primo. O número foi o mais alto primo de Mersenne identificado em 75 anos, tornando o número perfeito correspondente, 2^{520} ($2^{521} - 1$), apenas o décimo terceiro descoberto em quase duas vezes o número de séculos. Mas o número $2^{521} - 1$ teve apenas duas horas para gozar o privilégio de ocupar o topo da pilha. Pouco depois da meia-noite, o SWAC confirmou que $2^{607} - 1$ também era primo. Nos meses seguintes, SWAC, trabalhando no limite da sua capacidade, descobriu mais três primos. Entre 1957 e 1996, outros dezessete primos de Mersenne foram descobertos.

Desde 1952, o mais alto número primo conhecido é sempre um primo de Mersenne (à exceção de um intervalo de três anos, entre 1989 e 1992, quando o mais alto primo era ($391\,581 \times 2^{216\,193}$) – 1, um tipo relacionado de primo). Entre todos os primos existentes, e sabemos que há um número infinito deles, os primos de Mersenne dominam a tabela dos mais altos já descobertos, porque oferecem aos caçadores de primos um alvo para onde mirar. A melhor técnica para encontrar altos números primos é procurar primos de Mersenne, ou seja, inserir o número $2^n - 1$ num computador com valores de n cada vez mais altos, e usar o teste Lucas-Lehmer, versão melhorada do método de Edouard Lucas já mencionado, para ver se é primo.

Os primos de Mersenne também têm um atrativo estético. Por exemplo, em notação binária qualquer número 2^n é escrito como 1 seguido de n zeros. Por exemplo, $2^2 = 4$, que em notação binária é escrito 100, e $2^5 = 32$, que é escrito 100 000. Como todos os primos de Mersenne são menores que 2^n em uma unidade, todas as expansões binárias de primos de Mersenne são séries de dígitos que contêm apenas 1.

O caçador de primos mais influente dos tempos modernos recebeu sua inspiração inicial dos carimbos de um envelope. Quando George Woltman era menino, nos anos de 1960, o pai lhe mostrou um carimbo de correio com a expressão $2^{11\,213} - 1$, na época o último número primo descoberto. "Encantou-me que se pudesse provar que um número tão grande era primo", lembra ele.

O campeão de soroban Yuzan Araki, de oito anos, com troféu e medalhas: "Eu gosto de calcular rápido".

Yuji Miyamoto, o inventor do Flash Anzan, e a mais jovem de suas classes de alunos de soroban. (Ver pp. 75-83.)

BOOK I. PROP. XLVII. THEOR.

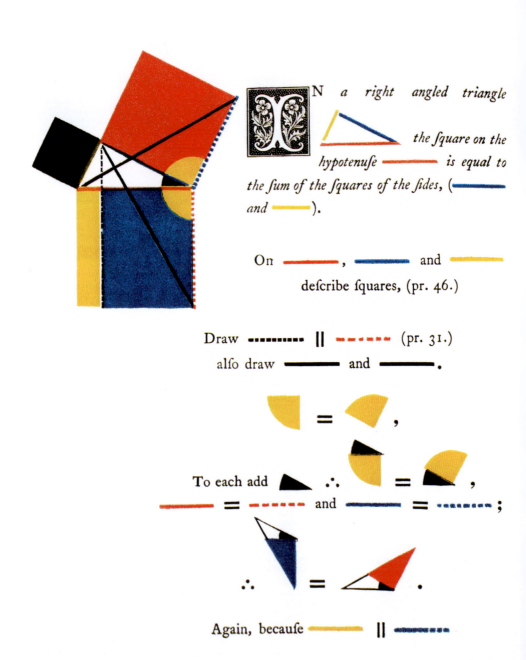

BOOK I. PROP. XLVII. THEOR. 49

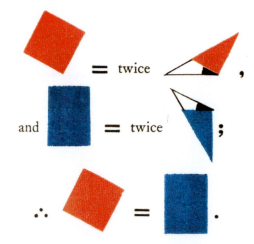

In the fame manner it may be fhown

Q. E. D.

H

O Teorema de Pitágoras, na notável versão de 1847 de Oliver Byrne de Os elementos, *de Euclides, na qual as propostas são expressas usando blocos coloridos. (Ver p. 106.)*

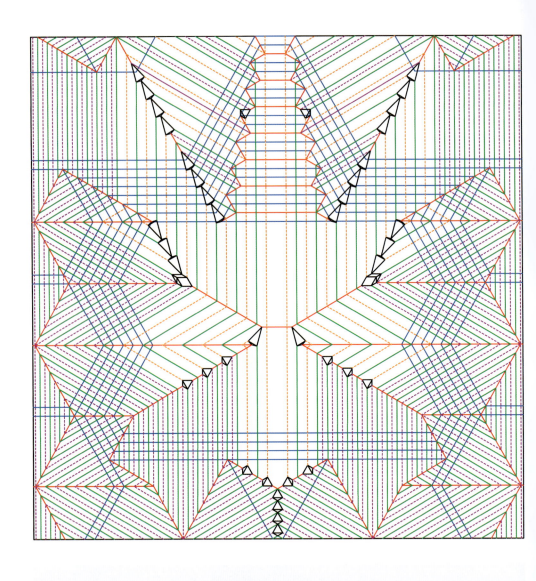

Um escorpião de origami e o modelo de suas dobraduras, criados pelo ex-físico da Nasa Robert Lang. (Ver p. 118.)

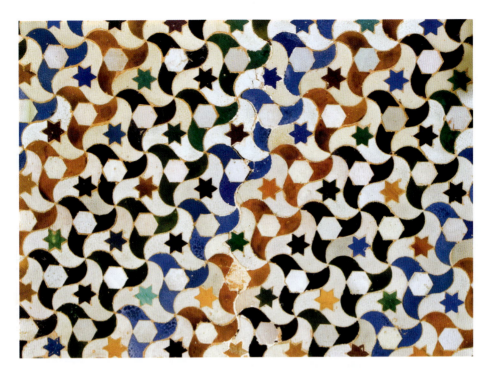

Geômetras islâmicos cobriam sítios sagrados com sofisticados padrões de azulejos, como este mosaico do palácio de Alhambra, em Granada. Os padrões repetitivos eram representações de como Deus se revela através de figuras matemáticas. (Ver pp. 107-8.)

Quadrado latino na Fazenda de Pesquisa Rothamsted, em Harpenden. Seis tratamentos químicos são arranjados de forma que cada fila e coluna tenham só um quadrado com cada tratamento. (Ver p. 240.)

O pitagórico contemporâneo Jerome Carter e sua mulher, Pamela, na porta de sua linda casa em Scottsdale, Arizona (ver pp. 85-7). Carter assessorou membros da realeza do hip-hop quanto aos números por trás de seus nomes.

O Shankaracharya de Puri, à direita, sentado em seu trono, ao lado de seu principal discípulo e intérprete. A foto na parede atrás é de Shankara. (Ver pp. 144-51.)

Participantes se concentrando na Copa do Mundo de Cálculo Mental (ver p. 157). O alemão Jan van Koningsveld, ao fundo, venceu nas competições de raiz quadrada e cálculo de calendário.

Homens do pi: os irmãos Gregory e David Chudnovsky, à esquerda e à direita, com o colaborador Tom Morgan, ao centro. Eles construíram um computador no apartamento de Gregory em Nova York que calculou pi até mais de 2 bilhões de casas decimais. (Ver pp. 178-83.)

No auge da mania de enigmas em tangram de 1818, estes cartões eram produzidos na França. As figuras — de Henrique IV, o Jovem, Cateau e o chinês — foram montadas a partir de sete peças geométricas

AO LADO *Jogo de paciência em estilo tangram jogado (e parcialmente criado) por soldados alemães na Primeira Guerra Mundial. (Ver pp. 247-50.)*

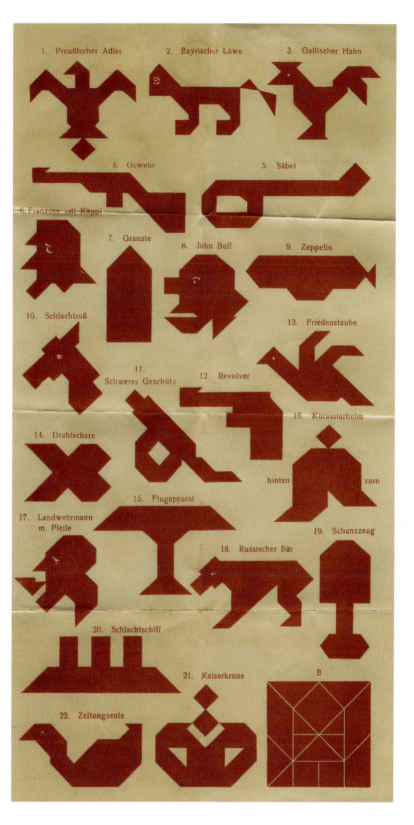

Erik Demaine, cientista de computação.
(Ver pp. 118 e 260-1.)

Ivan Moscovich, enigmista.
(Ver pp. 263-4.)

Raymond Smullyan, lógico.
(Ver pp. 94 e 263.)

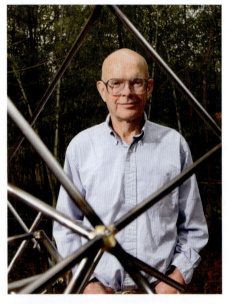
Neil Sloane, o rei da sequência.
(Ver pp. 273-83.)

Os quatro homens acima foram convidados do Gathering for Gardner de 2008, evento que celebra o trabalho de Martin Gardner, o rei da matemática recreativa (ver pp. 261-71). Depois do encontro, viajei para Oklahoma para me encontrar com Gardner, à direita.

Que garra incrível! Eddy Levin com seu aferidor de segmento áureo em seu jardim no norte de Londres. Ele encontrou fi em uma flor e também em uma pena de pavão. (Ver pp. 303-23.)

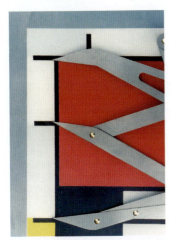

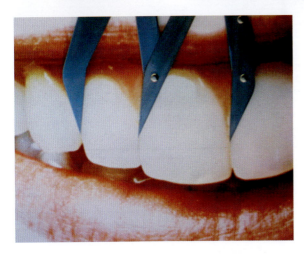

Levin afirma que onde há beleza há o segmento áureo: em um girassol, um vestido, uma pintura de Mondrian, um automóvel Fiat, um sorriso perfeito e no gráfico de um eletrocardiograma.

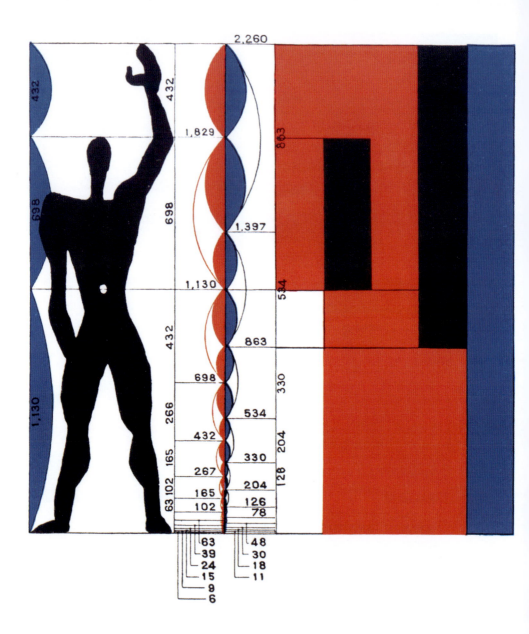

Em 1948, o arquiteto francês Le Corbusier publicou Le Modulor, um sistema de proporções baseado na razão áurea (ver p. 320). Ele disse que o Modulor era "uma gama de medidas harmoniosas para se ajustar à escala humana, universalmente aplicável à arquitetura e a coisas mecânicas".

Anthony Baerlocher, aqui visto em seu escritório em Reno, fixa as probabilidades para mais de metade dos caça-níqueis do mundo (ver pp. 338-46). Os caça-níqueis são o jogo de cassino mais lucrativo e viciante.

Ed Thorp conquistou dois outros jogos de cassino: ele criou o primeiro computador "wearable" (que pode ser usado como peça de roupa) para ganhar na roleta e inventou a contagem de cartas para ganhar no blackjack. Depois, usou a matemática para fazer fortunas nos mercados financeiros. (Ver pp. 361-71.)

Baguetes do Greggs se amontoam na minha cozinha num experimento para descobrir a matemática por trás de erros de medição. (Ver p. 373.)

Daina Taimina demorou seis meses e usou 5,5 quilômetros de fio cor-de-rosa para fazer o maior modelo hiperbólico de crochê do mundo, aqui ao lado do gato Mango. (Ver pp. 407-8 e 419-23.)

Woltman viria a ser o autor de um software que prestou uma enorme contribuição na caça aos primos. Todo projeto envolvendo maciços cálculos numéricos era executado em "supercomputadores" que não eram de fácil acesso. A partir dos anos 1990, porém, muitas tarefas gigantescas foram divididas em fatias entre milhares de máquinas menores, conectadas entre si pela internet. Em 1996, Woltman criou um programa, que pode ser baixado pelos usuários gratuitamente, que, uma vez instalado, aloca uma pequena parte da fila de números não investigados para que a máquina em que o programa tenha sido instalado possa caçar números primos. O programa usa o processador só quando seu computador está ocioso. Enquanto você dorme, sua máquina navega as águas revoltas dos números na fronteira da ciência. A Great Internet Mersenne Prime Search, ou GIMPS, atualmente conecta cerca de 75 mil computadores. Algumas dessas máquinas estão em instituições acadêmicas, outras em empresas, e outras ainda são laptops de uso pessoal. GIMPS foi um dos primeiros projetos de "computação distribuída" e um dos mais bem-sucedidos. (O maior projeto similar do gênero, Seti@home, decifra ruídos cósmicos em busca de vida extraterrestre. Diz ter 3 milhões de usuários, mas até agora não descobriu coisa alguma.) Poucos meses depois do lançamento do GIMPS *on-line*, um programador francês de 29 anos pescou o 35º primo de Mersenne: $2^{1\,398\,269} - 1$. Depois disso, GIMPS revelou mais onze primos de Mersenne, numa média de um por ano. Vivemos a idade de ouro dos números primos elevados.

O recorde atual do maior número primo é o 45º primo de Mersenne: $2^{43\,112\,609} - 1$, que tem quase 13 milhões de dígitos, descoberto em 2008 por um computador conectado ao GIMPS na Universidade da Califórnia, Los Angeles. O 46º e o 47º primos de Mersennes descobertos eram na verdade menores do que o 45º. Isso ocorreu porque os computadores operavam em velocidades diferentes na fila de números ao mesmo tempo, e é possível que primos na seção mais alta sejam descobertos antes dos primos nas seções mais baixas.

A mensagem de cooperação voluntária maciça para o progresso científico contida no GIMPS fez dele um ícone da web democrática. Sem que tivesse tal intenção, Woltman transformou a busca dos primos numa missão quase política. Como marca da importância simbólica do projeto, a Electronic Frontier Foundation, um grupo que faz campanha por direitos digitais, desde 1999 oferece prêmio em dinheiro por primo cujos dígitos atinjam a ordem seguinte de magnitude. O 45º primo de Mersenne foi o primeiro a atingir a marca dos 10 milhões de dígitos, e o prêmio em dinheiro foi de 100 mil dólares. A EFF está oferecendo 150 mil dólares pelo primeiro primo com 100 milhões de dígitos, e 250 mil dólares pelo primeiro primo com 1 bilhão. Colocando os maiores primos descobertos desde 1952 num gráfico com a escala logarítmica e a época da descoberta, forma-se quase uma linha reta. Além de mostrar que o poder de processamento eletrônico evoluiu com notável consistência nesse período, a linha nos permite estimar quando o primeiro primo de 1 bilhão de dígitos será descoberto. Aposto que será por volta de 2025. Se escrevêssemos esse número num papel com cada dígito ocupando um milímetro de largura, cobriríamos a distância de Paris a Los Angeles.

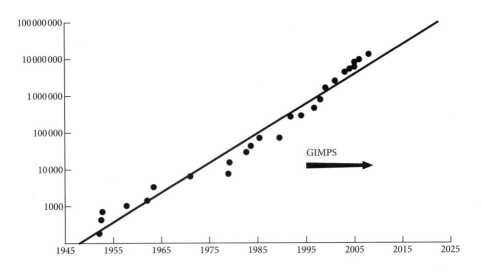

Dígitos dos maiores primos conhecidos, por ano de descoberta.

290

Com um número infinito de primos à nossa espera (se há um número infinito de primos de Mersenne, entretanto, ainda não se sabe), a busca de primos cada vez maiores é uma missão infinita. Seja qual for o número obtido, sempre haverá um ainda maior a zombar da nossa falta de ambição.

Infinitude é provavelmente a ideia mais profunda e desafiadora da matemática básica. É difícil para a mente lidar com a ideia de algo que aumenta sempre. O que aconteceria, por exemplo, se começássemos a contar 1, 2, 3, 4, 5... e não parássemos nunca? Lembro-me de ter feito esta pergunta aparentemente simples quando criança, e de jamais receber uma resposta direta. A resposta padrão de pais e professores era que chegaríamos ao "infinito", mas essa resposta, basicamente, é apenas outro jeito de fazer a pergunta. Infinito, nesse caso, é definido simplesmente como o número a que chegaríamos se começássemos a contar e não parássemos nunca.

Desde relativamente cedo aprendemos a tratar o infinito como se fosse um número, um número estranho, não obstante um número. Nos é apresentado o símbolo do infinito, um circuito sem fim (∞) (chamado de "lemniscata"), e nos ensinam sua aritmética peculiar. Some-se qualquer número ao infinito e tem-se o infinito. Subtraia-se um número finito do infinito e tem-se o infinito. Multiplique-se ou divida-se o infinito por um número finito, desde que não seja zero, e o resultado também é infinito. A facilidade com que nos dizem que o infinito é um número mascara mais de 2 mil anos de luta para lidar com seus mistérios.

A primeira pessoa a exibir o problema apresentado pelo infinito foi o filósofo grego Zenão de Eleia, que viveu no século v a. C. Num dos seus famosos paradoxos, ele descreveu uma corrida teórica entre Aquiles e uma tartaruga. Aquiles é mais rápido do que a tartaruga, por isso concede-se à tartaruga uma boa vantagem inicial. O famoso guerreiro começa no ponto A enquanto seu desafiante reptiliano está à sua frente no ponto B. Quando a corrida começa, Aquiles dispara e logo chega ao ponto B, mas quando chega lá a tartaruga já alcançou o ponto C. Aquiles avança então para o ponto C. Uma vez mais, porem, ao atingir esse ponto, a tartaruga já se arrastou até o ponto D. Aquiles

291

precisa chegar ao ponto D, claro, mas quando o faz, a tartaruga já está no E. Zenão afirma que o jogo de pique prossegue indefinidamente, e, portanto, que o veloz Aquiles jamais conseguirá ultrapassar seu lento rival de quatro patas. O atleta é muito mais rápido do que a tartaruga, mas não é capaz de vencê-la numa corrida.

Como esse, todos os paradoxos de Zenão chegam a conclusões aparentemente absurdas, dissecando o movimento contínuo em eventos distintos. Antes de alcançar a tartaruga, Aquiles precisa realizar um número infinito de pequenas e rápidas corridas separadas. O paradoxo nasce da suposição de que é impossível completar um número infinito de pequenas e rápidas corridas numa quantidade finita de tempo.

Os gregos, entretanto, não tinham uma compreensão matemática suficientemente profunda do infinito para ver que essa suposição é falaciosa. É possível completar um número infinito de pequenas corridas rápidas numa quantidade finita de tempo. O requisito crucial é que as corridas se tornem cada vez mais curtas e tomem cada vez menos tempo, e que tanto a distância como o tempo se aproximem de zero. Apesar de necessária, essa condição não é suficiente; as corridas também precisam encolher num ritmo suficientemente rápido.

É isto que acontece com Aquiles e a tartaruga. Por exemplo, digamos que Aquiles corre a uma velocidade duas vezes maior do que a da tartaruga, e que B está 1 metro adiante de A. Quando Aquiles alcança B, a tartaruga andou $\frac{1}{2}$ metro para C. Quando Aquiles chega a C, a tartaruga andou mais $\frac{1}{4}$ de metro para D. E assim por diante. A distância total em metros que Aquiles corre antes de alcançar a tartaruga é:

$$1 + \frac{1}{2} + \frac{1}{4} + \frac{1}{8} + \frac{1}{16} + \cdots$$

Se Aquiles leva um segundo para completar cada um desses intervalos, então levará toda a eternidade para completar a distância. Mas não é esse o caso. Supondo-se uma velocidade constante, ele levará um segundo para correr um metro, meio segundo para correr meio metro, um quarto de segundo para correr um quarto de metro e assim por diante. Portanto, o tempo que leva, em segundos, para alcançar a tartaruga é descrito pela mesma soma:

$$1 + \frac{1}{2} + \frac{1}{4} + \frac{1}{8} + \frac{1}{16} + \cdots$$

Aquiles e a tartaruga

Quando tempo e distância são descritos pela sequência dividida ao meio, eles convergem simultaneamente num valor fixo e finito. No caso acima, aos 2 segundos e 2 metros. Assim, Aquiles, afinal de contas, ultrapassa, sim, a tartaruga.

Nem todos os paradoxos de Zenão, entretanto, são resolvidos pela matemática das séries finitas. No "paradoxo da dicotomia", um corredor vai de A para B. Para chegar a B, entretanto, o corredor precisa passar pelo ponto que está no meio do caminho entre A e B, que chamaremos de C. Mas para chegar a C ele tem que primeiro chegar ao ponto que está no meio do caminho entre A e C. Segue-se que não pode haver um "primeiro ponto" por onde passe o corredor, uma vez que sempre haverá um ponto pelo qual ele terá de passar antes de alcançá-lo, como o ponto que está a meio caminho. Se não há um primeiro ponto por onde o corredor passa, afirmava Zenão, o corredor jamais poderá sair de A.

Diz a lenda que, para refutar esse paradoxo, Diógenes, o Cínico, levantou-se em silêncio e andou de A para B, demonstrando, dessa forma, que tal movimento era possível. Mas não se pode descartar com essa facilidade o paradoxo da dicotomia de Zenão. Em 2500 anos de erudita coçação de cabeça, ninguém foi capaz de resolver totalmente o enigma. Parte da confusão vem do fato de que a linha contínua não é perfeitamente representada pela sequência de um número infinito de pontos, ou de um número infinito de pequenos intervalos. Da mesma forma, a passagem ininterrupta de tempo não é perfeitamente representada por um número infinito de momentos separados. Os conceitos de continuidade e separação não são inteiramente conciliáveis.

O sistema decimal apresenta um excelente exemplo de paradoxo inspirado por Zenão. Qual é o maior número menor do que 1? Não é 0,9, porque 0,99 é maior, e ainda assim menor do que 1. Não é 0,99, porque 0,999 é maior e ainda assim menor do que 1. O único candidato possível é o recorrente decimal 0,9999... onde "..." significa que os noves continuam para sempre. Mas é aí que entra o paradoxo. Não pode ser 0,9999... porque o número 0,9999... é idêntico a 1!

Veja a coisa desta maneira. Se 0,9999... for um número diferente de 1, então há espaço entre eles na fila dos números. Portanto, deve ser possível enfiar na brecha um número que seja maior do que 0,9999... e menor do que 1. Mas que número seria? Não se pode chegar mais perto de 1 do que 0,9999... Portanto, se não podem ser diferentes, 0,9999... e 1 têm de ser iguais. Por mais que vá de encontro à nossa intuição, 0,9999... = 1.

Então qual é o maior número menor do que 1? A única conclusão satisfatória do paradoxo é que o maior número menor do que 1 *não existe*. (Da mesma forma, não existe maior número menor do que 2, ou menor do que 3, ou do que qualquer número.)

O paradoxo da corrida de Aquiles contra a tartaruga foi resolvido escrevendo-se a duração de suas pequenas corridas rápidas como uma soma com um número infinito de termos, também conhecida como série infinita. Sempre que os termos de uma sequência forem somados, chama-se a isso *série*. Há séries finitas e infinitas. Por exemplo, se somarmos a sequência dos primeiros números naturais, teremos uma série finita:

$$1 + 2 + 3 + 4 + 5 = 15$$

Obviamente, podemos resolver esta soma de cabeça, mas quando a série tem muito mais termos, o desafio é encontrar um atalho. Um exemplo famoso foi dado pelo matemático alemão Carl Friedrich Gauss quando ainda um menino. Consta que um professor lhe pediu que calculasse a soma da série dos primeiros cem números naturais:

$$1 + 2 + 3 + ... + 98 + 99 + 100$$

Para perplexidade do professor, Gauss respondeu quase de imediato: "5050". O prodígio tinha inventado a seguinte fórmula. Se emparelharmos os números criteriosamente, juntando o primeiro e o último, o segundo e o penúltimo, e assim por diante, então a série pode ser escrita assim:

$$(1 + 100) + (2 + 99) + (3 + 98) + ... + (50 + 51)$$
ou seja:
$$101 + 101 + 101 + 101 + ... + 101$$

Há cinquenta termos, cada um somando 101, portanto a soma total é $50 \times 101 = 5050$. Generalizando, tem-se como resultado que, para qualquer número n, a soma dos primeiros números n é $n + 1$ somados $\frac{n}{2}$ vezes em seguida, que dá $\frac{n(n+1)}{2}$. No caso acima, n é 100, portanto a soma é $\frac{100(100+1)}{2} = 5050$.

Quando se somam os termos de uma série finita, o resultado é sempre um número finito, isso é óbvio. Entretanto, quando se somam os termos de uma série infinita, há duas possibilidades. O *limite*, que é o número do qual a soma se aproxima à medida que novos termos são acrescentados, é um número finito ou infinito. Se o limite for finito, a série recebe o nome de *convergente*. Se não, a série é chamada *divergente*.

Por exemplo, já vimos que a série

$$1 + \frac{1}{2} + \frac{1}{4} + \frac{1}{8} + \frac{1}{16} + \cdots$$

é convergente, e converge em 2. Também vimos que muitas séries infinitas convergem em pi.

Contudo, a série

$$1 + 2 + 3 + 4 + 5 + \ldots$$

é divergente, rumando para o infinito.

Os gregos podem ter sido muito suspeitosos do infinito, mas os matemáticos do século XVII o acolheram com prazer. Isaac Newton precisou alcançar uma compreensão da série infinita para inventar o cálculo, um dos mais significativos avanços da matemática.

Quando eu estudava matemática, um dos meus exercícios preferidos era pegar uma série infinita e descobrir se ela convergia ou divergia. Sempre me parecia incrível que a diferença entre convergência e divergência fosse tão brutal — a diferença entre um número finito e um infinito é o infinito — e ainda assim os elementos que decidiam o rumo tomado pela série parecessem com frequência tão insignificantes.

Veja-se a *série harmônica*:

$$1 + \frac{1}{2} + \frac{1}{3} + \frac{1}{4} + \frac{1}{5} + \cdots$$

O numerador de cada termo é 1, e os denominadores são os números naturais. A série harmônica dá a impressão de que vai convergir. Os termos da série tornam-se cada vez menores, o que nos leva a pensar que a soma de todos eles seria limitada por um número fixo. Estranhamente, porém, a série harmônica é divergente, uma lesma cada vez mais lenta mas impossível de parar. Depois de cem termos da série, o total mal passou de 5. Depois de 15.092.688. 622.113.788.323.693.563.264.538.101.449.859.497 termos, o total finalmente passa de 100. Mas essa lesma teimosa continuará sua busca de liberdade, além de qualquer distância que se queira estabelecer. A série acabará alcançando 1 milhão, depois 1 bilhão, avançando cada vez mais em direção ao infinito. (A prova está no apêndice da p. 451.)

A série harmônica aparece quando examinamos a matemática do jogo dos blocos de jenga. Digamos que você tem dois blocos e quer colocá-los um em cima do outro, de modo que o de cima fique sobrando o máximo possível, mas sem cair. O jeito de fazer isso é colocar o bloco de cima exatamente na metade do de baixo, como demonstrado em (A), na ilustração abaixo. Dessa forma, o centro de gravidade do bloco de cima coincide com a borda do bloco inferior.

Se forem três blocos, em que posições os colocaremos para que a sobra combinada seja a maior possível, sem virar? A solução é colocar a de cima na metade do do meio, e o do meio recuando um quarto do de baixo, como no diagrama (B) da ilustração a seguir.

Continuando-se a colocar blocos, o padrão geral determina que, para conseguir a máxima sobra combinada possível, o de cima fique na metade do segundo, que recua um quarto no terceiro, que por sua vez recua um sexto no quarto, que por sua vez recua um oitavo no quinto, e assim por diante. Isso nos dará uma torre inclinada, como a que aparece em (C) na ilustração a seguir.

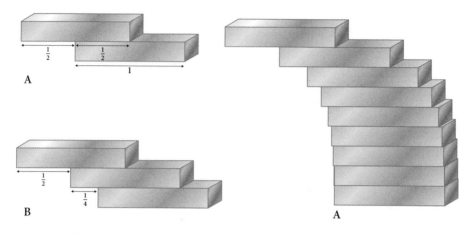

Como empilhar blocos de jenga com o máximo de sobra sem virar.

A sobra total dessa torre, que é a soma de todas as sobras individuais, é esta série:

$$\frac{1}{2} + \frac{1}{4} + \frac{1}{6} + \frac{1}{8} + \cdots$$

Que pode ser reescrita assim:

$$\frac{1}{2}\left(1 + \frac{1}{2} + \frac{1}{3} + \frac{1}{4} + \cdots\right.$$

que é metade da série harmônica, se prosseguirmos com um número infinito de termos.

Agora, como já sabemos que a série harmônica se estende ao infinito, também sabemos que a série harmônica dividida por dois se estende ao infinito, porque infinito dividido por dois é igual a infinito. Afirmar isso no contexto do empilhamento dos blocos de jenga significa que é teoricamente possível criar uma estrutura com sobra lateral e capaz de ficar em pé sozinha do tamanho que quisermos. Se a série harmônica dividida por dois acabará excedendo qualquer número que quisermos, desde que incluamos a quantidade suficiente de termos, então a sobra lateral da torre inclinada de blocos acabará excedendo qualquer tamanho que quisermos, desde que empilhemos blocos em número suficiente. Apesar de teoricamente possível, entretanto, a viabilidade de construir-se uma torre com uma grande sobra lateral é desanimadora. Para alcançar uma sobra de cinquenta blocos, precisaríamos de uma torre de 15×10^{42} blocos — muito mais alta do que a distância daqui aos confins do universo observável.

As delícias da série harmônica são abundantes, portanto vamos nos divertir mais um pouco. Consideremos a série harmônica com a *exclusão* de todo termo em que o 9 apareça, o que em si também é uma série infinita. Em outras palavras, estaremos excluindo os seguintes termos:

$$\frac{1}{9}, \frac{1}{19}, \frac{1}{29}, \frac{1}{39}, \frac{1}{49}, \frac{1}{59}, \frac{1}{69}, \frac{1}{79}, \frac{1}{89}, \frac{1}{90}, \frac{1}{91}, \frac{1}{92} \cdots$$

De modo que a série desfalcada ficaria assim:

$$1 + \frac{1}{2} + \frac{1}{3} + \frac{1}{4} + \frac{1}{5} + \cdots + \frac{1}{8} + \frac{1}{10} + \cdots + \frac{1}{18} + \frac{1}{20} + \cdots$$

Lembremos que a série harmônica somada se estende ao infinito, de modo que alguém pode achar que a série harmônica sem 9 somará um número bastante grande. Errado. A soma chegará apenas perto de 23.

Filtrando os 9, domesticamos o infinito: assassinamos a besta da eternidade e tudo que resta é uma encolhida carcaça de quase 23.

Esse resultado parece notável, mas um exame atento ajuda a entender. Com a eliminação de um 9, a série se livra apenas de um dos primeiros dez termos da série harmônica. Mas se livra também de dezenove dos primeiros cem termos e 271 dos primeiros mil. Quando o número alcança grandes dimensões, digamos cem dígitos, a ampla maioria dos números tem os 9. O resultado é que, afinando a série harmônica com a extração dos termos em que o 9 aparece, quase a eliminamos por completo.

Mas quando adaptamos a série harmônica ao gosto do freguês, ela pode se tornar ainda mais intrigante. A decisão de extrair os 9 foi arbitrária. Se eu tivesse extraído da série harmônica todos os termos contendo 8, os que sobrassem também convergiriam para um número finito. O mesmo se daria se eu extraísse apenas os termos com um 7, ou com qualquer dígito simples. Na realidade, nem precisamos nos limitar a dígitos simples. Basta remoer todos os termos que incluam qualquer número para a série harmônica, afinada, continuar sendo convergente. Isso funciona com 9, ou 42, ou 666, ou 314 159, e o mesmo raciocínio se aplica.

Vou usar como exemplo o 666. Entre 1 e 1000 o número 666 ocorre apenas uma vez. Entre 1 e 10 mil ocorre vinte vezes, e entre 1 e 100 mil ocorre trezentas vezes. Em outras palavras, a percentagem de ocorrência do 666 é de 0,1% nos primeiros mil números, de 0,2% nos primeiros 10 mil e de 0,3% nos primeiros 100 mil. Quando se levam em conta números cada vez maiores, a série de dígitos 666 é proporcionalmente cada vez mais comum. Prosseguindo-se, o 666 acabará aparecendo em quase todos os números. Com isso, quase todos os termos da série harmônica acabarão contendo um 666. Se eles forem excluídos da série harmônica, a série desfalcada convergirá.

Em 2008, Thomas Schmelzer e Robert Baillie calcularam que a série harmônica sem qualquer termo em que apareça o número 314 159 somará pouco mais de 2,3 milhões. É um número alto, mas ainda assim bem longe do infinito.

Um corolário desse resultado é que a série harmônica apenas dos termos que incluem 314 159 tem de somar até o infinito. Em outras palavras, a soma da série:

$$\frac{1}{314\,159} + \frac{1}{1\,314\,159} + \frac{1}{2\,314\,159} + \frac{1}{3\,314\,159} + \frac{1}{4\,314\,159} + \cdots$$

vai até o infinito. Muito embora comece com um número minúsculo, e os termos fiquem cada vez menores, a soma dos termos acabará ultrapassando qualquer número que se imagine. A razão disso, mais uma vez, é que, quando os números se tornam grandes, o 314 159 aparece em quase todos eles. E quase todas as frações de unidade contêm o número 314 159.

Examinemos uma última série infinita, uma que nos leve de volta aos mistérios dos números primos. A série harmônica dos primos é a série de unidades fracionárias em que os denominadores são números primos:

$$\frac{1}{2} + \frac{1}{3} + \frac{1}{4} + \frac{1}{5} + \frac{1}{7} + \frac{1}{11} + \frac{1}{13} + \frac{1}{17} \cdots$$

Os primos tornam-se cada vez mais escassos à medida que os números crescem, e seria de esperar que a série não tivesse impulso suficiente para somar ao infinito. No entanto, por incrível que pareça, é exatamente isso que ela faz. O resultado, ao mesmo tempo contrário à nossa intuição e espetacular, revela-nos a importância dos primos. Eles podem ser vistos não apenas como os tijolos do edifício dos números naturais, mas também como os tijolos do edifício do infinito.

8. Dedo de ouro

Sentado comigo no sofá de sua casa, Eddy Levin me entrega uma folha de papel em branco e me pede que escreva meu nome com letras maiúsculas. Levin, que tem 75 anos e um rosto nobre, com pelos grisalhos no queixo e testa alta, já foi dentista. Mora em East Finchley, no norte de Londres, numa rua que é o retrato do subúrbio britânico próspero e conservador. Há carros caros estacionados diante das garagens, entre casas construídas no período entre as duas guerras, com sebes recém-aparadas e gramados intensamente verdes. Peguei a folha e escrevi: ALEX BELLOS.

Levin pegou um instrumento de aço inoxidável de três dentes, que lembrava uma pequena garra. Com mão firme, encostou-o no papel e começou a analisar minha letra. Apontou o instrumento para a letra E do primeiro nome com a concentração de um rabino que prepara uma circuncisão.

"Muito bom", disse ele.

A garra de Levin é invenção sua. Os três dentes estão posicionados de tal forma que as pontas ficam na mesma linha e guardam a mesma relação entre si quando a garra se abre. Ele projetou o instrumento de tal maneira que a distância entre o dente do meio e o dente de cima seja sempre 1,618 vez a distância entre o dente do meio e o dente de baixo. Como esse número é mais conhecido como proporção áurea, ele chama seu instrumento de Medidor de Proporção

Áurea. (Outros sinônimos de 1,618 incluem razão áurea, divina proporção e φ, ou fi.) Levin pôs o medidor em minha letra E, com a ponta de um dente na barra horizontal superior, a ponta do meio na barra horizontal intermediária, e a ponta de baixo na barra inferior. Sempre imaginei que ao escrever a maiúscula E eu posicionava a barra intermediária exatamente entre a barra de cima e a de baixo, mas o medidor de Levin mostrou que, subconscientemente, eu colocava a barra um pouco acima da metade do espaço — de modo que ela dividia a altura da letra em duas seções cujo comprimento obedecia à proporção de 1 para 1,618. Apesar de ter escrito meu nome com despreocupada naturalidade, eu respeitara a proporção áurea com estranha exatidão.

Levin sorriu e passou para o S. Reajustou o medidor, para que as pontas laterais tocassem as pontas de cima e de baixo da letra, e, outra vez para meu espanto, a do meio coincidiu exatamente com a curva do S.

"Perfeito", disse Levin calmamente. "A caligrafia de todo mundo obedece à proporção áurea."

A proporção áurea é o número que descreve a razão exata em que uma linha é cortada em duas seções, de tal maneira que a proporção entre a linha inteira e a seção maior é igual à proporção entre a seção maior e a seção menor. Em outras palavras, quando a razão entre A + B e A é igual à razão entre A e B:

$$\begin{array}{c}\;\;\;\;\;\;\;\;\text{A}\;\;\;\;\;\;\;\;\;\;\;\;\;\;\text{B} \\ \rule{6cm}{0.4pt}\end{array}$$

Uma linha dividida em duas pela proporção áurea é conhecida como seção áurea, e fi, a razão entre as seções maior e menor, pode ser calculado como $\frac{(1+\sqrt{5})}{2}$. Trata-se de um número irracional, cujas casas decimais começam:

1,61803 39887 49894 84820...

Os gregos eram fascinados por fi. Eles o descobriram na estrela de cinco pontas, ou pentagrama, o reverenciado símbolo da Fraternidade Pitagórica. Euclides chamou-o de "razão extrema e média" e ofereceu um método para construí-lo com compasso e esquadro. Desde o Renascimento, pelo menos, esse número tem intrigado artistas e matemáticos. A grande obra sobre a proporção áurea era *A divina proporção*, de Luca Pacioli, aparecida em 1509, que trazia uma lista das aparições do número em muitas construções geométricas, e foi ilustrada por Leonardo da Vinci. Pacioli concluiu que a razão era uma mensagem de Deus, fonte de conhecimento secreto sobre a beleza íntima das coisas.

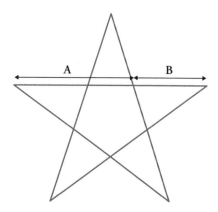

O pentagrama, um símbolo místico desde tempos antigos, contém a razão áurea.

O interesse matemático pelo fi vem de sua relação com as sequências mais famosas da matemática: a sequência de Fibonacci, que começa com 0, 1 e cada termo subsequente é a soma dos dois termos anteriores:

0, 1, 1, 2, 3, 5, 8, 13, 21, 34, 55, 89, 144, 233, 377...

Eis aqui como os números foram encontrados:

0 + 1 = 1
   1 + 1 = 2
      1 + 2 = 3
         2 + 3 = 5
           3 + 5 = 8
              5 + 8 = 13
              ...

Antes de mostrar a conexão entre fi e Fibonacci, investiguemos os números da sequência. O mundo natural tem predileção pelos números de Fibonacci. Se der uma olhada no jardim, você descobrirá que na maioria das flores o número de pétalas é um número de Fibonacci:

3 pétalas	lírio e íris
5 pétalas	cravo e ranúnculo
8 pétalas	espora
13 pétalas	cravo-de-defunto e tanaceto
21 pétalas	áster
55 pétalas/89 pétalas	margarida

As flores individuais nem sempre têm esses números, mas na média o número de pétalas será um número de Fibonacci. Por exemplo, há geralmente três folhas num talo de trevo, número de Fibonacci. Raramente o trevo tem quatro folhas, sendo por isso que o consideramos um trevo especial. Trevos de quatro folhas são raros porque o 4 não é um número de Fibonacci.

Os números de Fibonacci também ocorrem em forma de espiral na superfície de cones de pinheiro, de abacaxis, de couves-flores e de girassóis. Como mostra a figura a seguir, as espirais podem ser contadas no sentido horário ou anti-horário. Os números de espirais, quer se conte numa ou noutra direção, são números de Fibonacci. Os abacaxis costumam ter cinco e oito espirais, ou oito e treze. Cones de abeto tendem a ter oito e treze espirais. Girassóis podem ter 21 e 34, ou 34 e 55 — embora tenham sido encontrados exemplos com 144 e 233 espirais. Quanto mais sementes houver, mais alto atingirá a sequência de espirais.

A sequência de Fibonacci tem esse nome porque os termos aparecem no *Liber Abaci*, de Fibonacci, num problema sobre coelhos. A sequência só ganhou esse nome, entretanto, mais de seiscentos anos depois que o livro foi publicado, quando, em 1877, o teórico de números Edouard Lucas a estudava, e resolveu prestar um tributo a Fibonacci, dando-lhe seu nome.

O *Liber Abaci* propôs a sequência desta maneira: imagine que você tem um casal de coelhos, e depois de um mês esse casal dá à luz outro casal. Se todo casal adulto de coelhos der à luz um casal de coelhos todos os meses, e se os coelhos recém-nascidos levam um mês para se tornarem adultos, quantos coelhos o primeiro casal produz em um ano?

Um girassol com 34 espirais no sentido anti-horário e 21 no sentido horário.

A resposta é encontrada contando-se os coelhos mês a mês. No primeiro mês, há apenas um casal. No segundo, há dois, pois o casal original deu à luz um casal. No terceiro mês, há três, pois o casal original gerou novamente, mas o primeiro casal apenas acaba de se tornar adulto. No quarto mês, os dois casais adultos dão à luz, acrescentando dois à população de três. A sequência de Fibonacci é o total de casais mês a mês.

	Total de casais
Primeiro mês: 1 casal adulto	1
Segundo mês: 1 casal adulto e 1 casal bebê	2
Terceiro mês: 2 casais adultos e 1 casal bebê	3
Quarto mês: 3 casais adultos e 2 casais bebês	5
Quinto mês: 5 casais adultos e 3 casais bebês	8
Sexto mês: 8 casais adultos e 5 casais bebês	13
...	...

Uma característica importante da sequência de Fibonacci é que ela é *recorrente*, ou seja, cada novo termo é gerado pelos valores dos termos precedentes. Isso ajuda a explicar por que os números de Fibonacci predominam nos sistemas naturais. Muitas formas de vida crescem por um processo de recorrência.

Há muitos exemplos na natureza de números de Fibonacci, e um dos meus favoritos diz respeito aos padrões reprodutivos das abelhas. Uma abelha macho, ou zangão, tem apenas um pai: sua mãe. Abelhas fêmeas, porém, têm dois pais: uma mãe e um pai. Portanto, um zangão tem três avós, cinco bisavós, oito trisavós e assim por diante. Colocando os ancestrais do zangão num gráfico (como no diagrama a seguir), descobre-se que o número de parentes que ele tem em cada geração é sempre um número de Fibonacci.

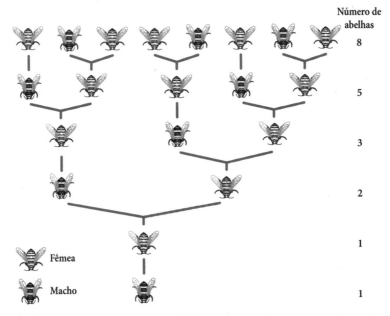

Um gráfico com a história ancestral de um zangão (que aparece a seguir)

Além de sua associação com frutas, roedores promíscuos e insetos voadores, a sequência de Fibonacci tem muitas propriedades fascinantes. Uma relação dos vinte primeiros números ajudará a enxergar os padrões. Cada número de Fibonacci é, tradicionalmente, escrito usando-se um F com um subscrito para denotar a posição daquele número na sequência.

$(F_0$	$0)$		
F_1	1	F_{11}	89
F_2	1	F_{12}	144
F_3	2	F_{13}	233
F_4	3	F_{14}	377
F_5	5	F_{15}	610
F_6	8	F_{16}	987
F_7	13	F_{17}	1597
F_8	21	F_{18}	2584
F_9	34	F_{19}	4181
F_{10}	55	F_{20}	6765

Ao examinar com atenção, vê-se que a sequência volta a gerar a si mesma de muitas formas surpreendentes. Repare-se o caso de F_3, F_6, F_9, ..., ou seja, cada terceiro valor de F. São todos divisíveis por 2. Compare-se com F_4, F_8, F_{12}, ..., ou cada quarto valor de F. São todos divisíveis por 3. Cada quinto valor de F é divisível por 5; cada sexto valor de F, divisível por 8; e cada sétimo valor de F, por 13. Os divisores são exatamente os valores de F em sequência.

Outro exemplo incrível é o que ocorre com $\frac{1}{F_{11}}$, ou $\frac{1}{89}$. Esse número é igual à soma de:

.0
.01
.001
.0002
.00003
.000005
.0000008
.00000013
.000000021
.0000000034
.00000000055
.000000000089
.0000000000144

Portanto, a sequência de Fibonacci dá as caras novamente.

Eis aqui outra interessante propriedade matemática da sequência. Tomemos três valores consecutivos de F, quaisquer que sejam. O primeiro multiplicado pelo terceiro é sempre um número acima ou abaixo do segundo ao quadrado:

Pois F_4, F_5, F_6:
$F_4 \times F_6 = F_5 \times F_5 - 1$ ... *uma vez que 24 = 25 - 1*

Pois F_5, F_6, F_7:
$F_5 \times F_7 = F_6 \times F_6 + 1$ ... *uma vez que 65 = 64 + 1*

Pois F_{18}, F_{19}, F_{20}
$F_{18} \times F_{20} = F_{19} \times F_{19} - 1$ ... *uma vez que 17 480 760 = 17 480 761 - 1*

Essa propriedade é a base de um velho passe de mágica, com o qual é possível cortar um quadrado grande de 64 quadradinhos em quatro peças e rearranjá-los de modo a fazer um retângulo de 65 quadradinhos. Como? Assim: desenhe um quadrado grande com 64 quadradinhos. Cada lado tem oito quadradinhos. Na sequência, os dois valores de F que vêm antes de 8 são 5 e 3. Divida o quadrado grande usando os comprimentos de 5 e 3, como na primeira imagem abaixo. As peças podem ser rearranjadas para formar um retângulo com lados de 5 e 13 de comprimento, que têm uma área de 65 quadradinhos.

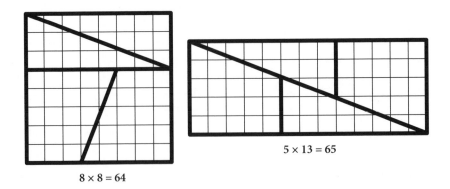

8 × 8 = 64

5 × 13 = 65

O truque é explicado pelo fato de que as formas não se encaixam perfeitamente. Embora não seja tão óbvio a olho nu, há uma longa e fina brecha ao longo da diagonal com área equivalente à de um quadradinho.

Segue-se que um quadrado grande de 169 quadradinhos (13 × 13) pode ser rearranjado para "produzir" um retângulo de 168 quadradinhos (8 × 21). Nesse caso, os segmentos se sobrepõem ligeiramente, ao longo da diagonal.

No começo do século XVII, o astrônomo alemão Johannes Kepler escreveu que: "Como 5 está para 8, 8 está para 13, aproximadamente, e como 8 está para 13, 13 está para 21, aproximadamente". Em outras palavras, ele percebeu que as razões dos valores consecutivos de F são similares. Um século depois, o matemático escocês Robert Simson viu algo ainda mais incrível. Se tomarmos as razões dos valores consecutivos de F e as pusermos em sequência:

$$\frac{F_2}{F_1},\ \frac{F_3}{F_2},\ \frac{F_4}{F_3},\ \frac{F_5}{F_4},\ \frac{F_6}{F_5},\ \frac{F_7}{F_6},\ \frac{F_8}{F_7},\ \frac{F_9}{F_8},\ \frac{F_{10}}{F_9}\ \dots$$

que é:

$$\frac{1}{1},\ \frac{2}{1},\ \frac{3}{2},\ \frac{5}{3},\ \frac{8}{5},\ \frac{13}{8},\ \frac{21}{13},\ \frac{34}{21},\ \frac{55}{34}\ \dots$$

ou (até três casas decimais):

1, 2, 1,5, 1,667, 1,6, 1,625, 1,615, 1,619, 1,618...

então, os valores desses termos se aproximam cada vez mais de fi, a proporção áurea.

Em outras palavras, a proporção áurea é aproximada pela razão dos números consecutivos de Fibonacci, com a aproximação tornando-se cada vez mais precisa à medida que a sequência evolui.

Agora continuemos nessa linha de pensamento e consideremos uma sequência parecida com a de Fibonacci, começando com dois números aleatórios e depois somando termos consecutivos para dar continuidade à sequência. Começando, por exemplo, com 4 e 10, o próximo termo será 14, o seguinte 24. Nosso exemplo dá isto:

4, 10, 14, 24, 38, 62, 100, 162, 262, 424...

Vejamos as razões dos termos consecutivos:

$$\frac{10}{4}, \frac{14}{10}, \frac{24}{14}, \frac{38}{24}, \frac{62}{38}, \frac{100}{62}, \frac{162}{100}, \frac{262}{162}, \frac{424}{262}, \ldots$$

ou:

2,5, 1,4, 1,714, 1,583, 1,632, 1,612, 1,620, 1,617, 1,618...

A recorrência algorítmica fibonacciana, em que se somando dois termos consecutivos numa sequência obtém-se a terceira, é tão poderosa que sejam *quais* forem os dois números que escolhamos para começar, a razão dos termos consecutivos sempre converge para fi. Acho isso um fenômeno matemático fascinante.

A ubiquidade dos números de Fibonacci na natureza significa que fi também está sempre presente no mundo. O que nos leva de volta ao dentista aposentado Eddy Levin. No começo de sua carreira, ele dedicou muito tempo a fazer dentes falsos, trabalho que o deixava frustrado, porque, por mais que arrumasse os dentes jamais conseguia um sorriso que parecesse natural. "Eu suava sangue e lágrimas", diz ele. "Eu podia fazer o que quisesse que os dentes continuavam parecendo artificiais." Mais ou menos nessa época, Levin começou a frequentar aulas de matemática e espiritualidade, onde foi apresentado a fi. Levin tomou conhecimento de *A divina proporção*, de Pacioli, e teve uma inspiração. E se fi, que segundo Pacioli revelava a verdadeira beleza, também contivesse o segredo das dentaduras divinas? "Foi meu momento Eureka", diz. Eram duas da manhã, e ele correu para seu consultório. "Passei o resto da noite medindo dentes."

Levin examinou fotografias e descobriu que nas dentaduras mais atraentes o grande dente frontal (incisivo central) era mais largo do que o vizinho (incisivo lateral) por um fator fi. O incisivo lateral também era mais largo do que o dente adjacente (canino) por um fator fi. E o canino era mais largo do que o vizinho (primeiro pré-molar) por um fator fi. Levin não media o tamanho de dentes de verdade, mas o tamanho de dentes vistos em fotografias tiradas de frente. Mesmo assim, achou que tinha feito uma descoberta histórica: a beleza de um sorriso perfeito era prescrita por fi.

"Fiquei muito animado", lembra-se Levin. No trabalho, falou de sua descoberta com colegas, mas eles acharam que aquilo era coisa de gente esquisita. Apesar disso ele continuou a explorar a ideia, e em 1978 publicou um artigo expondo-a no *Journal of Prosthetic Dentistry*. "A partir de então, as pessoas se interessaram", diz ele. "Agora não há palestra sobre estética [dentária] que não inclua algo sobre a proporção áurea." Levin tanto usou fi em seu trabalho que no começo dos anos 1980 pediu a um engenheiro que lhe criasse um instrumento para verificar se dois dentes respeitavam a proporção áurea. O resultado foi o Medidor de Proporção Áurea de três pontas, que ele ainda vende para dentistas em todas as partes do mundo.

Eu não conseguiria dizer se os dentes do próprio Levin obedecem à proporção áurea, apesar de certamente haver neles uma grande quantidade de ouro. Levin me contou que seu medidor tornou-se mais do que uma ferramenta de trabalho, e começou a usá-lo para medir outros objetos. Descobriu fi no padrão das flores, no arranjo dos galhos nos caules e das folhas nos galhos. Levava o medidor nas férias e descobriu fi na proporção de edifícios. Também encontrou fi no resto do corpo humano, no comprimento dos nós dos dedos, e na posição relativa do nariz, dos dentes e do queixo. Além disso, notou que a maioria das pessoas usa fi em sua caligrafia, assim como mostrou na minha.

Quanto mais estudava fi, mais Levin descobria. "Descobri tantas coincidências que comecei a pensar no que significaria tudo aquilo." Abriu seu laptop e mostrou-me uma exibição de slides, cada um com as três pontas do medidor mostrando exatamente onde estava a proporção. Vi fotos de asas de borboleta, penas de pavão e desenhos de animais para colorir, o eletrocardiograma de um coração humano saudável, quadros de Mondrian e um carro.

Quando um retângulo é construído de modo que o quociente entre seus lados seja fi, temos o que se chama de "retângulo áureo". Esse retângulo tem a conveniente propriedade segundo a qual, se for cortado verticalmente, de modo que um dos lados seja um quadrado, o outro lado será, também, um retângulo dourado. A mãe dá à luz uma filhinha.

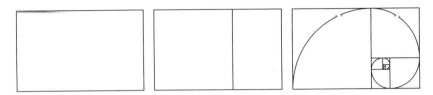

Retângulo áureo e espiral logarítmica.

Podemos continuar esse processo para dar à luz netas, bisnetas, *ad infinitum*. Agora, desenhemos um quarto de círculo no maior dos quadrados, colocando a ponta do compasso no canto inferior direito e riscando de um canto adjacente para outro. Repitamos a operação no segundo quadrado em tamanho, com a ponta do compasso no canto inferior esquerdo, e o lápis dando continuidade à curva noutro quarto de círculo, depois passemos para os quadrados menores. A curva resultante é uma aproximação da *espiral logarítmica*.

Uma verdadeira espiral logarítmica passará pelos mesmos cantos dos mesmos quadrados, curvando-se, no entanto, com suavidade, diferentemente da curva do diagrama, que dará pequenos saltos de curvatura onde as seções de quarto de círculo se encontram. Numa espiral logarítmica, uma linha reta do centro da espiral — o "polo" — cortará a espiral no mesmo ângulo, em todos os pontos, razão pela qual Descartes chamou a espiral logarítmica de "espiral equiangular".

A espiral logarítmica é uma das curvas mais encantadoras da matemática. No século XVII, Jakob Bernoulli foi o primeiro matemático a investigar exaustivamente suas propriedades. Ele a chamou de *spira mirabilis*, espiral maravilhosa. Mandou gravar uma delas em seu túmulo, mas o escultor gravou, por engano, uma espiral arquimediana.

A propriedade fundamental da espiral logarítmica é que ela nunca muda de forma à medida que cresce. Bernoulli expressou isso em seu túmulo com o epitáfio *Eadem mutata resurgo*, ou seja, "Embora mudada, ressurjo a mesma". A espiral gira um número infinito de vezes antes de chegar ao polo. Se pegarmos um microscópio e olharmos o centro da espiral logarítmica, veremos a mesma forma que veríamos se a espiral logarítmica continuasse girando até o tamanho de uma galáxia, e a estivéssemos olhando de um sistema solar dife-

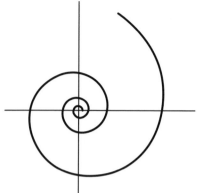

Espiral logarítmica — maravilhosa.   *Espiral arquimediana — não tão maravilhosa.*

rente. Na realidade, muitas galáxias têm a forma de espiral logarítmica. Exatamente como ocorre com um fractal, a espiral logarítmica é similar a si mesma, ou seja, qualquer pedaço pequeno de uma grande espiral tem forma idêntica à da peça grande.

O exemplo mais espantoso de uma espiral logarítmica na natureza é a concha náutilo. À medida que a câmara cresce, cada nova câmara é maior do que a anterior, mas tem a mesma forma. A única espiral que pode acomodar câmaras de tamanhos diferentes, com as mesmas dimensões relativas, é a *spira mirabilis*.

Concha náutilo.

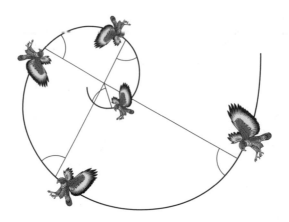

Falcões caem sobre a presa numa espiral logarítmica.

Como observou Descartes, uma linha reta do polo de uma espiral logarítmica sempre corta a curva no mesmo ângulo, e essa característica explica por que a espiral é usada por falcões-peregrinos quando atacam sua presa. Falcões-peregrinos não mergulham em linha reta, mas caem sobre a presa descrevendo uma espiral em torno dela. Em 2000, Vance Tucker, da Duke University, descobriu por que é assim. Os falcões têm olhos dos lados da cabeça, e se quiserem olhar diretamente para frente precisam virar a cabeça quarenta graus. Vance fez testes com falcões num túnel de vento e mostrou que com a cabeça nesse ângulo o arrasto do vento sobre o falcão é 50% mais forte do que seria se ele olhasse diretamente para a frente. A trajetória que permite à ave manter a cabeça na posição mais aerodinâmica possível, enquanto mantém o olhar sobre a presa no mesmo ângulo, é uma espiral logarítmica.

Plantas, assim como aves de rapina, movimentam-se ao som da música de fi. Para crescer, uma planta precisa posicionar as folhas em volta do caule de tal maneira que a quantidade de luz que cai em cada folha seja a maior possível. É por isso que as plantas não ficam umas sobre as outras, diretamente; se assim fosse, as de baixo não receberiam luz solar nenhuma.

Quando o caule cresce, cada folha nova aparece num ângulo fixo em relação à folha anterior. O caule faz brotar uma folha numa rotação predeterminada, como no diagrama da página seguinte.

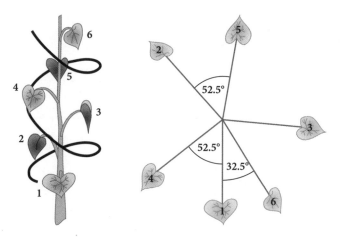

Como as folhas formam uma espiral em torno do caule.

Qual é o ângulo fixo que maximiza a luz solar recebida pelas folhas, o ângulo que espalhará as folhas em torno do caule de modo que uma se sobreponha às outras o mínimo possível? Não é de 180 graus, ou meia-volta, porque a terceira folha ficaria em cima da primeira. O ângulo não é de noventa graus, ou um quarto de volta, porque se fosse assim a quinta folha ficaria em cima da primeira — além de as três primeiras folhas usarem apenas um lado do caule, o que seria um desperdício da luz solar disponível do outro lado. O ângulo que oferece o melhor arranjo é de 137,5 graus, e o diagrama acima mostra onde as folhas ficariam posicionadas se as folhas fossem sucessivamente separadas nesse ângulo. As primeiras três folhas estão posicionadas bem distantes uma da outra. As duas seguintes, as folhas 4 e 5, estão separadas por mais de cinquenta graus das mais próximas, o que lhes dá bastante espaço. A sexta folha está a 32,5 graus da primeira. Isto é mais perto de outra folha do que qualquer folha anterior, e assim tem de ser, pois há mais folhas, e apesar disso a distância ainda é um ancoradouro bem amplo.

O ângulo de 137,5 graus é conhecido como ângulo áureo. É o ângulo que obtemos ao dividir um círculo obedecendo à proporção áurea. Em outras palavras, ao dividir 360 graus em dois ângulos, de maneira que a razão entre o maior e o menor seja fi, ou 1,618. Os dois ângulos são de 222,5 graus e 137,5 graus, até uma casa decimal. O menor é o ângulo áureo.

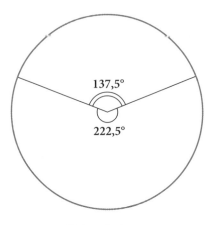

O ângulo áureo.

A razão matemática para que o ângulo áureo produza o melhor arranjo de folhas num caule está relacionada ao conceito de números irracionais, aqueles números que não podem ser expressos por frações. Se um ângulo é um número irracional, por mais que o giremos em torno de um círculo, nunca voltaremos ao ponto de partida. Pode parecer orwelliano, mas alguns números irracionais são mais irracionais do que outros. E nenhum número é mais irracional do que a proporção áurea. (Há uma breve explicação no apêndice à p. 453.)

A proporção áurea explica por que geralmente num caule o número de folhas e o número de voltas antes de uma folha brotar mais ou menos diretamente em cima da primeira é um número de Fibonacci. Por exemplo, rosas têm cinco folhas a cada duas voltas, ásteres têm oito folhas a cada três voltas, e amêndoas têm treze a cada cinco voltas. Números de Fibonacci ocorrem porque oferecem as razões de números inteiros mais próximas do ângulo áureo. Se uma planta faz brotarem oito folhas a cada três voltas, cada folha ocorre a cada $\frac{3}{8}$ de volta, ou a cada 135 graus, uma excelente aproximação do ângulo áureo.

Percebem-se as propriedades únicas do ângulo áureo de forma mais espetacular nos arranjos das sementes. Imagine-se que uma inflorescência produza sementes a partir do ponto central, num ângulo de rotação fixo. As novas sementes, quando surgem, empurram as mais velhas para fora do centro. Os três diagramas a seguir mostram os padrões de sementes que emergem com

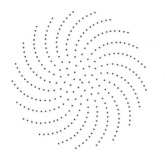 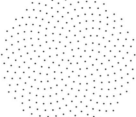 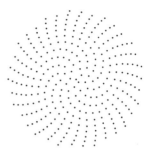

Ângulo = 137,3 graus
Um pouco abaixo do ângulo áureo

Ângulo = 137,5 graus
O ângulo áureo

Ângulo = 137,7 graus
Um pouco acima do ângulo áureo

três ângulos fixos diferentes: um pouco abaixo do ângulo áureo, o ângulo áureo, e um pouco acima do ângulo áureo.

O surpreendente aqui é como uma alteração mínima no ângulo pode provocar variação tão grande na posição das sementes. No ângulo áureo, a inflorescência é um padrão hipnótico de espirais logarítmicas interligadas. É o arranjo mais compacto possível. A natureza escolhe o ângulo áureo devido à sua compacidade — as sementes ficam mais juntas e o organismo fica mais forte por causa disso.

No fim do século XIX, o alemão Adolf Zeising propôs enfaticamente a ideia de que a proporção áurea é a encarnação da beleza, descrevendo a razão como uma lei universal "que permeia, como supremo ideal do espírito, todas as estruturas, formas e proporções, sejam cósmicas ou individuais, orgânicas ou inorgânicas, acústicas ou óticas; e que no entanto encontra sua mais plena realização na forma humana". Zeising foi a primeira pessoa a afirmar que a frente do Partenon tem a forma de um retângulo áureo. Na realidade, não há prova documental de que os responsáveis pelo projeto arquitetônico, entre os quais o escultor Fídias, tenham utilizado a razão áurea. Nem, se examinarmos melhor, o retângulo áureo se encaixa perfeitamente. As bordas do pedestal ficam para fora. Mas foi o envolvimento de Fídias com o Partenon que, por volta de 1909, inspirou o matemático americano Mark Barr a dar à razão áurea o nome de fi.

Apesar da veia excêntrica da obra de Zeising, ele foi levado a sério por Gustav Fechner, um dos fundadores da psicologia experimental. Para descobrir se havia prova empírica de que os seres humanos achavam o retângulo áureo mais bonito do que qualquer outro tipo de retângulo, Frechner inventou um teste em que se mostram aos voluntários numerosos retângulos e pergunta-se qual deles preferem.

Os resultados de Fechner pareciam dar razão a Zeising. O retângulo que mais se aproximava do áureo foi o preferido de mais de um terço do grupo de amostragem. Muito embora os métodos de Fechner fossem crus, seu teste do retângulo abriu novo campo científico — a psicologia experimental da arte —, assim como a disciplina mais estreita da "estética do retângulo". Muitos psicólogos fizeram consultas semelhantes sobre o charme dos retângulos, o que não é tão absurdo como parece. Se houvesse um retângulo "mais sexy", sua forma seria de utilidade para os designers de produtos comerciais. De fato, cartões de crédito, maços de cigarro e livros em geral se aproximam do retângulo áureo. Infelizmente para os loucos por fi, a pesquisa mais recente e minuciosa, de autoria de uma equipe comandada por Chris McManus, do University College de Londres, sugere que Fechner estava errado. A dissertação de 2008 declara que "mais de um século de trabalho experimental sugere que a seção áurea na realidade tem pequena função normativa na preferência por retângulo entre as pessoas testadas". Apesar disso, os autores não afirmaram que analisar a preferência por retângulos seja perda de tempo. Longe disso. Diziam que apesar de nenhum retângulo ter a preferência universal dos seres humanos, há importantes diferenças individuais na apreciação estética dos retângulos que merecem novas investigações.

Cientistas menores do que Fechner também se inspiraram nas teorias de Zeising. Frank A. Lonc, de Nova York, mediu em 65 mulheres a altura total em relação à altura do umbigo e descobriu que a razão era de 1,618. Tinha desculpas para as exceções: "Os sujeitos cuja medida não estava dentro dessa razão declararam ter sofrido lesões no quadril, ou outros acidentes deformadores na infância". O arquiteto francês Le Corbusier criou o "homem modulor" para usar proporções adequadas em arquitetura e design. Em seu homem, a razão entre a altura total e a altura do umbigo é de 1829/1130, ou 1,619, e a razão da distância entre o umbigo e a mão direita levantada e o umbigo e a cabeça é de 1130/698, ou seja, novamente 1,619.

Gary Meisner, de 53 anos, é um consultor comercial do Tennessee. Ele se apresenta como um Sujeito Fi, e em seu site vende mercadorias que incluem camisetas e canecas fi. O produto mais vendido, porém, é o PhiMatrix, um software que cria um diagrama na tela do computador para verificar se imagens se enquadram na razão áurea. A maioria dos compradores usa-o como ferramenta de desenho para fabricar cutelaria, móveis e casas. Alguns fregueses usam-no em suas especulações financeiras, sobrepondo o diagrama em gráficos ou índices e recorrendo a fi para prever tendências futuras. "Um sujeito do Caribe usava minha matriz para negociar com petróleo, um sujeito lá na China usava-a para negociar com o câmbio", disse ele. Meisner foi atraído pela razão áurea porque é um homem espiritual e diz que ela o ajudou a compreender o Universo, mas mesmo o Sujeito Fi acha que seus companheiros de viagem por vezes vão longe demais. Por exemplo, ele não se convence com os argumentos dos investidores. "Quando se olha para trás, no mercado financeiro, é muito fácil encontrar relações que confirmam o fi", diz ele. "O problema é que olhar para trás é totalmente diferente de olhar pela janela da frente." O site de Meisner fez dele a pessoa a quem recorrem aficionados de fi de todos os matizes. Há um mês, disse, recebeu o e-mail de um desempregado que achava que a única maneira de conseguir uma entrevista de emprego era preparar seu currículo obedecendo às proporções da razão áurea. Mesner achou que o homem estava desiludido e compadeceu-se dele. Ofereceu-lhe pistas sobre design fi, mas sugeriu que seria muito mais útil utilizar métodos mais tradicionais de buscar emprego, como as redes de contatos sociais na sua área profissional. "Recebi uma carta dele hoje de manhã", revelou Meisner. "Ele disse que tem uma entrevista marcada. Mas atribui o sucesso ao novo design do currículo!"

Em Londres, contei a Eddy Levin a história do currículo áureo, como exemplo de excesso de excentricidade. Mas Levin não achou graça nenhuma.

Na realidade, ele também era de opinião que um currículo que obedecesse à proporção áurea ficaria melhor do que um currículo comum. "Seria mais bonito e, portanto, o leitor se sentiria mais atraído."

Depois de trinta anos de estudo da proporção áurea, Levin está convencido de que onde houver beleza, lá estará fi. "Em qualquer arte que pareça boa, a proporção dominante será a proporção áurea." Ele sabe que este ponto de vista é impopular, mas afirma que seria capaz de descobrir fi em qualquer objeto de arte.

Minha reação instintiva à obsessão de Levin com fi foi de ceticismo. Para começar, não me convenci de que seu medidor fosse preciso o suficiente para medir 1,618 com exatidão. Não era de surpreender que se encontrasse uma razão de "aproximadamente fi" numa pintura ou num prédio, em especial quando se pode escolher as partes. Além disso, como a razão dos números consecutivos de Fibonacci é uma boa aproximação de 1,618, sempre que haja um diagrama de 5×3, 8×5 ou 13×8, e assim por diante, teremos um retângulo áureo. É claro que a razão será uma razão comum.

Ainda assim, havia algo irresistivelmente interessante nos exemplos de Levin. Eu sentia o tremor do mistério a cada nova imagem que ele me mostrava. Sim, a razão áurea sempre atraiu os malucos, mas isso não quer dizer que todas as teorias sejam malucas. Alguns professores e pesquisadores respeitáveis afirmaram que fi produz beleza, particularmente na estrutura das composições musicais. O argumento de que seres humanos podem ser atraídos por determinada proporção que expressa da melhor maneira o crescimento e a regeneração naturais não é muito difícil de aceitar.

Era um dia ensolarado de verão, e Levin e eu passamos para o jardim. Sentamo-nos em duas cadeiras de lona tomando chá. Levin me contou que a quintilha humorística era uma forma bem-sucedida de poesia porque as sílabas dos versos (8, 8, 5, 5, 8) são números de Fibonacci. Então tive uma ideia. Perguntei a Levin se ele sabia o que era um iPod. Não sabia. Eu levava um comigo e tirei-o do bolso. Era um belo objeto, comentei, e, de acordo com seu raciocínio, deveria conter a proporção áurea.

Levin pegou meu branco e brilhante iPod e segurou-o na palma da mão. Sim, respondeu, era belo, e deveria. Para não me frustrar, advertiu que objetos produzidos em fábricas não costumam observar a proporção áurea rigorosamente. "A forma muda um pouco por conveniência da fábrica."

Levin abriu seu compasso de calibre e começou a medir a distância entre todos os pontos significativos.

"Bingo!", disse ele, sorrindo.

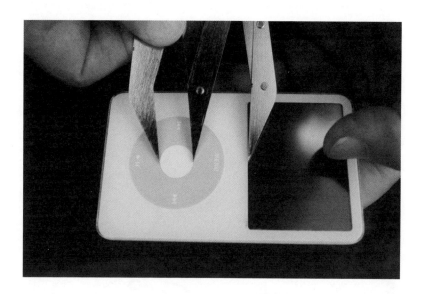

9. O acaso é ótimo

Era costume dizer que as pessoas iam a Las Vegas para se casar e a Reno para se divorciar. Pode-se agora visitar as duas cidades para jogar nas máquinas caça-níqueis. Com 1900 caça-níqueis, o cassino Peppermill de Reno não é sequer o maior da cidade. Ao atravessar seu salão principal, vi que as mesas de roleta e vinte e um eram escuras e discretas em comparação com os regimentos brilhantes, sonoros e movimentados dos caça-níqueis. A evolução tecnológica privou a maioria dos caça-níqueis de suas alavancas e de suas entranhas mecânicas. Agora os apostadores apertam botões iluminados ou tocam na tela. De vez em quando eu ouvia o barulho de moedas, mas eram sons gravados, porque as moedas foram substituídas por créditos eletrônicos.

Os caça-níqueis são a vanguarda da indústria; sua linha de frente e seu ponto essencial. As máquinas rendem 25 bilhões de dólares por ano nos Estados Unidos (*depois* de pagar todos os prêmios em dinheiro), cerca de duas vezes e meia o valor total dos ingressos de cinema vendidos no país anualmente. Em Nevada, o centro global da cultura do cassino, os caça-níqueis representam quase 70% das rendas da jogatina — e o número aumenta a cada ano.

A probabilidade é o estudo do acaso. Ao lançarmos uma moeda, ou acionarmos um caça-níqueis, não sabemos como a moeda vai cair, ou onde as bobinas vão parar. A probabilidade nos oferece uma linguagem para descrever qual é a chance de dar cara ou de ganharmos a bolada. Com a abordagem matemática, a imprevisibilidade se torna bastante previsível. Enquanto aceitamos essa ideia tranquilamente na vida diária — ela está implícita, por exemplo, quando lemos a previsão do tempo —, a percepção de que a matemática é capaz de nos dizer algo sobre o futuro é uma ideia muito profunda e comparativamente recente na história do pensamento humano.

Eu tinha ido a Reno encontrar-me com o matemático que estabelece as chances de metade dos caça-níqueis do mundo. Seu trabalho tem pedigree histórico — a teoria da probabilidade veio a lume no século XVI, pelo jogador Girolamo Cardano, amigo italiano que conhecemos ao discutir as equações cúbicas. Raramente, porém, uma descoberta matemática surgiu de tanto desprezo por si mesmo. "Assim, por meu vício imoderado no tabuleiro de xadrez e no jogo de dados, sei que sou merecedor da mais severa censura", escreveu ele. Seu hábito rendeu-lhe um pequeno tratado chamado *O livro dos jogos de azar*, a primeira análise científica da probabilidade. Estava tão à frente do seu tempo, entretanto, que só foi publicado um século depois da morte do autor.

O que Cardano intuiu foi que se um acontecimento aleatório tem vários resultados prováveis, a possibilidade de qualquer resultado individual ocorrer é igual à proporção entre esse resultado e todos os resultados possíveis. Isso significa que se existe uma possibilidade em seis de algo acontecer, então a possibilidade de acontecer é de $\frac{1}{6}$. Portanto, quando jogamos um dado, a chance de sair seis é de $\frac{1}{6}$. A chance de sair um número par é de $\frac{3}{6}$, o mesmo que $\frac{1}{2}$. A probabilidade pode ser definida como a possibilidade de algo acontecer expressada em fração. A probabilidade da impossibilidade é zero; a da certeza é um; e o resto está no meio.

Isso parece direto, mas não é. Os gregos, os romanos e os antigos indianos eram jogadores obsessivos. Nenhum deles, entretanto, tentou compreender como a aleatoriedade é governada por leis matemáticas. Em Roma, por exemplo, moedas eram atiradas para resolver disputas. Se o lado com a figura de Júlio César ficasse para cima, isso queria dizer que ele concordava com a decisão. A aleatoriedade não era vista como aleatória, mas como expressão da vontade divina. Ao longo da história, os seres humanos têm demonstrado notável imaginação para interpretar acontecimentos aleatórios. A rapsodomancia, por exemplo, era a prática de buscar orientação mediante a escolha casual de um trecho de obra literária. Da mesma forma, de acordo com a Bíblia, decidir pela sorte quem faria determinada tarefa só era uma maneira imparcial de escolher na medida em que Deus permitisse: "A sorte se joga na orla da veste, mas o julgamento depende de Iahweh" (Provérbios 16,33).

A superstição representava um poderoso obstáculo contra a abordagem científica da probabilidade, mas depois de milênios de jogo de dados, o misticismo foi superado por uma necessidade humana talvez mais forte — o desejo de lucro financeiro. Pode-se afirmar, na verdade, que a invenção da probabilidade esteve na origem do declínio, nos últimos séculos, da superstição e da religião. Se acontecimentos imprevistos obedecem a leis matemáticas, não há necessidade de recorrer a divindades para explicá-los. A secularização do mundo costuma ser associada a pensadores como Charles Darwin e Friedrich Nietzsche, mas muito provavelmente o homem que deu o pontapé inicial foi Girolamo Cardano.

Jogos de azar com frequência incluem dados. Um modelo popular na Antiguidade era o *astragalus* — um osso do calcanhar de carneiro ou de bode, com quatro facetas distintas. Os indianos gostavam de dados na forma de varas e Toblerones, marcando as diferentes faces com pontos, e a explicação mais provável para isso é que o dado é anterior a qualquer sistema formal de notação numérica, tradição que se manteve. Os dados mais confiáveis têm lados idênticos, e se for aceita a condição de que cada lado precisa também ser um polígono regular, só existem cinco formas capazes de atender às exigências, os sólidos platônicos. Todos os sólidos platônicos têm sido usados como dado. Ur, talvez o jogo mais antigo que se conhece, que data pelo menos do século

III a.C., usava o tetraedro, que, no entanto, é a pior escolha das cinco, porque o tetraedro não rola direito e tem apenas quatro lados. Octaedros (oito lados) eram usados no Egito antigo, e dodecaedros (doze) e icosaedros (vinte) ainda são encontrados nas bolsas dos adivinhos.

De longe, a forma mais popular de dado é o cubo. É a mais fácil de fazer, a quantidade de dígitos não é nem grande nem pequena, ele rola bem, mas sem excessiva facilidade, e o número que fica para cima é identificável de pronto. Dados cúbicos com pontos são símbolos de sorte e azar em diferentes culturas, e ficam tão à vontade em salões chineses de *mah-jong* como pendurados nos retrovisores de carros britânicos.

Como já mencionei, jogue um dado e a chance de sair seis é de $\frac{1}{6}$. Jogue outro e a chance de sair seis também é de $\frac{1}{6}$. Quais são as chances de jogar um par de dados e sair um par de seis? A regra mais básica de probabilidade é que as chances de dois acontecimentos independentes ocorrerem é a mesma de um acontecimento ocorrer *multiplicada* pela chance de o segundo acontecimento ocorrer. Quando se joga um par de dados, o resultado do primeiro dado é independente do resultado do segundo e vice-versa. Portanto, a chance de saírem dois seis é de $\frac{1}{6} \times \frac{1}{6}$, ou seja, $\frac{1}{36}$. Pode-se constatá-lo visualmente contando todas as combinações possíveis de dois dados: há 36 resultados igualmente prováveis, e apenas um deles é um seis e um seis.

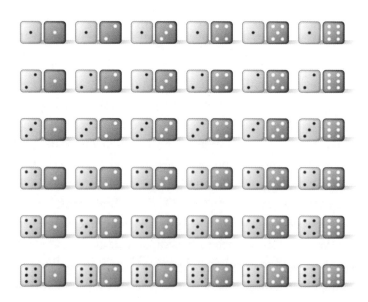

Inversamente, dos 36 possíveis resultados, 35 não são dobradinhas de seis. Portanto, a probabilidade de não saírem um seis e um seis é de $\frac{35}{36}$. Em vez de contar 35 exemplos, pode-se começar com o conjunto inteiro e subtrair os casos de pares de seis. Neste exemplo, $1 - \frac{1}{36} = \frac{35}{36}$. A probabilidade de algo não acontecer, portanto, é 1 menos a probabilidade de essa coisa acontecer.

A mesa de dados foi um primeiro equivalente da máquina caça-níqueis, na qual os jogadores faziam suas apostas nos dados. Um jogo clássico consistia em jogar quatro dados e apostar na probabilidade de aparecer pelo menos um seis. Era um bom jeitinho de ganhar para quem estivesse disposto a apostar dinheiro nisso, e já temos conhecimentos de matemática suficientes para saber por quê:

Primeiro passo: A probabilidade de sair um seis atirando-se quatro dados é a mesma que 1 menos a probabilidade de não sair um seis em nenhum dos quatro dados.

Segundo passo: A probabilidade de não sair um seis num dado é de $\frac{5}{6}$, portanto, se há quatro dados, a probabilidade é de $\frac{5}{6} \times \frac{5}{6} \times \frac{5}{6} \times \frac{5}{6} = \frac{625}{1296}$, que é 0,482.

Terceiro passo: Portanto, a probabilidade de sair um seis é de $1 - 0,482 = 0,518$.

Uma probabilidade de 0,518 significa que se jogarmos quatro dados mil vezes, podemos esperar que saia pelo menos um seis cerca de 518 vezes e que não saia nenhum seis cerca de 482 vezes. Se apostarmos na probabilidade de pelo menos um seis, na média vamos ganhar mais do que perder, e acabaremos lucrando.

Chevalier de Méré, escritor do século XVII, era frequentador regular da mesa de dados, e ia aos salões da moda em Paris. O cavalheiro tinha tanto interesse na matemática dos dados quanto em ganhar dinheiro. Havia, entretanto, algumas questões sobre jogo que não sabia como resolver, e em 1654 procurou o conceituado matemático Blaise Pascal. A investigação casual de Chevalier foi o acontecimento aleatório que pôs em movimento o estudo adequado da aleatoriedade.

Blaise Pascal tinha apenas 31 anos quando recebeu as perguntas de De Méré, mas já era conhecido nos círculos intelectuais havia quase duas décadas.

Demonstrara tantos dons quando criança que aos treze anos seu pai lhe permitira frequentar o salão científico organizado por Marin Mersenne, frade e entusiasta de números primos, que reuniu muitos matemáticos famosos, entre eles René Descartes e Pierre de Fermat. Ainda adolescente, Pascal demonstrou importantes teoremas de geometria e inventou uma máquina calculadora mecânica que ficou conhecida como Pascaline.

A primeira pergunta de Méré a Pascal dizia respeito a duplas de seis. Como já vimos, há $\frac{1}{36}$ de chance de sair um par de seis quando se jogam dois dados. A probabilidade geral de sair um par de seis aumenta com o número de vezes que os dados são rolados. O cavalheiro queria saber quantas vezes precisava jogar o dado para que confiar na ocorrência de um par de seis fosse uma boa aposta.

A segunda pergunta era mais complexa. Digamos que Jean e Jacques estejam jogando uma partida de dados de várias rodadas nas quais ambos jogam o dado para ver quem consegue mais pontos. O vencedor é aquele que conseguir fazer mais pontos três vezes. Cada um aposta 32 francos, portanto a bolada é de 64 francos. Se o jogo tiver de terminar depois de três rodadas, quando Jean fez mais pontos duas vezes e Jacques uma, como dividir a bolada?

Ao pensar nas respostas, e sentir a necessidade de discuti-las com um colega de gênio, Pascal escreveu para seu velho amigo do salão de Mersenne, Pierre de Fermat. Fermat morava longe de Paris, em Toulouse, cidade com nome apropriado para quem analisa problemas relativos a jogo.* Ele era 22 anos mais velho do que Pascal e exercia a função de juiz no tribunal penal da cidade, interessando-se por matemática apenas como recreação intelectual. Apesar disso, suas ruminações de amador fizeram dele um dos matemáticos mais respeitados da primeira metade do século XVII.

A breve correspondência entre Pascal e Fermat sobre o acaso — que eles chamavam de *hasard* — foi um marco na história da ciência. Os dois resolveram ambos os problemas do *bon vivant* literário, e, nisso, lançaram os alicerces da moderna teoria das probabilidades.

---

* O autor faz aqui um trocadilho fonético bilíngue: a pronúncia de *Toulouse* confunde-se com a do verbo *to lose*, perder, em inglês. (N. T.)

Vejamos agora as respostas às perguntas do Chevalier de Méré. Quantas vezes é preciso jogar um par de dados para que a probabilidade de sair um par de seis seja maior do que a de não sair? Num lance de dois dados, a probabilidade de sair um par de seis é de $\frac{1}{36}$, ou 0,028. A chance de um par de seis aparecer em dois lances é de 1 menos a probabilidade de nenhum par de seis aparecer em dois lances, ou $1 - (\frac{35}{36} \times \frac{35}{36})$. Isso dá como resultado $\frac{71}{1296}$, ou 0,055. (Nota: a chance de um par de seis em dois lances *não é* de $\frac{1}{36} \times \frac{1}{36}$. Essa é a chance de um par de seis em ambos os lances. A probabilidade de que tratamos é a chance de *pelo menos um* par de seis, o que inclui os resultados de um par de seis no primeiro lance, ou no segundo, ou em ambos. O jogador precisa apenas de um par de seis para ganhar, não de um par de seis em ambos.) As chances de um par de seis em três lances de dois dados são de 1 menos a probabilidade de nenhum par, que desta vez é $1 - (\frac{35}{36} \times \frac{35}{36} \times \frac{35}{36}) = \frac{3781}{46\,656}$, ou 0,081. Como se pode ver, quanto mais vezes o jogador lançar o dado, maior a probabilidade de sair um par de seis: 0,028 com um lance, 0,055 com dois, e 0,081 com três. Portanto, a pergunta original pode ser refeita como "Depois de quantos lances essa fração excede 0,5?", pois uma probabilidade de mais da metade significa que a probabilidade de um evento ocorrer é maior do que a de não ocorrer. Pascal calculou corretamente que a resposta é 25 lances. Se o cavalheiro apostasse na chance de um par de seis em 24 lances, podia esperar perder dinheiro, mas depois de 25 lances as probabilidades passariam a lhes ser favoráveis, e ele podia ter esperança de ganhar.

A segunda pergunta de De Méré, sobre dividir a bolada, é geralmente chamada de o *problema dos pontos*; tinha sido proposto antes de Fermat e Pascal enfrentá-lo, mas nunca fora corretamente resolvido. Vamos repetir a pergunta em termos de cara ou coroa. Jean ganha cada rodada se der cara, e Jacques se der coroa. A primeira pessoa a ganhar três rodadas fica com a bolada de 64. Quando a pontuação está em duas caras para Jean e uma coroa para Jacques, o jogo precisa ser bruscamente interrompido. Qual é a maneira mais justa de dividir a bolada? Uma resposta é que Jean deveria ganhar muito, pois está na frente, mas isso não leva em conta o fato de que Jacques ainda tem chance de ganhar. Outra resposta é que Jean deveria ficar com duas vezes mais do que Jacques, mas novamente isso não é justo, porque o resultado de dois a um reflete eventos passados. Não é uma indicação do que pode acontecer no futuro. Jean não é melhor para jogar moedas do que Jacques. A cada vez que eles jogam a moeda, a chance de dar cara ou coroa é de 50:50. A análise melhor e mais justa é a que considera o que pode acontecer no futuro. Se a moeda for jogada mais duas vezes, os resultados possíveis são:

cara, cara

cara, coroa

coroa, cara

coroa, coroa

Depois de dois lances, o jogo está decidido. Nos primeiros três casos, Jean ganha, e no quarto, quem ganha é Jacques. A maneira mais justa de dividir a bolada é dar $\frac{3}{4}$ para Jean e $\frac{1}{4}$ para Jacques, de modo que o montante é dividido em uma parte de 48 francos e outra de dezesseis. Isso parece simples e direto agora, mas no século XVII a ideia de que acontecimentos aleatórios, que ainda não ocorreram, pudessem ser tratados matematicamente foi um avanço conceptual de grande importância. O conceito está na base de nossa compreensão científica de boa parte do mundo moderno, da física às finanças, e da medicina à pesquisa de mercado.

Poucos meses depois de escrever a primeira carta para Fermat sobre as perguntas do jogador, Pascal teve uma experiência religiosa tão intensa que escreveu um relato do seu transe num pedaço de papel e passou a levá-lo consigo pelo resto da vida numa bolsa especial, costurada no forro do casaco. Talvez a causa tenha sido um acidente quase fatal, quando os cavalos pularam por cima do parapeito e sua carruagem ficou perigosamente pendurada numa ponte; ou talvez uma reação moral à decadência das mesas de dados na França pré-revolucionária. Seja como for, a experiência revitalizou seu compromisso com o jansenismo, um culto católico estrito, e ele abandonou a matemática pela teologia e pela filosofia.

Apesar disso, Pascal seria incapaz de deixar de pensar em termos matemáticos. Sua mais famosa contribuição para a filosofia — um argumento sobre se devemos ou não devemos acreditar em Deus — era a continuação da nova abordagem da análise do acaso que ele discutira inicialmente com Fermat.

Em termos simplificados, *valor esperado* é o que se espera conseguir numa aposta. Por exemplo, o que o Chevalier de Méré esperava ganhar apostando dez libras esterlinas num seis quando jogasse quatro dados de uma vez? Imagine-se que ele ganha dez libras se sair um seis, e perde tudo se não sair seis algum. Sabemos que a chance de ganhar a aposta é de 0,518. Portanto, um pouco acima da metade das vezes ele ganha dez libras, e um pouco abaixo da metade ele perde dez libras. O valor esperado é calculado multiplicando-se a probabilidade de cada resultado pelo valor de cada resultado, e somando-se tudo. Neste caso, ele pode esperar ganhar:

(chances de ganhar 10 libras) × 10 libras + (chances de perder 10 libras) × −10 libras

ou

(0,518 × 10 libras) + (0,482 × 10 libras) = 5,18 libras − 4,82 libras = 36 pence

(Nessa equação, o dinheiro ganho é um número positivo, e o dinheiro perdido, um número negativo.) Obviamente, em nenhuma aposta individual De Méré ganhará 36 pence — ou ganha dez libras ou perde dez libras. O valor de 36 pence é teórico, mas, na média, se ele continuar apostando, seus ganhos se aproximarão de 36 pence por aposta.

Pascal foi um dos primeiros pensadores a investigar a ideia de valor esperado. Sua mente, porém, estava ocupada com pensamentos muito mais elevados do que os benefícios financeiros da mesa de dados. Ele queria saber se valia a pena apostar na existência de Deus.

Imagine, escreveu Pascal, apostar na existência de Deus. Segundo Pascal, o valor esperado de tal aposta pode ser calculado pela seguinte equação:

(probabilidade de Deus existir) × (o que se ganha com sua existência) + (probabilidade de Deus não existir) × (o que se ganha com a sua não existência)

Dessa maneira, digamos que as chances de Deus existir são de 50:50; ou seja, a probabilidade da existência de Deus é de $\frac{1}{2}$. Se você acredita em Deus, o que pode esperar ganhar com essa aposta? A fórmula torna-se:

$(\frac{1}{2} \times \text{felicidade eterna}) + (\frac{1}{2} \times \text{nada}) = \text{felicidade eterna}$

Em outras palavras, apostar na existência de Deus é uma aposta muito boa, já que a recompensa é fantástica. A aritmética conduz a esse resultado porque metade de nada é nada, mas metade de algo infinito *também* é infinito. Da mesma forma, se a probabilidade de Deus existir é de apenas um centésimo, a fórmula é:

$(\frac{1}{100} \times \text{felicidade eterna}) + (\frac{99}{100} \times \text{nada}) = \text{felicidade eterna}$

Mais uma vez, as vantagens de acreditar que Deus existe são igualmente fenomenais, considerando-se que um centésimo de algo infinito ainda é infinito. Segue-se que, por minúscula que seja a probabilidade de Deus existir, desde que essa probabilidade não seja zero, acreditando-se em Deus o jogo da crença trará retorno infinito. Percorremos uma trajetória complicada e chegamos a uma conclusão óbvia. É claro que os cristãos apostarão na existência de Deus.

Pascal estava mais preocupado com o que acontece se alguém não acredita em Deus. Nesse caso, vale a pena apostar na existência de Deus? Se partirmos da premissa de que a probabilidade de Deus não existir é de 50:50, a equação fica assim:

$(\frac{1}{2} \times \text{danação eterna}) + (\frac{1}{2} \times \text{nada}) = \text{danação eterna}$

O resultado esperado torna-se uma eternidade no inferno, o que parece uma aposta terrível. Mais uma vez, se a chance de Deus existir é de apenas um centésimo, a equação é igualmente sinistra para descrentes. Se existe alguma probabilidade de Deus existir, para o descrente, o valor esperado do jogo é sempre infinitamente ruim.

O argumento acima é conhecido como Aposta de Pascal. Pode ser resumido da seguinte maneira: se há qualquer probabilidade de Deus existir, por menor que seja, é esmagadoramente vantajoso acreditar nele. Isso porque, se Deus não existe, um descrente nada tem a perder, mas se Deus existe, um descrente tem *tudo* a perder. É óbvio. Seja cristão, vamos lá, é bem melhor.

Examinado com mais atenção, entretanto, o argumento de Pascal, é claro, não funciona. Para começar, ele só leva em conta a opção de acreditar num

Deus cristão. Que dizer dos deuses de qualquer outra religião, ou mesmo de religiões inventadas? Imagine que, na outra vida, um gato feito de queijo verde decidirá se vamos para o Céu ou para o Inferno. Embora não seja muito provável, não deixa de ser uma possibilidade. Pelo argumento de Pascal, vale a pena acreditar na existência desse gato feito de queijo verde, o que é absurdo.

Há outros problemas com a Aposta de Pascal que são mais instrutivos para a matemática das probabilidades. Quando dizemos que existe uma chance em seis de que saia um seis num lance de dados, fazemos essa afirmação porque sabemos que há seis pontos numa das faces do dado. Para que possamos compreender, em termos matemáticos, a declaração de que existe uma em tantas chances de Deus existir, é preciso que haja um mundo possível onde Deus de fato exista. Em outras palavras, a premissa do argumento pressupõe que Deus existe em algum lugar. Não é simplesmente que um descrente se recusará a aceitar tal premissa; é que ela mostra que o pensamento de Pascal é, interesseiramente, circular.

Apesar das devotas intenções de Pascal, seu legado é menos sacro do que profano. O valor esperado é o conceito básico da imensamente lucrativa indústria do jogo. Alguns historiadores também atribuem a Pascal a invenção da roleta. Pode ser ou não verdade, mas a roleta certamente tem origem francesa, e pelo fim do século XVIII era uma atração popular em Paris. As regras são as seguintes: uma bola gira por fora de uma borda antes de perder força e cair para dentro da roda interna, que também gira. A roda interna tem 38 casas, marcadas com números de 1 a 36 (alternando entre vermelho e preto) e as casas especiais 0 e 00 (verdes). A bola atinge a roda e vai quicando em redor antes de parar numa casa. Os jogadores podem fazer muitas apostas no resultado. A mais simples consiste em apostar na casa onde a bola vai parar. A casa paga 35 por 1 para quem acertar. Uma aposta de dez libras, portanto, rende 350 libras (e a devolução da aposta de dez libras).

A roleta é uma máquina de ganhar dinheiro muito eficiente, porque cada aposta nela tem um valor esperado negativo. Em outras palavras, para cada jogo feito, pode-se esperar perder dinheiro. Às vezes se ganha, às vezes se perde, mas, no longo prazo, no fim do jogo acaba-se com menos dinheiro do que no início. Portanto, a pergunta que importa é: quanto dinheiro se espera perder? Quando se aposta num único número, a probabilidade de ganhar é de $\frac{1}{38}$, uma vez que há 38 resultados possíveis. Para cada aposta de dez libras num único número, portanto, o jogador pode esperar ganhar:

(chance de parar num número) × (o que ele ganha) + (chance de não parar nesse número) × (o que ele ganha)
ou
$(\frac{1}{38} \times 350$ libras$) + (\frac{37}{38} \times -10$ libras$) = -52,6$ pence

Em outras palavras, perde-se 52,6 pence para cada dez libras apostadas. As outras apostas na roleta — em dois ou mais números, em seções, em cores, ou em colunas, todas têm chances que resultam num valor esperado de –52,6 pence, além da aposta de "cinco números" para a bola parar em 0, 00, 1, 2 ou 3, cujas chances são ainda piores, com uma perda esperada de 78,9 pence.

Apesar das chances ruins, a roleta era — e continua sendo — uma recreação muito amada. Para muita gente, 52,6 pence é um preço justo que se paga pela emoção de potencialmente ganhar 350 libras. No século XIX, os cassinos proliferaram, e para torná-los mais competitivos, as rodas das roletas eram fabricadas sem o 00, elevando a probabilidade de uma aposta num único número para $\frac{1}{37}$ e reduzindo a perda esperada para 27 pence em cada dez libras apostadas. Com a mudança, passou-se a levar cerca do dobro do tempo para perder o dinheiro. Os cassinos europeus tendem a ter rodas só com o 0, enquanto os americanos preferem o estilo original, com 0 e 00.

Todos os jogos de cassino envolvem apostas de expectativa negativa; em outras palavras, nesses jogos os apostadores devem esperar perder dinheiro. Se fossem arranjados de outra maneira, os cassinos quebrariam. Erros, entretanto, foram cometidos. Um cassino a bordo de um barco fluvial no Illinois certa vez ofereceu uma promoção que alterava a quantia paga em um tipo de mão de vinte e um sem perceber que a mudança transformava o valor esperado na aposta de negativo para positivo. Em vez de esperar perder, jogadores podiam esperar ganhar vinte centavos a cada aposta de dez dólares. Consta que o cassino perdeu 200 mil dólares num único dia.

O melhor negócio que se consegue num cassino está na mesa de *craps* [dados]. O jogo teve origem numa variante francesa de um jogo de dados inglês. Os jogadores jogam dois dados e o resultado depende dos números que

336

saem e da soma deles. Em *craps*, as chances de ganhar são de 244 em 495 resultados possíveis, ou 49,2929%, dando uma perda esperada de apenas 14,1 pence por aposta de dez libras.

O *craps* é digno de nota também pela possibilidade que oferece de se fazer uma curiosa aposta paralela, em que se pode apostar com a casa; ou seja, contra o jogador que lança os dados. Quem faz a aposta paralela ganha quando o principal apostador perde e perde quanto o principal ganha. Como o apostador principal perde, em média, 14,1 pence por aposta de dez libras, quem faz a aposta paralela deve ganhar, em média, 14,1 pence por aposta de dez libras. Mas há uma regra extra que impede esse resultado líquido em apostas paralelas com os dados. Se o principal jogador tira um par de seis no primeiro lance (ou seja, se ele perde), quem faz a aposta paralela também não ganha, apenas recebe o dinheiro de volta. Isso parece uma mudança insignificante. Há apenas uma chance, em 36, de tirar um par de seis. Ainda assim, $\frac{1}{36}$ a menos de chance de ganhar diminui o valor esperado em 27,8 pence por aposta de dez libras, o que leva o valor esperado da aposta para território negativo. Em vez de ganhar 14,1 pence para cada dez libras, como a casa ganha, quem faz a aposta paralela ganhará 14,1 pence menos 27,8 pence por aposta, o que dá –13,7 pence, ou uma perda de 13,7 pence. A aposta paralela ainda é sem dúvida o melhor negócio, mas apenas marginalmente, por 0,4 pence por aposta de dez libras.

Outra maneira de ver a perda esperada é considerá-la em termos de *percentual de pagamento*. Se alguém aposta dez libras em *craps*, deve esperar receber de volta 9,86 libras. Em outras palavras, *craps* tem um percentual de pagamento de 98,6%. A roleta europeia tem um percentual de pagamento de 97,3%; e a roleta americana, 94,7%. Isso pode parecer mau negócio para os jogadores, mas é melhor do que os caça-níqueis.

Em 1893, o *San Francisco Chronicle* informou aos leitores que a cidade abrigava 1500 "máquinas caça-níqueis que dão lucros enormes. [...] Elas crescem como cogumelos, tendo surgido no espaço de poucos meses". As máquinas vinham em muitos estilos, mas foi só na virada do século, quando Charles Fey, um imigrante alemão, teve a ideia dos três cilindros girantes, que a moderna máquina caça-níqueis nasceu. Os cilindros de sua máquina Liberty Bell eram marcados com uma ferradura, uma estrela, um coração, um diamante, uma espada e uma imagem do sino da liberdade partido da Filadélfia. Diferentes combinações de símbolos davam diferentes pagamentos, com três sinos correspondendo à bolada. A máquina caça-níqueis introduziu um elemento de suspense que os concorrentes não tinham, porque, quando giravam, as rodas paravam uma por uma. Outras empresas copiaram, as máquinas se espalharam para fora de San Francisco e, por volta dos anos 1930, máquinas com três cilindros eram parte do tecido social americano. Uma das primeiras máquinas pagava gomas de mascar com sabor de fruta, como forma de contornar as leis do jogo. Isso introduziu os clássicos símbolos de melão e cereja, e explica por que os caça-níqueis são conhecidos no Reino Unido como máquinas de frutas.

A Liberty Bell pagava em média 75%, mas as máquinas caça-níqueis de hoje são mais generosas do que as de antigamente. "O princípio fundamental é que se a [máquina] pagar um dólar, a maioria das pessoas estimará [o retorno médio] em 95%", diz Anthony Baerlocher, diretor de projeto de jogo da International Game Technology (IGT), empresa de caça-níqueis responsável por 60% do milhão de máquinas ativas do mundo, referindo-se a caça-níqueis nas quais as apostas são feitas em notas de dólar. "Se pagar em moedas de cinco centavos, está mais para 90%, 92%, por um quarto de dólar, e se aceitar pêni, pode baixar para 88%." A tecnologia da computação permite às máquinas aceitarem múltiplos valores, de modo que a mesma máquina pode ter percentuais de pagamento diferentes, de acordo com o tamanho da aposta. Perguntei-lhe se havia um percentual limite, abaixo do qual jogadores deixam de usar a máquina porque estariam perdendo dinheiro demais. "Em minha opinião, quando chega perto de 85%, fica extremamente difícil projetar um jogo divertido. É preciso ser realmente sortudo. Não há dinheiro suficiente para pagar ao jogador a fim de torná-lo interessante. Podemos fazer muito com 87,5%, 88%. E quando começamos a fazer jogos com 95%, 97%, a coisa pode ficar bem emocionante."

Baerlocher e eu nos encontramos no escritório central da IGT, num setor comercial de Reno a vinte minutos de carro do cassino Peppermill. Ele me mostrou a linha de produção, onde dezenas de milhares de máquinas caça-níqueis são fabricadas todos os anos, e conduziu-me a um salão de armazenamento, onde havia centenas delas empilhadas em filas. Baerlocher, de cabelos escuros curtos e covinha no queixo, estava bem barbeado e bem vestido. Oriundo de Carson City, a meia hora de carro dali, ele ingressou na IGT depois

Do tamanho de uma caixa registradora, a Liberty Bell foi um sucesso imediato logo que foi fabricada, bem ao fim do século XIX.

de concluir um curso de matemática na Universidade de Notre-Dame, em Indiana. Para alguém que adorava inventar jogos quando criança e descobriu um talento para probabilidades na faculdade, o trabalho era perfeito.

Quando escrevi anteriormente que o conceito básico de jogo era a noção de valor esperado, só contei metade da história. A outra metade é aquilo que os matemáticos chamam de lei dos grandes números. Quando se aposta apenas algumas vezes na roleta, ou nos caça-níqueis, pode-se sair ganhando. Mas quanto mais se joga na roleta, maior é a probabilidade de sair perdendo no geral. Os percentuais de pagamento só se aplicam a longo prazo.

A lei dos grandes números diz que se uma moeda for jogada três vezes, pode ser que não dê cara uma única vez, mas se for jogada 3 bilhões de vezes, pode-se ter certeza de que dará cara em quase 50% das tentativas. Durante a Segunda Guerra Mundial, o matemático John Kerrich fazia uma visita à Dinamarca quando foi detido e preso pelos alemães. Com tempo disponível, resolveu testar a lei dos grandes números e jogou uma moeda 10 mil vezes em sua cela de prisão. Resultado: 5067 caras, ou 50,67% do total. Por volta de 1900, o estatístico Karl Person fez a mesma coisa 24 mil vezes. Com um número significativamente maior de tentativas, era de esperar que a percentagem chegasse mais perto de 50% — e chegou. Ele tirou 12 012 caras, ou 50,05%.

Os resultados acima mencionados parecem confirmar aquilo que temos como inquestionável — que ao jogar uma moeda o resultado cara é tão provável como o resultado coroa. Recentemente, entretanto, uma equipe da Universidade de Stanford, comandada pelo estatístico Persi Diaconis, investigou se de fato a probabilidade de dar cara era igual à de dar coroa. A equipe construiu uma máquina de jogar moedas e tirou fotos em câmara lenta de moedas girando no ar. Depois de páginas de análise, incluindo estimativas de que um níquel cairá em pé cerca de uma vez em 6 mil, os resultados obtidos por Diaconis parecem mostrar, de forma fascinante e surpreendente, que uma moeda, de fato, cairá mostrando a mesma face com a qual foi lançada cerca de 51% das vezes. Portanto, se uma moeda for lançada com a cara voltada para cima, a probabilidade de dar cara é ligeiramente maior do que a de dar coroa. Diaconis concluiu, porém, que o que a sua pesquisa realmente provou foi que é muito difícil estudar fenômenos aleatórios, e que "no caso das moedas jogadas, a premissa clássica de independência com probabilidade de $\frac{1}{2}$ é bastante sólida".

Tudo nos cassinos tem a ver com grandes números. Como explicou Baerlocher, "em vez de ter apenas uma máquina, [os cassinos] querem ter milhares, porque sabem que se tiverem volume, mesmo que uma máquina esteja, como eles dizem, 'de cabeça para baixo', ou perdendo, o grupo, em conjunto, tem forte probabilidade de ser positivo para eles". As máquinas caça-níqueis da IGT são projetadas para que o percentual de pagamento seja obedecido, com margem de erro de 0,5%, depois de 1 milhão de jogos. Em Peppermill, onde fiquei durante minha visita a Reno, cada máquina coleta cerca de 2 mil jogos por dia. Com quase 2 mil máquinas, isso dá a um cassino o índice de 4 milhões de jogos por dia. Depois de dois dias e meio, o Peppermill pode quase ter certeza de que estará alcançando seu percentual de pagamento com 0,5%. Se a aposta média é de um dólar, e o percentual está fixado em 95%, isso dará 500 mil dólares de lucro, 50 mil dólares a mais ou a menos, a cada sessenta horas. Não é de admirar, portanto, que os caça-níqueis sejam cada vez mais utilizados pelos cassinos.

As regras da roleta e do *craps* não mudaram desde que os jogos foram inventados, séculos atrás. Já parte da graça do trabalho de Baerlocher é que ele tem de criar novos conjuntos de probabilidades para cada nova máquina que a IGT lança no mercado. Primeiro, ele decide que símbolos serão utilizados no cilindro. Tradicionalmente, são cerejas e barras, mas agora também podem ser personagens de cartum, pintores renascentistas, ou animais. Em seguida, resolve a frequência com que esses símbolos aparecem no cilindro, que combinações pagam e quanto a máquina vai pagar por combinação vitoriosa.

Baerlocher desenhou para mim um jogo simples, o Jogo A na figura da p. 342, que tem três cilindros e 82 posições por cilindro composto de cerejas, barras, setes vermelhos, um *jackpot* e brancos. Lendo a tabela, vê-se que há uma chance de $\frac{9}{82}$, ou 10,976%, de dar cereja no primeiro cilindro, e quando isso acontece, cada um dólar recebe quatro dólares de pagamento. A probabilidade de dar uma combinação vitoriosa multiplicada pelo pagamento é chamada de *contribuição esperada*. A contribuição esperada de cereja-qualquer coisa-qualquer coisa é de 4 × 10,976 = 43,902%. Em outras palavras, para cada dólar que se coloca na máquina, 43,902 cents serão pagos se der cereja-qualquer coisa-qualquer coisa. Quando projeta jogos, Baerlocher precisa ter certeza de que a soma das contribuições esperadas de todos os pagamentos seja igual ao percentual de pagamento desejado de toda a máquina.

A flexibilidade do desenho de caça-níquel vem do fato de se poderem variar os símbolos, as combinações vitoriosas e os pagamentos para construir jogos bem diferentes. O Jogo A é um "pingadouro de cerejas" — uma máquina que paga frequentemente, mas pequenas quantias. Quase metade do total de dinheiro pago é feita em pagamentos de apenas quatro dólares. Diferentemente, no Jogo B, só um terço do dinheiro pago vai para pagamentos de quatro dólares, deixando muito mais dinheiro a ser ganho nas boladas maiores. O Jogo A é o que se chama de jogo de baixa volatilidade, enquanto o Jogo B é de alta volatilidade — acerta-se uma combinação vitoriosa com menos frequência, mas as chances de uma grande vitória são maiores. Quanto mais alta a volatilidade, maior o risco de curto prazo para o operador dos caça-níqueis.

Jogo A — Baixa volatilidade

Símbolo	Cil. 1	Cil. 2	Cil. 3
Branco	23	27	25
Cereja (CH)	9	0	0
1 barra (1B)	19	27	25
2 barras (2B)	12	15	16
3 barras (3B)	12	7	10
Sete vermelho (7v)	5	4	4
Jackpot (JP)	2	2	1
Total	**82**	**82**	**82**

Cartão de marcação pagável

Combinação	US$ pagamento em aposta de US$ 1	Probabilidade (%)	Contribuição (%)
CH Outro Outro	4	10,976	43,902
1B 1B 1B	10	2,326	23,260
2B 2B 2B	25	0,522	13,058
3B 3B 3B	50	0,152	7,617
7v 7v 7v	100	0,015	1,451
JP JP JP	1000	0,001	0,725
Freq. total de acertos		13,992 %	
Retorno total para o jogador		90,015 %	

Jogo B — Alta volatilidade

Símbolo	Cil. 1	Cil. 2	Cil. 3
Branco	20	22	23
Cereja (CH)	6	0	0
1 barra (1B)	18	25	19
2 barras (2B)	13	15	14
3 barras (3B)	12	9	13
Sete vermelho (7v)	9	7	10
Jackpot (JP)	4	4	3
Total	**82**	**82**	**82**

Cartão de marcação pagável

Combinação	US$ pagamento em aposta de US$ 1	Probabilidade (%)	Contribuição (%)
CH Outro Outro	4	7,317	29,268
1B 1B 1B	10	1,551	15,507
2B 2B 2B	25	0,495	12,378
3B 3B 3B	50	0,255	12,932
7v 7v 7v	100	0,114	11,426
JP JP JP	1000	0,009	8,706
Freq. total de acertos		9,740 %	
Retorno total para o jogador		90,017 %	

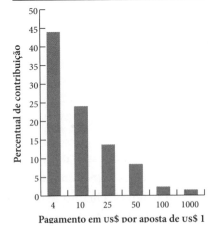

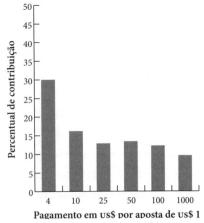

Alguns jogadores preferem as máquinas de baixa volatilidade, outros preferem as de alta. A principal função de quem projeta jogos é assegurar-se de que a máquina pagará apenas o suficiente para que o jogador queira continuar jogando — porque, na média, quanto mais alguém joga, mais perde. Alta volatilidade gera mais emoção — especialmente num cassino, onde ao acertar uma bolada as máquinas chamam a atenção, disparando *son et lumière* de arrepiar. Projetar um bom jogo, entretanto, não é apenas questão de gráficos sofisticados, de sons pitorescos e de narrativas de vídeo divertidas — é também questão de regular com precisão as probabilidades subjacentes. Perguntei a Baerlocher se brincando com a volatilidade seria possível projetar uma máquina que paga pouco que fosse mais atraente para os jogadores do que uma que paga muito. "Meu colega e eu passamos mais de um ano planejando e escrevendo fórmulas, e acabamos concebendo um método para esconder o verdadeiro percentual de pagamento", disse ele. "Os cassinos nos informam agora que estão usando máquinas que pagam pouco, e que os jogadores, na verdade, não percebem nada. Foi um grande desafio."

Perguntei-lhe se isso não era um tanto imoral.

"É algo necessário", ele respondeu. "Queremos que os jogadores ainda se divirtam com a máquina, mas precisamos ter certeza de que nossos clientes ganhem dinheiro."

As tabelas de pagamento de Baerlocher são úteis não apenas para que possamos compreender a constituição interna dos caça-níqueis; também ajudam a explicar como funciona a indústria de seguros. Seguro é muito parecido com caça-níquel. Ambos são sistemas construídos em cima da teoria das probabilidades, na qual as perdas de quase todos financiam os ganhos de poucos. E ambos podem ser fantasticamente lucrativos para quem controla os percentuais de pagamento.

Um prêmio de seguro não é diferente de um jogo. Apostamos, por exemplo, na probabilidade de que nossa casa seja assaltada. Se ela for assaltada, recebemos um pagamento, que equivale ao reembolso do que foi roubado. Se a casa não for assaltada, não recebemos nada, claro. O atuário da companhia de seguros comporta-se exatamente como Anthony Baerlocher na IGT. Ele sabe quanto quer pagar aos clientes em geral. Sabe qual é a probabilidade de cada evento de pagamento (invasão de residência, incêndio, doença grave etc.), por isso calcula quanto deve pagar por evento, de modo que a soma de contribuições esperadas seja igual ao total de pagamentos realizados. Muito embora compilar tabelas de seguro seja imensamente mais complicado do que criar caça-níqueis, o princípio é o mesmo. Como as companhias de seguro pagam menos do que recebem em prêmios, seu percentual de pagamento é de menos de 100%. Adquirir uma apólice de seguros é uma aposta de expectativa negativa e, portanto, uma aposta ruim.

Por que as pessoas têm seguro, se é tão mau negócio? A diferença entre ter um seguro e apostar num cassino é que no cassino apostamos (na melhor hipótese) dinheiro que podemos nos dar ao luxo de perder. No caso do seguro, porém, apostamos na proteção de algo que não podemos perder. Apesar de perdermos inevitavelmente pequenas quantias (o prêmio), isso nos protege contra a perda de quantias catastróficas (o valor do conteúdo de nossa casa, por exemplo). O seguro oferece bom preço em troca de paz de espírito.

Segue-se, porém, que ter um seguro contra a perda de uma quantia não catastrófica não faz sentido. Não vale a pena, por exemplo, ter seguro para perda de telefone celular. Celulares são relativamente baratos (digamos, cem libras), mas um seguro para telefone é caro (digamos, sete libras por mês). Na média, seria melhor não contratarmos seguro e, em vez disso, comprar um novo telefone quando perdermos o nosso. Dessa forma, estamos nos segurando a nós mesmos e embolsando a margem de lucro que seria da seguradora.

Um motivo do recente crescimento do mercado de caça-níqueis é a introdução de máquinas "progressivas", que têm pouco a ver com política social esclarecida e muito a ver com o sonho de riqueza súbita. As máquinas progressivas têm boladas maiores do que outras máquinas, porque são reunidas em rede, com cada máquina contribuindo com um percentual para a bolada comunitária, cujo valor aumenta gradualmente. No Peppermill, fiquei espantado com as filas de máquinas interligadas oferecendo prêmios de dezenas de milhares de dólares.

As máquinas progressivas têm alta volatilidade, o que significa que no curto prazo os cassinos estão sujeitos a perder quantias significativas. "Se produzirmos um jogo com uma bolada progressiva, um em cada vinte [proprietários de cassino] vai nos escrever uma carta dizendo que nosso jogo está quebrado. Porque essa coisa paga dois ou três *jackpots* na primeira semana e as máquinas ficam 10 mil dólares no vermelho", diz Baerlocher, que acha irônico o fato de que pessoas que tentam ganhar dinheiro em cima de probabilidades ainda tenham dificuldade para entender como ela funciona no nível mais básico. "Fazendo uma análise, veremos que a probabilidade de isso acontecer é, digamos, de duzentas para uma. Elas têm [resultados] que só deveriam acontecer 0,5% das vezes — tem de sair para alguém. Dizemos para eles, aguentem firme, é normal."

O caça-níquel mais popular da IGT, o Megabucks, interliga centenas de máquinas em Nevada. Quando a empresa o introduziu uma década atrás, o menor *jackpot* era de 1 milhão de dólares. De início, os cassinos não queriam ficar com a obrigação de pagar tanto dinheiro, por isso a IGT subscreveu toda a rede tirando uma percentagem de todas as máquinas, e passou a pagar, ela própria, a bolada. Apesar de pagar centenas de milhões de dólares em prêmios, a IGT nunca teve prejuízo com as Megabucks. A lei dos grandes números é notavelmente confiável: quanto maior, mais funciona.

O *jackpot* das Megabucks agora começa com 10 milhões de dólares. Se ninguém acerta quando a bolada está perto dos 20 milhões de dólares, filas se formam nos Megabucks dos cassinos, e a IGT recebe encomendas de mais máquinas. "As pessoas acham que passou do ponto em que normalmente alguém acerta, portanto o prêmio não vai demorar a sair", explica Baerlocher.

Mas esse raciocínio está errado. Todo jogo que se faz numa máquina caça-níqueis é um evento aleatório. É tão provável alguém acertar quando o prêmio em dólares está em 10 milhões, 20 milhões ou mesmo 100 milhões, mas nosso instinto naturalmente nos diz que, depois de um longo período segurando o dinheiro, é maior a probabilidade de que as máquinas paguem. A crença de que um prêmio é "devido" é conhecida como *falácia do jogador*.

A falácia do jogador é uma compulsão humana incrivelmente forte. Máquinas caça-níqueis exploram essa compulsão com particular violência, o que as torna, provavelmente, os jogos de cassino que mais causam dependência. Quando se joga muitas vezes, em rápida sucessão, é natural pensar, depois de uma longa série de perdas: "Da próxima vez vou ganhar". Jogadores costumam qualificar uma máquina de "quente" ou "fria" — querendo dizer que paga muito dinheiro, ou que paga pouco. É outra besteira, pois as chances são sempre as mesmas. Apesar disso, entende-se por que razão alguém atribui personalidade a uma peça de plástico e metal do tamanho de um ser humano, costumeiramente chamada de bandido de um braço. Jogar na máquina caça-níquel é uma experiência intensa, íntima — chega-se bem perto dela, toca-se nela com a ponta dos dedos e esquece-se do resto do mundo.

Por ser o nosso cérebro muito ruim para compreender a aleatoriedade, a probabilidade é o ramo da matemática mais cheio de paradoxos e surpresas. Instintivamente, atribuímos padrões a situações mesmo sabendo que não existe padrão algum. É fácil desdenharmos do jogador de caça-níqueis que supõe que uma máquina provavelmente pagará um prêmio depois de uma longa série de perdas, mas a verdade é que a psicologia da falácia do jogador está presente também em não jogadores.

Considere-se o seguinte truque. Vamos pegar duas pessoas e explicar-lhes que uma jogará uma moeda trinta vezes, anotando a ordem em que ocorrem caras e coroas. A outra imaginará que joga uma moeda trinta vezes, anotando em seguida a ordem por ela visualizada em que ocorreram caras e coroas. Sem contar para nós, os dois jogadores decidirão, entre eles, quem vai fazer o quê, e só depois irão nos mostrar as duas listas. Pedi a minha mãe e a meu padrasto que fizessem a experiência, e eis o que eles me entregaram [H = CARA, T = COROA]:

Lista 1
H T T H T H T T T H H T H H T H H H H T H T T H T H T T H H

Lista 2
T T H H T T T T T H H T T T H T T H T H H H H T H H T H T H

A ideia desse jogo é que é muito fácil descobrir qual das duas listas se refere à moeda realmente jogada e qual se refere à moeda imaginária. No caso acima, eu não tinha dúvida de que a segunda lista era a da moeda real, e estava certo. Primeiro, examinei as maiores séries de caras e coroas. A segunda lista tinha uma série máxima de cinco coroas. A primeira tinha uma série máxima de quatro caras. A probabilidade de uma série de cinco em trinta lances é quase de dois terços, portanto é muito mais provável do que improvável que trinta jogadas resultem numa série de cinco. A segunda lista já era boa candidata, portanto, para a moeda real. Além disso, eu sabia que a maioria das pessoas jamais atribui

346

uma série de cinco em trinta jogadas porque parece deliberada demais para ser aleatória. Mas para ter certeza de que a segunda lista era a da moeda real, examinei a frequência com que as duas listas alternavam entre cara e coroa. Devido ao fato de que cada vez que se joga uma moeda as chances de dar cara ou coroa são iguais, era de esperar que cada resultado fosse seguido de um resultado diferente em mais ou menos metade dos casos, e em metade dos casos fosse seguido por resultado idêntico. A segunda lista alterna quinze vezes. A primeira alterna dezenove — prova de interferência humana. Quando imagina uma moeda sendo jogada, nosso cérebro tende a alternar resultados com mais frequência do que acontece numa sequência verdadeiramente aleatória — depois de duas caras, nosso instinto é o de compensar, e imaginar que vai dar coroa, mesmo que a chance de dar cara ainda seja igual. Aqui aparece a falácia do jogador. A verdadeira aleatoriedade não guarda memória do que veio antes.

É incrivelmente difícil, senão impossível, para o cérebro humano fingir aleatoriedade. E quando nos vemos diante da aleatoriedade, costumamos interpretá-la como não aleatória. Por exemplo, a função *shuffle* (embaralhar) do iPod executa músicas numa ordem aleatória. Mas quando a Apple lançou a função, consumidores se queixaram de que ela favorecia certas bandas em detrimento de outras, porque com frequência faixas da mesma banda eram executadas em seguida. Os ouvintes foram vítimas da falácia do jogador. Se a função de embaralhar do iPod era verdadeiramente aleatória, isso quer dizer que a escolha de cada nova música nada tinha a ver com a anterior. Como o demonstra a experiência com as moedas, longas séries iguais, que contrariam a nossa intuição, na verdade são a norma. Se as músicas são escolhidas aleatoriamente, é bem possível, embora não inteiramente provável, que haja aglomerados de canções do mesmo artista. O diretor executivo da Apple, Steve Jobs, foi absolutamente sério quando disse, em resposta à grita: "Estamos tornando [a função de embaralhar] menos aleatória, para que pareça mais aleatória".

Por que a falácia do jogador é uma compulsão humana tão forte? Tudo tem a ver com controle. Gostamos de sentir que controlamos nosso ambiente. Se os acontecimentos são aleatórios, é como se não tivéssemos controle algum sobre eles. Inversamente, se temos controle sobre os acontecimentos, eles deixam de ser aleatórios. É por isso que preferimos enxergar padrões onde não há padrão algum. Nos anos 1970, foi realizada uma experiência fascinante (se bem que brutal) para investigar a importância da sensação de controle entre pacientes idosos numa clínica de repouso. Alguns pacientes puderam escolher como arrumar o quarto, e uma planta para cuidar. Outros receberam instruções sobre a maneira de arrumar o quarto, e sua planta foi escolhida e cultivada por terceiros. O resultado, passados dezoito meses, foi surpreendente. Os pacientes que tinham controle sobre seu quarto exibiram um índice de mortalidade de 15%; entre os que não tinham controle algum, o índice foi de 30%. A sensação de exercer controle ajuda a nos manter vivos.

A aleatoriedade não é lisa, distribuída por igual. Ela cria áreas vazias e áreas sobrepostas.

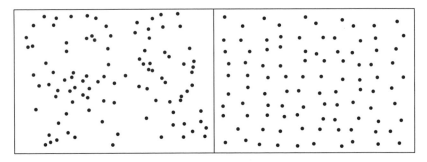

Pontos aleatórios; pontos não aleatórios.

A aleatoriedade explica por que em algumas aldeias pequenas o índice de crianças que nascem com defeito é acima do normal, por que certas estradas provocam mais acidentes, e por que alguns jogadores de basquete parecem fazer ponto em todos os lances livres. Explica também por que em sete das últimas dez finais de Copa do Mundo pelo menos dois jogadores faziam anos no mesmo dia:

2006	Patrick Vieira, Zinedine Zidane (França), 23 de junho
2002	Ninguém
1998	Emmanuel Petit (França), Ronaldo (Brasil), 22 de setembro
1994	Franco Baresi (Itália), Claudio Taffarel (Brasil), 8 de maio
1990	Ninguém
1986	Sergio Batista (Argentina), Andreas Brehme (Alemanha Ocidental), 9 de novembro
1982	Ninguém

1978	Rene e Willy van de Kerkhof (Holanda), 16 de setembro
	Johnny Rep, Jan Jongbloed (Holanda), 25 de novembro
1974	Johnny Rep, Jan Jongbloed (Holanda), 25 de novembro
1970	Piazza (Brasil), Pierluigi Cera (Itália), 25 de fevereiro

Apesar de parecer, de início, uma incrível série de coincidências, a lista, na verdade, nada tem de surpreendente, do ponto de vista matemático, porque sempre que se tem um grupo escolhido aleatoriamente de 23 pessoas (como dois times de futebol e um juiz), é mais provável do que improvável que duas pessoas compartilhem a mesma data de aniversário. O fenômeno é conhecido como "paradoxo do aniversário". Não há nada de contraditório no resultado em si, mas ele vai de encontro ao senso comum — 23 parece um número absurdamente pequeno.

A demonstração do paradoxo do aniversário é semelhante às demonstrações que fizemos no começo do capítulo para certas combinações de dados. Na realidade, podemos preparar um novo enunciado para o paradoxo do aniversário, declarando que, se um dado tiver 365 faces, depois de 23 lances é mais provável do que improvável que o mesmo resultado saia duas vezes.

Primeiro passo: A probabilidade de duas pessoas compartilharem a data de aniversário num grupo é de 1 menos a probabilidade de ninguém compartilhar.

Segundo passo: A probabilidade de ninguém compartilhar a data de aniversário num grupo de duas pessoas é de $\frac{365}{365} \times \frac{364}{365}$. É assim porque a primeira pessoa pode ter nascido em qualquer dia (365 probabilidades em 365), e a segunda pode ter nascido em qualquer outro dia que não seja o dia em que a primeira nasceu (364 probabilidades em 365). Por conveniência, vamos ignorar o dia extra do ano bissexto.

Terceiro passo: A probabilidade de ninguém compartilhar a data de nascimento num grupo de três pessoas é de $\frac{365}{365} \times \frac{364}{365} \times \frac{363}{365}$. Com quatro pessoas, ela se torna $\frac{365}{365} \times \frac{364}{365} \times \frac{363}{365} \times \frac{362}{365}$. A multiplicação dá resultados cada vez menores. Num grupo de 23, o resultado encolhe, finalmente, para menos de 0,5 (o número exato é 0,493).

Quarto passo: Se a probabilidade de ninguém compartilhar a data de aniversário num grupo for inferior a 0,5, a probabilidade de pelo menos duas pessoas compartilharem a data de nascimento é superior a 0,5 (Primeiro passo). Portanto, é mais provável do que improvável que, num grupo de 23 pessoas, duas tenham nascido no mesmo dia.

Partidas de futebol oferecem a perfeita amostragem por grupo, para verificarmos se os fatos correspondem à teoria, porque há sempre 23 pessoas. Examinando-se as finais de Copa do Mundo, entretanto, o paradoxo do aniversário funciona bem demais. A probabilidade de duas pessoas terem a mesma data de nascimento num grupo de 23 é de 0,507, ou um pouco acima de 50%. Mas, com sete casos positivos em dez (mesmo excluindo-se os gêmeos Van de Kerkhof), temos um índice de ocorrência de 70%.

Isso se deve, em parte, à lei dos grandes números. Se eu analisar cada partida de cada Copa do Mundo, tenho quase certeza de que o resultado estará perto de 50,7%. Mas ainda há outra variável. Será que as datas de aniversário dos jogadores estão distribuídas igualmente ao longo do ano? Provavelmente não. As pesquisas mostram que é maior a probabilidade de os jogadores terem nascido em certas épocas do ano — favorecendo os nascidos logo depois do término do ano letivo, que serão os mais velhos e os maiores na escola, e que portanto dominarão os esportes. Se há uma tendência na distribuição das datas de aniversário, é de esperar que as chances de datas compartilhadas aumentem. E geralmente há. Por exemplo, uma considerável proporção de bebês agora nasce de parto cesariano ou induzido. Isso tende a ocorrer nos dias úteis (levando em conta que os funcionários das maternidades preferem não trabalhar no fim de semana), e, como resultado, os nascimentos não são distribuídos aleatoriamente no decorrer do ano. Se pegarmos uma seção de 23 pessoas nascidas no mesmo período de doze meses — digamos, crianças numa sala de aula do curso primário —, a chance de dois alunos partilharem a data de nascimento será significativamente maior do que 50,7%.

Se um grupo de 23 pessoas não estiver disponível, de imediato, para fazer o teste, nossa família serve. Com quatro pessoas, a chance de que duas façam anos no mesmo mês é de 70%. Bastam sete pessoas para ser provável que duas tenham nascido na mesma semana, e um grupo de catorze para que seja tão provável como improvável que duas tenham nascido com uma diferença de um dia. À medida que o grupo aumenta de tamanho, a probabilidade cresce com surpreendente rapidez. Num grupo de 35, a chance de um aniversário compartilhado é de 85%, e num de sessenta é de mais de 99%.

Eis uma pergunta diferente sobre aniversários, cuja resposta vai tão de encontro à nossa intuição quanto o paradoxo do aniversário: quantas pessoas um grupo precisa ter para que haja uma chance de mais de 50% de alguém fazer anos no dia do *nosso* aniversário? Este caso é diferente do paradoxo do aniversário, porque há uma data específica. No paradoxo do aniversário, não nos interessa saber quem partilha a data de aniversário com quem; só queremos que duas pessoas partilhem qualquer data. Façamos, então, a pergunta de outro jeito: dada uma data fixa, quantas vezes precisamos lançar o nosso dado de 365 faces para que ele pare nessa data? A resposta é 253 vezes! Em outras palavras, teríamos de reunir um grupo de 253 pessoas só para ter mais certeza de que alguma delas faz anos na data do nosso aniversário do que nenhuma. Parece um número absurdamente grande — bem mais da metade de um a 365. Apesar disso, a aleatoriedade mais uma vez aglomera coisas — o grupo precisa ter esse tamanho porque os aniversários não obedecem a determinada ordem. Entre essas 253 pessoas, haverá muitas que compartilhem aniversário com outras, mas não conosco, e é preciso levar isso em conta.

Uma lição do paradoxo do aniversário é que as coincidências são muito mais comuns do que se imagina. Na loteria alemã, como na Loteria Nacional do Reino Unido, cada combinação de números tem uma chance em 14 milhões de acertar. Apesar disso, em 1995 e em 1986 combinações idênticas acertaram: 15-25-27-30-42-48. Terá sido incrível coincidência? Não tanto, como se vê. Entre as duas ocorrências, houve 3016 sorteios. O cálculo para descobrir quantas vezes o sorteio daria a mesma combinação é equivalente ao cálculo das chances de duas pessoas compartilharem a data de nascimento num grupo de 3016 pessoas, com 14 milhões de datas possíveis. A probabilidade acaba sendo de 0,28. Em outras palavras, havia mais de 25% de probabilidade de saírem duas combinações idênticas nesse período; portanto, a "coincidência" não foi, na verdade, um acontecimento tão excepcionalmente bizarro.

O mais perturbador nisso tudo é que a falta de compreensão do fenômeno das coincidências resultou em erros judiciais. Num famoso caso ocorrido na Califórnia em 1964, a testemunha de um assalto disse ter visto uma loura com rabo de cavalo, um homem negro de barba e um carro amarelo usado na fuga. Um casal que correspondia à descrição foi preso e acusado. O promotor calculou a chance de esse casal existir multiplicando as probabilidades da ocorrência de cada detalhe: $\frac{1}{10}$ para o carro amarelo, $\frac{1}{3}$ para uma loura, e assim por diante. Seu cálculo resultou em que a chance de que esse casal existisse era de uma em 12 milhões. Em outras palavras, para cada 12 milhões de pessoas, apenas um casal, em média, corresponderia à descrição exata. As chances de o casal preso ser culpado eram, segundo ele, esmagadoras. O casal foi condenado.

O promotor, entretanto, calculou errado. Ele tinha calculado as chances de escolher aleatoriamente um casal que correspondesse ao perfil traçado pela testemunha. A pergunta relevante deveria ter sido: uma vez que existe um casal que corresponde à descrição, quais eram as chances de o casal preso ser o casal culpado? Essa probabilidade era de apenas 40%, sendo mais provável, portanto, que o casal preso correspondesse à descrição por pura coincidência. Em 1968, a Suprema Corte da Califórnia revogou a condenação.

Voltando ao mundo dos jogos, em outro caso de loteria uma mulher de Nova Jersey acertou a loteria estadual duas vezes em quatro meses, em 1985-86. Na época divulgou-se amplamente que as chances de isso ocorrer eram de uma em 17 trilhões. No entanto, embora uma em 17 trilhões fosse de fato a probabilidade de comprar-se um único bilhete de loteria nas duas loterias e ganhar a bolada em ambas as ocasiões, isso não queria dizer que as chances de alguém, em algum lugar, acertar em duas loterias fossem tão remotas. Na realidade, essa ocorrência é bastante provável. Stephen Samuels e George McCabe, da Purdue University, calcularam que num período de sete anos as chances de um acerto duplo em loterias nos Estados Unidos são de mais de 50%. Até mesmo num período de quatro meses, as chances de haver um acerto duplo em algum lugar do país são superiores a uma em trinta. Persi Diaconis e Frederick Mosteller chamam a isso de *lei dos números muito grandes*: "Quando uma amostra é suficientemente grande, qualquer coisa extravagante pode ocorrer".

Matematicamente falando, as loterias são, de longe, o pior tipo de aposta legal. Mesmo a mais avarenta das máquinas caça-níqueis tem uma percentagem de pagamento de cerca de 85%. Em comparação com isso, a Loteria Nacional do Reino Unido tem uma percentagem de pagamento de aproximadamente 50%.

As loterias não representam risco algum para os organizadores, uma vez que o dinheiro do prêmio é apenas aquele que recebem, redistribuído.

Muito raramente, porém, as loterias podem ser a melhor aposta que existe. Isso ocorre quando, devido à acumulação de prêmios, o montante em questão é maior do que o custo de todas as combinações possíveis. Nesse caso, cobrindo-se qualquer resultado, é possível jogar na combinação certa. O único risco seria o de outras pessoas também terem jogado na combinação ganhadora — caso em que seria preciso dividir o prêmio. A estratégia de comprar todas as combinações, porém, depende da capacidade de fazer exatamente isso — o que representa significativo desafio teórico e logístico.

A loteria do Reino Unido é uma loteria de 6/49, ou seja, para cada bilhete o jogador tem de escolher seis números em 49. Há cerca de 14 milhões de combinações possíveis. Como relacionar essas combinações de tal forma que cada combinação apareça uma única vez, evitando duplicações? No começo dos anos de 1960, Stefan Mandel, economista romeno, fez a mesma pergunta a si mesmo sobre a bem menor loteria romena. A resposta não é simples. Mandel encontrou-a, porém, depois de dedicar-se anos ao problema, e acertou na loteria romena em 1964. (Em seu caso, ele não comprou todas as combinações possíveis, o que custaria caro demais. Usou um método suplementar chamado "condensação", que garante acertar pelo menos cinco dos seis números. Geralmente, quem acerta cinco números tira o segundo prêmio, mas ele teve sorte, e ganhou o primeiro prêmio na primeira vez.) O algoritmo que Mandel escrevera para decidir que combinações comprar cobriu 8 mil laudas. Logo em seguida, ele emigrou para Israel, depois para a Austrália.

Em Melbourne, Mandel fundou um sindicato internacional de apostas, levantando com os sócios dinheiro suficiente para garantir a compra de todas as combinações de uma loteria, se quisesse. Em 1992, ele identificou a loteria estadual da Virgínia — com 7 milhões de combinações, cada uma ao custo de um dólar — cujo prêmio chegara a 28 milhões de dólares. Mandel foi à luta. Imprimiu cartelas na Austrália, preencheu-as no computador, para cobrir os 7 milhões de combinações, e pegou o avião para os Estados Unidos. Ganhou o primeiro prêmio e mais 135 mil prêmios menores.

A loteria da Virgínia foi o maior prêmio que Mandel ganhou, elevando para treze o número de vezes em que acertou na loteria desde que saiu da Romênia. A Receita Federal (IRS), o FBI e a CIA investigaram o acerto do sindicato na loteria da Virgínia, mas nada encontraram de errado. Não há nada de ilegal em comprar todas as combinações, ainda que pareça suspeito. Mandel não aposta mais em loterias, e vive numa ilha tropical no Pacífico Sul.

Uma visualização particularmente útil da aleatoriedade foi inventada por John Venn, em 1888. Venn é talvez o menos espetacular dos matemáticos famosos. Professor de Cambridge, sacerdote anglicano, ele passou a maior parte dos últimos anos de vida compilando registros biográficos de 136 mil bacharéis formados pela universidade antes de 1900. Embora não tenha feito avançar as fronteiras do seu tema, desenvolveu uma adorável maneira de explicar argumentos lógicos com círculos cruzados. Ainda que Leibniz e Euler tenham ambos feito algo muito parecido em séculos anteriores, os diagramas receberam o nome de Venn. O que nem todos sabem é que Venn imaginou uma maneira igualmente irresistível de ilustrar a aleatoriedade.

Imagine um ponto no meio de uma página em branco. A partir desse ponto, é possível seguir em oito direções: norte, nordeste, leste, sudeste, sul, sudoeste, oeste e noroeste. Atribua números de 0 a 7 a cada direção. Escolha um número de 0 a 7 aleatoriamente. Quando o número aparecer, trace uma linha nessa direção. Faça isso várias vezes para formar um caminho. Venn o fez com a mais imprevisível sequência de números que conhecemos: a expansão decimal de pi (excluindo 8 e 9, e começando com 1415). O resultado, escreveu, foi "uma indicação gráfica de aleatoriedade muito boa".

O esquete de Venn é tido como o primeiro diagrama de uma "caminhada aleatória". Costuma ser chamado de "passo do bêbado", porque é mais engraçado imaginar que o ponto original é um poste de rua e a trajetória traçada é o cambalear aleatório de um bêbado. Uma das perguntas mais óbvias a serem feitas é até onde o bêbado caminhará a partir do ponto de partida antes de cair. Na média, quanto mais anda, mais longe ele vai. Descobre-se que a distância aumenta com a raiz quadrada do tempo de caminhada. Portanto, se em uma hora se distancia aos tropeços, em média, um quarteirão do poste de rua, ele levará quatro horas, em média, para andar dois quarteirões, e nove horas para andar três.

Enquanto o bêbado caminha aleatoriamente, em alguns momentos ele descreverá círculos e passará por onde já passou. Qual é a probabilidade de o bêbado voltar ao poste de rua? Surpreendentemente, a resposta é 100%. Ele pode errar durante anos, pelos lugares mais remotos, mas é certo que, havendo tempo suficiente, o bêbado acabará retornando à sua base.

Imagine o passo do bêbado em três dimensões. Chame a isso de zumbido da abelha perturbada. A abelha sai de um ponto suspenso no espaço e voa em linha reta numa direção qualquer por uma distância predeterminada. A abelha para, cochila, depois sai zumbindo noutra direção qualquer, percorrendo a

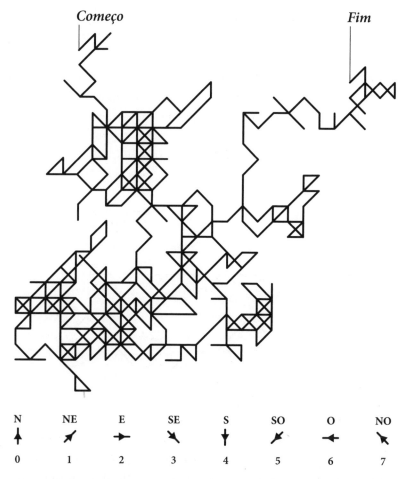

A primeira caminhada aleatória de que se tem notícia apareceu na terceira edição de Logic of chance (1888), de John Venn. As regras para a direção da caminhada (acréscimo meu) seguem os dígitos 0-7 que aparecem em pi, depois da vírgula.

mesma distância. E assim por diante. Qual é a probabilidade de a abelha voltar, zumbindo, para o ponto de partida? A resposta é: apenas 0,34, ou cerca de um terço. É estranho dar-se conta de que em duas dimensões a chance de um bêbado caminhar de volta para o poste de rua é uma certeza absoluta, mas parece ainda mais estranho pensar que uma abelha que zumbe para sempre provavelmente nunca voltará para casa.

No romance *best-seller* de Luke Rhinehart *The dice man* [*O homem dos dados*], o herói epônimo toma decisões na vida consultando os dados. Considere-se o homem da moeda, que toma decisões atirando uma moeda para cima. Digamos que se jogar a moeda e der cara, ele anda um passo para cima na página, e se der coroa, anda um passo para baixo. O trajeto do homem da moeda é o passo do bêbado em uma dimensão — ele só pode se mover para cima e para baixo, na mesma linha. Traçando a caminhada descrita pela segunda lista de trinta lances de moeda na p. 346, chega-se ao seguinte gráfico.

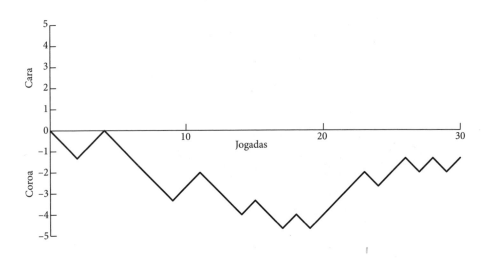

A caminhada é uma linha quebrada de picos e vales. Se estendermos isso por mais e mais jogadas, uma tendência vai aparecer. A linha balança para cima e para baixo, com balanços cada vez mais amplos. O homem da moeda se distancia mais e mais do ponto de partida, em ambas as direções. A seguir aparecem os trajetos de seis homens da moeda, que tracei com cem jogadas de cada um.

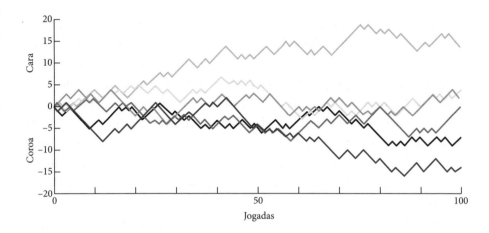

Se imaginarmos que a certa distância do ponto de partida em uma direção existe uma barreira, há 100% de probabilidade de que o homem da moeda acabe esbarrando nela. A inevitabilidade dessa colisão é muito instrutiva quando se analisam padrões de jogo.

Em vez de permitir que a caminhada aleatória do homem da moeda descreva uma viagem física, imaginemos que ela representa o saldo de sua conta bancária. E façamos da moeda um jogo. Se der cara, ele ganha cem libras, se der coroa, perde cem libras. O valor de sua conta bancária oscilará, para cima e para baixo, em ondas cada vez maiores. Digamos que a única barreira capaz de fazer o homem da moeda parar de jogar é o saldo zero na sua conta. Sabemos que é certo que chegará a esse ponto. Em outras palavras, ele estará falido. Esse fenômeno — de que o empobrecimento futuro é uma certeza — é conhecido, de modo muito evocativo, como *ruína do jogador*.

Nenhuma aposta de cassino, obviamente, é tão generosa como o jogo da moeda (que tem um percentual de pagamento de cem). Se as chances de perder forem maiores do que as de ganhar, o mapa da caminhada aleatória vai para baixo, em vez de traçar um eixo horizontal. Em outras palavras, a falência aproxima-se mais rápido.

Caminhadas aleatórias explicam por que os jogos favorecem os muito ricos. Não só eles vão demorar mais a falir, como também haverá maior probabilidade de que sua caminhada aleatória ocasionalmente serpeie para cima. O segredo da vitória, para ricos ou pobres, entretanto, é saber quando parar.

Inevitavelmente, a matemática da caminhada aleatória contém alguns paradoxos complicados. Nos gráficos das pp. 356-7, onde o homem da moeda anda para cima e para baixo em conformidade com os resultados dos lances, era de esperar que o gráfico dessa caminhada aleatória cruzasse, regularmente, o eixo horizontal. A moeda dá uma chance de 50:50 para cara ou coroa, por isso talvez esperássemos que ele gastasse o mesmo tempo em cada lado do ponto de partida. Na realidade, porém, dá-se o oposto. Se a moeda for jogada indefinidamente, o mais provável é que ele não mudará de lado nenhuma vez, zero. Em seguida, os números mais prováveis são 1, depois 2, 3 e assim por diante.

Para números finitos de jogadas, há também resultados bem esquisitos. William Feller calculou que se uma moeda for jogada a cada segundo durante um ano, há uma chance de uma em vinte de que o homem da moeda fique de um só lado do gráfico por mais de 364 dias e dez horas. "Pouca gente acredita que uma moeda perfeita produzirá sequências ridículas, nas quais nenhuma mudança [de lado] ocorrerá em milhões de tentativas seguidas, mas é isso que uma boa moeda fará, com grande regularidade", escreveu ele em *An introduction to probability theory and its applications*. "Se um educador ou psicólogo moderno fosse descrever os casos de jogos separados de moeda no longo prazo, ele diria que as moedas são, na maioria, desajustadas."

Enquanto os maravilhosos contrassensos da aleatoriedade são estimulantes para os matemáticos puros, eles são atraentes também para os desonestos. A falta de compreensão dos fundamentos da probabilidade significa que se pode, facilmente, ser enganado. Se você alguma vez se sentir atraído, por exemplo, pelas ofertas de uma empresa que diz ser capaz de prever o sexo do seu bebê, você estará prestes a cair numa das mais velhas armadilhas que se conhecem. Imagine que crio uma empresa, que chamarei de BabyPredictor, que anuncia uma fórmula científica para prever se o bebê será menino ou menina. A BabyPredictor cobra das mães uma série de taxas pela previsão. Devido à formidável confiança em sua fórmula, e à generosidade filantrópica do seu diretor executivo, eu, a empresa também oferece reembolso total se a previsão estiver errada. Pagar pela previsão parece bom negócio — uma vez que ou a BabyPredict está certa ou está errada, e você pode receber o dinheiro de volta. Infelizmente, entretanto, a fórmula secreta da BabyPredictor é, na verdade, o jogo da moeda. Se der cara eu digo que é menino, se der coroa, menina. A probabilidade me diz que acertarei metade das vezes, pois a proporção de meninos e meninas é de aproximadamente 50:50. Metade das vezes, é claro, eu devolvo seu dinheiro, mas e daí? Na outra metade eu fico com ele.

O esquema funciona, porque a mãe não se dá conta da ideia geral. Ela se vê como uma amostragem de grupo de uma só, em vez de se ver como parte do todo. Ainda assim, as empresas que preveem o sexo dos bebês estão muito vivas e em boa situação. Bebês nascem a cada minuto, e bobos também.

Numa versão mais elaborada, que desta vez visa aos homens gananciosos e não mais às mulheres grávidas, uma empresa que vamos chamar de Stock-Predictor lança um pomposo site na internet. Envia 32 mil e-mails para os investidores de uma *mailing list* e anuncia um novo serviço, que, utilizando sofisticado modelo de computação, pode prever se determinado índice de ações vai subir ou cair. Em metade dos e-mails ela prevê alta na semana seguinte e na outra metade, queda. O que quer que aconteça com o índice, 16 mil investidores terão recebido um e-mail com a previsão correta. Portanto, a StockPredictor envia para esses 16 mil endereços outro e-mail com a previsão da semana seguinte. Mais uma vez, a previsão estará correta para 8 mil. Se a StockPredictor continuar assim por mais quatro semanas, haverá em dado momento mil destinatários de e-mail cujas seis previsões consecutivas foram todas corretas. A StockPredictor então informa-lhes que, para receber mais previsões, eles terão de pagar uma taxa — e por que não pagariam, se até aquela altura as previsões foram tão boas?

O golpe da previsão das ações pode ser usado para corridas de cavalo, partidas de futebol e até mesmo para a previsão do tempo. Se todos os resultados forem cobertos, haverá pelo menos uma pessoa recebendo uma previsão correta das partidas, das corridas e dos dias ensolarados. Essa pessoa talvez pense: "Nossa, só uma chance em 1 milhão de essa combinação sair", mas se 1 milhão de e-mails forem enviados cobrindo todas as possibilidades, então alguém, em algum lugar, terá de receber a combinação correta.

Enganar as pessoas é imoral e costuma ser ilegal. Entretanto, tentar enganar um cassino geralmente é visto como causa justa. Para os matemáticos, o desafio de conseguir o improvável é como mostrar um pano vermelho para um touro — e há uma honrada tradição de pessoas que conseguiram.

O primeiro método de ataque consiste em aceitar que o mundo não é perfeito. Joseph Jagger, mecânico de um cotonifício em Lancashire, conhecia suficientemente a indústria vitoriana para perceber que nem sempre as roletas giram com perfeita honestidade. Desconfiou de que se a roda não estivesse perfeitamente alinhada, poderia favorecer certos números em detrimento de outros. Em 1873, aos 43 anos, esteve em Monte Carlo para testar sua teoria. Jagger contratou seis auxiliares, pôs cada um numa das seis mesas do cassino e deu instruções para que anotassem todos os números que saíssem durante uma semana. Ao analisar os números, viu que uma roleta era, de fato, tendenciosa — nove números apareciam mais vezes do que outros. A ocorrência maior desses números era tão sutil que só dava para notar as vantagens quando se levava em conta centenas de jogadas.

Jagger começou a apostar, e num só dia ganhou o equivalente a 70 mil dólares. No entanto, os donos do cassino perceberam que ele só jogava numa mesa. Para reagir ao ataque de Jagger, trocaram as rodas de lugar. Jagger começou a perder, até se dar conta do que a gerência fizera. Mudou-se para a mesa viciada, que reconheceu por um arranhão diferente. Voltou a ganhar, e só parou quando o cassino reagiu de novo, girando a roda das casas dentro da roleta ao fim do dia, para que novos números fossem favorecidos. A essa altura Jagger já ganhara 325 mil dólares, tornando-se um multimilionário em valores de hoje. Voltou para casa, largou o emprego na fábrica e investiu em imóveis. Em Nevada, de 1949 a 1950, o método de Jagger foi adotado novamente por dois alunos de ciências, Al Hibbs e Roy Walford. Para começar, tomaram um empréstimo de duzentos dólares, que transformaram em 42 mil, o que lhes permitiu comprar um iate de quarenta pés e velejar dezoito meses no Caribe, antes de voltar aos estudos. Agora, os cassinos trocam as roletas de lugar com muito mais regularidade do que antigamente.

A segunda forma de manipular as probabilidades em nosso favor é indagar o que é mesmo aleatoriedade. Acontecimentos que sejam aleatórios num conjunto de informações podem deixar de ser aleatórios num conjunto maior de informações. Isso é transformar problema de matemática em problema de física. Jogar uma moeda é aleatório, porque não se sabe como ela vai cair, mas as moedas obedecem às leis newtonianas de movimento. Se soubermos, com exatidão, a velocidade e o ângulo do giro, a densidade do ar e quaisquer outros dados físicos relevantes, poderemos calcular exatamente a face que ficará para cima. Em meados dos anos 1950, um jovem matemático chamado Ed Thorp começou a refletir sobre o conjunto de informações de que se precisaria para prever onde a bola cairia na roleta.

Thorp foi ajudado em seu esforço por Claude Shannon, seu colega no Massachusetts Institute of Technology. Não poderia ter desejado cúmplice melhor. Shannon era um inventor prolífico, com a garagem cheia de aparelhos eletrônicos e mecânicos. Era também um dos matemáticos mais importantes do mundo, pai da teoria da informação, crucial avanço acadêmico que levou ao desenvolvimento do computador. Os dois compraram uma roleta e realizaram experiências no porão de Shannon. Descobriram que se soubessem a velocidade da bola quando ela corria pela borda externa estacionária, e a velocidade da roda interna (que gira em direção contrária à da bola), seria possível fazer boas estimativas sobre em qual casa a bola cairia. Como os cassinos permitem que os jogadores façam apostas depois que a bola começa a girar, tudo que Thorp e Shannon precisavam fazer era descobrir um jeito de medir essas velocidades e processá-las nos poucos segundos antes de o crupiê encerrar as apostas.

Mais uma vez, o jogo fez o conhecimento científico avançar. Para prever com exatidão resultados dos jogos de roleta, os matemáticos construíram o primeiro *wearable computer* (computador que pode ser usado no corpo) do mundo. A máquina, que cabia no bolso, tinha um fio até o sapato, onde havia um interruptor, e outro até um fone de ouvido do tamanho de uma ervilha. Quem usava o computador deveria tocar no interruptor em quatro momentos distintos — quando um ponto da roda passasse por um ponto de referência, quando ela fizesse um giro completo, quando a bola passasse pelo mesmo ponto e quando a bola fizesse novamente uma volta completa. Essas informações eram suficientes para calcular a velocidade da roda e da bola.

Thorp e Shannon dividiram a roda em oito segmentos de cinco números cada (alguns se sobrepunham, no entanto, pois havia 38 casas). O computador de bolso tocava uma escala de oito notas — uma oitava — pelo fone de ouvido, e parava numa nota correspondente ao segmento onde ele previa que a bola ia cair. O computador não podia dizer com certeza absoluta em que segmento a bola cairia, nem precisava. Tudo que Thorp e Shannon queriam era que a previsão fosse melhor do que a aleatoriedade do chute. Ao ouvir as notas, o usuário do computador apostava suas fichas nos cinco números do segmento (que, embora próximos uns dos outros na roda, não eram adjacentes na baeta). O método era surpreendentemente preciso — nas apostas em um só número eles estimaram que podiam ganhar 4,40 dólares para cada dez dólares investidos.

Quando Thorp e Shannon foram a Las Vegas fazer um teste, o computador funcionou, embora precariamente. Eles precisavam manter a discrição, mas o fone de ouvido tinha tendência a saltar, e os fios eram tão frágeis que quebravam a toda hora. Apesar disso, o sistema foi eficiente, e eles converteram uma pequena pilha de dez centavos em algumas pilhas de dez centavos. Thorp ficou satisfeito por ter levado a melhor sobre a roleta na teoria, embora não tanto na prática, porque seu ataque em outro tipo de jogo apresentava êxito muito mais notável.

Blackjack, ou vinte e um, é um jogo de cartas que tem por objetivo conseguir uma mão em que o valor total das cartas chegue o mais perto possível do limite superior de 21. O distribuidor de cartas também tira cartas para ele. Para ganhar, é preciso ter mais pontos do que ele, sem ultrapassar 21.

Como todos os jogos clássicos de cassino, o *blackjack* dá ligeira vantagem para a casa. Quem joga *blackjack*, no longo prazo perde dinheiro. Em 1956, foi publicado um artigo num obscuro jornal de estatística em que o autor alegava ter inventado uma estratégia que dava à casa uma vantagem de apenas 0,62%. Depois de ler o artigo, Thorp aprendeu a estratégia e testou-a numa viagem de férias a Las Vegas. Descobriu que perdia dinheiro muito mais lentamente do que os demais jogadores. E tomou a decisão de refletir mais a fundo sobre o *blackjack*, decisão essa que mudaria sua vida.

Ed Thorp está com 75 anos, mas desconfio de que sua aparência não é muito diferente da de meio século atrás. Magro, de pescoço longo e traços definidos, usa cabelo bem cortado de aluno de faculdade, óculos discretos, e postura calma e ereta. Voltando de Las Vegas, Thorp releu o artigo. "Percebi, em dois minutos, que se podia, quase com certeza, vencer esse jogo anotando as cartas distribuídas", diz ele. O *blackjack* é diferente, por exemplo, da roleta, pois as probabilidades se alteram quando sai uma carta. A chance de dar 7 na roleta é de um em 38 toda vez que a roda gira. No *blackjack*, a probabilidade de a primeira carta distribuída ser um ás é de $\frac{1}{13}$. Se a primeira carta for um ás, a probabilidade de a segunda ser um ás, entretanto, não é mais de $\frac{1}{13}$; é de $\frac{3}{51}$, pois o baralho agora tem 51 cartas e restam apenas três ases. Thorp achava que devia haver um sistema capaz de virar as chances a favor do jogador. Bastava descobrir qual sistema era esse.

Num baralho de 52 cartas, há $52 \times 51 \times 50 \times 49 \times ... \times 3 \times 2 \times 1$ maneiras de ordená-las. Esse número é mais ou menos 8×10^{67}, ou 8 seguido de 67 zeros. Diante de número tão imenso, é altamente improvável que as cartas de dois baralhos embaralhados ao acaso sigam a mesma ordem algum dia na história do mundo — ainda que a população mundial tivesse começado a jogar cartas no momento do Big Bang. Thorp raciocinou que há um número tão grande de possíveis permutações de cartas que nenhum sistema de memorização seria viável para o cérebro humano. Decidiu, portanto, investigar a maneira como as cartas já distribuídas alteram as vantagens da casa. Usando um computador dos mais antigos, ele descobriu que se seguisse a trajetória dos cinco de cada naipe — cinco de copas, espadas, ouros e paus —, o jogador poderia decidir se o baralho era favorável. Pelo sistema de Thorp, o *blackjack* transformou-se num jogo ganhável, com uma expectativa de retorno de até 5%, dependendo das cartas que restam no baralho. Thorp inventara a "contagem de cartas".

Ele desenvolveu sua teoria por escrito e apresentou-a à Sociedade Americana de Matemática (American Mathematical Society, AMS). "Quando o resumo foi submetido, todo mundo achou ridículo", diz ele. "Era tido como verdade absoluta no mundo científico que não se podia levar a melhor em nenhum dos grandes jogos de cassino, e essa visão tinha forte apoio nas pesquisas e análises realizadas ao longo de dois séculos." Provas de que se pode levar a melhor nos jogos de cassino equivalem, mais ou menos, a provas de que é possível a quadratura do círculo — sinal seguro de que o sujeito é maluco. Felizmente, um dos membros do conselho que examina trabalhos submetidos à AMS tinha sido colega de turma de Thorp, e o resumo foi aceito.

Em janeiro de 1961, Thorp leu sua dissertação na reunião de inverno da Sociedade Americana de Matemática em Washington. Transformou-se em notícia nacional, aparecendo até na primeira página do seu jornal local, o *Boston Globe*. Thorp recebeu centenas de cartas e telefonemas, com muitas ofertas para financiar viagens para jogar em cassinos e dividir os lucros. Uma associação de Nova York ofereceu-lhe 100 mil dólares. Ele ligou para o número da carta de Nova York e no mês seguinte um Cadillac parou na frente do seu apartamento. Dele saiu um baixote já de certa idade, acompanhado de duas louras espetaculares com casacos de pele.

O homem era Manny Kimmel, gângster nova-iorquino muito safo em matemática e inveterado jogador, que gostava de fazer apostas de alto risco. Kimmel aprendera, por conta própria, o suficiente sobre probabilidades para estar a par do paradoxo do aniversário — uma das suas diversões favoritas era apostar que duas pessoas em determinado grupo faziam anos na mesma data. Kimmel apresentou-se como dono de 64 estacionamentos em Nova York, o que era verdade. Apresentou as moças como sobrinhas, o que provavelmente não era. Perguntei a Thorp se ele suspeitava de ligações de Kimmel com a máfia. "Àquela altura, eu não conhecia muito bem o mundo dos jogos; na verdade, não sabia nada a esse respeito, a não ser em tese, e também não tinha investigado o mundo do crime. Ele se apresentou como empresário rico, e as provas disso eram esmagadoras." Kimmel convidou Thorp a jogar *blackjack* em seu luxuoso apartamento de Manhattan na semana seguinte. Depois de algumas partidas, Kimmel se convenceu de que a contagem de cartas funcionava. Os dois pegaram o avião para Reno a fim de fazer um teste. Começaram com 10 mil dólares e no fim da viagem tinham acumulado uma bolada de 21 mil.

Quando se joga num cassino, dois fatores determinam quanto dinheiro se ganha ou perde. A *estratégia de jogo* diz respeito a como ganhar um jogo. A *estratégia de aposta* é sobre como administrar o dinheiro — quanto apostar e quando. É boa ideia, por exemplo, jogar tudo que se tem na carteira numa aposta única? Ou seria melhor dividir o dinheiro nas menores apostas possíveis? Diferentes estratégias podem ter impacto surpreendente no volume de dinheiro que se pode esperar ganhar.

A estratégia de aposta mais conhecida é a chamada "*martingale*", ou dobrar o dinheiro, e era popular entre jogadores franceses no século XVIII. Consiste em dobrar a aposta quando se perde. Digamos que você faça uma aposta no jogo da moeda. Se der cara, você ganha um dólar, coroa, perde um dólar.

Digamos que o primeiro lance dá coroa. Você perde um dólar. Na próxima jogada, você precisa apostar dois dólares. Se ganhar na segunda aposta, você ganha dois dólares, recupera-se do prejuízo de um dólar na primeira aposta e fica com um dólar de lucro. Digamos que perca cinco jogadas:

Perde us$ 1 e na jogada seguinte aposta us$ 2
Perde us$ 2 e na jogada seguinte aposta us$ 4
Perde us$ 4 e na jogada seguinte aposta us$ 8
Perde us$ 8 e na jogada seguinte aposta us$ 16
Perde us$ 16

Você estará perdendo 1 + 2 + 4 + 8 + 16 = 31 dólares, por isso a aposta seguinte tem de ser 32 dólares. Se ganhar, recupera-se das perdas e tem lucro. Mas, apesar de ter arriscado tanto dinheiro, ganhou apenas um dólar, sua aposta original.

Martingale certamente tem seu encanto. Num jogo em que as chances são de quase 50:50 — como apostar no vermelho na roleta, digamos, que tem uma probabilidade de 47% —, é provável que se ganhe uma boa percentagem de jogos, e portanto se tenha uma boa chance de lucrar. Mas o sistema *martingale* não é à prova de falhas. Para começar, só ganhamos pequenos acréscimos. E sabemos que numa rodada de trinta lances, uma série de cinco caras, ou cinco coroas seguidas é mais provável do que improvável. Se começamos com uma aposta de quarenta dólares, e perdemos cinco jogos seguidos, teremos de apostar 1280 dólares. No Cassino Peppermill, no entanto, isso não seria possível, porque a aposta máxima ali permitida é mil dólares. Impedir sistemas como *martingale* é um dos motivos que levam os cassinos a impor limites às apostas. O crescimento exponencial de apostas pelo sistema *martingale* numa sequência de perdas costuma acelerar a falência, em vez de proteger contra ela. O mais famoso campeão desse sistema, o playboy veneziano do século XVIII Giacomo Casanova, comprovou isso na carne. "Ainda joguei pela *martingale*", disse ele, certa vez, "mas com tanto azar que logo fiquei sem um cequim."

Ainda assim, se parar na mesa da roleta em Peppermill para jogar *martingale* com aposta inicial de dez dólares no vermelho, você precisa ser muito azarado para não ganhar dez dólares. O sistema só deixará de funcionar se perder seis vezes seguidas, e há apenas uma chance em 47 de isso acontecer.

365

Mas quando ganhar será aconselhável passar pelo caixa o quanto antes e ir embora. Se continuar o jogo, a chance de sair uma sequência de azares acabará se tornando mais provável do que improvável.

Examinemos outro sistema de aposta. Imagine que você recebe 20 mil dólares num cassino, com instrução para apostar no vermelho na mesa da roleta. Qual é a melhor estratégia para dobrar esse valor? É ser ousado e apostar tudo de uma vez, ou ser cauteloso e jogar o menor valor possível, fazendo apostas de um dólar? Muito embora de início pareça afobação, suas chances de sucesso são muito maiores se apostar tudo de uma vez. Em linguagem matemática, o jogo ousado é a *ótima*. Com um pingo de reflexão, isso faz sentido: a lei dos números grandes diz que no longo prazo você vai perder. Sua melhor estratégia é encurtar a sequência.

Na verdade, foi exatamente isso que fez Ashley Revell, um homem de 32 anos de Kent, em 2004. Ele vendeu seus bens, até as roupas, e num cassino de Las Vegas apostou tudo — 135 300 dólares — no vermelho. Tivesse perdido, pelo menos se tornaria uma dessas celebridades da TV que são famosas sem que se saiba bem por quê, pois a aposta foi filmada para um *reality show*. Mas a bola caiu no 7 vermelho, e ele voltou para casa com 270 600 dólares.

No *blackjack*, Ed Thorp se viu diante de um problema diferente. Com seu sistema de contagem de cartas ele podia dizer, em determinados momentos do jogo, se levava vantagem sobre o crupiê. Thorp então se perguntou qual seria a melhor estratégia de aposta quando o jogo está a nosso favor.

Imagine uma aposta na qual a probabilidade de ganhar é de 55%, e a de perder, 45%. Para simplificar, o jogo paga quando dá número par, e jogamos quinhentas vezes. A vantagem é de 10%. A longo prazo, nossos ganhos vão dar uma média de dez dólares de lucro para cada cem dólares jogados. Para elevar ao máximo nosso lucro total, precisamos, obviamente, elevar ao máximo o total combinado de apostas. Não fica claro de imediato como se faz isso, pois para elevar a riqueza ao máximo é preciso reduzir ao mínimo o risco de perdê-la. Eis como funcionam quatro estratégias de aposta:

Estratégia 1: Aposte tudo. Exatamente como fez Ashley Revell, aposte todo o seu dinheiro no primeiro jogo. Se ganhar, você ficará com o dobro do que tinha. Se perder, estará falido. Se ganhar, aposte tudo de novo no próximo jogo. A única maneira de não perder tudo será ganhar os quinhentos jogos. A chance de isso acontecer, se a probabilidade de ganhar cada jogo é de 0,55, é de cerca de uma em 10^{130}, ou 1 seguido de 130 zeros. Em outras palavras, é quase certo que você estará falido no quingentésimo jogo. Obviamente, não é uma boa estratégia de longo prazo.

Estratégia 2: Quantia fixa. Aposte uma quantia fixa em cada jogo. Se ganhar, sua riqueza aumentará uma quantia fixa de cada vez. Se perder, sua riqueza encolherá a quantia apostada. Como você ganha mais do que perde, sua riqueza aumentará no geral, mas dando saltos equivalentes à quantia fixa. Como mostra o gráfico adiante, seu dinheiro não aumentará com grande rapidez.

Estratégia 3: Martingale. Isso garante uma taxa mais rápida do que a aposta fixa, pois as perdas são compensadas dobrando o montante depois de uma perda, mas implica um risco muito mais alto. Com apenas algumas apostas infelizes, você estará falido. Mais uma vez, *não* é uma boa estratégia de longo prazo.

Estratégia 4: Aposta proporcional. Neste caso, aposte uma fração do dinheiro relacionada à vantagem que você tem. Há diversas variações da aposta proporcional, mas o sistema que faz a riqueza aumentar com maior rapidez é chamado de estratégia Kelly. Kelly manda você apostar uma fração do seu dinheiro determinada por vantagem/probabilidade. Neste caso, a vantagem é de 10% e as chances são iguais (ou um para um), tornando vantagem/probabilidade igual a 10%. Portanto, aposte 10% do dinheiro em cada jogo. Se ganhar, seu dinheiro aumentará 10%, e a aposta seguinte será 10% maior do que a primeira. Se perder, o dinheiro encolherá 10%, e a segunda aposta será 10% menor do que a primeira.

É uma estratégia bem segura, porque, se você sofrer uma sequência de perdas, o valor absoluto das apostas diminui — o que significa que as perdas são limitadas. Ela também oferece grandes possibilidades de ganho, uma vez que — como os juros compostos — numa sequência de acertos a riqueza cres-

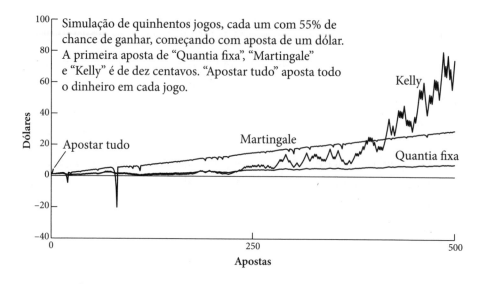

ce exponencialmente. É o melhor dos mundos: baixo risco e alto retorno. E veja como se comporta: começa lenta, mas com o tempo, depois de quatrocentas apostas, ultrapassa bem as outras.

John Kelly foi um matemático texano que esboçou sua famosa fórmula de estratégia de jogo numa dissertação de 1956, e quando Ed Thorp a pôs em prática na mesa de *blackjack*, os resultados foram notáveis. "Como disse o general, a gente é o mais primeiro a chegar lá com o mais maior." Com pequenas vantagens e prudente administração do dinheiro, podem-se conseguir lucros imensos. Perguntei a Thorp que método era mais importante para ganhar dinheiro no vinte e um — a contagem de cartas ou os padrões de Kelly. "Acho que há um consenso, depois de décadas examinando-se a questão", respondeu ele, "de que as estratégias de aposta talvez representem dois terços ou três quartos daquilo que você vai ganhar, e a estratégia de jogo representa talvez de um terço a um quarto. Portanto, a estratégia de aposta é muito mais importante." Posteriormente, a estratégia de Kelly ajudaria Thorp a ganhar mais de 80 bilhões de dólares nos mercados financeiros.

Ed Thorp anunciou seu sistema de contagem de cartas num livro de 1962, *Beat the dealer*. Ele refinou seu método para uma segunda edição em 1966, que também contava as cartas com valor dez (o valete, a rainha, o rei e o dez).

Muito embora as cartas de dez alterem as probabilidades menos do que as de cinco, o número delas é muito maior, por isso é muito mais fácil identificar vantagens. *Beat the dealer* vendeu mais de 1 milhão de exemplares, inspirando — como continua a inspirar — legiões de jogadores.

Para eliminar a ameaça da contagem de cartas, os cassinos tentaram diversas táticas. A mais comum consiste em adotar múltiplos baralhos, porque com mais cartas a contagem fica mais difícil e menos lucrativa. O "professor *stopper*", um contador de cartas que embaralha diversos baralhos de uma vez, foi batizado, essencialmente, em homenagem a Thorp. E os cassinos se viram obrigados a transformar em crime o uso do computador para fazer previsões na roleta.

A última vez que Thorp jogou vinte e um foi em 1974. "A família fez uma viagem à Feira Mundial em Spokane, e na volta paramos no [cassino] Harrah's. Pedi a meus filhos que me dessem duas horas de folga, porque eu precisava pagar a viagem — o que fiz."

Beat the dealer não é só um clássico sobre jogos. Teve repercussão também no mundo da economia e das finanças. Uma geração de matemáticos inspirados no livro de Thorp começou a inventar modelos de mercado financeiro e a aplicar estratégias de aposta. Dois deles, Fischer Black e Myron Scholes, criaram a fórmula Black-Scholes para avaliar derivativos financeiros — a equação mais famosa (e infame) de Wall Street. Thorp inaugurou uma era em que o analista quantitativo, o "*quant*" — nome dado aos matemáticos contratados pelos bancos para encontrar formas espertas de investir — era rei. "*Beat the dealer* foi uma espécie de primeiro livro *quant* a aparecer, e levou bem diretamente a uma revolução", diz Thorp, que pode alegar — com alguma razão — ser o primeiro *quant* de todos. O livro que lançou em seguida, *Beat the market*, ajudou a transformar o mercado de capitais. No começo dos anos 1970, junto com um sócio comercial, ele criou o primeiro fundo de derivativos "*market neutral*", ou seja, um fundo imune a qualquer risco de mercado. Desde então, Thorp desenvolveu produtos financeiros cada vez mais sofisticados do ponto de vista matemático, o que o tornou extremamente rico (pelo menos, para um professor de matemática). Embora administrasse um conhecido fundo de *hedge*, agora administra um escritório de família no qual só investe seu próprio dinheiro.

Conheci Thorp em setembro de 2008. Estávamos sentados em seu escritório num arranha-céu de Newport Beach, com vista para o oceano Pacífico.

Era um delicioso dia californiano, com céu azul imaculado. Thorp é professoral sem ser sisudo, cuidadoso e ponderado, mas também astuto e brincalhão. Uma semana antes, o banco Lehman Brothers pedira concordata. Perguntei-lhe se tinha algum sentimento de culpa por ter ajudado a criar alguns mecanismos que contribuíram para a maior crise financeira em décadas. "O problema não foram os derivativos em si, mas a falta de regulamentação dos derivativos", respondeu ele, como seria, talvez, de esperar.

Isso me fez pensar, uma vez que a matemática que está por trás das finanças globais agora é tão complicada, se o governo alguma vez lhe pediu conselho. "Não que eu saiba, não!", disse ele, rindo. "Tenho muitos aqui, se algum dia aparecerem! Mas grande parte disso é política, e também muito tribal." Ele disse que, se quisermos que nossa voz seja ouvida, é preciso estarmos na Costa Leste, para jogar golfe ou almoçar com banqueiros e políticos. "Mas estou na Califórnia, com uma bela vista... só me divertindo com jogos matemáticos. Não se esbarra com essa gente, a não ser de vez em quando." Mas Thorp se delicia com a posição de observador. Nem sequer se considera membro do mundo financeiro, apesar de sê-lo há quatro décadas. "Vejo-me como cientista que aplicou seus conhecimentos na análise dos mercados financeiros." Na verdade, desafiar o senso comum é o tema que define sua vida, algo que tem feito com êxito repetidamente. Ele acha que matemáticos espertos sempre acabarão levando a melhor.

Eu também queria saber se o fato de ter uma compreensão tão sofisticada das probabilidades o ajudou a evitar os desafios que o assunto apresenta à intuição comum. Alguma vez ele foi vítima, por exemplo, da falácia do jogador? "Acho que sou muito bom para dizer não — mas levou algum tempo. Passei por um custoso período de aprendizado quando comecei a estudar as ações. Eu tomava decisões baseadas em decisões menos do que racionais."

Perguntei se já jogou na loteria.

"Quer dizer, se já fiz apostas ruins?"

Imagino, disse-lhe eu, que ele não faria isso.

"Não consigo evitar. De vez em quando, preciso fazer. Suponhamos que tudo que você tem é a sua casa. Pôr a casa no seguro é mau negócio, no sentido do valor esperado. Mas talvez seja prudente, no sentido da sobrevivência a longo prazo."

E então, perguntei, você pôs sua casa no seguro?

Ele fez uma pausa. "Pus."

Demorou um pouco para responder porque estava calculando o quanto era rico. "Quando se é rico, não se precisa de seguro para pequenas coisas", explicou. "Se você é bilionário, e tem uma casa de 1 milhão de dólares, não faz diferença colocá-la ou não no seguro, pelo menos do ponto de vista dos padrões de Kelly. Você não precisa pagar para se proteger de perdas relativamente menores. Vale mais a pena pegar o dinheiro e investir numa coisa melhor.

"Pus ou não pus minhas casas no seguro? Sim, acho que pus."

Eu tinha lido um artigo em que se dizia que Thorp planejava congelar o corpo quando morresse. Comentei que aquilo parecia um jogo — e bem californiano.

"Como diz um dos meus amigos de ficção científica: 'Não há outra opção'."

10. Situação normal

Recentemente, comprei uma balança eletrônica de cozinha. Tem uma plataforma de vidro e um Mostrador com Iluminação Azul Fácil de Ler. Essa compra não foi sintoma de uma vontade de preparar sobremesas elaboradas. Nem tive a intenção de transformar minha casa em valhacouto de traficantes de drogas. Meu único interesse era saber o peso das coisas. Tirei a balança da caixa e fui ao meu padeiro, Greggs, comprar uma baguete. Ela pesava 391 gramas. No dia seguinte, voltei ao Greggs e comprei outra baguete. Essa era um pouco mais pesada, 398 gramas. Greggs é uma cadeia com mais de mil lojas no Reino Unido, especializada em chávenas de chá, pãezinhos de salsicha e bolinhos com crosta de açúcar. Mas eu só tinha olhos para as baguetes. No terceiro dia, a baguete pesou 399 gramas. A essa altura, eu já estava cansado de comer uma baguete inteira todos os dias, mas continuei minha rotina de colocá-las na balança. A quarta baguete era enorme e pesou 403 gramas. Achei que talvez devesse pendurá-la na parede, como um peixe grande que servisse de troféu. Pensei que certamente o peso não ia aumentar para sempre, e com razão. A quinta baguete era uma piabinha de apenas 384 gramas.

Nos séculos XVI e XVII, a Europa Ocidental apaixonou-se pela ideia de reunir dados. Medidores, como o termômetro, o barômetro e o perambulaluɪ — uma roda para medir distâncias nas estradas —, foram inventados nesse período, e usá-los era grande novidade. O fato de os algarismos arábicos, que permitiam a anotação eficiente dos resultados, terem finalmente se tornado de uso comum entre as classes instruídas com certeza ajudou. Coletar números era o auge da modernidade, e não se tratava de moda passageira; a mania assinalou o início da ciência moderna. A capacidade de descrever o mundo em termos quantitativos, e não em termos qualitativos, alterou totalmente nossa relação com o ambiente. Os números nos deram uma linguagem para a investigação científica, e com isso veio uma nova confiança na possibilidade de alcançarmos uma compreensão mais profunda das coisas.

Descobri que minha rotina de comprar e pesar pães todas as manhãs era surpreendentemente agradável. Eu voltava ao Greggs quase saltitando, ansioso para ver quantos gramas pesaria minha baguete. O frisson da expectativa era igual ao que sentimos ao verificar o resultado de uma partida de futebol, ou os índices do mercado financeiro — é genuinamente excitante descobrir como nosso time jogou, ou como nossas ações se comportaram. Era assim com minhas baguetes.

A motivação da minha viagem diária ao padeiro era preparar um gráfico sobre a distribuição do peso, e depois de pesar a décima baguete verifiquei que o peso mínimo era 380 gramas, o máximo era 410 gramas e um valor se repetiu, 403 gramas. A distribuição era bastante ampla, pensei. As baguetes vinham todas da mesma loja, custavam o mesmo preço, e, não obstante, a mais pesada pesava quase 8% a mais do que a mais leve.

Continuei minha experiência. Montes de pão acumularam-se na minha cozinha. Depois de um mês, aproximadamente, fiz amizade com Ahmed, o gerente somaliano da Greggs. Ele me agradeceu por ajudá-lo a aumentar seu estoque diário de baguetes, e me deu um *pain au chocolat* de presente.

Encantava-me ver como o peso se distribuía pela tabela. Embora eu não pudesse prever quanto cada baguete pesaria, quando elas eram examinadas coletivamente, surgia um padrão. Depois de cem baguetes, interrompi a experiência; nessa altura, todos os valores de 379 gramas a 422 gramas tinham aparecido pelo menos uma vez, com apenas quatro exceções:

Peso do pão em gramas

Eu embarcara no projeto das baguetes por razões matemáticas, mas acabei descobrindo interessantes efeitos colaterais psicológicos. Antes de pesar cada pão, eu o examinava e refletia sobre a cor, o comprimento, a circunferência e a textura — que variavam consideravelmente de um dia para outro. Comecei a me julgar entendido em baguetes, e dizia de antemão a mim mesmo, com a autoridade de um premiado *boulanger*: "Este aqui é pesado" ou "Definitivamente um pãozinho comum, esse de hoje". Eu errava tanto quanto acertava. Mas meu pobre histórico de previsões não arrefeceu a crença de que eu era, de fato, especialista em avaliação de baguetes. Era o mesmo erro de autoavaliação cometido por comentaristas de esporte e finanças, que são igualmente incapazes de prever eventos aleatórios e mesmo assim fazem disso uma carreira.

Talvez a reação emocional mais desconcertante às baguetes do Greggs fosse a que eu tinha quando os pães eram extremamente pesados ou extremamente leves. Nas raras ocasiões em que as baguetes atingiam um recorde, para cima ou para baixo, eu ficava agitado. O peso era extraespecial, o que fazia o dia parecer extraespecial, como se a excepcionalidade das baguetes de alguma forma contagiasse outros aspectos da vida. Eu sabia que, do ponto de vista racional, seria inevitável que algumas baguetes fossem grandes ou pequenas demais. Ainda assim, a ocorrência de um peso extremo me provocava um barato. Era assustador constatar que meu humor pudesse ser influenciado de tal maneira por um pãozinho francês. Eu me julgava uma pessoa não supersticiosa, mas não podia deixar de ver um sentido nesses padrões aleatórios. Era um poderoso aviso sobre como todos nós somos suscetíveis a crenças infundadas.

* * *

Apesar da promessa de certeza que ofereceram aos cientistas do Iluminismo, os números nem sempre eram tão certos assim. Às vezes, quando a mesma coisa era medida duas vezes, os resultados variavam. Isso era um incômodo para os cientistas, que desejavam apresentar uma explicação clara e direta dos fenômenos naturais. Galileu Galilei, por exemplo, notou que ao calcular distâncias das estrelas com o telescópio, os resultados tendiam a variar; e a variação não se devia a erro de cálculo. Devia-se ao fato de que a medição é algo intrinsecamente confuso. Os números não eram tão precisos quanto esperavam.

Era exatamente isso que acontecia comigo e minhas baguetes. Havia provavelmente muitos fatores que contribuíam para a variação de peso — a quantidade e a consistência da farinha, o tempo de forno, a viagem das baguetes da padaria central de Greggs para a loja, a umidade do ar e assim por diante. Da mesma forma, muitas variáveis afetavam os resultados do telescópio de Galileu — como as condições atmosféricas, a temperatura do equipamento e detalhes pessoais, como o grau de cansaço de Galileu quando anotava suas medições.

Ainda assim, Galileu viu que a variação em seus resultados obedecia a certas regras. Apesar da variação, os dados de cada medição tendiam a aglomerar-se em torno de um valor central, e pequenos erros nesse valor central eram mais comuns do que grandes erros. Ele percebeu também que a distribuição era simétrica — a probabilidade de uma medição ser menor do que o valor central era igual à probabilidade de ser maior.

Da mesma forma, os dados sobre minhas baguetes mostravam que os pesos se aglomeravam mais ou menos em torno de quatrocentos gramas, com vinte a mais ou vinte a menos. Muito embora nenhuma das cem baguetes pesasse exatamente quatrocentos gramas, havia muito mais baguetes pesando em torno de quatrocentos gramas do que em torno de 380 ou 420 gramas. A distribuição era também bastante simétrica.

A primeira pessoa a reconhecer o padrão produzido por esse tipo de erro de medição foi o matemático alemão Carl Friedrich Gauss. O padrão é descrito pela seguinte curva, chamada de curva do sino:

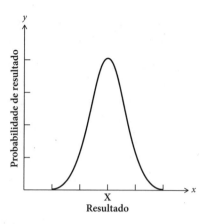

O gráfico de Gauss requer explicação. O eixo horizontal descreve um conjunto de resultados, por exemplo, o peso das baguetes ou a distância das estrelas. O eixo vertical é a probabilidade desses resultados. A curva traçada num gráfico com esses parâmetros é chamada de *distribuição*. Ela mostra a distribuição dos resultados e a probabilidade de cada um.

Há muitos tipos diferentes de distribuição, mas o mais básico é o descrito pela curva acima. A curva do sino também é chamada de *distribuição normal*, ou *distribuição de Gauss*. Originariamente, era conhecida como *curva de erro*, apesar de, em razão de sua forma distinta, o termo *curva do sino* ter se tornado muito mais comum. A curva do sino tem um valor médio, que assinalei com um X e ao qual chamaremos *média*. A média é o resultado mais provável. Quanto mais nos distanciamos da média, menos provável se torna o resultado.

Quando se fazem duas medições da mesma coisa e o processo é sujeito a erros aleatórios, tende-se a obter resultados diferentes. Mas quanto mais medições forem feitas, mais a distribuição dos resultados começará a parecer-se com a curva do sino. Os resultados se aglomeram sistematicamente em torno da média. Um gráfico das medições, é claro, não nos mostrará uma curva contínua — mostrará (como vimos com minhas baguetes) uma paisagem denteada de valores fixos. A curva do sino é um ideal teórico do padrão produzido por erros aleatórios. Quanto mais dados tivermos, mais a paisagem denteada de resultados se aproximará da curva.

No fim do século XIX, o matemático francês Henri Poincaré sabia que a distribuição de um resultado sujeito a erros aleatórios de medição se aproximaria da curva do sino. Na verdade, Poincaré fez a mesma experiência que fiz com as baguetes, mas por outra razão. Ele suspeitava de que sua padaria local o estava roubando no peso dos pães, por isso decidiu exercer a matemática no interesse da justiça. Todos os dias, durante um ano, pesou seu quilo diário de pão. Poincaré sabia que, se pesasse menos de um quilo algumas vezes, isso não seria prova de má-fé, pois é de esperar que o peso varie um pouco para cima e um pouco para baixo de um quilo. Ele conjecturou que o gráfico do peso do pão se pareceria com a distribuição normal — uma vez que os erros na fabricação do pão, como a quantidade de farinha usada e o tempo que o pão ficava no forno, são aleatórios.

Depois de um ano, ele examinou todos os dados que tinha reunido. Como era de esperar, a distribuição dos pesos aproximou-se da curva do sino. O pico da curva, entretanto, foi de 950 gramas. Em outras palavras, o peso médio era de 0,95 quilo, e não um quilo, como se anunciava. A suspeita de Poincaré confirmou-se. O eminente cientista estava sendo enganado, por cinquenta gramas em média em cada pão. Diz a lenda que Poincaré alertou as autoridades parisienses, e o padeiro foi seriamente advertido.

Depois dessa pequena vitória em defesa dos direitos do consumidor, Poincaré não se acomodou. Continuou a pesar seu pão diário, e depois do segundo ano viu que a forma do gráfico não era bem uma curva do sino; em vez disso, inclinava-se para a direita. Como sabia que a aleatoriedade total dos erros produz a curva do sino, ele deduziu que algum evento não aleatório passara a afetar os pães que lhe eram vendidos. Poincaré concluiu que o padeiro, em vez de abandonar a mesquinhez com que preparava o pão, passara a vender-lhe o maior pão disponível, distorcendo, com isso, a curva de distribuição. Infelizmente para o *boulanger*, seu freguês era o homem mais esperto da França. Mais uma vez Poincaré informou à polícia.

O método utilizado por Poincaré para fisgar o padeiro foi previdente; agora serve de base teórica para a proteção do consumidor. Quando as lojas vendem produtos com pesos específicos, o produto não precisa, legalmente, ter aquele peso exato — não pode ter, porque o processo de fabricação inevitavelmente resultará em artigos mais pesados do que outros. Uma das tarefas dos escritórios de normas comerciais é pegar amostras aleatórias de produtos à venda e traçar gráficos de peso. Para qualquer produto que avaliam, a distribuição de peso tem de estar dentro da curva do sino centrada da média anunciada.

* * *

Meio século antes de Poincaré ver a curva do sino nos pães, outro matemático a via em todos os lugares para onde olhasse. Adolphe Quételet tem bons motivos para ser considerado o belga mais influente do mundo (o fato de não ser essa uma área competitiva não diminui suas conquistas). Geômetra e astrônomo por formação, ele logo foi desviado da rota por seu fascínio por dados — mais especificamente, seu fascínio por descobrir padrões em números. Num dos seus primeiros projetos, Quételet examinou estatísticas nacionais de crimes na França, que o governo começou a publicar em 1825. Notou que o número de assassinatos era bem constante todos os anos. Mesmo a proporção das diferentes armas usadas nos assassinatos — se eram cometidos com arma de fogo, espada, faca, punhos e assim por diante — mantinha-se mais ou menos igual. Hoje, essa observação é trivial — na verdade, administramos nossas instituições públicas com base na análise, por exemplo, de índices de criminalidade, taxas de aprovação em exames e índices de acidentes, que esperamos poder comparar todos os anos. Mas Quételet foi a primeira pessoa a notar a incrível regularidade dos fenômenos sociais quando se leva em conta a totalidade da população. Em qualquer ano seria impossível dizer quem poderia tornar-se assassino. Mas em qualquer ano seria possível prever, com boa precisão, quantos assassinatos ocorreriam. Quételet ficou intrigado com as profundas questões de responsabilidade pessoal que esse padrão levantava, e, por extensão, com a ética do castigo. Se a sociedade era como uma máquina que produzia um número regular de assassinos, isso não indicaria que o assassinato era culpa da sociedade e não do indivíduo?

As ideias de Quételet transformaram o uso da palavra estatística, cujo significado original tinha pouco a ver com números. O termo era usado para descrever fatos genéricos sobre o estado, como o tipo de informação que se requer de um estadista. Quételet transformou a estatística numa disciplina muito mais ampla, que tem menos a ver com a arte de governar e mais com a matemática do comportamento coletivo. Não teria conseguido isso sem os avanços na teoria das probabilidades, que forneceu as técnicas para analisar a aleatoriedade dos dados. Em Bruxelas, em 1853, Quételet presidiu a primeira conferência internacional sobre estatística.

As descobertas de Quételet sobre comportamento coletivo repercutiram em outras ciências. Se o exame dos dados sobre populações humanas torna possível detectar padrões confiáveis, então basta um pequeno salto para se perceber que as populações de átomos, por exemplo, também se comportam com previsível regularidade. James Clerk Maxwell e Ludwig Boltzmann estavam em dívida com o pensamento estatístico de Quételet quando apresentaram a teoria cinética dos gases, que explica que a pressão de um gás é determinada pelas colisões de moléculas que se movem em velocidades aleatoriamente diferentes. Embora não se possa saber qual é a velocidade de qualquer molécula individual, as moléculas, em seu todo, comportam-se de maneira previsível. A origem da teoria cinética dos gases é uma interessante exceção à regra segundo a qual o desenvolvimento das ciências sociais resulta dos avanços das ciências naturais. Nesse caso, o conhecimento fluiu na direção contrária.

O padrão mais comum que Quételet descobriu em todas as suas pesquisas foi a curva do sino. Ela era ubíqua no estudo de populações humanas. Era mais difícil reunir dados naquela época do que hoje, e Quételet vasculhou o mundo à procura deles com a tenacidade de um colecionador profissional. Para citar um exemplo, ele deparou com um estudo publicado no *Edinburgh Medical Journal* de 1814 contendo dados sobre a medição do peito de 5738 soldados escoceses. Quételet traçou um gráfico dos números e mostrou que a distribuição de tamanhos do peito descrevia uma curva do sino, com uma média de cerca de cem centímetros. A partir de outro conjunto de dados, ele mostrou que a estatura de

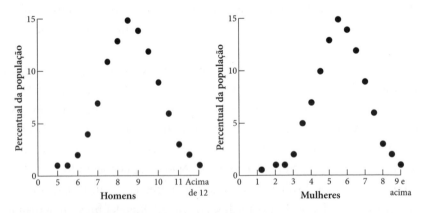

Tamanhos de calçado na Grã-Bretanha.

homens e de mulheres também descrevia uma curva do sino. Até hoje, a indústria varejista se baseia nas descobertas de Quételet. As lojas de roupas mantêm um estoque maior de roupas de tamanho médio do que de tamanho grande justamente porque a distribuição da estatura humana corresponde, mais ou menos, à curva do sino. Os dados mais recentes sobre tamanhos de sapato para adultos na Grã-Bretanha, por exemplo, traçam uma forma muito conhecida.

Quételet morreu em 1874. Uma década depois, deste lado do Canal, um homem de sessenta anos, de crânio calvo e bela barba vitoriana, podia ser visto com frequência pelas ruas da Grã-Bretanha olhando embevecido para as mulheres e remexendo qualquer coisa no bolso. Era Francis Galton, o eminente cientista, fazendo trabalho de campo. Ele media o apelo feminino. Para registrar discretamente sua opinião sobre as mulheres que passavam, ele enfiava uma agulha num pedaço de papel em forma de cruz, dentro do bolso, para indicar se era "atraente", "indiferente" ou "repulsiva". Terminada a pesquisa de campo, ele preparou um mapa do país com base na aparência pessoal. A cidade que alcançou mais pontos foi Londres, e a que teve menos foi Aberdeen.

Galton foi, provavelmente, o único homem na Europa do século XIX ainda mais obcecado com dados do que Quételet. Quando era ainda um jovem

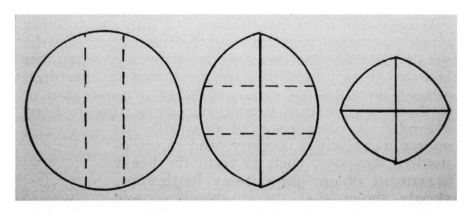

Em "Cutting a round cake on scientific principles" [Cortando um bolo redondo com base em princípios científicos], Galton traçou retas intermitentes onde a tradição mandava cortar, e retas contínuas onde fazer os cortes reais. Esse método evita ao máximo expor o lado de dentro do bolo e torná-lo seco, o que aconteceria se cortássemos a fatia da maneira tradicional (e, concluiu ele, "muito imperfeita"). No segundo e no terceiro estágios, o bolo deve ser juntado com uma tira de elástico.

cientista, media a temperatura da sua chaleira de chá todos os dias, acrescentando informaçoes sobre coisas como volume da água fervente e sabor. Seu objetivo era descobrir como preparar um chá perfeito (não chegou a conclusão alguma). Na verdade, o interesse pela matemática do chá da tarde foi uma paixão da vida inteira. Já velho, mandou o diagrama (p. 381) para o periódico *Nature*, com sugestões sobre a melhor maneira de cortar um bolo de chá e conservar-lhe o frescor.

Ah, e como este é um livro em que aparece a palavra "número" no título, seria injusto da minha parte não mencionar as "formas dos números" de Galton — ainda que tenham pouco a ver com o assunto deste capítulo. Galton era fascinado com o fato de que um número substancial de pessoas — estimadas por ele em 5% — automática e involuntariamente visualizam números como mapas mentais. Ele cunhou a expressão *forma dos números* para descrever esses mapas, e escreveu que eles têm "uma posição precisamente definida e constante" e são de tal sorte que os indivíduos não conseguem pensar num número "sem os colocarem em seu hábitat particular no campo de visão mental". O que há de especialmente interessante nas formas dos números é que elas em geral apresentam padrões muito peculiares. Em vez de uma linha reta, como talvez fosse de esperar, eles com frequência envolvem reviravoltas bem peculiares.

As formas dos números têm cheiro de excentricidade vitoriana, resultado, talvez, de emoções reprimidas ou abuso de opiáceos. Mas um século mais tarde elas são pesquisadas em universidades, reconhecidas como um tipo de sinestesia; o fenômeno neurológico que ocorre quando a estimulação de uma reação cognitiva conduz à involuntária estimulação de outra. Nesse caso, é atribuída aos números uma localização no espaço. Outros tipos de sinestesia incluem a crença em que letras têm cor, e dias da semana têm personalidade. Galton, na verdade, subestimou a presença das formas de números em seres humanos. Estima-se agora que 12% das pessoas tenham, de alguma forma, esse tipo de experiência.

Mas a maior paixão de Galton era medir coisas. Ele construiu um "laboratório antropométrico" — um centro de atendimento em Londres, onde qualquer um podia entrar para ter altura, peso, força da mão, velocidade de golpe, visão e outros atributos físicos medidos por ele. O laboratório reuniu informações minuciosas sobre mais de 10 mil pessoas, e Galton ficou tão

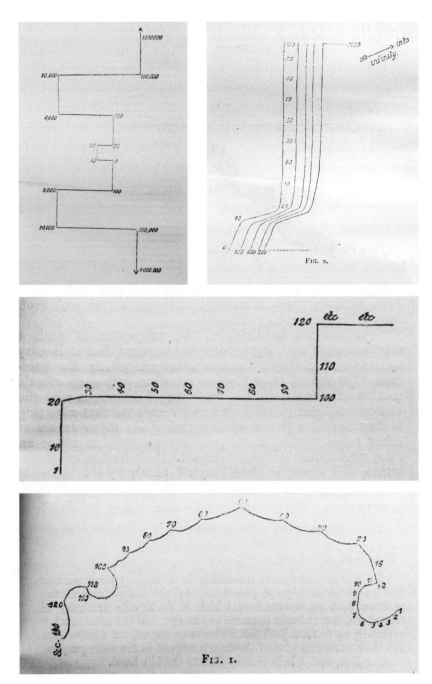

Quatro exemplos das "formas de números" de Galton: curiosas representações espaciais de números.

famoso que até o primeiro-ministro William Gladstone apareceu para medir a cabeça. ("Era uma cabeça belamente conformada, apesar de baixa", disse Galton.) Galton era um medidor tão compulsivo que mesmo quando não tinha nada óbvio para medir acabava encontrando alguma coisa para satisfazer seu apetite. Num artigo publicado na *Nature* em 1885, ele contou que, enquanto assistia a uma reunião muito chata, começou a medir a frequência com que seus colegas se mexiam. Sugeriu que os cientistas deviam portanto aproveitar as reuniões chatas para "adquirir a nova arte de dar expressão numérica ao nível de tédio manifestado por [uma] plateia".

A pesquisa de Galton confirmou Quételet, mostrando que a variação nas populações humanas era rigidamente determinada. Ele também via a curva do sino em toda parte. Na verdade, a frequência com que a curva do sino aparecia levou Galton a promover a palavra "normal" como o termo apropriado para a distribuição. A circunferência da cabeça humana e o tamanho do cérebro produziam curvas do sino, embora Galton tivesse especial interesse por atributos não físicos, como inteligência. Os testes de QI ainda não tinham sido inventados, por isso Galton buscou outras maneiras de medir a inteligência. Encontrou-as nos resultados dos exames de admissão para a Academia Militar Real de Sandhurst. Os resultados dos exames, como descobriu, também se ajustavam à curva do sino. Isso lhe deu uma sensação de espanto e admiração. "Não conheço outra coisa que seja tão capaz de impressionar a imaginação como a maravilhosa forma de ordem cósmica expressa pela [curva do sino]", escreveu. "Essa lei teria sido personificada e deificada pelos gregos, se a tivessem conhecido. Ela reina com serenidade e total discrição no meio da mais absoluta bagunça. Quanto maior a multidão, e maior a anarquia aparente, mais perfeita é a sua influência. É a suprema lei da irracionalidade."

Galton inventou uma máquina lindamente simples para explicar a matemática que rege sua querida curva, e chamou-a de quincunx. O significado original da palavra é o padrão ∵ de cinco pontos do dado, e o dispositivo é uma espécie de máquina *flipper* em que cada linha horizontal de pinos é compensada por meia posição da linha acima. Uma bola é lançada no topo do quincunx, e sai quicando entre os pinos até cair no fundo, numa série de colunas. Depois de muitas jogadas, as bolas desenham, nas colunas onde caírem naturalmente, uma forma parecida com a curva do sino.

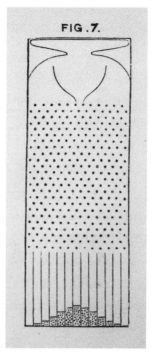

O quincunx.

Usando a probabilidade, entendemos o que acontece. Primeiro, imagine um quincunx com apenas um pino e digamos que, quando uma bola atinge o pino, o resultado é aleatório, com 50% de chance de que ela quique para a esquerda e 50% de chance de que ela quique para a direita. Em outras palavras, ela tem probabilidade de $\frac{1}{2}$ de cair num lugar à esquerda e probabilidade de $\frac{1}{2}$ de cair num lugar à direita.

Agora, acrescentemos mais uma fila de pinos. A bola cairá ou para a esquerda e depois para a esquerda, que chamaremos de EE, ou para ED, ou para DE, ou para DD. Uma vez que ir para a esquerda e depois para a direita equivale a ficar na mesma posição, E e D juntas se anulam uma à outra (como D e E juntas), portanto existe agora $\frac{1}{4}$ de chance de que a bola acabe num lugar à esquerda, $\frac{2}{4}$ de chance de que acabe no meio e $\frac{1}{4}$ de chance de que acabe à direita.

Repetindo isso numa terceira fila de pinos, a bola tem opções igualmente prováveis de cair em EEE, EED, EDE, EDD, DDD, DDE, DED, DEE. Isso nos dá as seguintes probabilidades: $\frac{1}{8}$ para a extrema esquerda, $\frac{3}{8}$ para a esquerda próxima, $\frac{3}{8}$ para a direita próxima e $\frac{1}{8}$ para a extrema direita.

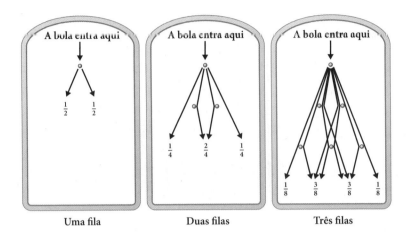

Uma fila   Duas filas   Três filas

Em outras palavras, se houver duas fileiras de pinos no quincunx, e enfiarmos muitas bolas na máquina, a lei dos grandes números diz que as bolas cairão no fundo de uma forma que se aproxima da razão de 1:2:1.

Se houver duas filas, elas cairão à razão de 1:3:3:1.

Se houver quatro filas, elas cairão à razão de 1:4:6:4:1.

Se eu continuar calculando as probabilidades, um quincunx de dez fileiras produzirá bolas caindo à razão de 1:10:45:120:210:252:210:120:45:10:1.

Colocando esses números numa tabela, teremos a primeira das formas a seguir (p. 387). A forma vai ficando mais familiar à medida que acrescentarmos filas. Adiante estão também os resultados para cem e para mil filas no diagrama de barras. (Note-se que aparecem apenas as seções intermediárias nos dois diagramas, porque os valores à esquerda e à direita são pequenos demais para serem vistos.)

De que maneira, portanto, esse jogo de *flipper* está relacionado com o que acontece no mundo real? Imagine que cada fila do quincunx é uma variável aleatória que provoca um erro de medição. Ou ela somará uma pequena quantidade à medida correta, ou subtrairá uma pequena quantidade. No caso de Galileu e seu telescópio, uma fileira de pinos poderia representar a temperatura do equipamento, outra uma frente termal passageira, e outra a poluição do ar. Cada variável contribui com um erro, para mais ou para menos, exatamente como no quincunx a bola quicará para a esquerda ou para a direita. Em qualquer medição poderá haver milhões de erros aleató-

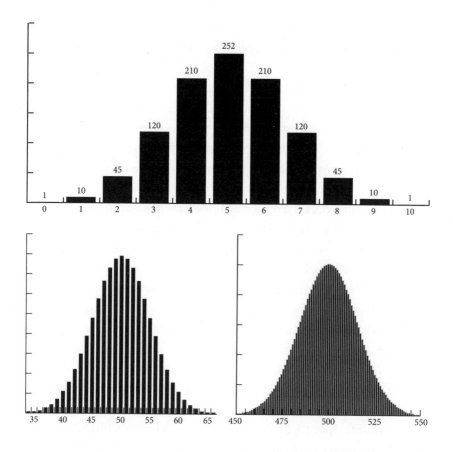

rios impossíveis de observar — e seus erros somados resultarão em medições distribuídas como uma curva do sino.

Se as características de uma população forem normalmente distribuídas, em outras palavras, se estiverem aglomeradas em torno de um valor médio na curva do sino, e se a curva do sino for produzida por erros aleatórios, então, afirmava Quételet, a variação de características humanas pode ser vista como erros de um paradigma. Ele chamava tal paradigma de *l'homme moyen*, ou "o homem comum". As populações, dizia ele, são feitas de desvios desse protótipo. Na cabeça de Quételet, ser comum era desejável, pois é um jeito de manter a sociedade sob controle — os desvios da média, escreveu ele, levavam à "feiura do corpo, assim como ao vício moral". Muito embora o conceito de *l'homme moyen* jamais tenha alcançado aceitação na ciência, seu uso acabou chegando à sociedade em geral. Costumamos falar de moralidade e gosto em termos daquilo que um representante médio de uma população possa pensar ou sentir a respeito: como o que parece aceitável "aos olhos do homem comum".

Enquanto Quételet glorificava a mediania, Galton a desdenhava. Galton, como já mencionei, viu que os resultados de exames eram distribuídos normalmente. A maioria das pessoas pontuava em torno da média, alguns poucos tiravam notas muito altas e alguns poucos, notas muito baixas.

Galton, a propósito, pertencia a uma família bem acima da média. Charles Darwin era seu primo-irmão, e os dois homens se correspondiam regularmente sobre ideias científicas. Mais ou menos uma década depois que Darwin publicou *A origem das espécies*, fundamento da teoria da seleção natural, Galton pôs-se a teorizar sobre como guiar a evolução humana. Ele se interessava pela hereditariedade da inteligência e se perguntava como seria possível melhorar o nível geral de inteligência de uma população. Queria inclinar a curva do sino para a direita. Com esse objetivo, sugeriu um novo campo de estudos sobre "cultivo da raça", ou aperfeiçoamento da linhagem de uma população pela reprodução seletiva. Ele pensara em chamar a nova ciência de *viticultura*, do latim *vita*, "vida", mas acabou ficando com *eugenia*, do grego *eu*, "bom", e *genos*, "nascimento". (O significado corrente de viticultura, "cultura das vinhas", vem de *vitis*, "videira" em latim, e data mais ou menos da mesma época.) Apesar de muitos intelectuais liberais do fim do século XIX e começo do XX terem apoiado a eugenia como forma de melhorar a sociedade, o desejo de "criar" seres humanos mais inteligentes foi uma ideia que não demorou a ser distorcida e desacreditada. Nos anos 1930, eugenia tornou-se sinônimo de políticas nazistas homicidas para criar uma raça ariana superior.

Olhando para trás, é fácil ver que traços classificatórios — como inteligência e pureza racial — podem levar à discriminação e ao preconceito. Por surgir quando se medem características humanas, a curva do sino ficou associada à tentativa de classificar alguns seres humanos como intrinsecamente melhores do que outros. O exemplo mais explícito disso foi a publicação, em 1994, de *The bell curve*, de Richard J. Herrnstein e Charles Murray, um dos livros discutidos com mais veemência nos últimos anos. O livro, que deve seu nome à distribuição de resultados de QI, afirma que as diferenças de QI entre grupos raciais comprovam diferenças biológicas. Galton escreveu que a curva do sino reinava com "serenidade e total discrição". Seu legado, entretanto, tem sido tudo menos isso.

Outro jeito de estudar as linhas de números produzidas pelo quincunx é arranjá-las como pirâmide. Dessa forma, os resultados são mais conhecidos como triângulo de Pascal.

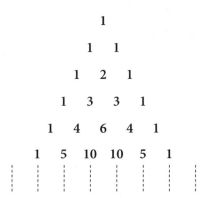

O triângulo de Pascal pode ser construído muito mais simplesmente do que calculando as distribuições de bolas que caem aleatoriamente através de um quincunx vitoriano. Continue com as filas subsequentes, sempre colocando 1 no começo e no fim de cada fila. O valor de cada posição é a *soma* dos dois números acima dela.

O triângulo recebeu o nome de Blaise Pascal, muito embora só tardiamente ele tenha sido atraído por seus encantos. Matemáticos indianos, chineses e persas estavam cientes desse padrão havia séculos. Diferentemente de seus fãs anteriores, porém, Pascal escreveu um livro sobre o que chamava de *le triangle arithmétique*. Fascinava-o a riqueza dos padrões que descobriu. "É estranho como é fértil em propriedades", escreveu, explicando que em seu livro fora obrigado a deixar muita coisa fora.

A característica que mais me agrada no triângulo de Pascal é a seguinte. Deixe cada número no seu próprio quadrado e pinte os quadrados de todos os números ímpares de preto. Deixe em branco os quadrados de todos os números pares. O resultado é o maravilhoso mosaico mostrado a seguir.

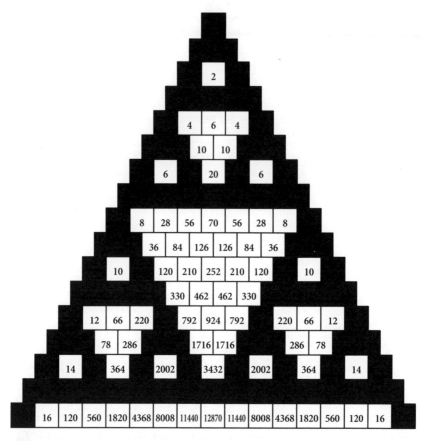

Triângulo de Pascal com quadrados divisíveis por dois em branco.

Um minuto, dirá você. Esse padrão parece familiar. Certo. Lembra o tapete de Sierpinski, a tapeçaria matemática da p. 115, na qual um quadrado é dividido em nove subquadrados, depois o do centro é removido, e repete-se o processo com cada subquadrado *ad infinitum*. A versão triangular do tapete de Sierpinski é o triângulo de Sierpinski, no qual um triângulo equilátero é dividido em quatro triângulos equiláteros idênticos, e o do meio é removido. Os três triângulos restantes são submetidos à mesma operação — divididos em quatro, com o do meio retirado. Eis as três primeiras iterações:

Se continuarmos colorindo o triângulo de Pascal por mais e mais linhas, o padrão ficará cada vez mais parecido com o triângulo de Sierpinski. Na verdade, à medida que o limite se aproxima do infinito, o triângulo de Pascal vai se *transformando* no triângulo de Sierpinski.

Sierpinski não é o único amigo de outra data que encontramos nesses mosaicos pretos e brancos. Observe-se o tamanho dos triângulos brancos no centro do triângulo de Pascal. O primeiro é feito de seis quadrados, o terceiro de 28, e os seguintes têm 120 e 496 quadrados. O que isso faz lembrar? Três deles — seis, 28 e 496 — são números perfeitos, da p. 283. A ocorrência é notável expressão visual de uma ideia abstrata que aparentemente não tem relação alguma.

Continuemos pintando números no triângulo de Pascal. Primeiro, vamos deixar em branco todos os números divisíveis por três, e pintar os outros de preto. Depois, vamos repetir o processo com números divisíveis por quatro. Depois, com os divisíveis por cinco. Os resultados, mostrados abaixo, são padrões simétricos de triângulos que apontam para a direção contrária à do todo.

No século XIX, outra face conhecida foi descoberta no triângulo de Pascal: a sequência de Fibonacci. Talvez fosse inevitável, pois o método de construir

O triângulo de Pascal com apenas quadrados divisíveis por três em branco.

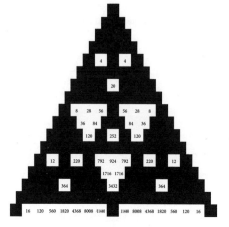

O triângulo de Pascal com apenas quadrados divisíveis por quatro em branco.

O triângulo de Pascal com apenas quadrados divisíveis por cinco em branco.

o triângulo era de recorrência — ou seja, a aplicação repetida da mesma regra, que consistia na soma de dois números de uma linha para produzir o número da próxima. A soma recorrente de dois números é exatamente o que fazemos para produzir a sequência de Fibonacci. A soma de dois números de Fibonacci consecutivos dá o número seguinte da sequência.

Os números de Fibonacci estão incrustados no triângulo como as somas das chamadas diagonais "suaves". Diagonal suave é a que parte de qualquer número para o número abaixo à esquerda, e depois um espaço para a direita, ou acima e à direita e depois um espaço para a direita. A primeira e a segunda diagonais consistem simplesmente de 1. A terceira tem 1 e 1, igual a 2. A quar-

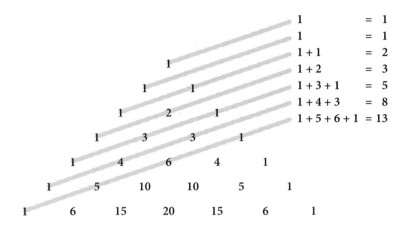

As diagonais suaves no triângulo de Pascal revelam a sequência de Fibonacci.

ta tem 1 e 2, igual a 3. A quinta diagonal suave nos dá 1 + 3 + 1 = 5. A sexta é 1 + 4 + 3 = 8. Até agora geramos 1, 1, 2, 3, 5, 8, e as que vêm depois são números de Fibonacci, na ordem.

O interesse dos indianos de antigamente pelo triângulo de Pascal tinha a ver com a combinação de objetos. Por exemplo, vamos imaginar que temos três frutas: uma manga, uma lichia e uma banana. Há apenas uma combinação de três itens: manga, lichia e banana. Se quisermos escolher apenas duas frutas, podemos fazê-los de três formas: manga e lichia, manga e banana e lichia e banana. Há também três maneiras de pegar as frutas individualmente, que é uma fruta de cada vez. A última opção consiste em não escolher fruta alguma, ou zero fruta, e isso só pode acontecer de uma maneira. Em outras palavras, o número de combinações de três frutas diferentes produz a série 1, 3, 3, 1 — a terceira linha do triângulo de Pascal.

Se tivermos quatro objetos, o número de combinações quando não pegamos nenhuma de cada vez, individualmente, duas de cada vez, três de cada vez e quatro de cada vez, é 1, 4, 6, 4, 1 — a quarta linha do triângulo de Pascal. Se continuarmos a fazer isso com mais e mais objetos, veremos que o triângulo de Pascal é, de fato, uma tabela de referência para fazer arranjos de coisas. Se tivermos n itens, e quisermos saber quantas combinações poderemos fazer com m delas, a resposta é exatamente a posição m fila n do triângulo de Pascal. (Nota: por convenção, o 1 mais à esquerda de qualquer fila é tido como a posição zero dessa fila.) Por exemplo, quantas maneiras existem de agrupar três frutas de uma seleção de sete frutas? Há 35 maneiras, pois a terceira posição na fila 7 é 35.

Passemos agora a combinar objetos matemáticos. Consideremos o termo $x + y$. O que é $(x + y)^2$? O mesmo que $(x + y)(x + y)$. Para ampliar isso, precisamos multiplicar cada termo do primeiro parêntese por cada termo do segundo. Portanto, teremos $xx + xy + yx + yy$, ou $x^2 + 2xy + y^2$. Notaram alguma coisa? Se continuarmos, veremos o padrão com mais clareza. Os coeficientes dos termos individuais são as filas do triângulo de Pascal.

$$(x + y)^2 = x^2 + 2xy + y^2$$
$$(x + y)^3 = x^3 + 3x^2y + 3xy^2 + y^3$$
$$(x + y)^4 = x^4 + 4x^3y + 6x^2y^2 + 4xy^3 + y^4$$

O matemático Abraham de Moivre, refugiado huguenote que morou em Londres no começo do século XVIII, foi o primeiro a compreender que os coeficientes dessas equações se aproximarão cada vez mais de uma curva à medida que $(x + y)$ forem multiplicados por eles mesmos. Ele não a chamou de curva do sino, curva de erro, distribuição normal, ou distribuição gaussiana, nomes que só vieram depois. A curva apareceu pela primeira vez na literatura matemática em *A doutrina do acaso*, livro de De Moivre de 1718 sobre jogos de azar. Foi o primeiro compêndio sobre a teoria das probabilidades e outro exemplo de avanço do conhecimento científico motivado pelo jogo.

Venho tratando a curva do sino como se ela fosse uma curva, quando, na verdade, é uma família de curvas. Todas se parecem com um sino, mas algumas são mais largas do que as outras (ver diagrama p. 395).

Explicam-se as larguras diferentes. Se Galileu, por exemplo, medisse órbitas planetárias com um telescópio do século XXI, a margem de erro seria menor do que se usasse um telescópio do século XVI. O instrumento moderno produziria curvas do sino muito mais magras do que o antigo. Os erros seriam bem menores, mas ainda assim seriam distribuídos normalmente.

O valor médio de uma curva do sino é chamado de média. A largura é o *desvio*. Se conhecermos a média e o desvio, saberemos qual é a forma da

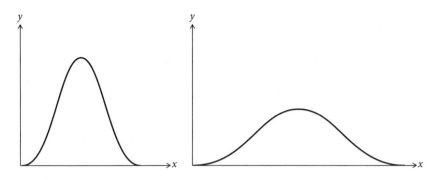

Curvas do sino com desvios diferentes.

curva. É incrivelmente conveniente que a curva normal possa ser descrita usando-se apenas dois parâmetros. Talvez seja até conveniente demais. Em geral, os estatísticos demonstram uma ansiedade exagerada para encontrar a curva do sino em seus dados. Bill Robinson, economista que chefia a divisão de contabilidade forense da KPMG, admite que isso acontece. "Adoramos trabalhar com distribuições normais, porque [a distribuição normal] tem propriedades matemáticas já bastante exploradas. Quando sabemos que se trata de uma distribuição normal, podemos começar a fazer todo tipo de afirmação interessante."

O trabalho de Robinson é, basicamente, deduzir, a partir do exame de padrões em imensos conjuntos de dados, se alguém está falsificando a contabilidade. Ele adota a mesma estratégia usada por Poincaré quando pesava seu pãozinho todos os dias, com a diferença de que Robinson examina gigabytes de dados financeiros e dispõe de ferramentas estatísticas muito mais sofisticadas.

Robinson diz que seu departamento tende a trabalhar a partir da premissa de que para qualquer conjunto de dados, a distribuição automaticamente selecionada é a distribuição normal. "Preferimos supor que vale a curva normal, porque nesse caso estamos à luz do dia. Na verdade, às vezes não é assim que funciona, e às vezes talvez devêssemos olhar no escuro. Acho que no mercado financeiro é verdade que supomos haver uma distribuição normal onde, talvez, ela não esteja presente." Nos últimos anos, na verdade, houve um recuo tanto no mundo acadêmico como no das finanças no que diz respeito à histórica confiança na distribuição normal.

Quando uma distribuição está menos concentrada ao redor da média do que a curva do sino, ela passa a chamar-se *platicúrtica*, do grego *platus*, que significa "plano", e *kurtos*, "saliente". No sentido inverso, quando uma distribuição concentra-se ao redor da média, passa a chamar-se *leptocúrtica*, do grego *leptos*, que significa "magro". William Sealy Gosset, estatístico que trabalhou para a cervejaria Guinness em Dublin, desenhou o memorando abaixo em 1908 para lembrar o que era o quê: um ornitorrinco com bico de pato era *platicúrtico*, cangurus que se beijam eram *leptocúrticos*. Ele escolheu cangurus porque são "conhecidos por '*lepping*',* muito embora, talvez, pela mesma razão pudessem ser lebres!". Os desenhos de Gosset deram origem ao termo *cauda* para descrever as seções da extrema esquerda e da extrema direita da curva de distribuição.

Distribuições platicúrtica e leptocúrtica.

Quando falam em distribuições de *cauda gorda* ou *cauda pesada*, os economistas querem dizer que as curvas ficam mais altas do que o normal em relação ao eixo nas extremidades, como se os animais de Gosset tivessem caudas de tamanho acima da média. Essas curvas descrevem distribuições nas quais eventos extremos são mais prováveis do que quando a distribuição é normal. Por exemplo, se a variação no preço de uma ação tiver cauda gorda, isso quer dizer que há mais chance de uma queda dramática no preço do que se a variação fosse distribuída normalmente. Por essa razão, às vezes talvez seja apressado supor a existência de uma curva do sino a partir de uma curva de cauda gorda. A posição do economista Nassim Nicholas Taleb em seu *best-seller The black swan* é de que existe uma tendência a subestimar o tamanho e a importância das caudas nas

---

* "Saltantes". O termo original, corruptela de *leaping*, refere-se aos saltos dos cavalos sobre obstáculos em competições equestres. (N. T.)

curvas de distribuição. Diz ele que a curva do sino é um modelo historicamente defeituoso porque não pode prever a ocorrência, ou o impacto, de eventos muito raros e extremos — uma descoberta científica importante, como a invenção da internet, ou um ataque terrorista, como o de 11 de setembro. "A ubiquidade da [distribuição normal] não é atributo do mundo", escreve ele, "mas um problema que surge em nossa cabeça por causa da maneira como o avaliamos."

A vontade de ver a curva do sino em dados é talvez mais forte no setor de educação. A distribuição de notas de A a E nas provas de fim de ano baseia-se no lugar onde a pontuação de um aluno fica numa curva do sino da qual se espera que a distribuição de notas se aproxime. A curva é dividida em seções, com A representando a seção do topo, B a próxima, e assim por diante. Para o sistema de educação, é importante que o percentual de alunos com notas entre A e E seja comparável de ano para ano. Se houver excessos de A, ou de E, em um determinado ano, as consequências — falta ou excesso de pessoas em certos cursos — seriam uma pressão sobre os recursos. As provas são especificamente designadas na esperança de que a distribuição de resultados reproduza a curva do sino tanto quanto possível — independentemente de ser ou não um reflexo preciso de inteligência real (talvez seja, no todo, mas provavelmente não em todos os casos).

Já se sugeriu até que a reverência de alguns cientistas para com a curva do sino encoraja práticas negligentes. Vimos, no quincunx, que erros aleatórios são distribuídos normalmente. Portanto, quanto mais erros aleatórios se puder introduzir na medição, será mais provável que os dados resultem numa curva do sino — ainda que o fenômeno medido não seja distribuído normalmente. Muitas vezes a distribuição normal é encontrada num conjunto de dados porque as medições foram realizadas caoticamente.

O que nos leva de volta às minhas baguetes. Seus pesos estavam mesmo distribuídos normalmente? A cauda era magra ou gorda? Primeiro, recapitulemos. Pesei cem baguetes. A distribuição de peso está na p. 375. O gráfico mostrou tendências promissoras — havia uma média em torno de quatrocentos gramas, e uma distribuição mais ou menos simétrica entre 380 gramas e 420 gramas. Fosse eu tão infatigável quanto Henri Poincaré, teria continuado a experiência durante um ano, e ficaria com 365 (descontados os dias em que a padaria fechasse) pesos para comparar. Com mais dados, a distribuição teria sido mais clara. Apesar disso, meu exemplo menor foi suficiente para dar ideia dos padrões que se formam. Usei um truque: comprimi meus resultados refazendo o gráfico numa escala que agrupava pesos de baguete em fardos de oito gramas em vez de um grama. O resultado foi o seguinte gráfico:

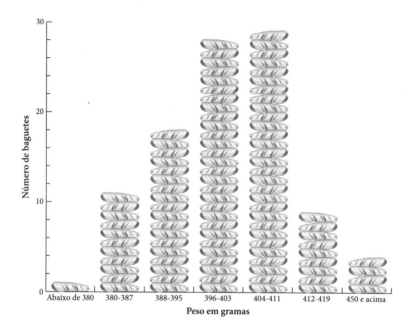

A primeira vez que fiz esse desenho senti alívio, pois parecia que minha experiência com as baguetes produzia mesmo uma curva do sino. Parecia que meus fatos coincidiam com a teoria. Um triunfo de ciência aplicada! Mas examinando melhor, vi que o gráfico não se parecia nada com a curva do sino. Sem dúvida, os pesos se aglomeravam em torno da média, mas, claramente, a curva não era simétrica. Era como se houvesse um ímã invisível esticando a curva um pouco para a esquerda.

Eu podia, pois, concluir uma de duas coisas. Ou os pesos das baguetes de Greggs não estavam distribuídos normalmente, ou estavam distribuídos normalmente, mas uma distorção insinuara-se no meu processo experimental. Eu tinha uma ideia do que poderia ser essa distorção. Eu guardara na cozinha as baguetes não consumidas, e decidi pesar uma delas, velha de alguns dias. Para minha surpresa pesou apenas 321 gramas — bem abaixo do menor peso que eu registrara. Ocorreu-me então que as baguetes ficam mais leves quando secam. Comprei outro pão e descobri que uma baguete perde cerca de quinze gramas entre as oito da manhã e o meio-dia. Ficou claro que minha experiência tinha falhas. Eu não levara em conta a hora do dia em que fizera a pesagem. Era quase certo que essa variação distorcia a distribuição de pesos. Geralmente eu era a primeira pessoa a chegar à loja, e pesava meu pão por volta das 8h10 da manhã, mas de vez em quando eu acordava mais tarde. Essa variável aleatória não era distribuída normalmente, pois a média teria sido entre oito e nove da manhã, mas não havia cauda antes das oito, uma vez que a loja estava fechada. A cauda do outro lado estendia-se até a hora do almoço.

Então, ocorreu-me outra coisa. E qual seria o papel da temperatura ambiente? Eu começara minha experiência no início da primavera. Terminara-a no começo do verão, quando o tempo era significativamente mais quente. Olhei para os números e vi que os pesos das minhas baguetes em geral diminuíram mais para o fim do projeto. O calor do verão, imaginei, secara-as mais depressa. Novamente, a variação poderia ter tido como efeito espichar a curva para a esquerda.

Minha experiência talvez tenha mostrado que os pesos das baguetes aproximavam-se de uma curva do sino ligeiramente distorcida, mas o que aprendi na verdade foi que medir nunca é muito simples. A distribuição normal é um ideal teórico, e nunca se deve supor que todos os resultados se ajustarão a ele. Pensei em Henri Poincaré. Será que ao pesar seu pão ele eliminou a distorção provocada pelo clima parisiense, ou pela hora do dia em que o pão foi pesado? Talvez ele não tivesse demonstrado que lhe vendiam um pão de 950 gramas como se fosse de um quilo, mas que do momento em que é assado ao momento em que é pesado um quilo de pão perde cinquenta gramas.

A história da curva do sino, na realidade, é uma bela parábola sobre o curioso parentesco entre o cientista puro e o cientista aplicado. Poincaré certa vez recebeu uma carta do físico francês Gabriel Lippmann, que resumia brilhantemente as razões pelas quais a distribuição normal devia ser louvada: "Todo mundo acredita na [curva do sino]: os empíricos acham que ela pode ser demonstrada pela matemática; e os matemáticos acham que ela foi demonstrada pela observação". Em ciência, como em tantas outras esferas do conhecimento, é comum enxergarmos aquilo que nos convém enxergar.

Francis Galton se dedicou à ciência e à exploração como só o dono de uma grande fortuna poderia fazer. Passou o começo da vida adulta chefiando expedições a regiões quase desconhecidas da África, o que lhe trouxe fama considerável. A maestria com que usava instrumentos científicos lhe possibilitou, certa ocasião, dispondo apenas de um sextante, medir de longe a figura de uma hotentote de seios particularmente fartos. Esse incidente talvez indicasse uma vontade de manter as mulheres a distância. Quando um chefe tribal o presenteou com uma jovem lambuzada de manteiga e argila, pronta para o sexo, Galton recusou a oferta, com receio de manchar seu terno de linho branco.

A eugenia foi o mais infame legado científico de Galton, mas nem por isso a mais duradoura de suas descobertas. Galton foi a primeira pessoa a usar questionários como método para aplicar testes psicológicos. Ele inventou um sistema de classificação de impressões digitais, ainda em uso, que levou à adoção das impressões digitais como ferramenta de investigação policial. E criou uma maneira de ilustrar o clima que, quando apareceu no *Times* em 1875, tornou-se o primeiro mapa público do tempo a ser publicado.

Naquele mesmo ano, Galton decidiu recrutar amigos para uma experiência com ervilhas-de-cheiro. Distribuiu sementes entre sete pessoas, pedindo-lhes que as plantassem e trouxessem os descendentes. Galton mediu as sementes jovens e comparou seu diâmetro ao diâmetro dos pais. Percebeu um fenômeno que, de início, parecia ir de encontro ao senso comum: as sementes maiores tendiam a produzir sementes menores, e as sementes menores tendiam a produzir sementes maiores. Uma década depois, ele analisou dados de um laboratório antropométrico e reconheceu o mesmo padrão na estatura dos seres humanos. Depois de medir 205 casais de pais e seus 928 filhos adultos, Galton viu que pais excepcionalmente altos tinham filhos geralmente mais baixos do que eles, ao passo que pais excepcionalmente baixos tinham filhos geralmente mais altos.

Refletindo sobre isso, entendemos por que tem de ser assim. Se pais muito altos sempre produzissem filhos ainda mais altos, e se pais baixos sempre produzissem filhos ainda mais baixos, a esta altura seríamos uma raça de gigantes ou de anões. Não foi o que aconteceu. As populações humanas talvez estejam se tornando mais altas no geral — graças à nutrição e à saúde pública de melhor qualidade —, mas a distribuição de estatura dentro da população ainda está sob controle.

Galton deu a esse fenômeno o nome de "regressão à mediocridade da estatura hereditária". O conceito é hoje mais conhecido como *regressão à média*. Num contexto matemático, regressão à média é a afirmação de que um evento extremo provavelmente será seguido de um menos extremo. Por exemplo, quando pesei uma baguete do Greggs e obtive 380 gramas, um peso muito baixo, era bastante provável que a próxima baguete pesasse mais de 380 gramas. Da mesma forma, depois de encontrar uma baguete de 420 gramas, era muito provável que a baguete seguinte pesasse menos de 420 gramas. O quincunx nos dá uma representação visual da mecânica da regressão. Se uma bola for colocada no topo e cair para a posição mais à esquerda, então a bola jogada em seguida provavelmente cairá mais perto da posição central — porque a maioria das bolas jogadas cairá nas posições do meio.

A variação da estatura humana através das gerações, no entanto, obedece a um padrão diferente da variação de peso das baguetes ao longo da semana, ou da variação da posição onde vai cair uma bola de quincunx. Sabemos, por experiência própria, que famílias com pais de altura acima da média tendem a ter filhos de altura acima da média. Também sabemos que o menino mais baixo da turma provavelmente vem de uma família de adultos com estatura igualmente diminuta. Em outras palavras, a altura de um filho não é totalmente aleatória em relação à altura dos pais. De outro lado, o peso de uma baguete na terça-feira provavelmente é aleatório em relação ao peso de uma baguete na segunda-feira. A posição de uma bola num quincunx é (para todos os efeitos práticos) aleatória em relação à de qualquer outra bola jogada.

Para compreender a força da associação entre a altura dos pais e a altura dos filhos, Galton propôs outra ideia. Preparou um gráfico com a altura dos pais ao longo de um eixo e a altura dos filhos no outro, depois traçou uma linha reta pelos pontos que melhor se ajustavam à sua distribuição. (Cada conjunto de pais era representado pela altura média entre mãe e pai — que ele chamou de "meio-pai".) A linha tinha uma inclinação de $\frac{2}{3}$. Em outras palavras, para cada polegada acima da média na altura do meio-pai, o filho seria apenas $\frac{2}{3}$ de polegada acima da média. Para cada polegada abaixo da média na altura do meio-pai, o filho seria apenas $\frac{2}{3}$ de polegada mais baixo do que a média. Galton chamou a inclinação da linha de *coeficiente de correlação*. O coeficiente é um número que determina a força da relação entre dois conjuntos de variáveis. A correlação foi desenvolvida, de forma mais completa, pelo protegido de Galton, Karl Pearson, que em 1911 fundou o primeiro departamento universitário de estatística do mundo, no University College London.

Regressão e correlação foram grandes avanços do pensamento científico. Para Isaac Newton e seus pares, o Universo obedecia a leis deterministas de causa e efeito. Tudo que acontecia tinha uma razão. No entanto, nem toda a ciência é tão redutiva. Em biologia, por exemplo, certos resultados — como a ocorrência de câncer de pulmão — podem ter múltiplas causas, que se misturam de maneira complicada. A correlação ofereceu-nos um meio de analisar as confusas relações entre conjuntos de dados conexos. Por exemplo, nem todo mundo que fuma terá câncer de pulmão, mas examinando a incidência do ato de fumar e a incidência do câncer de pulmão, os matemáticos podem calcular quais são as chances de um fumante desenvolver câncer. Da mesma forma, nem todos os alunos de uma sala numerosa numa escola terão desempenho pior do que os alunos de uma classe pequena, apesar de o tamanho da classe ter impacto nos resultados das provas. A análise estatística abriu novas áreas de pesquisa — em assuntos que vão da medicina à sociologia, da psicologia à economia. Ela nos permite usar informações sem conhecermos as causas exatas. Os *insights* originais de Galton ajudaram a fazer da estatística um campo respeitável: "Algumas pessoas odeiam até o nome, mas para mim as estatísticas têm grande beleza e interesse", escreveu ele. "Se não forem tratadas com brutalidade, mas delicadamente, com métodos elevados, e interpretadas com cautela, seu poder de lidar com fenômenos complicados é extraordinário."

Em 2002, o prêmio Nobel de economia não foi conquistado por um economista. Foi conquistado pelo psicólogo Daniel Kahneman, que passara sua carreira (grande parte em companhia do colega Amos Tversky) estudando os fatores cognitivos que servem de base às estratégias políticas. Kahneman disse que compreender a regressão à média levou ao seu mais gratificante "momento eureca". Foi em meados dos anos 1960, e Kahneman dava uma palestra para instrutores de voo da força aérea israelense. Dizia ele que o elogio é mais eficaz do que a punição no aprendizado dos cadetes. Ao concluir sua fala, um dos instrutores mais experientes levantou-se e disse que Kahneman estava enganado: "Em muitos casos, elogiei cadetes pela correta execução de uma acrobacia, e, em geral, quando eles tentavam de novo, não se saíam tão bem. De outro lado, costumo gritar com cadetes que se saíram mal, e geralmente eles fazem melhor da próxima vez. Por isso, por favor, não nos diga que prêmio funciona e castigo não, porque a verdade é justamente o oposto". Naquele instante, disse Kahneman, a ficha caiu. A opinião do instrutor de que o castigo é mais eficaz do que o prêmio devia-se ao fato de ele não saber o que era regressão à média. Se um cadete executa extremamente mal uma manobra, é claro que se sairá melhor da próxima vez — independentemente de ter recebido repreensão ou elogio do instrutor. Da mesma forma, se faz extremamente bem uma manobra, a que virá em seguida provavelmente não será tão boa. "Devido à nossa tendência a premiar outros quando fazem algo bem-feito e de puni-los quando fazem algo malfeito, e por causa também da regressão à média, é parte da condição humana sermos estatisticamente castigados por premiar e premiados por punir", disse Kahneman.

A regressão à média não é uma ideia complicada. O que ela nos diz é que se o resultado de um evento é determinado, pelo menos parcialmente, por fatores aleatórios, então um evento extremo provavelmente será seguido de um menos extremo. Mas, apesar de sua simplicidade, a regressão não agrada a muita gente. Eu diria que a regressão é um dos menos compreendidos e mais úteis conceitos matemáticos de que se precisa para um entendimento racional do mundo. É surpreendente o número de conceitos errados sobre ciência e estatística que vêm do fato de a regressão à média não ter sido levada em conta.

Veja-se o exemplo das câmeras para flagrar excesso de velocidade. Vários acidentes que ocorrem no mesmo trecho de estrada podem ter uma causa — digamos, por exemplo, que uma gangue de adolescentes esticou um arame atravessando a estrada. É só prender os adolescentes que os acidentes acabam. Ou pode ser que haja muitos fatores aleatórios contribuindo — uma mistura de condições climáticas adversas, a forma da estrada, a vitória do time de futebol local, ou a decisão de um morador de passear com o cachorro. Acidentes equivalem a eventos extremos, e depois de um evento extremo a probabilidade é de ocorrerem eventos menos extremos: os fatores aleatórios combinarão de tal forma que haverá menos acidentes. Geralmente, as câmeras controladoras de velocidade são instaladas em trechos onde já houve um ou mais acidentes. O objetivo da instalação é forçar os motoristas a dirigirem mais devagar, para reduzir o número de batidas. Sim, o número de acidentes tende a diminuir depois que os radares foram introduzidos, mas isso pode ter pouco a ver com as câmeras controladoras de velocidade. Por causa da regressão à média, instale-se ou não se instale uma câmera, depois de uma série de acidentes a probabilidade de acidentes naquele trecho diminui de qualquer jeito. (Isto não é um argumento contra os radares, que podem, de fato, ser eficazes. É um argumento sobre o argumento a favor dos radares, que geralmente demonstra uso impróprio das estatísticas.)

Meu exemplo preferido de regressão à média é a "maldição da *Sports Illustrated*", estranho fenômeno relacionado ao súbito declínio físico dos atletas imediatamente depois de aparecerem na capa da principal revista americana de esportes. A maldição é tão antiga que data do primeiro número. Em agosto de 1954, o jogador de beisebol Eddie Mathews apareceu na capa da revista por ter comandado seu time, o Milwaukee Braves, numa série ininterrupta de nove vitórias. Mal a edição chegou às bancas, o time perdeu. Uma semana depois, Mathews sofreu uma contusão que o obrigou a ficar sete partidas sem jogar. O exemplo mais famoso da maldição ocorreu em 1957, quando a revista publicou a manchete "Por que o Oklahoma é invencível", referindo-se ao fato de o time de futebol americano de Oklahoma ter disputado, invicto, 47 jogos. Como era de esperar, no sábado depois da publicação o Notre-Dame venceu o Oklahoma por sete a zero.

Uma explicação para a praga da *Sports Illustrated* é a pressão psicológica de aparecer na capa. O atleta, ou o time, ganha destaque aos olhos do público, e é mostrado como um atleta ou time que precisa ser vencido. Em alguns casos talvez seja verdade que a pressão de ser o favorito prejudique o desempenho. Mas, na maioria das vezes, a maldição da *Sports Illustrated* não passa de um caso de regressão à média. Para que alguém consiga um lugar na capa da revista é preciso estar em sua melhor forma. Pode ter tido uma fase excepcional, vencido um campeonato ou quebrado um recorde. O desempenho nos esportes se deve ao talento, mas resulta, também, de muitos fatores aleatórios, como o fato de o adversário estar gripado, de termos furado o pneu do carro, de o sol nos ofuscar. O melhor resultado de todos os tempos equivale a um evento extremo, e a regressão à média nos diz que depois de um evento extremo a probabilidade é de que ocorra um evento menos extremo.

Há exceções, é claro. Alguns atletas são tão melhores do que os rivais que fatores aleatórios têm pouca influência em seu desempenho. Eles podem ter azar e ainda assim vencer. Mas a verdade é que tendemos a subestimar a contribuição da aleatoriedade no êxito esportivo. Nos anos 1980, estatísticos começaram a analisar padrões de resultados de jogadores de basquete. Para seu espanto, descobriram que o fato de determinado jogador fazer ou perder ponto era completamente aleatório. Alguns jogadores, é claro, eram melhores do que outros. Vejamos o caso do jogador A, que pontua em 50% das vezes, em média; em outras palavras, ele tem chances iguais de acertar ou errar. Pesquisadores descobriram que a sequência de cestas e de bolas perdidas do jogador A parecia totalmente aleatória. Em outras palavras, em vez de jogar bola, ele poderia muito bem tirar cara ou coroa.

Veja-se o caso do jogador B, que tem 60% de chance de pontuar e 40% de chance de errar. Aqui também a sequência de cestas era aleatória, como se o jogador tirasse cara ou coroa usando uma moeda com distorção de 60-40, em vez de tentar fazer cesta. Quando um jogador faz uma sequência de cestas, os entendidos o aplaudem por jogar bem, e quando comete uma sequência de erros, é criticado por estar num mau dia. Mas fazer cesta uma vez não tem efeito algum sobre a sua probabilidade de acertar ou errar na vez seguinte. O resultado de cada arremesso da bola é tão aleatório como o do arremesso da moeda num jogo de cara ou coroa. O jogador B pode ser genuinamente elogiado por ter uma proporção de acertos de 60-40, em média, durante muitos jogos; mas elogiá-lo por qualquer sequência de cinco cestas não é diferente de elogiar o talento de uma moeda que dá cara cinco vezes seguidas. Nos dois casos, houve uma maré de sorte. Também é possível — para não dizer inteiramente provável — que o jogador A, que em geral não é tão bom de cesta quanto o B, tenha uma sequência mais longa de arremessos bem-sucedidos numa partida. Não quer dizer que seja melhor jogador. É a aleatoriedade que dá ao jogador A uma maré de sorte e a B, uma maré de azar.

Mais recentemente, Simon Kuper e Stefan Szymanski examinaram quatrocentas partidas disputadas pela seleção inglesa de futebol desde 1980. Eis o que escreveram em *Why England lose* [Por que a Inglaterra perde]: "A sequência de vitórias da Inglaterra [...] é indiscernível de uma série aleatória de cara ou coroa. Não seria possível prever o resultado do último jogo da Inglaterra, nem os resultados de qualquer combinação de partidas recentes do time inglês. O que acontecia numa partida aparentemente não tinha influência alguma sobre o que aconteceria na partida seguinte. A única coisa que se pode prever é que a médio ou longo prazo a Inglaterra vai ganhar cerca de metade dos jogos".

Os altos e baixos do nosso desempenho nos esportes geralmente são explicados pela aleatoriedade. Depois de uma grande série de altos, podemos receber um telefonema da *Sports Illustrated*. E é quase certo que nosso desempenho cairá.

11. O fim da linha

Há alguns anos, Daina Taimina estava espichada no sofá de sua casa em Ithaca, Nova York, onde ensina na Universidade de Cornell. Um parente lhe perguntou o que estava fazendo.

"Estou fazendo crochê com o plano hiperbólico", respondeu ela, referindo-se a um conceito que tem desafiado e fascinado os matemáticos há quase dois séculos.

"E onde já se viu um matemático fazer crochê?", reagiu o parente com desdém.

A resposta, entretanto, deixou Daina mais decidida ainda a usar trabalho manual no curso de progresso científico. E foi exatamente o que ela fez, inventando o que se tornou conhecido como "crochê hiperbólico", método de tecer nós que produz objetos belos e intricados e que também tem contribuído para a compreensão da geometria de uma forma que os matemáticos julgavam impossível.

Mais adiante darei uma definição minuciosa de *hiperbólico* e dos avanços respigados pelos modelos de crochê de Daina, mas por ora tudo que precisamos saber é que a geometria hiperbólica é um tipo de geometria surgido no começo do século XIX, que vai totalmente de encontro à intuição e no qual o conjunto de regras que Euclides estabeleceu com tanto cuidado em seus *Ele-*

mentos são tidos como falsos. A geometria não euclidiana foi um divisor de águas na matemática, por descrever uma teoria do espaço físico que contradiz nossa experiência do mundo, de um tipo portanto difícil de imaginar, mas que apesar disso não continha nenhuma contradição matemática, e era tão válida, matematicamente, quanto o sistema euclidiano que a precedeu.

Ainda no século XIX, um avanço intelectual de significado semelhante foi feito por Georg Cantor, que virou de cabeça para baixo nossa compreensão do infinito, provando que este tem tamanhos diferentes. A geometria não euclidiana e a teoria dos conjuntos de Cantor foram portas abertas para dois mundos estranhos e maravilhosos, os quais visitarei nas próximas páginas. Pode-se afirmar que juntos eles assinalam o começo da matemática moderna.

Os elementos é sem a menor dúvida o compêndio de matemática mais influente de todos os tempos, tendo lançado as bases da geometria grega.

Crochê hiperbólico.

Também estabeleceu o *método axiomático*, com o qual Euclides começou apresentando definições claras dos termos a serem usados e das regras a serem seguidas, e sobre o qual assentou seu conjunto de teoremas. As regras, ou *axiomas*, de um sistema são as afirmações aceitas sem provas, por isso os matemáticos sempre tentaram enunciá-las da maneira mais simples e óbvia possível.

Euclides demonstrou todos os 465 teoremas de *Os elementos* usando apenas cinco axiomas, mais conhecidos como seus cinco *postulados*:

1. Dados dois pontos, há um segmento de reta que os une.
2. Um segmento de reta pode ser prolongado indefinidamente para construir uma reta.
3. Dados um ponto qualquer, e uma distância qualquer, pode-se construir um círculo de centro naquele ponto e raio igual à distância dada.
4. Todos os ângulos retos são iguais.
5. Se uma linha reta cortar duas outras retas, de modo que a soma dos dois ângulos internos de um mesmo lado seja menor do que dois ângulos retos, então essas duas retas, quando suficientemente prolongadas, cruzam-se do mesmo lado em que estão esses dois ângulos.

Quando chegamos ao quinto postulado, algo parece que não está certo. Os postulados começam de maneira bem despachada. Os quatro primeiros são fáceis de enunciar, fáceis de compreender e fáceis de aceitar. Mas quem convidou o quinto para a festa? É prolixo, complicado e não especialmente óbvio, se é que é óbvio de alguma forma. E nem sequer é tão claramente fundamental: a primeira vez que é exigido em *Os elementos* é na Proposição 29.

Apesar do seu amor pelo método dedutivo de Euclides, os matemáticos tinham aversão ao quinto postulado; não é apenas porque ele vai de encontro ao seu senso estético; eles achavam também que era suposição demais para que fosse tido como axioma. Na verdade, durante 2 mil anos muitos cérebros privilegiados tentaram mudar o status do quinto postulado, tentando deduzi-lo dos outros, a fim de que pudesse ser reclassificado como teorema em vez de continuar como postulado ou axioma. Mas ninguém conseguiu. Talvez a maior prova do gênio de Euclides tenha sido compreender a necessidade de o quinto postulado ser aceito sem prova.

Os matemáticos tiveram mais êxito ao enunciar o postulado em diferentes termos. Por exemplo, o inglês John Wallis percebeu, no século XVII, que *Os elementos* podiam ser integralmente demonstrados deixando os quatro primeiros postulados como estavam, mas substituindo o quinto pela seguinte alternativa: *Dado um triângulo qualquer, esse triângulo pode ser ampliado ou reduzido a qualquer tamanho de modo que o comprimento de cada lado mantenha a mesma proporção em relação ao dos outros lados e os ângulos entre os lados permaneçam inalterados.* Apesar de ter sido uma grande descoberta perceber que o quinto postulado poderia ser reescrito como um enunciado sobre triângulos, em vez de um enunciado sobre linhas, Wallis não eliminou as restrições dos matemáticos: seu postulado alternativo talvez fosse mais intuitivo do que o quinto postulado, ainda que apenas marginalmente, mas apesar disso não era nem tão simples nem tão óbvio como os quatro primeiros. Outros equivalentes do quinto postulado foram descobertos; os teoremas de Euclides continuariam valendo se o quinto postulado fosse substituído pela afirmação de que a soma dos ângulos de um triângulo é 180 graus, de que o Teorema de Pitágoras é verdadeiro, ou de que em qualquer círculo a divisão entre a circunferência e o diâmetro é igual a pi. Por mais extraordinário que pareça, esses enunciados são intercambiáveis. O equivalente que expressa de forma mais conveniente a essência do quinto postulado, porém, diz respeito ao comportamento das linhas paralelas. Desde o século XVIII, matemáticos que estudam Euclides preferem usar esta versão, conhecida como postulado das paralelas:

Dados uma linha e um ponto fora dessa linha, haverá no máximo uma linha que passa por esse ponto e é paralela à linha original.

Pode-se mostrar que o postulado das paralelas diz respeito à geometria de dois tipos distintos de superfície apegando-se à frase "no máximo uma linha" — jargão matemático para "uma linha ou linha nenhuma". No primeiro caso, ilustrado pelo diagrama, para qualquer linha L e qualquer ponto P, há *apenas uma* linha paralela a L (assinalada como L') que passa por P. Essa versão do postulado das paralelas aplica-se ao tipo mais óbvio de superfície, a superfície plana, como a folha de papel em cima da mesa.

$$L' \quad\text{------------}\bullet^{P}\text{------------}$$

$$L \quad \rule{8cm}{0.4pt}$$

O postulado das paralelas.

Vejamos agora a segunda versão do postulado, na qual para qualquer linha L e qualquer ponto P que não esteja naquela linha *não há* linhas que passem por P e sejam paralelas a L. De início é difícil pensar num tipo de superfície em que isso se aplique. Em que lugar da Terra...? É exatamente na Terra! Imagine-se, por exemplo, que nossa linha L é o equador, e imagine-se que o ponto P seja o polo Norte. As únicas linhas retas que passam pelo polo Norte são as linhas de longitude, como o meridiano de Greenwich, e todas as linhas de longitude cruzam o equador. Portanto, não há linhas retas que passem pelo polo Norte e sejam paralelas ao equador.

O postulado das paralelas nos oferece uma geometria para dois tipos de superfície: as planas e as esféricas. *Os elementos* preocuparam-se com as superfícies planas, que em razão disso foram o principal foco de investigação matemática durante 2 mil anos. Superfícies esféricas como a Terra tinham menos interesse para os teóricos do que para os navegadores e astrônomos. Só no começo do século XIX os matemáticos encontraram uma teoria mais ampla que abrangia superfícies planas e esféricas — e isso ocorreu apenas depois que eles encontraram um *terceiro* tipo de superfície, a hiperbólica.

Um dos mais empenhados aspirantes nessa tarefa de demonstrar o postulado das paralelas a partir dos quatro primeiros postulados, e mostrar que não se tratava de postulado, mas de teorema, foi Janós Bolyai, estudante de engenharia da Transilvânia. Seu pai, o matemático Farkas, tinha ideia do tamanho do desafio, pois ele mesmo fracassara na tentativa, e implorou ao filho que desistisse: "Pelo amor de Deus, eu imploro, desista. Tema-o não menos que às paixões dos sentidos, porque também ele pode tomar todo o seu tempo e privá-lo da saúde da juventude, da paz de espírito e da felicidade na vida". Mas Janós ignorou teimosamente as súplicas do pai, e sua rebeldia não se limitou a isso: Janós ousou sugerir que o postulado talvez fosse falso. *Os elementos* eram para a matemática o que a Bíblia era para o cristianismo, um livro de verdades inquestionáveis, sagradas. Apesar de haver um debate sobre se o quinto postulado era axioma ou teorema, ninguém tivera ainda a temeridade de sugerir que talvez nem sequer fosse verdadeiro. O que se viu foi que fazer isso abriu a porta de um novo mundo.

O postulado das paralelas afirma que para qualquer linha dada, e qualquer ponto que não esteja nessa linha, há *no máximo* uma linha paralela que passa por esse ponto. A audácia de Janós foi sugerir que para qualquer linha dada, e qualquer ponto que não esteja nessa linha, passam por este ponto *mais de uma* linha paralela. Muito embora não estivesse nem um pouco claro como visualizar uma superfície para a qual esse enunciado fosse verdadeiro, Janós percebeu que a geometria criada por tal enunciado, junto com os quatro primeiros postulados, ainda era matematicamente consistente. Foi uma descoberta revolucionária, e ele reconheceu sua importância. Em 1823, escreveu para o pai anunciando que "Do nada criei um universo novo".

Janós talvez tenha sido ajudado pelo fato de não trabalhar em nenhuma grande instituição matemática, estando portanto menos exposto à doutrinação de opiniões tradicionais. Mesmo depois de ter feito sua descoberta, ele preferiu não se tornar matemático. Ao se formar, ingressou no Exército austro-húngaro, onde consta que lutava espada e dançava como ninguém. Era também músico extraordinário, e diz-se que uma vez desafiou treze oficiais para duelos, com a condição de que se vencesse tocaria uma música no violino de quem perdesse.

Sem que Janós soubesse, outro matemático, num posto avançado ainda mais distante do centro da vida acadêmica europeia do que a Transilvânia, fazia progressos parecidos independentemente, mas seu trabalho foi rejeitado pelo *establishment* matemático. Em 1826, Nikolai Ivanovich Lobachevsky, professor da Universidade Kazan na Rússia, submeteu uma dissertação que questionava a verdade do postulado das paralelas à internacionalmente conceituada Academia de Ciências de São Petersburgo. A dissertação foi rejeitada, e Lobachevsky resolveu publicá-la no jornal local, o *Kazan Messenger*. Consequentemente, ninguém notou.

A maior ironia sobre a derrubada do quinto postulado de Euclides do pedestal da verdade inviolável, entretanto, é que décadas antes alguém, no coração do *establishment* matemático, fez, na realidade, a mesma descoberta de Janós Bolyai e Nikolai Lobachevsky, mas esse alguém preferira não mostrar sua descoberta para os colegas. Por que Carl Friedrich Gauss, o maior matemático de sua época, decidiu manter em segredo seu trabalho sobre o postulado das paralelas é algo que não se compreende muito bem, embora seja opinião corrente que ele quis evitar uma disputa sobre a primazia de Euclides com o corpo docente.

Só quando leu a respeito dos resultados de Janós, publicados em 1831, como apêndice de um livro de autoria do pai, Farkas, Gauss revelou que também tinha refletido cuidadosamente sobre a falsidade do postulado das paralelas. Em carta a Farkas, velho colega de universidade, Gauss qualificou Janós de "gênio de primeira ordem", mas explicou que não poderia nem elogiá-lo por sua descoberta: "Pois elogiá-lo seria elogiar a mim mesmo. Todo o conteúdo do ensaio... coincide com minhas próprias descobertas, algumas feitas há trinta ou 35 anos. Minha intenção era escrever sobre tudo isso mais tarde, para que pelo menos não desaparecesse comigo. É portanto uma agradável surpresa para mim ter sido poupado desse trabalho, e deixa-me especialmente feliz o fato de não ser senão o filho de um velho amigo a me superar nessa questão". Janós ficou abalado ao saber que Gauss chegara antes dele. E anos depois, ao saber que Lobachevsky também o precedera, passou a ser perseguido pela ridícula ideia de que Lobachevsky era um personagem fictício inventado por Gauss, como esperto estratagema para lhe tirar o crédito pela façanha.

A contribuição final de Gauss à pesquisa sobre o quinto postulado veio pouco antes de sua morte, quando, já gravemente enfermo, deu o seguinte título à palestra experimental de um dos seus alunos mais brilhantes, Bernhard Riemann, de 27 anos. "Das hipóteses que constituem os fundamentos da geometria". De início Riemann, o constrangedoramente tímido filho de um pastor luterano, teve uma espécie de colapso ao lutar com o que ia dizer, mas sua solução para o problema revolucionaria a matemática. Mais tarde revolucionaria também a física, pois suas descobertas foram necessárias a Einstein para que este formulasse a teoria da relatividade geral.

A palestra de Riemann, dada em 1854, consolidou a mudança de paradigma em nossa compreensão da geometria resultante da queda do postulado das paralelas, estabelecendo uma teoria abrangente que incluía a euclidiana e a não euclidiana. O conceito básico da teoria de Riemann era a *curvatura* do espaço. Quando uma superfície tem curvatura zero, ela é *plana*, ou euclidiana, e todos os resultados de *Os elementos* são válidos. Quando uma superfície tem curvatura positiva ou negativa, ela é *curva*, ou não euclidiana, e os resultados de *Os elementos* já não são válidos.

A maneira mais simples de compreender a curvatura, explicou Riemann, é examinar o comportamento dos triângulos. Numa superfície com curvatura zero, a soma dos ângulos de um triângulo é 180 graus. Numa superfície com curvatura *positiva*, a soma dos ângulos de um triângulo dá *mais de* 180 graus. Numa superfície com curvatura *negativa*, a soma dos ângulos de um triângulo dá *menos de* 180 graus.

A esfera tem curvatura positiva. Pode-se ver isso levando em conta a soma dos ângulos dos triângulos no diagrama a seguir (p. 415), composto pelo equador, o meridiano de Greenwich e a linha de longitude 73 graus a oeste de Greenwich (que passa por Nova York). Os dois ângulos onde as linhas de longitude se encontram com o equador têm 90 graus, portanto a soma dos três ângulos é mais de 180. Que tipo de superfície tem curvatura negativa? Em outras palavras, onde estão os triângulos cuja soma dos ângulos dá menos de 180 graus? Basta abrir um tubo de batata Pringles e será possível visualizar. Desenhe-se um triângulo na parte côncava da fatia de batata frita (de preferência com mostarda) e o triângulo parecerá "chupado para dentro", em comparação com o triângulo "inchado" que vemos na superfície da esfera. A soma de seus ângulos, claramente, dá menos de 180 graus.

Uma superfície com curvatura negativa é chamada *hiperbólica*. Portanto, a superfície da batata Pringles é hiperbólica. Mas essa batata é apenas um *acepipe* na compreensão da geometria hiperbólica, pois ela tem margem. Mostrem uma margem a um matemático e ele ficará ansioso para ultrapassá-la.

Pense no seguinte. É fácil imaginar uma superfície com curvatura zero e sem margem: por exemplo, esta página aberta sobre uma mesa e estendida infinitamente em todas as direções. Se vivêssemos numa superfície assim, e andássemos em linha reta em qualquer direção, jamais chegaríamos à margem. Da mesma forma, temos um exemplo óbvio de superfície com curvatura positiva e sem margem: a esfera. Se vivêssemos na superfície de uma esfera e andássemos numa direção qualquer, jamais encontraríamos uma margem.

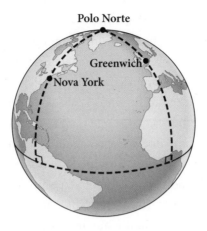

Triângulo numa esfera: a soma dos ângulos dá mais de 180 graus.

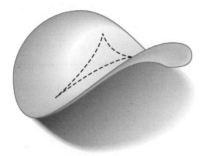

Triângulo numa fatia de batata frita Pringles: a soma dos ângulos dá menos de 180 graus.

(Vivemos, é claro, numa espécie de esfera malfeita. Se a Terra fosse totalmente lisa, sem oceanos ou montanhas para nos atrapalhar, e saíssemos andando, voltaríamos ao ponto de partida e continuaríamos andando em círculos.)

Agora, como será uma superfície com curvatura negativa e sem margem? Não pode ser parecida com uma fatia de batata Pringles, pois se vivêssemos numa Pringles do tamanho da Terra e começássemos a nos deslocar numa direção, acabaríamos caindo. Não é de hoje que os matemáticos tentam imaginar como seria uma superfície hiperbólica "sem margem" — na qual pudéssemos andar à vontade, sem chegar ao fim, e sem que ela perdesse suas propriedades hiperbólicas. Sabemos que ela teria de estar sempre se curvando, como uma fatia de batata Pringles — e, assim sendo, por que não juntar um bocado de fatias Pringles?

Infelizmente não daria certo, porque as fatias de batata não se encaixam perfeitamente, e se preenchêssemos as brechas com outra superfície essas novas áreas não seriam hiperbólicas. Em outras palavras, a batata Pringles nos permite visualizar somente uma área local com propriedades hiperbólicas. O que é incrivelmente difícil de visualizar — e fatiga até mesmo as cabeças matemáticas mais brilhantes — é uma superfície hiperbólica que se estenda para sempre.

Superfícies esféricas e hiperbólicas são antíteses matemáticas, e eis aqui um exemplo que mostra por que é assim. Tire uma fatia de uma superfície esférica, digamos, uma bola de basquete. Ao espremer a fatia no chão para achatá-la, ela esticará ou se romperá, pois não existe material suficiente para torná-la plana. Agora imagine que temos uma fatia de batata Pringles de borracha. Quando tentarmos achatá-la, a fatia se dobrará sobre si mesma por *excesso* de material. Enquanto uma esfera se dobra sobre si mesma, a superfície hiperbólica se expande.

Voltemos ao postulado das paralelas, que nos oferece uma forma bem concisa de classificar superfícies planas, esféricas e hiperbólicas.

Para qualquer linha dada, e qualquer ponto que não esteja nessa linha:

*Numa superfície **plana** há **uma e apenas uma** linha paralela que passa por esse ponto.*
*Numa superfície **esférica** o número de linhas paralelas que passam por esse ponto é **zero**.**
*Numa superfície **hiperbólica** há um **número infinito** de linhas paralelas que passam por esse ponto.*

Podemos compreender intuitivamente o comportamento das linhas paralelas numa superfície plana ou numa superfície esférica, porque é fácil visualizar uma superfície plana que se estende indefinidamente, e todos nós sabemos o que é uma esfera. Muito mais difícil é entender o comportamento de linhas paralelas

---

* Muitos acham que as linhas de latitude são paralelas ao equador. Isso não é verdade porque as linhas de latitude (exceto a do equador) não são linhas retas, e só as linhas retas podem ser paralelas entre si. Uma linha reta é a menor distância entre dois pontos, sendo por isso que um avião que voe de Nova York a Madri, duas cidades na mesma linha de latitude, não segue a linha de latitude, mas descreve uma trajetória que parece curva quando vista num mapa bidimensional.

numa superfície hiperbólica, pois não se percebe com clareza que aparência terá tal superfície quando estendida indefinidamente. Linhas paralelas no espaço hiperbólico distanciam-se cada vez mais uma da outra. Elas não se curvam, porque para que duas linhas sejam paralelas é preciso que sejam retas, mas divergem, porque uma superfície hiperbólica está sempre se curvando em relação a si mesma, e quando se curva em relação a si mesma a superfície abre mais e mais espaço entre as duas paralelas. Esta ideia dificilmente entra na cabeça de alguém, e não é de admirar que, com todo o seu gênio, Riemann não tenha apresentado uma superfície com as propriedades que ele mesmo descrevia.

A dificuldade de visualizar o plano hiperbólico estimulou muitos matemáticos nas últimas décadas do século XIX. Uma tentativa, feita por Henri Poincaré, despertou a imaginação de M. C. Escher, cuja famosa série de gravuras *Limite circular* foi inspirada pelo "modelo do disco" inventado pelo francês para uma superfície hiperbólica. Em *Limite circular IV*, um universo

Limite circular IV.

bidimensional é contido num disco, no qual anjos e demônios tornam-se cada vez menores à medida que se aproximam da circunferência. Os anjos e demônios, entretanto, não percebem que estão encolhendo, pois enquanto encolhem, também seus instrumentos de medição encolhem. No que diz respeito aos habitantes do disco, todos têm o mesmo tamanho, e seu universo continua para sempre.

O engenho do modelo do disco de Poincaré está em ilustrar lindamente o comportamento das linhas paralelas no espaço hiperbólico. Antes de qualquer coisa, precisamos ter certeza de que há linhas retas no disco. Da mesma forma que as retas numa esfera parecem curvas quando representadas num mapa plano (por exemplo, rotas aéreas são retas, mas parecem curvas num mapa), linhas retas no mundo do disco também nos parecem curvas. Poincaré definiu uma linha reta num disco como a seção de um círculo que entra no disco em ângulos retos. Na página 419, a Figura 1 mostra a linha reta de A a B, que se obtém encontrando o círculo que passa por A e B e entra no disco em ângulos retos. A versão hiperbólica do postulado das paralelas diz que para cada linha reta L e cada ponto P que não esteja na reta há um número infinito de retas paralelas a L que passam por P. Isso é mostrado na Figura 2, onde marquei três linhas retas — L', L" e L'" — que passam por P mas são todas paralelas a L. (Duas linhas são paralelas quando são retas e nunca se encontram.) As linhas L', L" e L'" são partes de diferentes círculos que entram no disco em ângulos retos. Olhando para o disco, vemos agora o que aconteceria se houvesse um número infinito de retas paralelas a L passando por P, uma vez que é possível traçarmos um número infinito de círculos que entram no disco em ângulos retos e passam por P. O modelo de Poincaré também ajuda a entender o que significa duas paralelas divergirem: L e L' são paralelas, mas se distanciam cada vez mais à medida que se aproximam da circunferência do disco.

O mundo do disco de Poincaré é esclarecedor, mas só até certo ponto. Oferece-nos um modelo conceitual do espaço hiperbólico, distorcido por lentes bem estranhas, porém não nos revela qual seria a aparência de uma superfície hiperbólica em nosso mundo. A busca de modelos hiperbólicos mais realistas, que parecia promissora nas últimas décadas do século XIX, recebeu duro golpe nas mãos do matemático alemão David Hilbert em 1901, que demonstrou ser impossível descrever uma superfície hiperbólica usando fórmula. A prova de Hilbert foi aceita pela comunidade matemática com resignação, pois

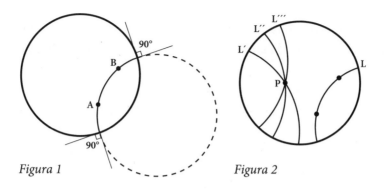

Figura 1   Figura 2

os matemáticos concluíram que se não há como descrever tal superfície com uma fórmula é porque tal superfície não existe. E o interesse pela descoberta de modelos de superfícies hiperbólicas diminuiu.

O que nos leva de volta a Daina Taimina, que conheci em South Bank, uma rua de teatros, galerias de arte e cinemas na beira do rio em Londres. Ela me fez um rápido resumo da história do espaço hiperbólico, assunto que lecionava na qualidade de professora adjunta associada em Cornell. Uma consequência da prova de Hilbert, de que o espaço hiperbólico não pode ser gerado por uma fórmula, disse ela, é que os computadores são incapazes de criar imagens de superfícies hiperbólicas, porque eles só criam imagens baseadas em fórmulas. Nos anos 1970, entretanto, o geômetra William Thurston descobriu que a abordagem mecânica era muito mais frutífera. Ele achava que não se precisa de fórmula para fazer um modelo hiperbólico — só de papel e tesoura. Thurston, que em 1981 foi agraciado com a Medalha Fields (o prêmio mais alto da matemática) e agora é colega de Daina em Cornell, apresentou um modelo preparado com tiras de papel em forma de ferradura coladas umas nas outras.

Daina usava um modelo Thurston com seus alunos, mas era tão frágil que sempre desmanchava, e toda vez ela tinha de preparar um novo. "Detesto colar papel, me deixa maluca", disse ela. Até que teve uma inspiração. E se fosse possível tricotar um modelo do plano hiperbólico?

Sua ideia era simples: começar com uma linha de pontos, e depois, em cada linha subsequente, acrescentar uma quantidade fixa em relação ao número de pontos da linha anterior. Por exemplo, acrescentar um ponto extra para cada dois pontos da linha anterior. Nesse caso, começando-se com uma linha de vinte pontos, a segunda linha teria trinta pontos (somando dez), a terceira linha 45 pontos (somando quinze) e assim por diante. (A quarta linha deveria ter 22,5 pontos extras, mas como não é possível dar meio ponto, arredonda-se para mais ou para menos.) Isso, esperava ela, criaria um pedaço de pano cada vez mais largo — como se ele se expandisse hiperbolicamente. Mas o tricô era inconveniente, pois se errasse um ponto ela precisava desfazer toda a linha. Acabou trocando a agulha de tricô por agulha de crochê. Com o crochê não havia chance de desmanchar, pois o avanço é feito ponto por ponto. Logo ela pegou o jeito. Ajudou muito o fato de Daina ser fera em trabalhos manuais, consequência de uma infância vivida nos anos 1960 na Letônia.

No primeiro modelo de crochê ela acrescentou um ponto para cada dois pontos da linha anterior. O resultado, porém, foi um material com muitas pregas apertadas. "Não era ondulado", disse ela. "Não consegui entender." Na tentativa seguinte ela alterou a proporção, acrescentando um ponto para cada cinco pontos da linha anterior. Funcionou melhor do que ela esperava. O material agora dobrava-se adequadamente sobre si mesmo. Ela o pegou e seguiu as linhas retas para dentro e para fora das abas em expansão, e logo percebeu que dava para ver paralelas divergentes. "Era uma imagem que eu sempre tive vontade de ver", disse ela, encantada. "Fiquei agitada. Foi também uma emoção fazer com minhas próprias mãos algo que não podia ser feito com computador."

Daina mostrou o modelo hiperbólico de crochê para o marido, que ficou tão entusiasmado quanto ela. David Henderson é professor de geometria em Cornell. Sua especialização é topologia, área que Daina diz desconhecer inteiramente. Ele explicou-lhe que os topógrafos sabiam, desde longa data, que quando desenhado no plano hiperbólico um octógono pode ser dobrado de tal maneira que fica parecendo um par de calças. "Precisamos construir esse octógono!", disse ele, e foi o que fizeram. "Ninguém até então tinha visto um par de calças hiperbólico!", exclamou Daina, e abriu uma sacola de onde tirou um octógono hiperbólico de crochê que dobrou para me mostrar o modelo. Parecia um lindo short de lã para bebê:

A notícia sobre as criações de crochê de Daina se espalhou entre os professores de matemática de Cornell. Disse-me ela que mostrou seu trabalho a um colega que escreve sobre planos hiperbólicos. "Ele olhou o modelo e começou a brincar com ele. Seu rosto se iluminou. 'Isto é um *horociclo!*'", disse ele, reconhecendo um tipo de curva muito complicado que jamais conseguira visualizar. "Ele passara toda a carreira escrevendo sobre eles", prosseguiu Daina, "mas só existiam na sua imaginação."

Não seria exagero dizer que os modelos hiperbólicos de Daina deram nova e importante compreensão de uma área conceitual penosamente difícil da matemática. Eles propiciam uma experiência visceral do plano hiperbólico, permitindo a alunos apalparem e sentirem uma superfície que antes só se compreendia de forma abstrata. Mas esses modelos não são perfeitos. Um dos problemas é que a espessura dos pontos faz dos modelos de crochê apenas uma grosseira aproximação do que, em tese, deveria ser uma superfície lisa. Apesar disso, são muito mais versáteis e precisos do que uma fatia de batata Pringles. Se uma peça hiperbólica de crochê tivesse um número infinito de linhas, seria teoricamente possível viver em tal superfície e caminhar indefinidamente numa direção sem jamais chegar a uma margem.

Um dos encantos dos modelos de Daina é que eles têm aparência inesperadamente orgânica para algo concebido de maneira tão formal. Quando o aumento relativo dos pontos de uma linha para outra é pequeno, os modelos parecem folhas de repolho. Quando o aumento é maior, o material dobra-se naturalmente sobre si mesmo, em pedaços que lembram corais. Na verdade, Daina estava em Londres para inaugurar o Coral Hiperbólico de Crochê, exposição inspirada em seus modelos para sensibilizar consciências sobre a destruição da vida marinha. Graças a suas descobertas matemáticas, ela produziu, sem querer, um movimento global de militância do crochê.

Na última década, Daina fez mais de cem modelos hiperbólicos de crochê. Ela levou o maior deles para Londres. É cor-de-rosa, tem 5,5 quilômetros de fio, pesa 4,5 quilos e consumiu-lhe seis meses de trabalho. Terminá-lo foi uma tortura. "À medida que ia crescendo, era preciso muita força para virá-lo." Uma notável propriedade do modelo é que ele tem uma área incrivelmente grande — 3,2 metros quadrados, duas vezes a superfície da própria Daina. Superfícies hiperbólicas maximizam uma área com um mínimo de volume, e é por isso que são preferidas por plantas e organismos marinhos. Quando um organismo precisa de uma superfície com grande área — para absorver nutrientes, como é o caso do coral —, cresce de forma hiperbólica.

É improvável que a ideia do crochê hiperbólico algum dia tivesse ocorrido a Daina se ela tivesse nascido homem, o que faz das suas invenções notáveis artefatos na história cultural da matemática, em que as mulheres têm sido sub-representadas. O crochê, na verdade, é apenas um exemplo de artesanato tradicionalmente feminino que inspirou matemáticos a explorarem novas técnicas nos últimos anos. Juntando tricô matemático, fabricação de colchas de retalho, bordado e tecelagem, a disciplina acadêmica agora é conhecida como Artes de Matemática e de Fibra.

Quando o espaço hiperbólico foi concebido pela primeira vez, parecia ir de encontro a qualquer senso de realidade, mesmo assim foi aceito como tão "real" quanto as superfícies plana ou esférica. Cada superfície tem sua própria geometria, e precisamos escolher aquela que melhor se aplica, ou, como disse Henri Poincaré: "Uma geometria não pode ser mais verdadeira do que outra; pode apenas ser mais conveniente". A geometria euclidiana, por exemplo, é a mais apropriada para alunos munidos de réguas, compassos e folhas de papel, ao passo que a geometria esférica é a mais apropriada para pilotos de avião que percorrem rotas aéreas.

Os físicos também estão interessados em saber qual a geometria mais adequada a seus objetivos. As ideias de Riemann sobre a curvatura das superfícies forneceram a Einstein equipamento para suas maiores descobertas. A física newtoniana partia do pressuposto de que o espaço era euclidiano ou plano. A teoria de Einstein sobre relatividade geral, entretanto, declarava que a geometria do espaço-tempo (espaço tridimensional mais o tempo considerado como quarta dimensão) não era plana, mas curva. Em 1919, uma expedição científica britânica em Sobral, cidade do nordeste do Brasil, tirou fotos de estrelas atrás do Sol durante um eclipse solar e descobriu que elas tinham mudado ligeiramente de posição. Isso era explicado pela teoria de Einstein de que a luz das estrelas fazia uma curva ao passar pelo Sol antes de chegar à Terra. Enquanto a luz parecia curvar-se perto do Sol quando vista no espaço tridimensional, como é a nossa única maneira de ver as coisas, ela na verdade descrevia uma linha reta, de acordo com a geometria curva do espaço-tempo. O fato de a teoria de Einstein ter previsto corretamente a posição das estrelas confirmava sua teoria da relatividade geral e fez dele uma celebridade mundial. A manchete do *Times* de Londres proclamou: "Revolução na ciência, nova teoria do Universo, Ideias newtonianas derrubadas".

Einstein preocupava-se com o espaço-tempo, que, como ele mesmo demonstrou, era curvo. E que dizer da curvatura do nosso Universo sem considerar o tempo uma dimensão? Para descobrir que geometria se aplica melhor ao comportamento das nossas três dimensões espaciais numa escala muito maior, precisamos saber como as linhas e as formas se comportam em distâncias extremamente grandes. Isso é o que cientistas esperam descobrir com os dados que o satélite Planck, lançado em maio de 2009, está coletando, e que é a medição da radiação cósmica de fundo — o chamado "brilho que restou" do Big Bang — com resolução e sensibilidade mais altas do que nunca. A opinião mais razoável é que o Universo é plano ou esférico, apesar de também ser possível que seja hiperbólico. É maravilhosamente irônico imaginar que uma geometria tomada de início como bobagem possa de fato refletir a maneira como as coisas realmente são.

Mais ou menos na mesma época em que os matemáticos exploravam o reino contraintuitivo do espaço não euclidiano, um homem virava de cabeça para baixo o nosso entendimento de outra noção matemática: o infinito. Georg Cantor era professor na Universidade de Halle, na Alemanha, onde desenvolveu uma teoria pioneira de números, segundo a qual o infinito pode ter mais de um tamanho. As ideias de Cantor eram tão inortodoxas que de início foram ridicularizadas por muitos colegas seus. Henri Poincaré, por exemplo, descreveu seu trabalho como "uma enfermidade, uma doença perversa da qual, algum dia, os matemáticos hão de ser curados"; já Leopold Kronecker, antigo mestre de Cantor e professor de matemática da Universidade de Berlim, chamou-o de "charlatão" e "corruptor da juventude".

Esses insultos talvez tenham contribuído para o colapso nervoso que Cantor sofreu em 1884, aos 39 anos, o primeiro de muitos episódios relacionados a saúde mental e hospitalização. Em seu livro sobre Cantor, *Everything and more* [Tudo e mais alguma coisa], David Foster Wallace escreve: "O Matemático Mentalmente Enfermo agora parece ser, de certa forma, o que o Cavaleiro Errante, o Santo Flagelado, o Artista Torturado e o Cientista Maluco foram para outras eras; o nosso Prometeu, aquele que vai a lugares proibidos e volta com dádivas que todos podemos usar, mas que paga sozinho por elas". A literatura e o cinema são culpados de romantizar uma ligação entre matemática e insanidade. É um lugar-comum que convém a exigências narrativas dos roteiros de Hollywood (Prova A: *Uma mente brilhante*), mas que se trata, claro, de uma generalização injusta. Porém o grande matemático para quem o arquétipo deve ter sido inventado é Cantor. O estereótipo serve-lhe especialmente bem, pois ele lidava com o infinito, conceito que liga a matemática, a filosofia e a religião. Cantor não só desafiou a doutrina matemática, mas também criou uma teoria do conhecimento inteiramente nova e, em sua mente, de compreensão humana de Deus. Não admira que tenha incomodado algumas pessoas pelo caminho.

Infinito é um dos conceitos mais difíceis da matemática. Como já vimos ao discutir o paradoxo de Zenão, visualizar um número infinito de distâncias cada vez menores é uma operação mental repleta de armadilhas matemáticas e filosóficas. Os gregos tentaram evitar o infinito o mais que puderam. Euclides expressava ideias de infinitude fazendo declarações negativas. Sua prova de que existe um número infinito de números primos, por exemplo, é na verdade prova de que não há um número primo que seja o maior de todos. Os antigos evitavam tratar o infinito como conceito independente, sendo por isso que a série infinita inerente ao paradoxo de Zenão lhes era tão problemática.

Por volta do século XVII, os matemáticos estavam prontos para aceitar operações envolvendo um número infinito de passos. A obra de John Wallis, que em 1655 introduziu o símbolo ∞ para infinito em seu trabalho sobre infinitesimais (coisas que se tornam infinitamente pequenas), abriu caminho para o cálculo de Isaac Newton. A descoberta de equações úteis, que envolviam um número infinito de termos, como $\frac{pi}{4} = 1 - \frac{1}{3} + \frac{1}{5} - \frac{1}{7} + ...$ mostrou que o infinito não era um inimigo, mas que, mesmo assim, devia ser tratado com cuidado e desconfiança. Em 1831, Gauss reafirmou um lugar-comum ao declarar que o infinito era "apenas uma maneira de falar" sobre um limite que nunca se alcança, uma ideia que expressava apenas a possibilidade de continuar indefinidamente. A heresia de Cantor consistiu em tratar o infinito como entidade com vida própria.

O motivo que levava os matemáticos antes de Cantor a ficarem tão nervosos com a ideia de tratar o infinito como se fosse um número qualquer era que ele continha muitos enigmas, o mais famoso dos quais foi descrito por Galileu em *Duas novas ciências*, e é conhecido como paradoxo de Galileu:

1. Alguns números são quadrados, como 1, 4, 9 e 16, e alguns não são quadrados, como 2, 3, 5, 6, 7 etc.

2. A totalidade dos números tem de ser maior do que o total dos quadrados, pois a totalidade dos números inclui quadrados e não quadrados.

3. Apesar disso, para cada número podemos encontrar uma correspondência entre ele e seu quadrado, por exemplo:

1	2	3	4	5	...	n	...
↓	↓	↓	↓	↓		↓	
1	4	9	16	25	...	n^2	...

4. Portanto, na realidade tantos são os quadrados quantos são os números. O que é uma contradição, pois dissemos, no número 2, que há mais números do que quadrados.

A conclusão de Galileu foi que, quando se trata de infinito, os conceitos numéricos "mais que", "igual a" e "menos que" não têm sentido. Esses termos são compreensíveis e coerentes quando se discutem quantidades finitas, mas não quando se discutem quantidades infinitas. Não tem sentido dizer que existem mais números que quadrados, ou que o número de números é igual ao de quadrados, pois a totalidade tanto de números como de quadrados é infinita.

Georg Cantor inventou uma nova maneira de pensar sobre o infinito, que tornou redundante o paradoxo de Galileu. Em vez de pensar em números individuais, Cantor pensou em coleções de números, às quais chamou de "conjuntos". A cardinalidade de qualquer conjunto é o número de membros da coleção. Assim {1, 2, 3} é um conjunto com *cardinalidade* três e {17, 29, 5, 14} é um conjunto de cardinalidade quatro. A "teoria dos conjuntos" de Cantor faz o pulso acelerar quando se examinam conjuntos com um número infinito de membros. Ele introduziu um novo símbolo para infinidade, $\aleph_0$ (que se diz *aleph-zero*), usando a primeira letra do alfabeto hebraico com um 0 subscrito, e disse que essa era a cardinalidade do conjunto de números naturais, ou {1, 2, 3, 4, 5...}. Todo conjunto de números que possa ser colocado numa correspondência de um por um com os números naturais também tem cardinalidade $\aleph_0$. Assim sendo, como existe uma correspondência de um por um entre os números naturais e seus quadrados, o conjunto de quadrados {1, 4, 9, 16, 25...} tem cardinalidade $\aleph_0$. Da mesma forma, o conjunto de números ímpares {1, 3, 5, 7, 9...}, o conjunto de números primos {2, 3, 5, 7, 11...} e o conjunto de números com 666 {666, 1666, 2666, 3666...}, todos têm cardinalidade $\aleph_0$. Se tivermos um conjunto com número infinito de membros, e for possível contar os membros de um por um até ter dado conta de todos os números, então a cardinalidade do conjunto será $\aleph_0$. Por isso, $\aleph_0$ é conhecido também como "infinito contável [ou enumerável]". O motivo pelo qual isso é empolgante é que Cantor seguiu em frente e mostrou que se pode ir ainda mais longe. Por maior que seja, $\aleph_0$ é apenas uma criança de colo na família de infinitos de Cantor.

Agora vou lhes apresentar um infinito maior do que $\aleph_0$ com a ajuda de uma história que David Hilbert usava em suas palestras, segundo consta, e que se referia a um hotel com número infinito, mas contável, ou $\aleph_0$, de quartos. Esse conhecido estabelecimento, amado pelos matemáticos, às vezes é chamado de Hotel Hilbert.

No Hotel Hilbert há um número infinito de quartos, que recebem os números 1, 2, 3, 4... Um dia um viajante chega à recepção e descobre que o hotel está lotado. Pergunta se não seria possível dar um jeito de arranjar-lhe um quarto, e o recepcionista responde que é claro que sim! Tudo que a gerência do hotel precisa fazer é trocar os hóspedes de quarto, da seguinte forma: transferir o hóspede do Quarto 1 para o Quarto 2, o do Quarto 2 para o Quarto 3, e assim por diante, transferindo todo mundo do Quarto n para o Quarto $n + 1$. Feito isso, todos os hóspedes terão seu quarto, e o Quarto 1 ficará liberado para o recém-chegado. Perfeito!

No dia seguinte, surge uma situação mais complicada. Chega um ônibus cheio de passageiros precisando de quartos. O ônibus tem um número infinito de assentos, numerados 1, 2, 3 e assim por diante, todos ocupados. Existe alguma maneira de encontrar quarto para cada passageiro? Em outras palavras, mesmo o hotel estando lotado, será que o recepcionista poderia redistribuir os hóspedes de tal maneira que sobrasse um número infinito de quartos vagos para os passageiros do ônibus? Facílimo, é a resposta. Tudo que a gerência precisa fazer dessa vez é transferir cada hóspede para o quarto cujo número seja o dobro do número do quarto onde ele ou ela está, o que abrange os Quartos 2, 4, 6, 8... Com isso se esvaziam todos os quartos ímpares, cujas chaves podem ser dadas aos passageiros do ônibus. O passageiro do primeiro assento vai para o Quarto 1, o primeiro número ímpar, o passageiro do segundo vai para o Quarto 3, o segundo número ímpar, e assim por diante.

No terceiro dia, chegam mais ônibus ao Hotel Hilbert. Na verdade, chega um número infinito de ônibus. Os ônibus fazem fila na frente, com o Ônibus 1 junto ao Ônibus 2, que está junto ao Ônibus 3, e assim por diante. Cada ônibus tem um número infinito de passageiros, como o que chegara na véspera. E, é claro, cada passageiro precisa de um quarto. Há uma maneira de acomodar todos os passageiros de todos os ônibus no (já lotado) Hotel Hilbert?

Não é problema, diz o recepcionista. Primeiro, ele precisa esvaziar um número infinito de quartos. Para isso, usará o mesmo truque do dia anterior

— transferir cada um para um quarto cujo número seja o dobro do seu. Isso libera todos os quartos ímpares. Para atender um número infinito de ônibus, tudo o que precisa fazer é descobrir um jeito de contar todos os passageiros, pois, quando tiver um método, poderá dar ao primeiro passageiro o Quarto 1, ao segundo o Quarto 3, ao terceiro o Quarto 5, e assim por diante.

Eis o que ele faz: para cada ônibus, relaciona os passageiros por assento, como na tabela abaixo. Cada passageiro é portanto representado pela forma m/n, na qual m é o número do ônibus e n o do assento. Se começarmos pelo passageiro do primeiro assento do primeiro ônibus (pessoa 1/1), e em seguida traçarmos o ziguezague mostrado abaixo, de modo que a segunda pessoa seja o passageiro do segundo assento do primeiro ônibus (1/2), e a terceira seja o primeiro passageiro do segundo (2/1), acabaremos contando todos os passageiros, sem exceção.

	Assento 1	Assento 2	Assento 3	Assento 4	Assento 5 ...
Ônibus 1	1/1	1/2	1/3	2/4	1/5
Ônibus 2	2/1	2/2	2/3	2/4	2/5
Ônibus 3	3/1	3/2	3/3	3/4	3/5
Ônibus 4	4/1	4/2	4/3	4/4	4/5
Ônibus 5	5/1	5/2	5/3	5/4	5/5
...					

Agora vamos traduzir o que aprendemos com o Hotel Hilbert para símbolos matemáticos:

Toda vez que se designou um quarto para uma pessoa mostrou-se que $1 + \aleph_0 = \aleph_0$.

Quando um número enumeravelmente infinito de pessoas recebeu quartos, vimos que $\aleph_0 + \aleph_0 = \aleph_0$.

Quando um número enumeravelmente infinito de ônibus, cada um com um número enumeravelmente infinito de passageiros, recebeu quartos, isso revelou que $\aleph_0 \times \aleph_0 = \aleph_0$.

Essas regras são exatamente o que se espera do infinito: somando-se infinito a infinito tem-se infinito, multiplicando-se infinito por infinito tem-se infinito.

Detenhamo-nos um pouco aqui. Já obtivemos um resultado incrível. Examine de novo a tabela de assentos e ônibus. Faça de conta que cada pessoa designada por *m/n* é a fração $\frac{m}{n}$. A tabela, quando ampliada indefinidamente, abrangerá todas as frações positivas, pois as frações positivas também podem ser definidas como $\frac{m}{n}$ para todos os números naturais *m* e *n*. Por exemplo, a fração $\frac{5628}{785}$ estará na 5682ª fila, 785ª coluna. O método zigue-zagueante que conta cada passageiro de cada ônibus também pode, portanto, ser usado para contar cada fração positiva. Em outras palavras, o conjunto de todas as frações positivas e o conjunto de todos os números naturais têm a mesma cardinalidade, que é $\aleph_0$. Diz-nos a intuição que deveria haver mais frações do que números naturais, uma vez que entre dois números naturais quaisquer há um número infinito de frações, mas Cantor mostrou que nossa intuição está errada. Há tantas frações positivas quanto números naturais. (Na verdade, há tantas frações positivas e negativas quanto números naturais, uma vez que há $\aleph_0$ frações positivas e $\aleph_0$ frações negativas e, como vimos, $\aleph_0 + \aleph_0 = \aleph_0$.)

Podemos avaliar como esse resultado é estranho examinando a linha de números, que é uma forma de compreender os números considerando-os pontos numa linha. A linha de números abaixo parte de 0 e segue em direção ao infinito.

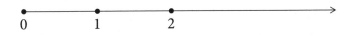

Cada fração positiva pode ser considerada um ponto nessa linha de números. Num capítulo anterior, vimos que existe um número infinito de frações entre 0 e 1, assim como entre 1 e 2, ou entre dois números quaisquer. Agora imagine que você mira um microscópio para a linha a fim de olhar entre os pontos que representam as frações $\frac{1}{100}$ e $\frac{2}{100}$. Como já mostramos, há um número infinito de pontos que representam frações entre esses dois pontos. Na verdade, onde quer que você coloque seu microscópio ao longo da linha, e por menor que seja o intervalo entre dois pontos que o seu microscópio consiga ver, sempre haverá uma quantidade infinita de pontos representando frações nesse intervalo. Como há um número infinito de pontos representando frações onde quer que olhe, você ficará perplexo ao perceber que de fato é possível contá-los em ordem numa lista que abranja cada ponto, sem exceção.

Agora, o grande acontecimento: a prova de que existe uma cardinalidade maior do que $\aleph_0$. Voltemos ao Hotel Hilbert. Desta vez o hotel está vazio quando um número infinito de pessoas aparece à procura de quartos. Mas os viajantes não chegam de ônibus; na verdade, é uma ralé em que cada um usa uma camiseta mostrando uma expansão decimal entre 0 e 1. Os números escritos no peito nunca se repetem, e cobrem todas as expansões decimais de 0 a 1. (As expansões decimais são infinitamente longas, é claro, portanto o número de camisetas para exibi-las também precisaria ser infinito, mas como suspendemos a nossa descrença para poder imaginar um hotel com um número infinito de quartos, achei que não seria pedir demais tentar visualizar essas camisetas.)

Alguns recém-chegados correm para a recepção e perguntam se o hotel pode acomodá-los. Para isso, tudo que o recepcionista precisa fazer é encontrar uma forma de relacionar todos os decimais entre 0 e 1, pois, uma vez relacionados, poderá distribuir os quartos. Parece justo, pois, afinal de contas, ele descobriu um jeito de relacionar um número infinito de passageiros de um número infinito de ônibus. Desta vez, entretanto, a tarefa é impossível. Não há como contar cada expansão decimal entre 0 e 1 de tal maneira que possamos anotá-las em ordem numa lista. Para provar o que digo, vou mostrar que para cada lista infinita de números entre 0 e 1 sempre haverá um número entre 0 e 1 que não esteja na lista.

430

Veja como se faz. Imagine-se que o primeiro a chegar tem uma camiseta com a expansão 0,6429657..., o segundo com 0,0196012..., e o recepcionista lhes dá os quartos 1 e 2. E digamos que ele continua designando quartos para os próximos a chegar, criando, dessa forma, uma lista infinita que começa (lembre-se de que cada uma dessas expansões continua indefinidamente):

Quarto 1   0,6429657...
Quarto 2   0,0196012...
Quarto 3   0,9981562...
Quarto 4   0,7642178...
Quarto 5   0,6097856...
Quarto 6   0,5273611...
Quarto 7   0,3002981...
Quarto ... 0...
...   ...

Nosso objetivo, como já foi declarado, é encontrar uma expansão decimal entre 0 e 1 que não esteja na lista. Isso se faz usando o seguinte método. Primeiro, construindo o número que tenha a primeira casa decimal do número no Quarto 1, a segunda casa decimal do número no Quarto 2, a terceira casa decimal do número no Quarto 3 e assim por diante. Em outras palavras, estamos selecionando os dígitos diagonais sublinhados em seguida:

0,**6**429657...
0,0**1**96012...
0,99**8**1562...
0,764**2**178...
0,6097**8**56...
0,52736**1**1...
0,300298**1**...

O número é
0,6182811...

Estamos quase chegando. Agora precisamos fazer uma última coisa para construir nosso número que não está na lista do recepcionista: alterar cada dígito desse número. Façamos isto somando 1 a cada dígito, de modo que o 6 se torna 7, o 1 se torna 2, o 8 se torna 9, e assim por diante, para obtermos este número: 0,7293922...

Agora conseguimos. Esta expansão decimal é a exceção que procurávamos. Não pode estar na lista do recepcionista porque a construímos artificialmente, para que não pudesse estar. O número não está no Quarto 1, porque seu primeiro dígito é diferente do primeiro dígito do número no Quarto 1. O número não está no Quarto 2 porque o segundo dígito é diferente do segundo dígito do número no Quarto 2, e, continuando assim, veremos que o número não pode estar em nenhum Quarto *n*, porque seu *enésimo* dígito será sempre diferente do *enésimo* dígito na expansão do Quarto *n*. Nossa expansão personalizada 0,7293922... não pode, portanto, ser igual a nenhuma expansão atribuída a qualquer quarto, porque sempre terá pelo menos um dígito diferente da expansão atribuída àquele quarto. Pode muito bem haver um número na lista cujas primeiras sete casas decimais sejam 0,7293922, mas, se estiver na lista, ele terá pelo menos um dígito diferente do nosso número personalizado, mais adiante na expansão. Em outras palavras, mesmo que nosso recepcionista continuasse designando quartos para sempre, ele seria incapaz de encontrar um quarto para o recém-chegado com a camiseta que traz o número inventado por nós e começa com 0,7293922...

Escolhi uma lista que começa com os números arbitrários 0,6429657... e 0,0196012..., mas poderia ter escolhido uma lista que começasse com quaisquer números. Para cada lista que se faça, sempre será possível criar, usando o método "diagonal" mostrado, um número que não esteja na lista. O Hotel Hilbert pode ter um número infinito de quartos, mas *não pode* acomodar o número infinito de pessoas definido pelos decimais entre 0 e 1. Alguém sempre ficará sobrando. O hotel simplesmente não é grande o suficiente.

A descoberta de Cantor, de que há um infinito *maior* do que a infinidade de números naturais, foi um dos grandes avanços matemáticos do século XIX. É um resultado fantástico, e parte da sua força está no fato de que o resultado realmente era bem fácil de explicar: alguns infinitos são contáveis e têm tamanho $\aleph_o$, e outros não são contáveis, sendo portanto maiores. Esses infinitos incontáveis têm muitos tamanhos diferentes.

O infinito incontável de mais fácil compreensão é chamado de c e é o número de pessoas que chegaram ao Hotel Hilbert com camisetas exibindo as expansões decimais entre 0 e 1. Neste caso, também é instrutivo interpretarmos c examinando o que ele significa na linha de números. Cada pessoa com uma expansão decimal entre 0 e 1 na camiseta também pode ser vista como um ponto na linha entre 0 e 1. O c inicial é usado porque representa o "*continuum*" de pontos numa linha de números.

E é aqui que alcançamos outro resultado estranho. Sabemos que há c pontos entre 0 e 1, e apesar disso sabemos que há $\aleph_o$ frações na linha de números inteira. Como provamos que c é maior do que $\aleph_o$, só pode ser porque há mais pontos numa linha entre 0 e 1 do que pontos que representem frações em toda a linha de números.

De novo Cantor nos conduziu a um mundo bastante contraintuitivo. As frações, embora infinitas em número, são responsáveis apenas por uma parte minúscula, muito minúscula, da linha de números. Estão espalhadas muito mais levemente pela linha do que o outro tipo de número que a compõe, os números que não podem ser expressos por frações, nossos velhos amigos, os números *irracionais*. Ocorre que os números irracionais estão agrupados tão densamente que há maior quantidade deles em qualquer intervalo finito na linha de números do que frações em toda a linha de números.

Acabamos de apresentar c como o número de pontos numa linha de números entre 0 e 1. Quantos pontos existem entre 0 e 2, ou entre 0 e 100? Exatamente c números. Na realidade, entre dois pontos quaisquer na linha de números há exatamente c pontos, e não importa se estão longe ou perto um do outro. Mais incrível ainda é que a totalidade de pontos em toda a linha de números também é c, e isso é mostrado pela prova ilustrada adiante. A ideia é mostrar que existe uma correspondência de um por um entre os pontos que ficam entre 0 e 1 e os pontos que ficam em toda a extensão da linha de números. Isto é feito associando-se cada ponto da linha de números com um ponto entre 0 e 1. Primeiro, risca-se um semicírculo suspenso sobre 0 e 1. O semicírculo funciona como alcoviteiro, juntando casais de pontos entre 0 e 1 com os pontos na linha de números. Toma-se qualquer ponto da linha de números, assinalado por a, e traça-se uma linha reta de a ao centro do círculo. A linha encontra o semicírculo num ponto que é uma distância única entre 0 e 1, marcado como *a'*, traçando-se uma linha que desce verticalmente até a linha de números. Podemos unir cada ponto marcado com *a* a um exclusivo ponto *a'* dessa maneira. À medida que o ponto escolhido por nós segue para mais infinito, o ponto correspondente entre 0 e 1 se aproxima de 1, e à medida que o ponto escolhido segue para menos infinito, o ponto correspondente se aproxima de 0. Se todo ponto da linha de números pode ser unido a um ponto exclusivo entre 0 e 1 e vice-versa, então o número de pontos na linha de números tem de ser igual ao número de pontos entre 0 e 1.

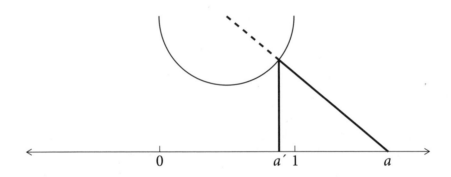

A diferença entre $\aleph_0$ e *c* é a diferença entre o número de pontos na linha de números que são frações e o número total de pontos, incluindo frações e irracionais. O salto entre $\aleph_0$ e *c*, entretanto, é tão imenso que se pegássemos ao acaso um ponto na linha de números teríamos 0% de probabilidade de pegar uma fração. Simplesmente não há um número suficiente delas, em comparação com o incontavelmente infinito número de irracionais.

Difícil como era de início aceitar as ideias de Cantor, a invenção do alef tem sido legitimada pela história; não só é agora quase universalmente aceita na congregação dos números, como também as provas em ziguezague e em diagonal são geralmente tidas como das mais deslumbrantes de toda a matemática. Disse David Hilbert: "Do paraíso que Cantor criou para nós, ninguém nos expulsará".

Infelizmente para Cantor, esse paraíso lhe custou a saúde mental. Depois de recuperar-se da primeira crise nervosa, ele concentrou-se em outros assuntos, como teologia e história elisabetana, convencendo-se de que o cientista Francis Bacon escrevera as peças de William Shakespeare. Provar a autoria de Bacon tornou-se cruzada pessoal e motivo de um comportamento cada vez mais errático. Em 1911, ao dar uma palestra na Universidade de St. Andrews, como convidado para falar sobre matemática, ele preferiu expor suas opiniões sobre Shakespeare, para grande constrangimento dos anfitriões. Cantor teve diversas crises nervosas e foi várias vezes hospitalizado, antes de morrer em 1918.

Luterano devoto, Cantor escreveu cartas a pastores sobre o significado de suas descobertas. Acreditava que seu jeito de lidar com o infinito mostrara que ele podia ser contemplado pela mente humana, o que nos aproximava do Criador. A ascendência judaica de Cantor — como já se afirmou — talvez tenha influenciado a escolha do alef como símbolo do infinito, pois ele provavelmente sabia que na tradição mística da Cabala o alef representa a singularidade de Deus. Cantor disse que se sentia orgulhoso de ter escolhido o alef, por ser, como primeira letra do alfabeto hebraico, o símbolo perfeito de um novo começo.

O alef é também um lugar perfeito para terminarmos nossa viagem. A matemática, como escrevi nos capítulos iniciais deste livro, surgiu como parte do desejo humano de dar sentido ao ambiente em que vivemos. Ao fazer entalhes na madeira, ou contar com os dedos, nossos antepassados inventaram os números. Isso foi útil para a agricultura e para o comércio, e nos conduziu à "civilização". Depois, à medida que se desenvolvia, a matemática passou a tratar cada vez menos de coisas reais e cada vez mais de coisas abstratas. Os gregos introduziram conceitos como ponto e linha, e os indianos inventaram o zero, que abriu a porta para abstrações cada vez mais radicais, como os números negativos. Esses conceitos, embora de início afrontassem nossa intuição, foram rapidamente assimilados, e agora fazem parte da nossa vida diária. Pelo fim do século XIX, porém, o cordão umbilical que ligava a matemática à nossa própria experiência rompeu-se de vez. Depois de Riemann e Cantor, a matemática perdeu o vínculo com qualquer avaliação intuitiva do mundo.

Tendo descoberto c, Cantor seguiu em frente, provando que há infinitos ainda maiores. Como vimos, c é o número de pontos numa linha. É também igual ao número de pontos numa superfície bidimensional. (Outro resultado surpreendente, sobre o qual vocês precisam acreditar em minha palavra.) Chamemos de *d* o número de todas as linhas, curvas e rabiscos que podem ser traçados numa superfície bidimensional. (Tais linhas, curvas e rabiscos são contínuos, como se os traçássemos sem levantar a caneta do papel, ou descontínuos, como se levantássemos a caneta pelo menos uma vez, deixando um espaço entre diferentes segmentos da mesma linha.) Usando a teoria dos conjuntos, podemos provar que *d* é maior do que *c*. E ir um pouco além, mostrando que deve haver um infinito maior do que *d*. Mas até agora ninguém foi capaz de apresentar um conjunto de coisas que ocorram naturalmente cuja cardinalidade seja maior do que *d*.

Cantor nos levou além do imaginável. É um lugar maravilhoso e curiosamente oposto à situação da tribo amazônica que mencionei no começo do livro. Os mundurucus têm muitas coisas, mas não têm números suficientes para contá-las. Cantor nos deu todos os números que quisermos, mas já não existem tantas coisas assim para contar.

Glossário

Algoritmo: conjunto de regras ou instruções projetadas para resolver um problema.

Ambigrama: palavra (ou conjunto de palavras) escrita(o) de modo tal a ocultar outras palavras, geralmente a mesma palavra (ou o mesmo conjunto de palavras) escrita(o) de cabeça para baixo.

Axioma: enunciado aceito sem provas, geralmente por ser evidente por si, e usado como estabelecimento de um sistema lógico.

Base: num sistema numérico, a base é o tamanho do grupo de números que, quando expresso em algarismos arábicos, é igual ao número de diferentes dígitos que o sistema permite. O sistema binário, que usa 0 e 1, é de base 2, enquanto o sistema decimal, que usa de 0 a 9, é de base 10.

Caminhada aleatória: interpretação visual da aleatoriedade, na qual cada evento aleatório é expresso como movimento numa direção aleatória.

Cardinalidade: o tamanho de um conjunto.

Circunferência: o perímetro de um círculo.

Conjunto: coleção de coisas.

Constante: qualquer valor fixo.

Continuum: os pontos de uma linha contínua.

Correlação: medida da interdependência de duas variáveis.

Curvatura: propriedade do espaço que pode ser determinada pelo comportamento de triângulos ou linhas paralelas.

Denominador: o número que fica abaixo do traço de fração.

Diâmetro: a largura do círculo.

Discalculia: desordem que afeta a capacidade de compreender números.

Distribuição: expansão de possíveis resultados e a probabilidade de ocorrerem.

Distribuição gaussiana: a distribuição normal.

Distribuição normal: o tipo mais comum de distribuição, que produz a curva do sino.

Divisor: número natural pelo qual se divide outro número sem deixar resto; assim, 5 é divisor de 20.

Equação cúbica: equação da forma $ax^3 + bx^2 + cx + d = 0$, na qual a, b, c e d são constantes e a é diferente de zero.

Equação quadrática: equação da forma $ax^2 + bx + c = 0$, em que a, b e c são constantes e a é diferente de zero.

Expoente: potência de um número, sobrescrita como símbolo à direita. Exemplo: o x em 3^x.

Falácia do jogador: a falsa ideia de que resultados aleatórios não são aleatórios.

Fator: divisor de um número.

Fatorar: decompor um número em fatores, geralmente só aqueles que são números primos.

Fi: a constante matemática cuja expansão decimal começa com 1,618... Conhecida também como proporção áurea, ou proporção divina.

Fração decimal: fração escrita com um sinalizador decimal, no caso, a vírgula, de modo que 1,5 é a fração decimal equivalente a $\frac{3}{2}$.

Hipotenusa: o lado de um triângulo retângulo oposto ao ângulo reto.

Infinito contável: conjunto infinito, cujos membros podem ser colocados numa correspondência de um por um com os números naturais.

Infinito incontável: conjunto infinito cujos membros não podem ser colocados em correspondência de um por um com os números naturais.

Inteiro: número que é um dos números naturais, dos números naturais negativos, ou zero.

Inversão: o mesmo que ambigrama.

Lei dos números grandes: a regra segundo a qual a probabilidade funciona no longo prazo, e quanto mais exemplos de evento aleatório houver (como jogar cara ou coroa), mais os resultados reais se aproximarão dos resultados esperados.

Lei dos números muito grandes: a regra segundo a qual se a amostra for suficientemente abrangente, então qualquer resultado pode ocorrer, por mais improvável que seja.

Linha de números: representação visual de números como pontos numa linha contínua.

Logaritmo: se $a = 10^b$, então o logaritmo de a é b, escrito como log $a = b$.

Matemática combinatória: o estudo de combinações e permutas.

Numerador: termo que fica acima do traço de fração.

Número de Fibonacci: número da série de Fibonacci, que começa com 1, 1, 2, 3, 5, 8, 13...

Número irracional: número que não pode ser expresso como fração.

Número natural: qualquer número inteiro que possa ser obtido contando-se para cima a partir de 1.

Número normal: número cujas casas decimais consistem de uma quantidade igual de 0, 1, 2, 3, 4, 5, 6, 7, 8 e 9.

Número perfeito: número igual à soma de seus divisores (excluindo ele próprio).

Número primo: número natural que tem apenas dois divisores, ele próprio e 1.

Número racional: número que pode ser expresso como fração.

Números amigáveis: dois números em que a soma dos fatores de um é igual à do outro e vice-versa.

Número transcendental: número que não pode ser expresso como solução para uma equação finita.

Ordem de magnitude: Mais comumente, é a escala de um número baseada no valor posicional do dígito da extrema esquerda desse número. Assim, a ordem de magnitude de qualquer número entre 1 e 9 é um, entre 10 e 99 é dois, entre 100 e 999 é três, e assim por diante.

Paralelas: duas linhas retas que nunca se encontram.

Pi: a constante matemática cuja expansão decimal começa com 3,1415926 5358979323846... e que é igual à razão entre a circunferência e o diâmetro de um círculo.

Plano hiperbólico: superfície infinitamente grande, com curvatura negativa.

Polígono: forma bidimensional fechada feita de um número finito de linhas retas.

Polígono regular: polígono com lados iguais e ângulos internos iguais.

Postulado: enunciado que se adota como verdadeiro e é usado como axioma.

Potência: operação que determina quantas vezes um número deve ser multiplicado por ele mesmo, de modo que, se 10 for multiplicado por ele mesmo quatro vezes, escreve-se 10^4 e diz-se "dez elevado à quarta potência". Potências nem sempre são números naturais, mas quando se fala em "potência de x" entende-se que se fala apenas das potências de x que existem.

Primo de Mersenne: número primo que pode ser expresso como $2^n - 1$.

Probabilidade: a chance de um evento ocorrer, expressa como fração entre 0 e 1.

Progressão geométrica: sequência de números na qual cada novo termo é calculado multiplicando-se o termo anterior por um número fixo.

Quadrado latino: quadro onde cada elemento ocorre apenas uma vez em cada linha horizontal e coluna.

Quadrado mágico: quadro contendo números consecutivos de 1, de tal maneira que as somas de cada linha horizontal, coluna e diagonal sejam iguais.

Raio: linha reta do centro à circunferência de um círculo.

Regressão à média: fenômeno segundo o qual depois de eventos extremos é maior a probabilidade de ocorrerem eventos menos extremos.

Ruína do jogador: a inevitabilidade de falência, quando se joga muito tempo.

Sequência: lista de números.

Série: a soma dos termos de uma sequência.

Série convergente: série infinita cuja soma é um número finito.

Série divergente: série infinita cuja soma não é um número finito.

Série infinita: série com número infinito de termos.

Sólido platônico: os cinco sólidos cujos lados são todos polígonos regulares idênticos; em outras palavras, o tetraedro, o cubo, o octaedro, o icosaedro e o dodecaedro.

Solução única: situação em que existe uma, e somente uma, solução possível.

Teorema: afirmação que pode ser demonstrada por outros teoremas e/ou axiomas.

Tesselação: arranjo de mosaicos que preenche completamente um espaço bidimensional, sem sobreposições.

Triângulo egípcio: triângulo cujos lados guardam as proporções 3, 4 e 5.

Valor esperado: valor teórico equivalente a quanto se espera ganhar ou perder num jogo.

Vantagem: chance de ganhar um jogo menos a chance de perder.

Variável: quantidade que pode assumir valores diferentes.

Vértice: onde duas linhas se encontram para formar um ângulo, ou pontos angulares de uma forma tridimensional.

Apêndice 1

Para compreender como os mosaicos quadrados de Annairizi demonstram o Teorema de Pitágoras, veja o triângulo destacado na figura da p. 97. Tudo que se precisa fazer é rearranjar o quadrado da hipotenusa exatamente nos quadrados dos outros dois lados. O quadrado da hipotenusa é composto de cinco seções; três em cinza claro, duas em cinza escuro. Pode-se notar, examinando como o padrão se repete, que as seções claras compõem exatamente o quadrado de um dos lados do triângulo, e que as escuras compõem o quadrado do outro lado.

Para a prova de Leonardo, é necessário primeiro demonstrar que as seções sombreadas em (i) e (ii) a seguir são iguais. Faz-se isso girando a seção em torno do ponto P. As duas seções têm lados e ângulos do mesmo tamanho, e portanto têm de ser a mesma. Então resta demonstrar que esta seção é igual à seção em (iii). Isso tem de ser verdade, pois ela é feita de partes idênticas.

Com essas informações, pode-se completar a prova. O reflexo da primeira seção sombreada e sua imagem espelhada do outro lado da linha pontilhada consiste de dois triângulos retângulos idênticos e dos quadrados de seus dois lados menores. Essa área tem de ser igual à área coberta pelas seções sombreadas em (ii) e (iii) juntas, que consiste em dois triângulos retângulos idênticos e o quadrado da hipotenusa. Se subtrairmos a área de dois triângulos desses dois casos, o quadrado da hipotenusa tem de ser igual ao quadrado dos outros dois lados.

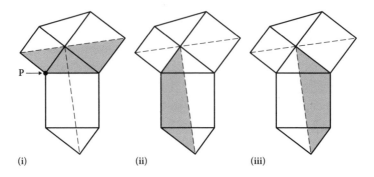

(i) (ii) (iii)

Apêndice 2

Num quadrado unitário, o comprimento da diagonal é $\sqrt{2}$. Para mostrar que isso é irracional, usarei uma *redução ao absurdo*, na qual, partindo do pressuposto de que $\sqrt{2}$ é racional, demonstrarei que isso leva a uma contradição. Se é contraditório dizer que $\sqrt{2}$ é racional, então só pode ser irracional.

Se $\sqrt{2}$ é racional, então há números naturais a e b, de modo que $\sqrt{2} = \frac{a}{b}$. Vamos insistir em que essa é a forma mais reduzida da fração, portanto não se pode reescrever $\frac{a}{b}$ como se fosse $\frac{m}{n}$ quando m e n são números naturais menores que a e b.

Se $\sqrt{2} = \frac{a}{b}$, então elevando ao quadrado os dois termos da equação, $2 = \frac{a^2}{b^2}$ que podemos reescrever como $a^2 = 2b^2$.

Seja qual for o valor de b^2, $2b^2$ tem de ser par, pois multiplicando-se qualquer número natural por dois o resultado é um número par. Se $2b^2$ é par, então a^2 é par. Agora, uma vez que o quadrado de um número ímpar é sempre um número ímpar, e o quadrado de um número par é sempre par, isso quer dizer que a tem de ser par.

Se a é par, então há um número c menor do que a de tal forma que $a = 2c$, e portanto que $a^2 = (2c)^2 = 4c^2$.

Substituindo-se a^2 por $4c^2$ na equação acima, obtemos $4c^2 = 2b^2$. O que se reduz a $b^2 = 2c^2$. Pelo mesmo raciocínio, isso significa que b^2 é par, portanto b é par. Se b é par, há um número d menor do que b de tal forma que $b = 2d$.

Portanto $\frac{a}{b}$ pode ser reescrito como $\frac{2c}{2d}$, ou $\frac{c}{d}$, uma vez que os 2 se cancelam. Temos aqui nossa contradição! Do exposto, estipulamos que $\frac{a}{b}$ é a forma mais reduzida da fração, o que significa que não há valores para c e d menores do que a e b de tal forma que $\frac{a}{b} = \frac{c}{d}$. Como chegamos a uma contradição por supor que $\sqrt{2}$ pode ser reescrita como $\frac{a}{b}$, segue-se, forçosamente, que $\sqrt{2}$ não pode ser reescrita dessa maneira, portanto $\sqrt{2}$ é irracional.

Apêndice 3

No quadrado mágico de Franklin de 16 × 16, a soma de cada linha e coluna é sempre 2056. Não é um quadrado mágico de verdade, pois a soma das diagonais não é 2056, mas suas ricas propriedades levaram Clifford A. Pickover a escrever que "não seria exagero dizer que pode-se passar a vida inteira contemplando sua maravilhosa estrutura". Por exemplo, a soma de cada subquadrado de 2 × 2 (e há 225 deles) é 514, o que significa que a soma de cada subquadrado de 4 × 4 é 2056. Muitas outras simetrias e padrões também estão contidos no quadrado.

200	217	232	249	8	25	40	57	72	89	104	121	136	153	168	185
58	39	26	7	250	231	218	199	186	167	154	135	122	103	90	71
198	219	230	251	6	27	38	59	70	91	102	123	134	155	166	187
60	37	28	5	252	229	220	197	188	165	156	133	124	101	92	69
201	216	233	248	9	24	41	56	73	88	105	120	137	152	169	184
55	42	23	10	247	234	215	202	183	170	151	138	119	106	87	74
203	214	235	246	11	22	43	54	75	86	107	118	139	150	171	182
53	44	21	12	245	236	213	204	181	172	149	140	117	108	85	76
205	212	237	244	13	20	45	52	77	84	109	116	141	148	173	180
51	46	19	14	243	238	211	206	179	174	147	142	115	110	83	78
207	210	239	242	15	18	47	50	79	82	111	114	143	146	175	178
49	48	17	16	241	240	209	208	177	176	145	144	113	112	81	80
196	221	228	253	4	29	36	61	68	93	100	125	132	157	164	189
62	35	30	3	254	227	222	195	190	163	158	131	126	99	94	67
194	223	226	255	2	31	34	63	66	95	98	127	130	159	162	191
64	33	32	1	256	225	224	193	192	161	160	129	128	97	96	65

Apêndice 4

O princípio em que se baseia a sequência de Gijswijt consiste em procurar blocos de números que se repetem nos termos anteriores da sequência. O "bloco" precisa estar no fim da sequência de termos anteriores, e o número de vezes que ele se repete gera o termo seguinte.

Matematicamente, a sequência é descrita da seguinte forma. Partindo de 1, cada termo subsequente é o valor k, quando os termos anteriores são multiplicados em ordem e escritos como xy^k para o maior valor possível de k.

A sequência é 1, 1, 2, 1, 1, 2, 2, 2, 3, 1, 1, 2, 1, 1, 2, 2, 2, 3, 2, 1...

Acho que fica mais fácil entender o que ocorre quando se examina a primeira vez em que o 3 aparece, o que ocorre na posição 9. Os termos anteriores multiplicados em ordem são $1 \times 1 \times 2 \times 1 \times 1 \times 2 \times 2 \times 2$. O que Gijswijt exige de nós é que transformemos essa soma num termo xy^k para o maior valor de k. Neste caso, temos $(1 \times 1 \times 2 \times 1 \times 1) \times 2^3$. Portanto, o termo seguinte é um 3. Estamos procurando o maior bloco de números repetidos no fim da sequência de termos anteriores, embora neste caso o bloco seja um único número, 2, repetido três vezes.

Mas geralmente o bloco tem vários dígitos. Veja a posição 16. Os termos anteriores multiplicados em ordem são $1 \times 1 \times 2 \times 1 \times 1 \times 2 \times 2 \times 2 \times 3 \times 1 \times$

$1 \times 2 \times 1 \times 1 \times 2$. Isso pode ser escrito assim $(1 \times 1 \times 2 \times 1 \times 1 \times 2 \times 2 \times 3) \times (1 \times 1 \times 2)^3$. Portanto, o $16^{\underline{o}}$ termo é um 2.

Voltando ao início, o segundo termo é um 1, porque o termo anterior 1 não é multiplicado por nada. O terceiro termo é um 2, porque os termos anteriores multiplicados em ordem são $1 \times 1 = 1^2$, e o quarto termo é 1, porque os termos anteriores resultam em $(1 \times 1 \times 2) \times 1$, onde o 1 final não é multiplicado por ele mesmo.

Apêndice 5

Queremos mostrar que a série harmônica diverge; em outras palavras, que a soma de

$$1 + \tfrac{1}{2} + \tfrac{1}{3} + \tfrac{1}{4} + \tfrac{1}{5} + \cdots$$

é infinita. Isso é feito mostrando-se que a série harmônica é maior do que a série seguinte, cuja soma é infinita:

$$\tfrac{1}{2} + \tfrac{1}{2} + \tfrac{1}{2} + \tfrac{1}{2} + \tfrac{1}{2} + \cdots$$

Comparemos os termos da série harmônica em grupos de dois, quatro, oito e assim por diante, a partir do terceiro termo. Eles estão relacionados abaixo. Porque $\tfrac{1}{3}$ é maior do que $\tfrac{1}{4}$, $\tfrac{1}{3} + \tfrac{1}{4}$ tem de ser maior do que $\tfrac{1}{4} + \tfrac{1}{4}$, que é $\tfrac{1}{2}$. Da mesma forma, uma vez que $\tfrac{1}{5}$, $\tfrac{1}{6}$ e $\tfrac{1}{7}$ são todos maiores do que $\tfrac{1}{8}$, isso quer dizer que $\tfrac{1}{5} + \tfrac{1}{6} + \tfrac{1}{7} + \tfrac{1}{8}$ é maior do que $\tfrac{4}{8}$, que é também $\tfrac{1}{2}$. Se prosseguirmos, sempre considerando dobrar o número de termos, veremos que somos capazes de somá-los para alcançar um valor maior do que $\tfrac{1}{2}$:

3º e 4º termos $\qquad \tfrac{1}{3} + \tfrac{1}{4} \qquad > \qquad \tfrac{1}{4} + \tfrac{1}{4} = \tfrac{1}{2}$

5º ao 8º termo $\qquad \frac{1}{5} + \frac{1}{6} + \frac{1}{7} + \frac{1}{8} \qquad > \qquad 4\left(\frac{1}{8}\right) - \frac{1}{2}$

9º ao 16º termo $\qquad \frac{1}{9} + \cdots + \frac{1}{16} \qquad > \qquad 8\left(\frac{1}{16}\right) = \frac{1}{2}$

A série harmônica, portanto, é maior do que $\frac{1}{2} + \frac{1}{2} + \frac{1}{2} + \frac{1}{2} + \frac{1}{2} + \ldots$, que é infinitas vezes meio, que é o infinito. Portanto, a série harmônica é maior do que o infinito; em outras palavras, é infinita.

Apêndice 6

A *fração contínua* é um tipo estranho de fração, construída por um processo infinito de somas e divisões.

Quando fi é expresso como fração contínua fica assim:

$$fi = 1 + \cfrac{1}{1 + \cfrac{1}{1 + \cfrac{1}{1 + \ldots}}}$$

Para compreender como funciona, vamos pegar a fração linha por linha e ver que ela se aproxima de fi:

$$1$$

$$1 + 1 = 2$$

$$1 + \cfrac{1}{1 + 1} = 1,5$$

$$1 + \cfrac{1}{1 + \frac{1}{1+1}} = \frac{2}{3} = 1,66\ldots$$

$$1 + \cfrac{1}{1 + \frac{1}{1+\frac{1}{1+1}}} = 1,6$$

E assim por diante.

As frações contínuas dão aos matemáticos uma forma de avaliar até que ponto um número pode ser irracional. Como a expressão para fi contém apenas 1s, esta é a fração contínua mais "pura" que existe, e por isso é considerada o "mais irracional" dos números.

Notas e referências

Enquanto eu escrevia este livro, havia quatro volumes que não saíam da minha mesa, e sua contribuição não poderia ser isolada em nenhum capítulo particular. Ninguém se compara a Martin Gardner no campo da matemática popular, por sua erudição, por sua graça, por sua clareza. *Number*, de Tobias Dantzig, é um clássico sobre a evolução cultural da matemática. E as obras de Ifrah e Cajori são exaustivamente bem pesquisadas e infinitamente fascinantes.

CAJORI, F. *A history of mathematical notations*. Dover, 1993 (fac-símile do original de Open Court, Illinois, 1928/9).

DANTZIG, T. *Number*. Plume, Nova York, 2007 (originariamente lançado por Macmillan, 1930).

GARDNER, M. *Mathematical games: the entire collection of his Scientific American columns*. Mathematical Association of America, 2005.

IFRAH, G. *The universal history of numbers*. John Wiley, Nova York, 2000.

0. CABEÇA PARA NÚMEROS [PP. 17-47]

Este capítulo surgiu das conversas mantidas em Londres com Brian Butterworth, e em Paris com Stanislas Dehaene e Pierre Pica. No University College de Londres submeti-me a um teste para saber se tinha discalculia, aplicado por Teresa Iuculano e Marinella Cappelletti, com um programa de computador agora usado nas escolas do Reino Unido. Não sou discalcúlico, o que talvez não seja nenhuma grande surpresa. Se você quiser ajudar os mundurucus a protegerem sua educação e seu meio ambiente tradicionais, pode enviar sua doação para: The Munduruk Fund, The Arrow Rainforest Foundation, 5 Southridge Place, London sw20 8JQ, United Kingdon. Mais detalhes em <www.thearrowrainforestfoundation.com>.

ANGIER, N. "Gut instinct's surprising role in Math". *New York Times*, 2008.

BUTTERWORTH, B. *The mathematical brain*. Macmillan, Londres, 1999.

DEHAENE, S. *The number sense*. Oxford University Press, Oxford, 1997.

_____; IZARD, V.; SPELKE, E.; PICA, P. "Log or linear?". *Science*, 2008.

INOUE, S.; MATSUZAWA, T. "Working memory of numerals in chimpanzees". *Current Biology*, 2007.

MATZUSAWA, T. (Ed.). *Primate origins of human cognition and behavior*. Springer, Tóquio, 2001.

PICA, P.; LERNER, C.; IZARD, V.; DEHAENE, S. "Exact and appropriate Arithmetic in an Amazonian indigene group". *Science*, 2004.

SIEGLER, R. S.; BOOTH, J. L. "Development of numerical estimation in young children". *Child Development*, 2004.

1. A CONTACULTURA [PP. 49-83]

Quem quiser mais informações sobre as alegrias da base 12 pode contatar a Dozenal Society of America via contact@Dozenal.org, ou escrever para 5106 Hampton Avenue Suite 205, Saint Louis, Missouri, 63109-3115, USA. *Little Twelvetoes* é um clássico de *Schoolhouse Rock!*, série de cartuns musicais sobre matemática, ciência e gramática dos anos 1970, que podem ser vistos na internet. Meu ingresso no mundo do ábaco só foi possível graças a Kouzi Suzuki, pregador entusiasmado das virtudes do *soroban,* que me esperava numa estação ferroviária de Tóquio vestido de Sherlock Holmes.

ANDREWS, F. E. *New numbers.* Faber & Faber, Londres, 1936.

DOWKER, A.; LLOYD D. "Linguistic influences on numeracy". *Education Transactions.* University of Bangor, 2005.

DUODECIMAL SOCIETY OF AMERICA, INC. *Manual of the dozen system.* Duodecimal Society of America, Nova York, 1960.

ELBROW, Almirante de esquadra G. *The new English system of money, weights and measures and of Arithmetic.* P. S. King & Son, Londres, 1913.

ESSIG, J. *Douze, notre dix future.* Dunod, Paris, 1955.

GLASER, A. *History of binary and other nondecimal numeration.* Southampton, PA, 1971.

HAMMARSTRÖM, H. "Rarities in numeral systems", 2007.

KAWALL LEAL FERREIRA, M. (Ed.). *Ideias matemáticas de povos culturalmente distintos.* Global, São Paulo, 2000.

SUZUKI, K. *Lectures on soroban.* Institute for English Yomiagezan.

WASSMAN, J.; DASEN, P. R. "Yupno number system and counting". *Cross-cultural Psychology Journal,* 1994.

2. ATENÇÃO! [PP. 85-121]

Proofs without words é uma joia, e foi minha fonte de consulta sobre as diferentes provas de Pitágoras. Agradeço a Tom Hull por grande parte das informações básicas sobre origami. As ilustrações ensinando a fazer tetraedros e cubos de cartões de visita foram inspiradas por seu livro. Outra notável prática religioso-geométrica japonesa é a *sangaku,* que não coube no capítulo, mas é fascinante demais para deixar de ser mencionada aqui. *Sangaku* é uma tábua votiva japonesa pendurada em templos budistas ou xintoístas que traz pintada a demonstração de um problema geométrico. Entre os séculos XVII e XIX, milhares de *sangaku* foram feitas por japoneses que resolveram problemas geométricos mas não tinham recursos para publicar livros. Pintar a solução numa tábua e pendurá-la num templo era uma forma de fazer um voto religioso e anunciar os resultados.

Pouco depois de sair o livro, fui informado da morte de Jerome Carter num acidente de moto em 2009.

BALLIETT, L. D. *The philosophy of numbers*. L. N. Fowler, 1908.

BELL, E. T. *Numerology*. Century, 1933.

BOLTON, N. J.; MACLEOD, D. N. G. "The geometry of the Sri Yantra". *Religion*. 7, 1977.

BURNYEAT, M. F. "Other lives". *London Review of Books*, 2007.

DU SAUTOY, M. *Finding moonshine*. Fourth Estate, Londres, 2008.

DUDLEY, U. *Numerology*. Mathematical Association of America, 1997.

FERGUSON, K. *The music of Pythagoras*. Walker, Nova York, 2008.

HULL, T. *Project origami*. A. K. Peters, Wellesley, MA, 2006.

KAHN, C. H. *Pythagoras and the Pythagoreans, a brief history*. Hackett, Indianápolis, IN, 2001.

LOOMIS, E. S. *The Pythagorean proposition*. Edwards Bros, Ann Arbor, MI, 1940.

MAOR, E. *The Pythagorean theorem*. Princeton University Press, NJ, 2007.

MLODINOW, L. *Euclid's window*. Free Press, Nova York, 2001.

NELSEN, R. B. *Proofs without words*. Mathematical Association of America, Washington DC, 1993.

RIEDWIG, C. *Pythagoras, his life, teaching and influence*. Cornell University Press, Ithaca, NY, 2002.

SCHIMMEL, A. *The mystery of numbers*. Oxford University Press, Nova York, 1993.

SIMOONS, F. J. *Plants of life, plants of death*. University of Wisconsin Press, Madison, WI, 1998.

SUNDARA RAO, T. *Geometric exercises in paper folding*. Open Court, Chicago, IL, 1901.

3. ALGO SOBRE NADA [PP. 123-153]

Muito embora o *Liber Abaci* tenha sido publicado em 1202, a primeira tradução inglesa só apareceu no seu octingentésimo aniversário, em 2002. A matemática védica não é o único tipo de aritmética rápida existente. Há vários "sistemas", e muitos usam os mesmos truques. O mais conhecido é o Método

Trachtenberg, inventado por Jakow Trachtenberg quando estava preso num campo de concentração nazista. Arthur Benjamin, que se dizia "matemágico", é um recente e divertido artista das contas de cabeça.

DANI, S. G. "Myths and reality: on 'Vedic mathematics'".

FIBONACCI, L. *Fibonacci's Liber Abaci*. Springer, Nova York, 2002.

JOSEPH, G. G. *Crest of the peacock*. Penguin, Londres, 1992.

KNOTT, K. *Hinduism: a very short introduction*. Oxford University Press, 1998.

SEIFE, C. *Zero*. Souvenir Press, Londres, 2000.

TIRTHAJI, JAGADGURU SWAMI S. B. K. *Vedic mathematics*. Motilal Banarsidass, Déli, 1992.

4. A VIDA DE PI [PP. 155-189]

O menos apatetado dos concorrentes em Leipzig era Rüdiger Gamm, ex-halterofilista que tinha sido reprovado em matemática na escola. Depois de uma carreira de bíceps absurdamente desenvolvidos, ele agora exibe um cérebro absurdamente desenvolvido. Gamm, cuja capacidade de calcular o transformou em celebridade do segundo time na Alemanha, disse-me que sua grande vantagem é a memória: "Acho que tenho de 200 mil a 300 mil números [guardados] na cabeça".

(Achei este capítulo difícil de escrever, porque precisei me segurar para resistir à tentação de fazer terríveis trocadilhos com pi. Os matemáticos têm uma propensão congênita a exagerar nos trocadilhos. Quando vemos uma palavra, nosso primeiro impulso é decompô-la e rearranjá-la, e deve ser por isso que os maiores jogadores de palavras cruzadas do mundo são matemáticos e especialistas em ciência da computação, e não linguistas.)

AITKEN, A. C. "The art of mental calculation; with demonstrations". *Society of Engineers Journal and Transactions*, 1954.

ARNDT, J.; HAENEL, C. *Pi unleashed*. Springer, Londres, 2002.

BECKMANN, P. *A history of Pi*. St. Martin's Press. Nova York, 1971.

BERGGREN, L.; BORWEIN, J.; BORWEIN. P. *Pi: a source book*. Springer, Londres, 2003.

BIDDER, G. *A short account of George Bidder, the celebrated mental calculator; with a variety of the most difficult questions, proposed to him as the principal towns in the kingdom, and his surprising rapid answers!* W. C. Pollard, 1821.

COLBURN, Z. *A memoir of Zerah Colburn, written by himself.* G. & C. Merriam, Springfield, MA, 1833.

PRESTON, R. "The mountains of Pi", *New Yorker*, 1992.

RADEMACHER, H.; TORPLITZ, O. *The enjoyment of mathematics.* Princeton University Press, NJ, 1957.

5. O FATOR X [PP. 191-227]

ACHESON, D. *1089 and all that.* Oxford University Press, Oxford, 2002.

BERLINSKI, D. *Infinite ascent.* The Modern Library, Nova York, 2005.

DALE, R. *The Sinclair story.* Duckworth, Londres, 1985.

DERBYSHIRE, J. *Unknown quantity.* Atlantic Books, Londres, 2006.

HOPP, P. M. *Slide rules, their history, models and makers.* Astragal Press, Nova Jersey, 1999.

MAOR, E. *e: the story of a number.* Princeton University Press, NJ, 1994.

RADE, L.; KAUFMAN, B. A. *Adventures with your pocket calculator.* Pelican, Londres, 1980.

SCHLOSSBERG, E.; BROCKMAN, J. *The pocket calculator game book.* William Morrow, Nova York, 1975.

VINE, J. *Fun & games with your electronic calculator.* Babani Press. Londres, 1977 (publicado nos EUA como *Boggle, price, stern.* Sloane Publishers, Los Angeles, CA, 1975).

6. HORA DO RECREIO [PP. 229-271]

Em maio de 2010, um mês depois da publicação da edição original deste livro, Martin Gardner morreu. Ele tinha 95 anos e continuava trabalhando. Dois meses depois, Tom Rikicki e seus colaboradores finalmente provaram que o número de Deus é 20, usando 35 anos de tempo de computador doado pelo Google.

A sequência de potências de sete apresentada no *Mother Goose/Liber Abaci* aparece também, em forma modificada, no folclore islâmico; do anjo de Maomé diz-se ter 70 mil cabeças, cada uma com 70 mil rostos, cada rosto com 70 mil bocas, cada boca com 70 mil línguas, cada língua dominando 70 mil idiomas. O que dá um total de quase 1,7 milhão de bilhão de bilhões de idiomas.

Acho os artigos de Dudeney para a *Strand Magazine* brilhantemente bem escritos, independentemente do gênio dos quebra-cabeças, leitura que vale muito a pena. Agradeço a Angela Newing, especialista mundial em Henry Dudeney, por alguns detalhes biográficos, e a Jerry Slocum, por resolver todas as minhas dúvidas sobre quebra-cabeças. Quem estiver à procura de uma tatuagem de ambigrama deve dar uma olhada nas criações de Mark Palmer, em <www.wowtattoos.com>.

BACHET, C. G. *Amusing and entertaining problems that can be had with numbers (very useful for inquisitive people of all kinds who use arithmetic)*. Paris, 1612.

BODYCOMBE, D. J. *The riddles of the Sphinx*. Penguin, Londres, 2007.

DANESI, M. *The puzzle instinct*. University of Indiana Press, Indianápolis, IN, 2002.

DUDENEY, H. "Perplexities". Coluna em *Strand Magazine*, Londres, 1910-30.

ELFFERS, J.; SCHUYT, M. *Tangram*. 1997.

GARDNER, M. *Mathematics, magic and mystery*. Dover, Nova York, 1956.

HARDY, G. H. *A mathematician's apology*. Combridge University Press, Cambridge, 1940.

HOOPER, W. *Rational recreations, in which the principles of numbers and natural philosophy are clearly and copiously elucidated by a series of easy, entertaining, interesting experiments, among which are all those commonly performed with the cards*. Londres, 1774.

LOYD, S. *The 8th book of tan part I*. 1903; nova edição Dover, Nova York, 1968.

MAOR, E. *Trigonometric delights*. Princeton University Press, NJ, 1998.

NETZ, R.; NOEL, W. *The Archimedes codex*. Weidenfeld & Nicolson, Londres, 2007.

PASLES, P. C. *Benjamin Franklin's numbers*. Princeton University Press, NJ, 2008.

PICKOVER, C. A. *The zen of magic squares, circles and stars.* Princeton University Press, NJ, 2002.

ROUSE BALL, W. W. *Mathematical recreations and problems.* Macmillan, Londres, 1892.

SINGMASTER, D. "The unreasonable utility of recreational mathematics". Palestra no Primeiro Congresso Europeu de Matemática, Paris, julho de 1992.

SLOCUM, J. *The trangram book.* Sterling, Nova York, 2001.

_____.; SONNEVELD, D. *The 15 puzzle.* Slocum Puzzle Foundation, Califórnia, 2006.

SWETZ, F. J. *Legacy of the Looshu.* Open Court, Chicago, IL, 2002.

7. SEGREDOS DA SUCESSÃO [PP. 273-301]

De início, a *On-line encyclopedia of integer sequences* (<www.research.att.com/~njas/sequences/>) parece assustadora para o não especialista, mas quando a gente se acostuma é fascinante navegar por ela. Acho a enciclopédia on-line de Chris Caldwell, *The prime pages* (<www.primes.utm.edu>), uma excelente fonte.

DOXIADIS, A. *Uncle Petros and Goldbach's conjecture.* Faber & Faber, Londres, 2000.

DU SAUTOY, M. *The music of the primes.* Fourth Estate, Londres, 2003.

REID, C. *From zero to infinity.* Thomas Y. Crowell, Nova York, 1955.

SCHMELZER, T.; BAILLIE, R. "Summing a curious, slowly convergent series". *American Mathematical Monthly,* julho de 2008.

SLOANE, N. J. A. "My favorite integer sequences". 2000.

8. DEDO DE OURO [PP. 303-23]

É um curioso trocadilho que pi, fi e Fibonacci pareçam aparentados, quando na verdade têm origens etimológicas completamente diferentes, apesar de ser difícil convencer disso os adeptos da teoria conspiratória. Separar malucos de não malucos nessa questão da proporção áurea nem sempre é fácil. Um que definitivamente não é maluco é Ron Knott, e seu site: <www.computing.surrey.ac.uk/personal/ext/R.Knott/Fibonacci/> tem tudo aquilo que alguém poderia desejar saber sobre 1,618...

LIVIO, M. *The golden ratio.* Review, Londres, 2002.

MCMANUS, I. C.; COOK, R.; HUNT, A. "Beyond the golden section and normative aesthetics: why do individuals differ so much in their aesthetic preferences for rectangles?" *Perception* 36, 2007.

POSAMENTIER, A. S.; LEHMANN, I. *The (fabulous) Fibonacci numbers.* Prometheus Books, Nova York, 2007.

9. O ACASO É ÓTIMO [PP. 325-71]

A estratégia de Kelly é bem mais do que simplesmente lembrar a fração par/ímpar, pois as situações de jogo costumam ser muito mais complexas do que a situação simples que descrevi. Peço desculpas a Ed Thorp, que me perguntou, cheio de esperança durante nossa entrevista, se eu poderia explicar Kelly com todos os detalhes necessários. Sinto muito, Ed, é complicado demais para os objetivos deste livro! O excelente livro de William Poundstone foi um farol para mim, e agradeço-lhe por me ter fornecido os dados para o gráfico da p. 368.

ACZEL, A. D. *Chance.* High Stakes, Londres, 2005.

BENNETT, D. J. *Randomness.* Harvard University Press, Cambridge, MA, 1998.

DEVLIN, K. *The unfinished game.* Basic Books, Nova York, 2008.

HAIGH, J. *Taking chances.* Oxford University Press, Oxford, 1999.

KAPLAN, M.; KAPLAN, E. *Chances are.* Penguin, Nova York, 2006.

MLODINOW, L. *The drunkard's walk.* Allen Lane, Londres, 2008.

PAULOS, J. A. *Innumeracy.* Hill & Wang, Nova York, 1988.

POUNDSTONE, W. *Fortune's formula.* Hill & Wang, Nova York, 2005.

ROSENTHAL, J. S. *Struck by lightning.* Joseph Henry Press, Washington DC, 2001.

THORP, E. O. *Beat the dealer.* Vintage, Nova York, 1966.

TIJMS, H. *Understanding probability*. Cambridge University Press, 2007.
VENN, J. *The logic of chance*. Macmillan, Londres, 1888.

10. SITUAÇÃO NORMAL [PP. 373-405]

A estatística é um dos campos da matemática tratados neste livro que nunca estudei no colégio ou na faculdade, de modo que a maior parte disso era novidade para mim. Alguns matemáticos nem acham que estatística seja de fato matemática, por se ocupar de assuntos confusos, como medições. Gostei de sujar as mãos, apesar de saber que tão cedo não voltarei ao Greggs.

BLASTLAND, M.; DILNOT, A. *The tiger that isn't*. Profile, Londres, 2007.
BROOKES, M. *Extreme measures*. Bloomsbury, Londres, 2004.
CLINE COHEN, P. *A calculating people: the spread of numeracy in Early America*. University of Chicago Press, IL.,1982.
COHEN, I. B. *The triumph of numbers*. W. W. Norton, Nova York, 2005.
EDWARDS, A. W. F. *Pascal's arithmetical triangle*. Johns Hopkins University Press, Baltimore, MD, 1987.
KUPER S.; SZYMANSKI, S. *Why England lose*. HarperCollins, Londres, 2009.
TALEB, N. N. *The black swan*. Penguin, Londres, 2007.

11. O FIM DA LINHA [PP. 407-36]

Embora ainda se discuta se o Universo é plano, esférico ou hiperbólico, o certo é que ele é bastante plano; se é fato que sua curvatura se desvia de zero, esse desvio é muito leve. Uma das ironias de tentar verificar a curvatura do Universo, porém, é que jamais se conseguirá provar definitivamente que ele é plano, pois sempre haverá erro de medição. De outro lado, é teoricamente possível provar que ele é curvo, o que ocorreria se o resultado mostrasse uma curvatura, devida a erro de medição, que fosse diferente de zero.

O Hotel Hilbert às vezes atende pelo nome de Hotel Infinito, e a história tem muitas versões. Essa dos hóspedes de camiseta é adaptação minha.

ACZEL, A. D. *The mistery of the aleph*. Washington Square Press, Nova York, 2000.

BARROW, J. D. *The infinite book*. Jonathan Cape, Londres, 2005.

FOSTER WALLACE, D. *Everything and more*. W. W. Norton, Nova York, 2003.

KAPLAN, R.; KAPLAN, E. *The art of the infinite*. Allen Lane, Londres, 2003.

O'SHEA, D. *The Poincaré conjecture*. Walker, Nova York, 2007.

TAIMINA, D.; HENDERSON, D. W. "How to use history to clarify common confusion in geometry". *Mathematical Association of America Notes*, 2005.

INTERNET

É impossível pesquisar qualquer coisa relativa a matemática sem mencionar a Wikipedia e o Wolfram MathWorld (www.mathworld.wolfram.com), que consultei todos os dias.

GERAL

O número de livros que consultei é vasto demais para que eu apresente aqui uma lista completa, mas os títulos que menciono em seguida contribuíram diretamente, de uma forma ou de outra, para o material deste livro. Qualquer coisa de autoria de Keith Devlin, Clifford A. Pickover ou Ian Stewart sempre vale a pena ler.

BELL, E. T. *Men of mathematics*. Victor Gollancz, Londres, 1937.

BENTLEY, P. J. *The book of numbers*. Cassel Illustrated, Londres, 2008.

DARLING, D. *The universal book of mathematics*. Wiley, Hoboken, NJ, 2004.

DEVLIN, K. *All the math that's fit to print*. Mathematical Association of America, Washington DC, 1994.

DUDLEY, U. (Ed.). *Is mathematics inevitable?* Mathematical Association of America, Washington DC, 2008.

EASTAWAY, R.; WYNDHAM, J. *Why do buses come in threes?* Robson Books, Londres, 1998.

_____; _____. *How long is a piece of string?* Robson Books, Londres, 2002.

GOWERS, T. *Mathematics: a very short introduction*. Oxford University Press, Oxford, 2002.

GULLBERG, J. *Mathematics*. W. W. Norton, Nova York, 1997.

HODGES, A. *One to nine*. Short Books, Londres, 2007.

HOFFMAN, P. *The man who loved only numbers: the story of Paul Erdös and the search for mathematical truth*. Fourth Estate, 1998.

HOGBEN, L. *Mathematics for the million*. Allen & Unwin, Londres, 1936.

MAZUR, J. *Euclid in the rainforest*. Plume, Nova York, 2005.

NEWMAN, J. (Ed.). *The world of mathematics*. Dover, Nova York, 1956.

PICKOVER, C. A. *A passion for mathematics*. Wiley, Hoboken, NJ, 2005.

SINGH, S. *O último teorema de Fermat*. Record, Rio de Janeiro, 1998.

Agradecimentos

Em primeiro lugar, obrigado a Claire Paterson e Janklow & Nesbit, sem cujo encorajamento este livro jamais teria sido escrito, e a meus editores Richard Atkinson em Londres e Emily Loose em Nova York. Sou muito grato também a Andy Riley por suas maravilhosas ilustrações.

O êxito de minhas viagens deveu-se ao apoio de amigos, antigos e novos. No Japão, Chieko Tsuneoka, Richard Lloyd Parry, Fiona Wilson, Kouzi Suzuki, Masao Uchibayashi, Tetsuro Matsuzawa, Chris Martin e Leo Lewis. Na Índia, Gaurav Tekriwal, Dhananjay Vaidya e Kenneth Williams. Na Alemanha, Ralf Laue. Nos Estados Unidos, Colm Mulcahy, Tom Rodgers, Tom Hull, Neil Sloane, Jerry Slocum, David Chudnovsky, Gregory Chudnovsky, Tom Morgan, Michael de Vlieger, Jerome Carter, Anthony Baerlocher e Ed Thorp. No Reino Unido, Brian Butterworth, Peter Hopp e Eddy Levin.

O texto original deu uma boa melhorada graças aos comentários de Robert Fountain, Colin Wright, Colm Mulcahy, Tony Mann, Alex Paseau, Pierre Pica, Stefanie Marsh, Matthew Kershaw, John Maingay, Morgan Ryan, Andreas Nieder, Daina Taimina, David Henderson, Stefan Mandel, Robert Lang, David Bellos e Ilona Morison. E graças também a Natalie Hunt, Simon Veksner, Veronica Esaulova, Gavin Pretor-Pinney, Justin Leighton, Jeannine Mosely, Ravi Apte, Hugo de Klee, Maura O'Brien, Peter Dawson, Paul Palmer-

-Edwards, Elaine Leggett, Rebecca Folland, Kirsty Gordon, Tim Glister, Hugh Morison, Jonathan Cummings, Raphael Zarum, Mike Keith, Gareth Roberts, Gene Zirkel, Erik Demaine, Wayne Gould, Kirk Pearson, Angela Newing, Bill Eadington, Mike LeVan, Sheena Russell, Hartosh Bal, Ivan Moscovich, John Holden, Chris Ottewill, Mariana Kawall Leal Ferreira, Todd Rangiwhetu, William Poundstone, Frank Swetz e Amir Aczel. E, para terminar, Zara Bellos, minha sobrinha, que prometeu tirar dez em matemática se eu citasse o nome dela em algum lugar.

Créditos das imagens

p. 31 © Tetsuro Matsuzawa.

p. 55 Cortesia de Jürg Wassmann.

pp. 57-62 Fontes Duodecimais e logo DSA cortesia de Michael de Vlieger, Dozenal Society of America.

p. 66 Da coleção do Musée International d'Horlogerie, La Chaux-de-Fonds, Suíça.

p. 111 © sir Roger Penrose.

p. 116 © Ravi Apte.

p. 204 Science Museum/Science & Society Picture Library.

p. 209 Science Museum/Science & Society Picture Library.

p. 226 © Justin Leighton.

p. 230 © Maki Kaji.

p. 236 © Jose/Fotolia.

p. 237 Cortesia da Clendening History of Medicine Library, University of Kansas Medical Center.

p. 249 Cortesia de Jerry Slocum.

p. 252 Cortesia de Jerry Slocum.

pp. 256-7 Get Off The Earth é marca registrada da Sam Lloyd Company e usada com sua autorização.

p. 261 Reproduzido com autorização de Scott Kim.

p. 263 Cortesia de Mark Palmer, Wow Tattoos.

p. 268 © Dániel Erdély, Walt van Ballegooijen and the Spidrom Team, 2008. Arte: Dániel Erdély.

p. 289 Cortesia de Paul Bateman.

p. 307 Uso autorizado por Shutterstock.com.

p. 315 Kasia, 2009. Uso autorizado por Shutterstock.com.

p. 323 © Alex Bellos.

p. 339 Scott W. Klette, cortesia do Museu Estadual de Nevada, Carson City, NV.

p. 368 Cortesia de William Poundstone.

p. 408 © Daina Taimina.

p. 417 The M. C. Escher Company, Holanda, 2009. Todos os direitos reservados. <www.mcescher.com>.

p. 421 © Daina Taimina.

Índice remissivo

abacaxis, números de Fibonacci, 306

ábaco, 76, 77, 78, 79, 80, 81, 82, 130, 131, 132, 135, 158

abelhas, 308

Academia de Ciências de São Petersburgo, 412

Academia Militar Real de Sandhurst, 384

acaso *ver* probabilidade

acidentes de carro, 348, 403, 404

aeronave: geometria esférica, 423; indiana, 146; uso de réguas de cálculo, 212

África do Norte, algarismos da, 133

Ai (chimpanzé), 27, 28, 29, 32

Aitken, Alexander Craig, 157

Akkersdijk, Erik, 265

aleatoriedade: caminhadas aleatórias, 354-8, 437; dificuldade do cérebro para entender, 346; e o desempenho esportivo, 404, 405; erros aleatórios, 377, 387, 397; falácia do jogador, 345, 347, 370, 438; lei dos números altos, 339, 340, 341, 343, 344, 350, 366, 439; manipulando as probabilidades, 360-8; nú-meros aleatórios, 185; teoria da probabili-dade, 326, 329

Alemanha: loteria, 351; palavras numéricas, 72, 74; tangrams, 248

aleph, 127, 426, 434

Alex (papagaio), 27

alfabeto, 91, 127, 196, 262, 426, 435

algarismos: arábicos, 28, 35, 127, 128, 135, 136, 137, 143, 155, 164, 232, 374, 437; chi-neses, 35; evolução dos, 133; indianos, 35; romanos, 35, 36, 40, 127, 128, 129, 135, 137

álgebra, 14, 138, 143, 170, 191, 192, 193, 195, 197, 198, 199, 200, 216, 218, 220; equações cúbicas, 216, 217; equações quadráticas, 137, 215; equações quárticas, 218; equa-ções simultâneas, 218, 220; etimologia, 194; relação com a geometria, 220; símbo-los, 192, 193, 194, 196, 197; sistema de coordenadas cartesianas, 220; truque 1089, 191, 198, 200

algoritmos, 151, 180, 243

Al-Khwarizmi, Muhammad ibn Musa, 194, 195
altura, triângulos, 105, 106
Amarelo, rio, 232
ambigramas, 261, 262, 437
América do Sul, sistemas de marcação, 63, 64
American Journal of Mathematics, 253
American Mathematical Society (AMS), 363
amigáveis, números, 284, 439
análise combinatória, 243, 244
Andrews, F. Emerson, 60
ângulos: ângulo áureo, 317, 318, 319; triângulos retângulos, 120, 443; trissecção, 107, 118; vértice, 102, 103, 105, 106, 188
animais: competência numérica, 30; experimentos com pontos, 37, 45
Anindilyakwa, povo, 43
Annairizi, 96, 100, 443
Anti-Heptagonistas, 186
Apolo, 107
Apolônio de Tiana, 91
apostas *ver* jogos
Apple, 347
aproximações, 25, 26, 38, 162
Aquiles e a tartaruga, paradoxo de, 291, 292, 293, 295
Arara, povo, 50
área: equações quadráticas, 137, 215; quadratura do círculo, 107, 171, 172, 223, 363; usando pi, 164
aritmética: ábaco, 76-82, 130-2, 135, 158; algarismos arábicos e, 28, 35, 127, 128, 135, 136, 137, 143, 155, 164, 232, 374, 437; aritmética veloz, 160; "calculistas relâmpago", 156; capacidade dos bebês, 33, 34, 35; matemática védica, 137, 138, 143, 146, 149, 152; multiplicação, 125; palavras numéricas e habilidade para matemática, 71; teorema fundamental da, 276
Arquimedes, 162, 163, 164, 173, 174, 249, 250
arte: islâmica, 108; *Melencolia I* (Dürer), 178,

234, 235; proporção áurea, 304
arte no corpo, ambigramas, 263
Asimov, Isaac, 262
assassinatos, 379
astragalus, 327
astronomia, 65, 130, 138
Atenas, 107
Atlantic Monthly, The, 60
átomos, 125, 126, 380
Austrália, comunidades aborígines, 43
axiomas, 100, 409, 440
Ayumu (chimpanzé), 31, 32, 33

babilônios, 65, 131, 162, 216; equações quadráticas, 215; pi, 162; sistema de base sessenta, 65, 131; sistema de contagem com "notação posicional", 131
Bachet, Claude Gaspard, 254
Bacon, Francis, 435
Baerlocher, Anthony, 338, 340, 341, 343, 345
baguetes, peso, 373, 374, 375, 376, 377, 378, 397, 398, 399, 401
Bailey, David H., 181
Baillie, Robert, 300
Balliett, sra. L. Dow, 91
Banco da Inglaterra, bastões entalhados, 67
Baravalle, Hermann, 97, 98, 100
Barcelona, 236
barômetro, 374
Barr, Mark, 319
bases: números cuneiformes, 65; sistema binário, 68, 69, 70, 249, 437; sistema de base cinco, 52; sistema de base dez, 50, 58, 59, 60, 65, 68, 71, 203, 204, 437; sistema de base doze, 56, 57, 58, 59, 60, 61; sistema de base oito, 55, 56, 74; sistema de base sessenta, 63, 65, 131; sistema de base sessenta e quatro, 54; sistema de base vinte, 50, 74
basquete, 348, 404, 416
bastões de entalhe, 63

Baum, L. Frank, 270

"bêbado, passo do", 354

bebês: competência numérica, 33, 34, 35; previsão do sexo dos, 359

Bede, o Venerável, 52

beleza: pesquisa de Galton sobre, 381; segmento áureo e, 305, 313

Bellard, Fabrice, 182

Beloch, Margherita P., 117

Bergsten, Mats, 175

Bernoulli, Jakob, 314

Bhaskara, 96

Bíblia, 106, 137, 162, 327, 412

Bidder, George Parker, 155, 156, 157, 159

Big Bang, 125, 126, 232, 363, 423

Big Ben, 67

binário, sistema: *I Ching* e, 70; jogo Resta Um, 249; Leibniz e, 68

Black, Fischer, 369

blackjack, 362, 363, 364, 366, 368

Black-Scholes, fórmula de, 369

blocos de jenga, 297, 298

Boethius, 136

Bolonha, 216

bolos, corte, 381, 382

Boltzmann, Ludwig, 380

Bolya, Farkas, 411, 413

Bolya, Janós, 411, 412, 413

Booth, Julie, 24

Boston Globe, 363

Boston Post, 251

Brahmagupta, 131, 132

Brasil, índios da Amazônia, 18, 21, 24, 25, 39, 41, 42

Briggs, Henry, 203, 204, 205

Brighton, 11

broca, para furar buracos quadrados, 189

Brooklyn Daily Eagle, 255

Brown, Dan, 262

Brown, Richard, 262

Buda, 125, 126

Buffon, conde de, 173, 174

Burma, 92

Bush, Kate, 161

Butterworth, Brian, 43, 44, 45

Buxton, Jedediah, 156

Byrne, Oliver, 106, 107

Caaba, 107

Cabala, 435

caça-níqueis, máquinas, 325, 326, 337, 338, 339, 340, 341, 343, 344, 345

calculadoras, 78, 157, 212, 213, 214; Curta, 209, 210, 211; de Fuller, 209; eletrônicas, 78, 157, 211, 212, 213

Calculex de Halden, 209

"calculistas relâmpago", 156, 157, 158

cálculo: ábaco, 76-82, 131, 132, 135, 158; cálculo de calendário, 158; escala log-log, 208; prodígios matemáticos, 155, 157, 158, 160, 161; réguas de cálculo, 206, 207, 208, 211

calculus, 88

calendários: cálculo de calendário, 158; sistema de base doze, 58

Califórnia, 139, 181, 265, 289, 351, 352, 370

caligrafia, ambigramas, 261

caligrafia, Medidor de Proporção Áurea e, 304

campo de concentração de Buchenwald, 211

Cantor, Georg, 408, 424, 425, 426, 429, 432, 433, 434, 435, 436

Cardano, Girolamo, 217, 218, 326, 327

cardinalidade, 28, 29, 46, 426, 429, 430, 436; teoria dos conjuntos, 408, 426, 436

Carlos xii, rei da Suécia, 54, 56

carneiros, contagem, 49, 50, 52, 75

carros, câmeras e, 403

Carter, Jerome, 85, 86, 88, 92

cartões de visita, origami com, 113

Casa dos Comuns, 67

Casanova, Giacomo, 365

473

cassinos: *blackjack*, 362, 363, 364, 366, 368; e a lei dos grandes números, 339, 340, 345, 350, 366, 386; estratégias de apostas, 364; manipulando as probabilidades, 360, 361, 362, 364, 366, 369; máquinas caça-níqueis, 28, 325-6, 329, 337-46, 352; roleta, 325, 335-41, 360-2, 365-6, 369

catedral da Sagrada Família, Barcelona, 236

caudas, curvas de distribuição e, 396

cavalos, contagem, 26

cegueira para números, 43

Centro Nacional de Pesquisas Científicas (França), 17

centroide, triângulo, 105, 106

cérebro: cognição numérica, 33, 35, 39, 45; dificuldade para entender a aleatoriedade, 346; "módulo do número exato", 42, 43, 45, 46; sinestesia, 382; uso do ábaco, 81, 82

Ceulen, Ludolph van, 164, 165

Chapman, Noyes, 252, 255

Charlotte, rainha, 155

Chicago Tribune, 251

chimpanzés, competência numérica, 13, 27, 28, 29, 30, 31, 32, 33

China: ábaco, 76; algarismos, 35; contagem nos dedos, 53; e o teorema de Pitágoras, 95, 96; *I Ching*, 69, 70; *mah-jong*, 328; palavras numéricas, 73; quadrados mágicos, 235; sistemas de marcação, 64; tabuadas de multiplicação, 73; tangrams, 246, 247, 248, 249, 251, 253, 255, 259, 264; triângulo de Pascal, 389

Chomsky, Noam, 17

Chudnovsky, Gregory e David, 178, 179, 180, 181, 182, 185

Cidade do México, 225

ciência: equações quadráticas e, 215; importância dos números para, 374

círculos: circunferência, 437; definição, 187; diâmetro, 438; equações quadráticas, 221, 222; pi, 161-85, 439; quadratura, 107, 170, 171, 172, 223; raio, 440; roletes, 187

circuncentro, triângulo, 105, 106

circunferência, círculo, 161, 437, 439, 440

Clever Hans, 26, 27

coeficiente de correlação, 401

cognição numérica, 33

Cohen, Henri, 284

coincidências, 349, 351, 352

Colburn, Zerah, 156, 157, 159

Coltl, Jimmy, 266

competência numérica: animais, 26, 27, 28, 30, 32, 33; bebês, 33, 34, 35; índios da Amazônia, 18-26, 39, 40, 42

computadores: busca do maior número primo, 286, 287, 288, 289, 290; cálculo de pi, 167, 180, 181, 182; combinações, 245; e o espaço hiperbólico, 419; jogos de computador, 263; PhiMatrix, 321; portáteis, 361; sistema binário, 71; supercomputadores, 182

concha náutilo, 315

cones de pinho, 269, 306

cones de trânsito, 11, 12

Conjectura de Goldbach, 276

conjuntos: cardinalidade, 28, 436; infinito contável, 426, 427, 432, 438; infinito incontável, 433, 438; teoria dos conjuntos de Cantor, 408, 426, 427, 428, 430, 431, 432, 433, 435, 436

constantes, 182, 438

consumidor, proteção do, 378

contagem: capacidade dos animais, 26, 27, 28, 30, 32, 33; com os dedos, 51, 52, 54; sistemas de notação posicional, 75-83, 130-2, 138-50, 153

continuum, 433

contradição, prova por, 445

contribuição esperada, probabilidade, 341

controle, necessidade humana de estar em, 347

Conway Daily Sun, 242
Conway, H. G., 188
Conway, John Horton, 268, 279
coordenadas cartesianas, 220
Copa do Mundo, 348, 350
Copa do Mundo de Cálculo Mental, 157, 158, 159
coral, 422
Coral Hiperbólico de Crochê, 422
cordas, esticamento de, 93, 94
Coreia: palavras numéricas, 71; sistemas de marcação, 64
corpo humano: curvas de sino, 381, 384; dentes, 312; fi em, 313, 320; variações na altura, 400
Correlação, 437
"cosistas", 216
Coto, Alberto, 158, 159
craps, mesa de, 336
crianças: competência numérica, 33, 34, 35; discalculia, 44, 45; experimento com linhas de números, 24, 25; palavras numéricas e habilidade matemática, 71; tabuadas de multiplicação, 73, 74
criminalidade, índices de, 379
cristais, quase cristais, 111
cristianismo, 91, 412
Cristina, rainha da Suécia, 221
crochê hiperbólico, 407, 422
cúbicas, equações, 216, 217, 438
cubos: Caaba, 107; cartões de visita profissionais em origami, 114; Cubo de Rubik, 253, 264, 265, 266; dados, 327; esponja de Menger, 114, 115, 117; Problema Deliano, 107, 117; sólidos platônicos, 101, 102, 127
cultura, influências culturais, 71, 72, 73, 74
cuneiformes, números, 65, 127
Curta, 209, 211
curvas: curva de erro, 377, 394; curva do sino, 376-81, 384, 387-8, 394-9; curvas de lar-

gura constante, 187, 188; curvatura do espaço, 414, 423, 438; distribuição leptocúrtica, 396; distribuição platicúrtica, 396; equações quadráticas, 221, 222, 224, 225; espirais logarítmicas, 314, 316, 319
curvatura de batata Pringles, 414
Cutler, Bill, 249

dados, jogo de, 326-36
Daily Mail, 242
Daily Mirror, 186
Daily Telegraph, 242
Danesi, Marcel, 253
Dani, S. G., 151, 152
Dantzig, Tobias, 71
Darwin, Charles, 327, 388
Dase, Johann Zacharias, 160, 161, 166, 167
datas, cálculo de calendário, 158
David, rei de Israel, 21, 54
De Morgan, Augustus, 173
Decimal Currency Board, 188
decisão, tomada de, 403
dedos: contagem nos dedos, 51, 52, 54; hexodáctilos, 60; multiplicação camponesa com, 128, 129, 141
Dehaene, Stanislas, 37, 39, 43, 72, 73
del Ferro, Scipione, 218
Delamain, Richard, 206
Demaine, Erik, 118, 259, 260, 261
denominadores: frações, 168, 438; menor denominador comum, 168, 197
dentes, fi e os, 312
desaparecimento geométrico, 255, 258
Descartes, René, 195, 196, 220, 221, 314, 316, 330
desempenho nos esportes, regressão à média, 404, 405
desvio, curva do sino, 394
Deus: e o infinito, 435; existência de, 332, 333, 334; "número de Deus", 266

dez: como base logarítmica, 203; sistema de base, 50, 54, 71

Diaconis, Persi, 340, 352

diagonais quebradas, 238

diagonais suaves, no triângulo de Pascal, 392

diâmetro, círculo, 161, 438, 439

Dickens, Charles, 67

dicotomia, paradoxo da, 294

dígitos, 52, 53

Dinamarca, 224, 340

Diofanto, 193, 194, 195, 197, 200, 254

Diógenes, o Cínico, 294

discalculia, 43, 44, 45, 438

dislexia, 44

dissecção geométrica, 259, 260; dissecções articuladas, 261

distâncias, perspectiva, 25

distribuição, 377, 378, 438; curva do sino, 376-80, 384-8, 394-5, 397, 399; de Gauss, 377, 394, 438; leptocúrtica, 396; normal, 378, 394, 395, 397, 399, 438; platicúrtica, 396

distúrbios aritméticos, 44

divergentes, séries, 296, 440

divina proporção, 304, 438

divisão, logaritmos, 203

divisibilidade: sistema de base doze, 58; sistemas de tempo, 65

divisor, 438

dobradura de papel *ver* origami

dodecaedros, 101, 102, 103, 328, 440

dodecágonos, cálculo de pi, 163

dois, sistema binário, 68, 69, 70

dominós, 262, 270

Dowker, Ann, 72

Doyle, sir Arthur Conan, 257

doze, sistema de base, 56, 57, 58, 59, 60, 61, 62

Dozenal Society of America (DSA), 60, 62, 63

Dozenal Society of Great Britain, 60

Dudeney, Henry, 97, 98, 100, 253, 256, 257, 258, 259, 264; números de, 259

duelo matemático, 216

Duodecimal Bulletin, 60

Duodecimal Society of America *ver* DSA, 60

Dürer, Albrecht, 178, 234, 235; quadrado de, 235, 236; sólido de, 234

Dwiggins, William Addison, 62

Economist, The, 27

Edinburgh Medical Journal, 380

educação: estatísticas, 397, 402; estimativa e, 38; multiplicação, 149

egípcia, multiplicação, 128

egípcio, triângulo, 94, 441

Egito: jogos de azar, 328; Papiro de Rhind, 192, 230, 232; pi, 162; Pirâmides, 93, 94; sistema de contagem de tempo, 65

Einstein, Albert, 27, 182, 264, 270, 413, 423

Elbrow, almirante de esquadra G., 60

Electronic Frontier Foundation, 290

Elementos, Os (Euclides), 99, 100, 102, 103, 106, 408, 409, 410, 411, 414

elipses, equações quadráticas, 221, 222, 224, 225

Encyclopedia of Integer Sequences ver *On-line encyclopedia of Integer Sequences*

eneágonos, 118

ENIAC (Electronic Numerical Integrator and Computer), 167

enigmas *ver* quebra-cabeças

equações, 194; cúbicas, 216, 217, 438; quadráticas, 214-15, 221-2, 224-7, 438; quárticas, 218; representação por linhas, 219-7; simultâneas, 218, 219

Erdély, Dániel, 267

erros aleatórios, 377, 387, 397

ervilhas-de-cheiro, 400

escalas lineares, 23, 24, 25

escalas logarítmicas, 23, 24, 25, 205, 206

Escher, M. C., 262, 270, 417

escrita: cuneiforme, 64, 65, 127; escrita restrita, 176; Medidor de Proporção Áurea, 303, 304; origens da, 65

esferas: curvatura, 414; superfícies, 411, 414

espaço: curvatura do, 414, 423, 438; espaço-tempo, 423; geometria hiperbólica, 416; geometria não euclidiana, 407

Espanha: algarismos, 133; palavras numéricas, 74

espiral: arquimediana, 315; espirais logarítmicas, 314, 315, 316, 319; números de Fibonacci e, 306

esponja de Menger, 114, 115, 116, 117

Essig, Jean, 62

Estádio Azteca, Cidade do México, 225

Estados Unidos: cassinos, 325, 326, 336; máquinas caça-níqueis, 337, 338, 339, 340, 341, 343, 344, 345; quebra-cabeças, 251, 252, 254, 255, 256

estatísticas, 379, 402; análise de, 397, 402; coeficiente de correlação, 402; regressão à média, 401, 402, 404, 405, 440

"estátua, problema da ", 103

estimativa, 24, 25, 38, 126, 181, 192, 208

Estocolmo, 221, 224, 225

estratégia de Kelly, 368

estreito de Torres, 53

estrelas, luz das, 423

etnomatemática, 13

Euclides, 14, 163; ausência de quantidade desconhecida, 193; centro de um triângulo, 105, 106; e o infinito, 425; geometria euclidiana, 105, 107, 118, 408, 422; geometria não euclidiana, 407, 408, 414; números perfeitos, 285, 286; números primos, 275, 285, 286; *Os elementos*, 99, 100, 102, 103, 106, 408, 409, 410, 411, 414; polígonos, 101, 102; quinto postulado, 409, 410, 411, 412, 413; restrições da geometria euclidiana, 107, 118; sobre o segmento áureo, 304;

Teorema de Pitágoras e, 98, 100; triângulos equiláteros, 99, 100

eugenia, 388, 400

Euler, Leonhard, 105, 106, 177, 239, 250, 276, 354

Evening Argus (Brighton), 11

evolução humana, 388

expansão decimal, incontáveis infinitos, 430, 431, 432, 433

expoente, 201, 222, 224, 279, 438

extração da raiz, quebra-cabeça da, 258

Faber-Castell, 207, 208

falácia do jogador, 345, 346, 347, 370, 438

falcões peregrinos, espirais logarítmicas, 316

fatoração, 26, 438

fatores: máximo divisor comum, 168; números amigáveis, 283; números perfeitos, 284; números sociáveis, 284

Feller, William, 358

feng shui, 233

Ferguson, D. F., 167

Fermat, Pierre de, 200, 221, 284, 330, 331, 332; Último Teorema de Fermat, 200, 221

Ferrari, Lodovico, 218

Fey, Charles, 337

Feynman, Richard, 183

fi, 304-22, 438; e os dentes, 312; frações contínuas, 453; na natureza, 312, 316-9; *ver também* divina proporção; proporção áurea

Fibonacci, Leonardo, 134, 152, 231, 306; *ver também* números e sequência de Fibonacci

Fídias, 319

Fifteen, quebra-cabeça, 251, 252, 253, 254

Fiore, Antonio, 216, 217, 218

física: equações quadráticas, 215; geometria esférica, 423; jogando moedas e, 360

Fitzneal, Richard, 67

Flash Anzan, 81, 82

fliperama, máquinas de, 384, 386

477

Florença, 137

flores, números de Fibonacci, 306

folhas de plantas, e fi, 316, 317, 318

formas: dissecção geométrica, 259, 260; formas numéricas, 382; polígonos, 101, 102; sólidos platônicos, 101, 102, 103, 107, 111

formigas, 30

Fórum de Matemática Védica da Índia, 144

Fox, capitão, 175

frações, 168; contínuas, 454; denominador, 168, 438; numerador, 168, 439; números racionais, 439; probabilidade, 326; sistema de base doze, 60

frações contínuas, 454; indianos e, 123, 124, 125, 126, 130, 134; influências culturais, 71, 72, 73, 74; sistema imperial, 67, 68

frações decimais, 132, 169, 438

fractal, 315

França: algarismos, 133; palavras numéricas, 74; preconceito dos britânicos contra o sistema métrico, 60; quebra-cabeças, 254; roletas, 335; sistema decimal de tempo, 65; tábuas de logaritmos, 204; tangrams, 247

Franklin, Benjamin, 236, 237, 238, 447

Fröbel, Friedrich, 117

Fu Hsi, sequência, 70

Fuller, calculadora de, 209

fundo de hedge, 369

Furuyama, Naoki, 79, 80, 81

Fushimi, Koji, 120

futebol: paradoxo do aniversário, 349, 350; regressão à média, 404, 405

galáxias, espirais logarítmicas, 315

galês, idioma, 72

Galileu Galilei, 215, 376, 386, 394, 425; paradoxo de, 425, 426

Galton, Francis, 381, 382, 383, 384, 388, 400, 401, 402

Gardner, Martin, 260, 261, 262, 263, 268, 270, 271

Garfield, James A., 97

Garns, Howard, 241, 246

gases, teoria cinética dos, 380

Gathering for Gardner, conferências (G4G), 260, 261, 262, 264, 267, 268, 269, 270

Gaudí, Antoni, 236

Gauss, Carl Friedrich, 160, 295, 376, 377, 413, 425; distribuição de, 377, 394, 438

Geller, Uri, 226, 227

gematria, 127

geometria: arte islâmica, 108, 111; euclidiana, 98-107, 118, 408-11, 414, 422; hiperbólica, 407, 411, 414, 416, 418-23; não euclidiana, 407, 408, 414; origami, 112-5, 117-21; postulado das paralelas, 410, 411, 412, 413, 416, 418; relação com a álgebra, 220; sistema de coordenadas cartesianas, 220; Sri Yantra, 112; Teorema de Pitágoras, 92-100, 169, 410, 443; tesselação, 441

"Get off the Earth", quebra-cabeça, 255, 256

Gijswijt, Dion, 283; sequência de, 282, 283, 449

girassóis, números de Fibonacci, 306

Givenchy, 161, 162, 180

Gladstone, William, 384

Goldbach, Christian, 276

golfinhos, competência numérica, 29

Golomb, Solomon, 262, 263

golpes, probabilidade e, 359

Goodwin, E. J., 172

Gosper, William, 181

Gosset, William Sealy, 396

Gould, Wayne, 241, 242, 245

gráfica, teoria, 250

Great Internet Mersenne Prime Search (GIMPS), 289, 290

Grécia: álgebra, 193; e o infinito, 425; enigmas, 253; geometria, 99, 408; letras representando números, 127; matemática sem zero, 132; números perfeitos, 283; paradoxos de Zenão, 291, 292; Problema Deliano, 107, 117; proporção áurea, 304; sistema de contagem com notação posicional, 76; sistema de contagem de tempo, 65; *stomachion*, 249, 250

Gregory, John, 164

grooks, 224

Groote Eylande, Austrália, 43

grupos raciais, 388

Gunter, Edmund, 205, 206

Haberdasher's Puzzle, 259, 260

Haga, Kazuo, 119, 120, 121

Haraguchi, Akira, 175

Hardy, G. H., 177, 269

harmonias, números primos e, 276

hebraico, alfabeto, 127, 426, 435

Hein, Piet, 224, 225, 227

Henderson, David, 420

heptágonos, 101, 118, 186, 187, 188; moeda de 50 pence, 186, 187, 188; origami, 118

Hermes, Johann Gustav, 101

Herrnstein, Richard J., 388

Herzstark, Curt, 211

Hewlett-Packard, 211

hexágonos: cálculo de pi, 163; tesselações, 109

hexagramas, *I Ching*, 70

Hibbs, Al, 360

hieróglifos, 127, 193

Hilbert, David, 418, 427, 434

Hilbert, Hotel, 427

hinduísmo, 112, 123, 126, 130; festival de Rath Yatra, 123, 138; mandalas, 112; matemática védica, 137-52; quadrados mágicos, 235; Vedas, 130, 137, 145, 146, 151

Hipaso, 169

hipérboles, equações quadráticas, 221

hipotenusa, 92, 93, 95, 96, 438, 443, 444

Hitler, Adolf, 86, 211

Hobbes, Thomas, 100, 172

"homem comum", 387, 388

"homem da moeda", 356, 357, 358

"homem modulor", 320

Hopp, Peter, 206, 207, 208, 209, 210, 211, 212

horociclo, 421

Hotel Hilbert, 427

I Ching, 69, 70

icosaedros: cartão postal em origami, 114; jogos de azar, 328; sólidos platônicos, 101, 102, 440

idioma inglês, palavras numéricas, 72, 74

idiomas: influência na matemática, 71-4

idiomas asiáticos, palavras numéricas, 71-3

idiomas europeus, palavras numéricas, 72-4; *ver também* linguagem de sinais; palavras

Iluminismo, 166, 376

impressões digitais, 277, 400

incas, 63, 76

Independent, 242

Índia: algarismos, 35, 133; contagem nos dedos, 52; importância da matemática na, 151; invenção do zero, 131, 132, 133; jogos de azar, 327; matemática védica, 137-52; palavras numéricas, 123, 124, 125, 126, 130, 134; quadrados mágicos, 235; sistema de contagem com notação posicional, 76, 130, 131, 134; triângulo de Pascal, 389, 393

Indiana, EUA, 172

índios da Amazônia, 18, 21, 24, 25, 39, 41, 42

índios norte-americanos, 76

indústria varejista, 381

infinito, 291-300, 424-5; Cantor, teorias de, 408, 426-36; expansão decimal e, 430, 431, 432, 433; Galileu, paradoxo de, 425; Hilbert, Hotel, 427, 428, 430, 431, 432; infinito contável, 426, 427, 432, 438; infinitos incontáveis, 433, 438; linha de números,

429, 430, 433; paradoxos de Zenão, 424; séries harmônicas, 296, 298, 299, 300, 451; series harmônicas de números primos, 300; séries infinitas, 295, 296, 425; símbolos, 291, 425, 435

Instituto de Análise Numérica, Los Angeles, 287

Instituto de Pesquisa de Primatas, Inuyama, 27

Instituto Kennedy Krieger, 38

Instrumento de Cálculo de Thacher, 209

inteiros, números, 168, 438

inteligência: eugenia, 388; testes de QI, 384, 388

International Game Technology (IGT), 338, 340, 341, 343, 345

internet: busca do número primo mais alto, 289, 290; enigmas matemáticos, 158; *On--Line Encyclopedia of Integer Sequences*, 273, 274, 275, 276, 277, 282; programas de segurança, 269

intuição matemática, 26

inversão, 261, 438

iPods, 207, 322, 347

Irmandade Pitagórica, 90, 94

irracionais, números, 169, 170, 318, 433, 439, 446, 454

Ishango, osso de, 275

Islã: algarismos arábicos, 134, 135; arte, 108, 111; Caaba, 107; contas da corrente de preces muçulmana, 54; quadrados mágicos, 235

Itaituba, 18

Itália, 60, 216, 242, 246, 348, 349

Jacareacanga, 18

Jagger, Joseph, 360

jainismo, 126

Jakob (corvo), 27

jansenismo, 332

Japão: ábaco, 76, 77, 78, 79, 80, 82, 83; origami, 112, 113, 117, 118, 120, 121; palavras numéricas, 71, 72, 73; pesquisa com chimpanzés, 27, 28, 30, 32, 33; placas de automóveis, 229; *shiritori* (jogo de palavras), 82, 83; sistemas de marcação, 64; Sudoku, 241, 242, 243, 244, 245, 246, 264, 267; tabuadas de multiplicação, 73

Jeans, sir James, 176

jenga, blocos de, 297, 298

Jesus Cristo, 54, 236

Jobs, Steve, 347

jogos: *blackjack*, 362, 363, 364, 366, 368; caça--níqueis, máquinas de, 28, 325, 326, 337-45; caminhadas aleatórias, 357, 358; e o seguro, 343; estratégia Kelly, 367, 368; estratégia para jogar, 364, 367; falácia do jogador, 345, 346, 347, 370, 438; jogos de azar, 327-33; jogos de dados, 327-33; lei dos grandes números, 339-44, 366; loterias, 351, 352, 353, 370; manipulando as probabilidades, 360-8; martingale, estratégia, 364, 365; mesas de dados, 329, 333; porcentagem de retorno, 337, 338, 339, 340, 341, 343; roletas, 335-9, 360-2; ruína do jogador, 357, 440; sobre a existência de Deus, 333, 334; valor esperado, 441; vantagem, 366, 441

Johns Hopkins, Universidade, 38

Jones, William, 177

Jordaine, Joshua, 58

Journal of Prosthetic Dentistry, 313

judeus, 21, 127, 129, 235, 283

Julia Domna, imperatriz, 91

Kahneman, Daniel, 402, 403

Kaji, Maki, 229, 230, 240, 241, 242, 245

Kanada, Yasumasa, 180, 181, 182, 184, 185

Kazan Messenger, 412

Keith, Mike, 176

Kelly, John Jr., 367, 368
Kennedy Krieger, Instituto, 38
Kepler, Johannes, 203, 311
Kerrich, John, 340
Kim, Scott, 261, 262
Kimmel, Manny, 364
Klein, Wim, 160
Kobayashi, Kazuo, 119
Koehler, Otto, 27
Kondo, Makiko, 74
Königsberg, 250, 251
Kronecker, Leopold, 424
kuku (tabuadas de multiplicação japonesas), 73, 74
Kuper, Simon, 405
Kwan, Mei-Ko, 258

l'homme moyen, 387
Lagny, Thomas de, 166
Lalitavistara Sutra, 125
Lambert, Johann Heinrich, 170
Lamé, Gabriel, 222
Lang, Robert, 118, 119
Langdon, John, 262
Laplace, Pierre Simon, 174
Las Vegas, 325, 362, 366
latitude, linhas de, 416
Laue, Ralf, 158
Le Corbusier, 320
"Lebombo, osso de", 63
Lehman Brothers, 370
lei dos grandes números, 339, 340, 345, 350, 366, 386
lei dos números muito grandes, 352, 439
Leibniz, Gottfried, 68, 69, 70, 71, 164, 165, 174, 249, 354
Lemaire, Alexis, 158, 159
lemniscata, 291
Lennon, John, 227, 229
leões, competência numérica, 30

Leonardo da Vinci, 97, 98, 305, 443
leptocúrtica, distribuição, 396
"ler a sorte", 91
letras, representando números, 127
Levin, Eddy, 303, 304, 312, 313, 321, 322
Liberty Bell (máquina caça-níqueis), 337, 338, 339
Liechtenstein, príncipe de, 211
Limite circular (Escher), 417
Lincolnshire, contagem de ovelhas, 49, 50, 52, 75
Lindemann, Ferdinand von, 170, 172
linguagem de sinais, contagem nos dedos e, 52
línguas *ver* idiomas
linha de números, 24, 25, 389, 429, 430, 433, 434
linhas: desaparecimento geométrico, 255, 256; linha de números, 22, 23, 24, 429, 433; paralelas, 410, 438, 439; representação por equações, 219-27; vértice, 102, 441
Liouville, Joseph, 170
Lippmann, Gabriel, 399
Little Twelvetoes, 56
Liu Hui, 97, 98, 164
Lloyd, Delyth, 72
lo shu (quadrado mágico), 233, 235, 238
Lobachevsky, Nikolai Ivanovich, 412, 413
logarítmicas, escalas, 23, 24, 25, 205, 206
logarítmicas, espirais, 314, 315, 316, 319
logaritmos, 160, 201, 202, 203, 204, 205, 207, 208, 214, 439; réguas de cálculo, 206, 207, 208, 211, 212
log-log, escala, 208
logs, tabelas de, 202, 203, 204, 205
lojas de roupas, 381
Lonc, Frank A., 320
Londres, 67, 251
Londres: metrô de, 250
longitude, linhas de, 411, 414
Loomis, Elisha Scott, 97

loteria, 92, 351, 352, 353, 354, 370

loterias, 352, 353, 354

Lott, quebra-cabeça de blocos, 248, 249

Loyd, Sam, 254, 255, 256, 258

Lu, Peter J., 111

Lucas, Edouard, 287, 288, 306

luz, espaço-tempo, 423

macacos, experimentos com pontos, 45

Machin, John, 166

maçonaria, 91

Madhava, 165

mágica, truques de, 271; números de Fibonacci, 310

Mágico de Oz, O (filme), 270

magnitude, ordem de, 439

mah-jong, 328

maias, 76

Major, John, 11

malabarismo, 175, 269

Mamãe Gansa, 231

mandalas, 112

Mandel, Stefan, 353, 354

Manual do sistema dozenal, 62

mãos, contagem nos dedos, 51, 52, 54

mapas: clima, 400; formas numéricas, 382; teoria dos gráficos, 250, 251

marcação, sistemas de, 63, 64

martingale, estratégia de aposta, 364, 365, 366, 367

matemática recreacional *ver* quebra-cabeças

Mathews, Eddie, 404

Matsuzawa, Tetsuro, 28, 29, 30, 32

Maurus, Rabanus, 283

máximo divisor comum, 168

Maxwell, James Clerk, 380

McCabe, George, 352

McComb, Karen, 30

McManus, Chris, 320

Meca, Caaba, 107, 108

média, 377; curva do sino, 394; regressão à média, 401, 402, 404, 405, 440; *ver também* proporção áurea

medições: curva do sino, 376-88, 394, 395, 397, 399; erros, 376-8; escalas logarítmicas, 205, 206; estatísticas, 379, 402; laboratório antropométrico de Galton, 382; medidas imperiais, 58, 59; medidas para vinho, 67, 68; variações, 398, 399

medidas imperiais, 58, 59

Megabucks, máquina caça-níqueis, 345

Meisner, Gary, 321

Melencolia I (Dürer), 178, 234, 235

memória: auxílios à memória, 134; memória fotográfica, 32, 33; memorização de pi, 175

Menger, Karl, 115; esponja de Menger, 114, 115, 116, 117

Mente brilhante, Uma (filme), 424

mercado de ações, e as probabilidades, 359

mercados financeiros, 321, 368, 369, 370, 374, 395

Méré, Chevalier de, 329, 330, 331, 333

Meridiano de Greenwich, 411, 414

Mersenne, Marin, 287, 330; primos de Mersenne, 288, 289, 290, 440

mesa de craps, 336

Mesopotâmia, 64

método axiomático, 409

metrô de Londres, 250

misticismo, 70, 92, 234, 327

Miyamoto, Yuji, 78, 79, 80, 82

mnemônica, memorização de pi, 175

"módulo do número exato", 42, 43, 45, 46

moedas: cara ou coroa, 331, 332, 347, 358, 405, 439; falácia do jogador, 346, 347; máquinas que funcionam com moedas, 189; moeda de pence, 186, 187, 188; teoria das probabilidades, 331, 339

Moivre, Abraham de, 394

moléculas, teoria cinética dos gases, 380

Mondrian, Piet, 107, 313

Monte Carlo, 360

Moorcroft, Coronel Essex, 186

mosaicos, 108, 110, 111, 391, 441, 443

Moscovich, Ivan, 263, 264

Mosely, Jeannine, 114, 116

Mosteller, Frederick, 352

mostradores de relógios, 36

muçulmanos *ver* islã

multiplicação: logaritmos, 202; matemática védica, 138, 139, 140, 141, 143, 146, 147, 148, 149, 152, 159; multiplicação camponesa com os dedos, 128, 129, 141; "multiplicação longa", 129, 135, 149; persistência dos números, 277; princípio multiplicativo, 37; progressão geométrica, 231, 232; réguas de cálculo, 207, 208; tabuadas de multiplicação, 59, 73, 151; usando algarismos romanos, 128; × como símbolo de, 152

multiplicação egípcia, 128

mundurucus, povo, 17-26, 39-42, 436

Murray, Charles, 388

Museu de Arte Moderna, Nova York, 261

música, 89, 282, 316, 347, 412

Napier, John, 201, 203

Napoleão Bonaparte, 247

naturais, números, 168, 439; divisores, 438; e o infinito, 426, 429, 432; primos, 275, 439; sequências, 273; séries harmônicas, 297

Nature, 382, 384

natureza: espirais logarítmicas, 315-6; fi na, 312, 316-9; números de Fibonacci, 305, 306, 312

náutilo, concha, 315

nazistas, 224, 388

negativos, números, 132, 137, 435

neurociência, 13, 45

Nevada, EUA, 325, 345, 360

New York Times, 251

New Yorker, 179

Newton, Isaac, 165, 172, 296, 402, 425

Nieder, Andreas, 45, 46, 47

Nietzsche, Friedrich, 327

Nintendo, 82

nomes, numerologia, 86

normais, números, 184, 439

Noruega, palavras numéricas, 74

notação posicional, 75, 76, 130, 131, 132, 134, 135, 153

Nova Zelândia, 245, 251

numerador, fração, 168, 439

número de Deus, Cubo de Rubik e, 266

numerologia, 87, 88, 90, 91, 92, 260

números: aleatórios, 185, 311; amigáveis, 283, 439; "números bestiais", 275; criação dos, 19, 37; evolução dos símbolos para, 64, 65; inteiros, 168, 438; irracionais, 169, 170, 318, 433, 439, 446, 454; negativos, 132, 137, 435; normais, 184, 439; "números quadrados", 88; perfeitos, 283, 284, 285, 286, 391, 439; racionais, 168, 169, 439; sequências, 440; transcendentais, 170; vida sem números, 20, 26; visualização, 22, 23, 24; *ver também* naturais, números; primos, números

números grandes: análise combinatória, 243, 244, 245; busca pelo maior número primo, 286, 287, 288, 289, 290; escala logarítmica, 25; lei dos números altos, 340, 341, 343, 344, 366, 439; lei dos números muito altos, 352, 439; palavras para, 124, 125, 126, 130; persistência de números, 277; *powertrain*, 279

números ao cubo, sistema de base sessenta e quatro e, 54

números e sequência de Fibonacci, 305, 306, 308, 310, 312, 318, 322, 391, 392, 393; ângulo áureo, 318; *Liber Abaci*, 306; na natureza,

483

305, 306, 308; no triângulo de Pascal, 391; padrões, 308, 309; razões, 311, 322; recorrência, 307; truques mágicos, 310

Nystrom, John W., 58

octaedros, 102; cartões de visita profissionalsem origami, 114; jogos de azar, 328; sólidos platônicos, 101, 102, 440

octógonos, 95; em um plano hiperbólico, 420

odontologia, 312

Oklahoma, equipe de futebol de, 404

On-line encyclopedia of Integer Sequences, 273, 274, 275, 276, 277, 282

ordem de magnitude, 439

ordinalidade, 28, 29

Oriente Médio, 134

origami, 112-4, 117-21, 261, 267

ortocentro, triângulo, 105, 106

Orwell, George, 318

"osso de Lebombo", 63

Osten, Wilhelm von, 26, 27

Otago Witness, 251

Oughtred, William, 206

Pacioli, Luca, 51, 196, 305, 312

padrões: e a necessidade humana de estar no controle, 347, 348, 375; formas numéricas, 382; triângulo de Pascal, 389, 390, 391

palavras: ambigramas, 261, 262, 263, 437; e os algarismos arábicos, 135; escrevendo com calculadoras de bolso, 213; indianas, 123, 124, 125, 126, 130, 134; índios da Amazônia, 39, 40; influências culturais, 71; jogos de palavras, 82; para números grandes, 124, 125, 126, 130; sistema de base doze, 62; sistema imperial, 67, 68

pão, peso, 374, 375, 378, 399

papagaio, habilidade para contar, 27

Papiro de Rhind, 192, 232

Papua-Nova Guiné, 19, 53, 54

parábolas, equações quadráticas, 221

paradoxos: Aquiles e a tartaruga, 291, 292, 294; das caminhadas aleatórias, 357, 358; de Galileu, 425, 426; de Zenão, 291, 292, 424; do aniversário, 349, 350, 351, 364; do maior número menos um, 294; lógicos, 262

paralelas, linhas, 439; e as linhas de latitude, 416; geometria hiperbólica, 416, 418; postulado das paralelas, 410, 411, 412, 413, 416, 418

paralelogramo, 98, 108, 246

Parker, Graham, 265

Parlamento, 67

Partenon, Atenas, 319

Pascal, Blaise, 329-35, 389; Aposta de Pascal, 334-5; triângulo de, 389-93

pássaros: capacidade de contar, 27; espirais logarítmicas, 316

"passo do bêbado", 354

Pearson, Karl, 402

Penrose, Roger, 110, 111, 112

pentágonos, dissecção geométrica, 259

pentagrama, 90, 304, 305

Pepperberg, Irene, 27

Peppermill, cassino, 325, 338, 340, 344, 365

perambulator, 374

perfeitos, números, 283, 284, 285, 286, 391, 439

permutações, 243, 363

Pérsia, triângulo de Pascal e, 389

persistência dos números, 277

perspectiva, 25

pesos, distribuição de, 373-8, 397, 399, 400

Pfungst, Oscar, 27

PhiMatrix, 321

pi, 161-85, 439; busca de um padrão em, 183, 184; cálculo, 161-7; cálculo por computador, 180-2; cálculo por probabilidade, 173, 174; como número transcendental, 170; distribuição dos números em, 184-5; e a caminhada aleatória de Venn, 354; e a quadratura do círculo, 170-2; e escrita restrita, 176-7; fórmula para, 177-8; memorização, 175-6; símbolo, 177

Pi (filme), 179

Piaget, Jean, 35

Pica, Pierre, 17, 18, 19, 20, 21, 22, 25, 26, 39, 40, 41, 42

Pickover, Clifford A., 447

pirâmides, 93

Pitágoras, 14, 88-91, 121, 132, 136, 169, 193; Teorema de Pitágoras, 14, 91-00, 169, 410, 443

Pitman, Isaac, 58, 62

placas de automóveis, 229, 230

Planck, satélite, 423

Planck, tempo de, 125

plano hiperbólico, 407, 417, 419, 420, 421

plantas: e fi, 316, 317, 318, 319; ervilhas-de-cheiro, 400; superfícies hiperbólicas, 422

Platão, 101, 102

platicúrtica, distribuição, 396

Poe, Edgar Allan, 176

poesia: como auxílio à memória, 134; equações cúbicas e, 218; escrita restrita, 176; *grooks*, 224; quintilha humorística, 322; versos infantis, 231

Poincaré, Henri, 377, 378, 379, 399, 418, 422, 424; disco hiperbólico, 417, 418; experimento de pesagem de pão, 378, 395, 397, 399

polígonos, 101, 102, 103, 108, 164, 260, 440; cálculo de pi, 164; dissecção geométrica, 260; jogos de azar, 327; origami, 118

poliminós, 262, 263

polo Norte, 411

ponto de Feynman, pi, 183

pontos, experimentos com, 35, 36, 37, 38; índios da Amazônia, 22, 23, 24, 40, 42; macacos, 45, 46

populações: estatísticas, 379, 380, 387; variações em altura, 400

porcentagem de retorno, 337, 338, 339, 340, 341, 343

porcentagens, sistema de base doze e, 61

"portão de cinco grades", sistema de marcação, 63

postulados, geometria euclidiana e, 409

potência, 216, 222, 438, 440

Poulet, Paul, 284

powertrain, 279

Primeira Guerra Mundial, 248

primos, números, 439; a busca do mais alto, 286, 287, 288, 289, 290, 425; Conjectura de Goldbach, 276; e o infinito, 426; e os números perfeitos, 284, 285, 286; harmonias, 276; primos de Mersenne, 288, 289, 290, 291, 440; sequências, 275; série harmônica de primos, 300

princípio multiplicativo, 37

Pringles, curvatura de, 414

probabilidade: *blackjack*, 361-8; caminhadas aleatórias, 354-8; coincidências, 349, 351; e o cálculo de pi, 173, 174; estatísticas, 379; estratégias de aposta, 365-8; existência de Deus, 332-4; falácia do jogador, 345, 347, 370, 438; golpes, 359; jogos de azar, 327-33; lei dos grandes números, 339-44, 350, 366, 439; lei dos números muito grandes, 352, 439; loterias, 351, 352, 353, 370; manipulando as probabilidades, 360-8; máquinas caça-níqueis, 337-45; mesas de dados, 336; paradoxo do dia do aniversário, 349, 350, 351, 364; porcentagem de retorno, 337, 338, 339, 340, 341, 343; problema dos pontos, 331; quincunx, 384, 385, 386, 388, 397, 401; roletas, 335-62; seguros, 343, 370; triângulo de Pascal, 389, 390, 391, 393; valor esperado, 333, 334, 335, 336

"problema da estátua", 103
Problema Deliano, 107, 108, 117
problema dos pontos, 331
prodígios matemáticos, 155, 156, 157, 158, 159, 160
progressão geométrica, 231, 232, 440
Prony, Gaspard de, 204
proporção áurea, 303, 304, 311, 313, 317, 318, 319, 322, 438; e a beleza, 319, 320, 321, 322; espirais logarítmicas, 314, 316; Medidor de Proporção Áurea, 303, 304, 313, 322, 323; pentagrama, 304, 305; sequência de Fibonacci, 305, 306, 308, 309, 310, 311
proporcional, aposta, 367
prova por contradição, 445
psicologia, 320
Puri, Índia, 123, 138, 143, 144

quadrados: dissecção geométrica, 259; equações quadráticas, 223; quadratura do círculo, 107, 170, 171, 172, 223; *stomachion*, 249, 250; Sudoku, 241, 242, 243, 244, 245; tapete de Sierpinski, 390; Teorema de Pitágoras, 94; triângulo de Reuleaux em, 188
quadrados latinos, 240, 244
quadrados mágicos, 233, 235, 236, 237, 238, 239, 240, 243, 244, 254, 440, 447
Quadrados mágicos, 235
quadráticas, equações, 214, 215, 221, 222, 224, 225, 226, 227, 438
quantia fixa, estratégia de aposta de, 367
quantidade desconhecida, x como símbolo de, 193, 196, 216
quárticas, equações, 218
quase cristais, 111
quebra-cabeças: ambigramas, 261, 262, 437; como parte da natureza humana, 253; conferências Gathering for Gardner (G4G), 260, 261, 262, 263, 267, 268, 269,

271; Cubo de Rubik, 17, 264, 265, 266; dissecção geométrica, 259, 260; "Get off the Earth", 255, 256; progressões geométricas, 231, 232; quadrados mágicos, 233, 235, 236, 237, 239, 240, 243, 440, 447; quebra-cabeça Fifteen, 251, 252, 253, 254, 264; Root Extraction, 258; Sudoku, 241, 242, 243, 244, 245, 264; tangrams, 246, 247, 248, 255, 264
questionários, 400
Quételet, Adolphe, 379, 380, 381, 384, 387, 388
quincunx, 384, 385, 386, 389, 397, 401
quintilha humorística, 322

Racamán Santos, Bernardo, 280; sequência de, 280, 281, 282
racionais, números, 168, 169, 439
Rain man (filme), 36
raio, círculo, 170, 171, 440
raiz de números, 158; raíz quadrada, 209
Ramanujan, Srinivasa, 177, 178
rapsodomancia, 327
Rath Yatra, festival de, 123, 138
ratos, competência numérica, 29
razão áurea, 304, 305, 319, 321, 322; *ver também* divina proporção; proporção áurea
razões: ângulo áureo, 317; experimentos com linhas de números, 24, 25; números de Fibonacci, 310, 311
recorrência, sequência de Fibonacci e, 307, 312
Regiomontanus, 103, 104
"regra da falsa posição", 192
regressão à média, 401-5, 440
réguas de cálculo, 206-13
Reisch, Gregorius, 136
relatividade geral, teoria da, 413, 423
religião: e o sistema binário, 69, 70; existência de Deus, 332, 333, 334; teoria da probabilidade e o declínio da, 327

relógios de sistema decimal, 66

Renascença: "cosistas", 216; matemática védica e, 152; media áurea, 304; quadrados mágicos, 235; redescoberta de Pitágoras, 91

Reno, EUA, 13, 325, 326, 338, 340, 364

Resta Um, jogo, 249

retângulo áureo, 313, 319, 320, 322

Reuleaux, Franz, 188; triângulo de, 187, 188

Revell, Ashley, 366

Revolução Francesa, 65, 66

Rhinehart, Luke, 356

Richter (empresa), 248

Richter, escala de terremotos, 205

Riemann, Bernhard, 413, 414, 417, 423, 435

Robinson, Bill, 395

robôs, 261

rodas, 187, 189

Rodgers, Tom, 268

Roget, Peter, 208

Rokicki, Tomas, 266, 267

roletas, 335, 336, 337, 338, 339, 360, 361, 362

roletes (para transporte), 187

romanos: ábaco, 131; algarismos, 35, 36, 40, 127, 128, 129, 137; jogos, 327; sistema de contagem com notação posicional, 76

Romênia, loteria, 353

Röntgen, Wilhelm, 196

Root Extraction, 258

Royal Society, 156, 259

Royle, Gordon, 244, 245

Rubik, Ernö, 253, 264, 267

ruína do jogador, 440

Rússia, ábaco, 76, 77, 78

Rutherford, William, 167

Sagan, Carl, 183

salamandras, competência numérica, 29

Samuels, Stephen, 352

San Francisco Chronicle, 337

sânscrito, 52, 125, 126, 130, 133, 138

Santarém, 18

sapato, tamanhos de, 381

Sarasvati, Nischalananda, 144, 145

satélite Planck, 423

Schmelzer, Thomas, 300

Scholes, Myron, 369

Schopenhauer, Arthur, 100

schoty, 76

Schubert, Hermann, 253

Scientific American, 260

Scotsman, The, 175

Segunda Guerra Mundial, 167, 211, 224, 249, 263, 340

seguros, 343, 370

seleção inglesa de futebol, 405

sementes, ângulo áureo e, 318, 319

semicírculo, 95, 433, 434

Seppänen, Ville, 266

sequência Fu Hsi, 70

sequências: como música, 282; números amigáveis, 283; sequências de inteiros, 273, 274; números perfeitos, 283, 284, 285, 286; números primos, 275, 276; números sociáveis, 284; *On-Line Encyclopedia of Integer Sequences*, 273-7; persistência dos números, 277, 278; *powertrain*, 279; progressão geométrica, 231, 232; sequência de Fibonacci, 305, 306, 308, 309, 310, 311, 439; sequência de Gijswijt, 282; sequência de Racamán, 280, 281, 282

Sergels Torg, Estocolmo, 224

série harmônica, 296, 297, 298, 299, 300, 451, 452

séries convergentes, 296, 299, 300, 440

séries finitas, 294, 295, 296

séries infinitas, 165, 177, 295, 296, 299, 300, 425, 440

sete, potências crescentes de, 231

sexagesimal, sistema, 63

sexo de bebês, previsão de, 358

Shakespeare, William, 156, 435

Shankara, 144

Shankaracharya de Puri, 138, 139, 140, 141, 143, 144, 145, 149, 150

Shanks, William, 167

Shannon, Claude, 361, 362

Sharp, Abraham, 79, 165, 166

shiritori (jogo de palavras), 82, 83

Siegler, Robert, 24

Sierpinski, Waclaw, 115; tapete de Sierpinski, 115, 390; triângulo de Sierpinski, 390, 391

sílabas, em palavras numéricas, 40

símbolos: álgebra, 192, 193, 196; criação de números, 38; cuneiformes, 64, 65, 127; de pi, 177; do zero, 151; egípcios, 192; evolução dos, 64, 65, 133; infinito, 291, 425, 435; multiplicação, 152; pentagrama, 304, 305; sistema de base doze, 56, 62; *ver também* algarismos

simetria, ambigramas e, 261, 262

Simson, Robert, 311

sinagogas, 21

Sinclair, Clive, 213

sinestesia, 382

sistema de coordenadas cartesianas, 220

sistema decimal: base dez, 50; desvantagens, 58, 61; paradoxo do maior número menor do que um, 294, 295; sistema de notação posicional, 134, 138, 139, 140, 141, 143, 144, 145, 146, 147, 148, 149, 153; tempo, 65, 66

sistema imperial, palavras numéricas, 67

sistema métrico, preconceito contra, 60

sistema sexagesimal, 63

sistemas de contagem com o corpo, 54, 55

sistemas de marcação, 63, 64

sistemas numéricos: bases, 50, 52, 437; binário, 68, 69, 70, 437; contagem nos dedos, 51, 52, 54; contando carneiros, 49, 50, 52, 75; de marcação, 63, 64, 65, 66, 67; decimal, 50

Sky (TV), 243

Sloane, Neil, 273-83

Slocum, Jerry, 254

Smullyan, Raymond, 94, 262

sociáveis, números, 284

Sociedade Dozenal da Grã-Bretanha, 60

sólidos platônicos, 102, 103, 107, 111, 114, 264, 327

solução única, 243, 244

Sonneveld, Dic, 254

Spelke, Elizabeth, 33, 39

Spencer, Herbert, 58

spidrons, 267

Sports Illustrated, 404, 405

Sri Yantra, 112

Starkey, Prentice, 33

Steinhardt, Paul J., 111

stomachion, 249, 250

Suazilândia, 63

Sudoku, 13, 241, 242, 243, 244, 245, 246, 264, 267

Suécia, 54, 221

Suméria, 64

Sundara Row, T., 117

supercomputadores, 181, 182, 289

superelipse, 225

superfícies: esféricas, 411, 414, 416; hiperbólicas, 407, 411, 414, 416, 418-23; planas, 411, 414, 416

"superovo", 225, 227

superstição, 327

sutras, matemática védica, 137-50

SWAC, computador, 288

Swatch Internet Time, 66

Swedenborg, Emanuel, 54, 55, 56

Szymanski, Stefan, 405

tabelas de logs, 202, 203, 204, 205

Taimina, Daina, 407, 419

Taleb, Nassim Nicholas, 396

tamanhos de sapato, 381
tangrams, 246, 247, 248, 255, 259, 264
taoismo, 70
tapete de Sierpinski, 115, 390
Tartaglia, Niccolò, 216, 217, 218
tatuagens, 262, 263
Tekriwal, Gaurav, 143, 144
telefones celulares, seguros para, 344
telescópios, 376, 386, 394
tempo: escala logarítmica, 25; espaço-tempo, 423; tempo de Planck, 125; sistema de contagem, 65; sistema decimal, 65, 66
Teorema de Pitágoras, 14, 91, 92, 94, 95, 96, 98, 99, 100, 169, 410, 443
teorema fundamental da aritmética, 276
teoremas, 14, 440
teoria cinética dos gases, 380
teoria dos números, 69, 170, 258, 269
teoria gráfica, 250
termômetro, 374
terra: curvatura, 415; linhas de latitude, 416; linhas de longitude, 411, 414
terremotos, escala Richter, 205
Tesouro (Reino Unido), 67, 186, 188
testes de QI, 384, 388
tetraedros: cartões de visita profissionais em origami, 113, 114; jogos de azar, 328; sólidos platônicos, 101, 102, 440
tetris, 263
Thacher, Instrumento de Cálculo de, 209
Thompson, Alexander J., 205
Thorp, Ed, 361, 362, 363, 364, 366, 368, 369, 370, 371
Thurston, William, 419
Time, revista, 242
Times of India, The, 123
Times, The, 186, 242, 400
Tirthaji, Bharati Krishna, 137-45, 151-2
topologia, 250, 420
Transamazônica, rodovia, 18

transcendentais, números, 170, 171, 439
Transformers, 261
triângulos: centro, 105, 106; dissecção geométrica, 259; e a curvatura do espaço, 414; triângulo egípcio, 94, 441; geometria euclidiana, 410; hipotenusa, 92, 93, 95, 96, 438, 443; Sri Yantra, 112; Teorema de Pitágoras, 91-100, 410; triângulo de Pascal, 389, 390, 391, 393; triângulo de Reuleaux, 187, 188, 189; triângulos egípcios, 119; triângulos retângulos, 120, 443; triângulo de Sierpinski, 390, 391
tricô, 420, 422
triplos pitagóricos, 200
trissecção de um ângulo, 107, 118
Tsu Chung-Chih, 164
Tsu Keng-Chih, 164
Tucker, Vance, 316
Turquia, 111; quadrados mágicos, 235
Tversky, Amos, 402

Último Teorema de Fermat, 200, 221
Uncle Petros and Goldbach's Conjecture, 276
Unicode, 62
Universidade de Stanford, 340
Universidade de Ulm, 30
Universidade Johns Hopkins, 38
Universo: geometria esférica, 423; número de átomos no, 125
Ur, jogos de azar em, 327
USA Today, 242

valor esperado, 333, 334, 335, 336, 337, 339, 370, 441
vantagem: geometria hiperbólica, 414; jogos, 366, 441
variáveis, 441; coeficiente e correlação, 401; em medições, 399; equações simultâneas, 218, 219
Vedas, 130, 137, 145, 146, 151

védica, matemática, 137-52, 160

Vega, Jurij, 166

velocidade no Cubo de Rubick, 265

velocidade no empilhamento de copos, 265

vendedores ambulantes, 243

Venn, John, 354, 355; diagramas de Venn, 354

verdades matemáticas, 71, 100

Versos dourados de Pitágoras, Os, 91

versos infantis, 231, 275

vértice, 102, 441

Viète, François, 195, 196

Virgínia, loteria estadual da, 353

visualização de números, 22

Vlacq, Adriaan, 204, 205

Vlieger, Michael de, 56, 60

Voltaire, 54

volume: equações cúbicas, 216; superfícies hiperbólicas, 422

Wagon, Stan, 184

Walford, Roy, 360

Wallace, David Foster, 424

Wallis, John, 172, 410, 425

Warlpiri, comunidade aborígine, 43

Watts, Harry James, 189

Westminster, Palácio de, 67

whizz wheels, 213

Wiles, Andrew, 200, 201

Williams, Kenneth, 143, 149

Woltman, George, 288, 289, 290

Wright, Colin, 269

Wynn, Karen, 33, 34

x, 192, 193, 196, 216

xadrez, problemas de, 254, 257

y, 218, 219

"Yan, tan, tethera", 50

yin e *yang*, 70

You and Einstein, quebra-cabeça, 264

Yu, imperador da China, 232

Yupno, povo, 54, 55

Zeising, Adolf, 319, 320

Zenão de Eleia, 291; paradoxos de, 291, 292, 424

zero: compreensão dos chimpanzés do, 29; e multiplicação, 129; etimologia, 135; invenção do, 131, 132, 133, 150; matemática védica, 150; sequência zero, 274; símbolo para o, 129, 151

Zwanzigeins, 72

1ª EDIÇÃO [2011] 3 reimpressões

ESTA OBRA FOI COMPOSTA POR OSMANE GARCIA FILHO EM MINION E
IMPRESSA PELA GEOGRÁFICA EM OFSETE SOBRE PAPEL PÓLEN SOFT
DA SUZANO PAPEL E CELULOSE PARA A EDITORA SCHWARCZ
EM NOVEMBRO DE 2011